W0282407

L'immunité, la vie

Marc Daëron

L'immunité, la vie

Pour une autre immunologie

Préface d'Anne Marie Moulin

Odile Jacob

© Odile Jacob, mai 2021
15, rue Soufflot, 75005 Paris

www.odilejacob.fr

ISBN : 978-2-7381-5560-3

Le Code de la propriété intellectuelle n'autorisant, aux termes de l'article L. 122-5, 2° et 3°a, d'une part, que les « copies ou reproductions strictement réservées à l'usage privé du copiste et non destinées à une utilisation collective » et, d'autre part, que les analyses et les courtes citations dans un but d'exemple et d'illustration, « toute représentation ou reproduction intégrale ou partielle faite sans le consentement de l'auteur ou de ses ayants droit ou ayants cause est illicite » (art. L. 122-4). Cette représentation ou reproduction, par quelque procédé que ce soit, constituerait donc une contrefaçon sanctionnée par les articles L. 335-2 et suivants du Code de la propriété intellectuelle.

« Je veux parler de l'impression qu'ont ceux qui se promènent la nuit le long d'une rue, d'être suivis par la Lune, d'un pas égal au leur, quand ils la voient aller, rasant les avant-toits, exactement comme le ferait un chat, se promenant sur les tuiles, et les suivant. »

Galileo GALILEI,
Dialogue sur les deux grands systèmes du monde,
2e journée, 377 (1632).

« [...] les hommes [...] ont accoutumé de former tant des choses naturelles que des produits de leur art propre, des idées générales, qu'ils tiennent pour des modèles ; ils croient que la Nature y a égard (suivant leur opinion, elle n'agit jamais que pour une fin) et se les propose comme modèles. Lors donc qu'ils voient se faire, dans la Nature, quelque chose de peu conforme au modèle par eux conçu pour une chose de même sorte, ils croient que la Nature elle-même s'est trouvée en défaut ou a péché, et qu'elle a laissé imparfaite son œuvre. Ainsi voyons-nous les hommes appeler coutumièrement parfaites ou imparfaites les choses naturelles, plus en vertu d'un préjugé que par une vraie connaissance de ces choses. »

Baruch SPINOZA, *Éthique*,
préface de la IVe partie (1677).

« Nous n'avons pas à découvrir la vérité, mais plutôt à vaincre une somme d'erreurs aimées et respectées. »

Alain, *Préliminaires à la mythologie* (1943).

PRÉFACE

L'immunité, guide de vie

par Anne Marie Moulin

Ce n'est pas seulement une longue amitié qui inspire ma préface et m'a amenée à accepter avec empressement l'invitation de Marc Daëron. C'est aussi une admiration pour sa carrière, même s'il n'aimera pas ce mot, et pour son infatigable labeur dans les laboratoires où il a animé une équipe, successivement à l'Institut Curie et à l'Institut Pasteur. Mais je me suis aussi décidée en raison d'une sensibilité partagée à la représentation du système immunitaire, un système qui pendant longtemps n'existait que dans la tête de quelques biologistes et médecins. La représentation du système immunitaire, Marc Daëron s'est jadis risqué, en 1990, à la mettre en images dans un clip produit par l'Inserm, l'Institut national de la recherche médicale, dans un esprit de vulgarisation de haut niveau. Le récit tirait parti du fait que l'immunité semblait avant tout remémoration. Pour rendre la chose plus concrète, le clip projetait sur l'écran un grimoire analogue au « livre de raison » sur lequel autrefois les pères de famille transcrivaient régulièrement les événements importants. Je n'ai pas revisionné récemment ce clip toujours disponible sur le site de l'Inserm[1], mais ces images sont restées inscrites dans ma propre mémoire.

Depuis cette date, la recherche sur l'immunité s'est développée de façon exponentielle, mais ce clip représente toujours pour moi une tentative pionnière de son auteur pour saisir l'immunité de façon compréhensible et signifiante pour tous. Je n'ai donc pas été étonnée que Marc se soit remis à l'ouvrage, trente ans plus tard, avec un essai en vraie grandeur sur l'immunité, qui apparaît comme condition de la vie en relation avec des organismes comme avec autant d'êtres. Il témoigne aussi d'une exigence proprement philosophique. Une autre raison pour moi, qui n'ai jamais non plus perdu de vue ma formation originelle, d'écrire cette préface.

Dans le clip, Marc Daëron n'avait pas hésité à recourir à un langage métaphorique et imagé pour présenter les principaux phénomènes de l'immunité. D'autres avant lui avaient parlé d'un bal (masqué) des cellules ou encore d'un orchestre symphonique. Le feu, l'air, la terre et l'eau[2] inspirent aux scientifiques des rêveries incontournables. Ignace de Loyola, le fondateur des Jésuites, s'inquiétait beaucoup de ces laps de temps, même fugitifs, où l'imagination s'emballe et où les sens reprennent leur empire. Les postulants à l'Ordre des chercheurs ont pourtant droit à l'évasion. J'aime à saluer l'incursion audacieuse de Marc au royaume de l'imaginaire et de la rêverie philosophique avec cet essai, à la fois historique, philosophique et biologique, où tous les types de lecteurs peuvent trouver leur miel.

Avec son clip, Marc Daëron avait créé une icône inconnue qui est devenue une icône populaire. Est-ce qu'on peut encore imaginer un temps où des spécialistes de l'histoire des sciences me disaient : je ne vois pas bien ce que vous voulez dire par système immunitaire ? Ce système immunitaire, rêvé et conçu par une poignée de chercheurs du siècle dernier, existe aujourd'hui pour tous. Les réseaux sociaux sont devenus familiers du système et son appellation est entrée dans le langage ordinaire. J'ai même été témoin d'une méprise linguistique qui m'a fait rire mais dont la signification est tout ce qu'il y a de plus sérieux. Entendant une amie algérienne parler du « système immunitaire », je vérifie au passage que tout le monde connaît désormais cette fonction du corps moderne. Je lui demande comment se dit le système immunitaire en arabe, et elle me répond avec entrain « *nizam insaniya* », le système « humanitaire ». « Humanitaire », « himmunitaire[3] », j'étais ravie de cette confusion, preuve du succès populaire d'une notion jadis réservée à quelques initiés : il n'est pas indifférent, à l'heure de la revendication de la vaccination universelle et de la santé globale, que tous connaissent l'existence, dans les tréfonds de notre organisme, d'une fonction qui défend l'humanité et pas seulement l'individu, en tout cas, c'est une idée à suivre pour ma péroraison finale, à propos de la vaccination qui forme aujourd'hui, à l'heure de la pandémie de Covid-19, l'horizon messianique de nos tribulations.

Un plan et une démarche composites

L'ouvrage, intitulé *L'immunité, la vie. Pour une autre immunologie*, se présente en trois parties, de style et de contenu différents. Son auteur parle d'une sonate avec trois mouvements : soutenu, lent et vif. La première partie, « La défense », est une histoire enlevée des principaux concepts de l'immunologie, tels qu'ils se présentent aujourd'hui. La deuxième, « Logiques du vivant », propose une vaste réflexion philosophique sur le système immunitaire saisi dans le cadre de la philosophie et de la philosophie des sciences contemporaine. La dernière partie, « Le compromis », propose un répertoire très complet des cellules et des molécules qui composent le système immunitaire selon les publications les plus récentes. Pour finir, Marc Daëron revient sur le nœud gordien de la problématique du soi et du non-soi que Marc entend dénouer en mettant désormais l'accent sur l'immunité comme relation dynamique entre les êtres vivants, condition de vie avec les « Autres ».

Il s'agit donc d'un essai sur l'immunité destiné à un large public, des amateurs de science et de médecine moderne aux spécialistes du sujet, un livre dont les parties sont fortement articulées entre elles, mais dont j'ai découvert, comme le suggère l'introduction, qu'elles peuvent se lire indépendamment, avec une attention au détail différant selon la personnalité et la formation du lecteur : à chacun sa lecture propre, en fonction de ses connaissances et de ses intérêts, son ordre et son rythme permettant de « transformer l'essai », comme on dit sur le terrain de rugby, et selon le vœu explicite de l'auteur.

Commençons par l'histoire de l'immunologie

Tout démarre avec une histoire de l'immunologie, une version presque officielle, même si elle est signée Marc Daëron. J'ai jadis fait beaucoup d'efforts, il y a trente ans, en 1991, pour rassembler dans *Le Dernier Langage de la médecine*[4], les pièces à conviction du mouvement des idées sur l'immunité. Une tentative qui me paraît rétrospectivement d'une incroyable prétention. Aujourd'hui elle se confronterait à une littérature scientifique dont le dépouillement exhaustif demanderait de disposer de plusieurs vies. J'avais été d'abord au plus simple, à la racine diplomatique de la notion d'immunité, *im-munitas* en latin renvoyant à un privilège exemptant son détenteur d'une charge, de l'acquittement d'un droit, de tracasseries administratives, etc. : l'immunité permettait aux ambassadeurs de jouir de certains droits comme abriter des réfugiés recherchant l'asile, tradition parfois tragiquement interrompue comme au moment de l'entrée des Khmers rouges à Phnom Penh[5]. L'écrivain albanais Ismaïl Kadaré, auteur de romans qui sont autant de fables politiques[6], a décrit dans *Avril brisé* les tours de son pays qui sont autant de sanctuaires[7], et l'immunologie a repris ce terme de sanctuaires pour les parties du corps qui ont connu à une époque un statut d'exception comme l'œil ou le cerveau…

La première partie du livre est consacrée à une sobre rétrospective sur l'histoire de l'immunologie ou science de l'immunité, qui passe en revue ses principaux concepts, transmis par nos prédécesseurs, tels qu'ils sont compris aujourd'hui. Pas question de partir à la recherche de « précurseurs », une notion honnie aujourd'hui par les philosophes des sciences, à la suite de Georges Canguilhem (pourquoi, comme on dit rituellement, a-t-il fallu attendre *x* années pour qu'enfin en XXXX, etc. ?). Marc Daëron présente les grandes lignes d'une immunologie née dans une histoire mais ancrée dans l'actualité et justifiée par elle. Il proteste ne pas avoir eu l'intention de refaire cette histoire après beaucoup d'autres et encore moins de la défaire ou de la déconstruire, comme disent les sciences sociales. Il expose l'immunologie dont les concepts sont aujourd'hui chose admise, incorporés aux connaissances actuelles, même s'ils ont été dépouillés des hypothèses qui leur ont donné droit de cité. Le meilleur exemple est à cet égard l'explication de l'immunité par Pasteur. Le grand savant français proposait la disparition d'un constituant du corps indispensable pour la survie du microbe : le microbe meurt d'inanition dans l'organisme[8]. Le concept d'immunité a survécu à cette hypothèse rapidement mort-née, et a été happé par des théories au tour plus positif comme celle du vétérinaire lyonnais Auguste Chauveau : ce n'est pas une molécule qui disparaît, mais une ou plusieurs nouvelles molécules qui apparaissent dans le sérum sanguin et entraînent l'élimination du microbe.

Cette histoire, comme Marc Daëron s'en explique, est une histoire solidifiée, reconnue, issue d'hypothèses pouvant sembler rétrospectivement quasiment farfelues comme celle d'un anticorps de base qui se plierait en quatre pour s'adapter à tous les antigènes possibles (théorie dite instructive). Je reconnais volontiers tout l'intérêt pédagogique d'une telle présentation, tout en peinant à m'abstraire des turbulences de cette histoire, en particulier à ses débuts avant la Première Guerre mondiale. Comme dans l'ouvrage de Bruno Latour portraiturant Pasteur selon trois axes, « une science, un style, un siècle[9] », la découverte des principaux concepts de l'immunologie : phagocytes, anticorps, complément, se situe sur une scène dominée par la rivalité entre deux pays, la France et l'Allemagne. Leur lutte à mort s'est transposée sur le terrain de la science : Pasteur, après avoir renvoyé en 1870 son doctorat *honoris causa* au doyen de l'Université de Bonn, s'écrie : « Vengeance, vengeance, vengeance[10]... ! »

Les concepts que Marc Daëron passe en revue avec virtuosité, sur un rythme, comme il le dit, soutenu, évoquent aussi pour moi fortement, pour un certain nombre d'entre eux, des figures d'hommes et de femmes (d'hommes plus que de femmes), dont j'ai même, vu mon âge, pu rencontrer certains (ou leurs disciples).

La première génération de ceux qui s'intéressaient à l'immunité sans s'appeler encore immunologistes incarne les vicissitudes de l'Europe : il y a bien sûr Pasteur et Koch, déjà cités. Mais d'autres personnages interviennent, comme Ilya/Élie Metchnikoff, l'inventeur du concept de phagocyte à Messine par une nuit de Noël[11], venu de la Russie alliée, que l'on dit maintenant ukrainien parce qu'il est né à Kharkov, pardon, à Kharkiv. Pasteur se réjouissait, comme il le martèle dans sa correspondance, d'accueillir les alliés russes dans son institut et ouvrit grands ses bras à Élie Metchnikoff et à Nicolai Gamaleia. On reparle aujourd'hui de ce dernier, à propos du centre producteur de vaccins à Moscou qui porte son nom. Il y a aussi le médecin Paul Ehrlich, signataire du manifeste des 93 savants allemands[12] à l'entrée en guerre en 1914. On a redécouvert que ce parfait représentant de la quintessence de la science allemande, de cette chimie puissante qui donna naissance à des thérapeutiques comme les arsénicaux et les sulfamides, était juif. Quelques années plus tard, il aurait été rétrogradé de sa chaire de professeur au statut de praticien restreint au soin de sa communauté.

Avec l'épidémie du Covid-19, Robert Koch, l'adversaire de Pasteur, a reparu sur le terrain. L'institut berlinois qui porte son nom est aujourd'hui le centre stratégique de la lutte contre la pandémie dans une Allemagne à laquelle la France se compare et se mesure continuellement. Laissant là le passé, nous retrouvons la scène internationale où la recherche sur l'immunité se déroule aujourd'hui. On pouvait l'espérer plus coopérative entre les États membres de l'Union européenne qui se sont surtout distingués au début de la pandémie en fermant leurs frontières, mais l'espoir renaît d'une concertation dynamisée par un tandem franco-allemand.

Marc me pardonnera-t-il cet écart sur la politique et les enjeux actuels de la diplomatie scientifique autour du Covid-19 ? Après son rappel de ce qu'on nomme aujourd'hui les « fondamentaux » de l'immunologie, ce n'est pas sur le programme de la recherche internationale sur l'immunité en contexte de pandémie qu'il enchaîne avec gravité (*adagio*). C'est à la philosophie qu'il fait appel, il la sollicite pour comprendre le système immunitaire parvenu à maturité intellectuelle, et interpréter son fonctionnement dans le corps plongé dans l'univers, la démarche philosophique instruisant par définition les relations entre l'âme et le corps, entre l'esprit et la matière.

À la recherche d'un modèle philosophique du système immunitaire

Marc Daëron a élu des maîtres en philosophie qui ont été aussi des scientifiques, il est intéressant de le souligner, au moment où le fossé entre scientifiques et littéraires semble encore se creuser. Ce rapprochement, dans le cas qui nous occupe de l'immunologie, s'opère assez naturellement : les ressources offertes par la description des fonctions du système immunitaire m'ont toujours paru permettre de prendre pied sans hésitation dans le penser philosophique. Marc tire efficacement parti de la proximité, qui peut paraître pourtant paradoxale, entre une science largement expérimentale, une science de laboratoire recourant éclectiquement à des modèles animaux, à des modèles mathématiques, à une épidémiologie observant des cohortes de malades recevant des traitements immunosuppresseurs et immunomodulateurs…, et un système philosophique, celui par lequel de grands esprits ont tenté de penser les relations du sujet avec le monde dont il fait partie. La magie qui facilite ce rapprochement, mieux, cette interaction provient d'un langage (mais ce n'est pas seulement une question de langage) qui exprime des fonctions biologiques au sein des organismes mais exprime aussi les relations de ces organismes avec le monde qui les entoure, avec la matière et avec les autres « moi ».

Comment peut-on passer aussi aisément d'une science expérimentale, de la clinique ou de la paillasse de labo au ciel de la spéculation philosophique ? Et avec quel sérieux cette dernière peut-elle dialoguer avec les travaux des immunologistes ? L'immunologiste chevronné qu'est l'auteur de cet essai poursuit depuis longtemps, non pas parallèles et disjointes, mais souvent intimement mêlées, une réflexion de biologiste et une réflexion de philosophe. Car l'immunologie peut être déchiffrée par l'une et l'autre, et c'est ce dont je voudrais m'expliquer, en espérant convaincre de la possibilité et même de la fécondité de cette double lecture. J'écarte la boutade que me lançait Jacques Oudin (un grand immunochimiste) quand il soutenait que, selon lui, aux antipodes de la science, la philosophie n'avait pas avancé depuis Platon.

Avant de développer (dans la partie suivante intitulée « Le compromis ») ce que nous a appris la biologie moléculaire des populations du système immunitaire, sites et récepteurs, Marc Daëron, pour établir la signification de l'immunité avant l'avalanche des données moléculaires, prend à témoin la philosophie et n'hésite pas, je le répète, à conjoindre deux démarches : lire la philosophie en y décryptant la biologie et se servir de la philosophie pour comprendre la biologie. La philosophie, « de ce petit cachot où nous sommes logés, j'entends l'univers », disait mon compatriote Pascal, rend compte de l'Être dans le monde et de l'Être pour autrui. C'est à ce titre que l'auteur interpelle Lucrèce, Spinoza et Diderot, pour se frotter ensuite aux penseurs contemporains férus du savoir biologique d'aujourd'hui, par exemple en neurobiologie et en intelligence artificielle, comme Henri Atlan ou Edgar Morin.

Éluder le cercle vicieux du soi et du non-soi

Je reconnais humblement avoir été comme beaucoup fascinée par l'emploi courant des termes de soi et de non-soi en immunologie. Frank Macfarlane Burnet intitule son ouvrage *Le Soi et le Non-Soi*[13], dix ans après avoir publié son article de référence sur la théorie de la sélection clonale des cellules immunocompétentes (1957), qui fait encore partie du bagage de l'immunologiste. Le thème du soi/non-soi faufile encore plus ou moins l'immunologie et déclenche un certain malaise chez les esprits peu enclins à la métaphysique, même s'ils ressentent malgré eux l'attraction de la célèbre formule. Marc Daëron rappelle dans le chapitre « Soi-même » les recherches visant à éluder la notion controversée : le débat sémantique est difficile à trancher à la paillasse. Le système immunitaire reconnaît-il vraiment quelque chose qui ressemblerait au soi et au non-soi ou répond-il à d'autres signaux à identifier ? Il évoque les solutions alternatives : celle de Thomas Pradeu proposant que le système réagit à une discontinuité des signaux[14], celle de Polly Matzinger liant la réactivité immunitaire à la perception de motifs de « danger ». Au passage, je salue une femme entrant avec décision dans l'arène de l'immunologie : elle n'avait pas froid aux yeux, je la revois s'effondrant sur une marche du grand amphithéâtre de la Sorbonne pour attirer l'attention et protester contre un propos abscons, lors d'un colloque en 2012.

Marc Daëron récuse la « théorie du danger » de Polly Matzinger, même appliquée seulement à l'immunité innée commune à toutes les espèces[15]. Mais il se confronte à la persistance du thème de la discrimination entre soi et non-soi quand il passe à l'immunité adaptative, celle qui assure au fil des jours la survie des individus. Sa proposition, pour éluder l'impossible assignation moléculaire d'un soi et d'un non-soi, est que, face à la diversité des attaques microbiennes, seul est viable un soi kaléidoscopique en rapport constant avec les myriades d'autres « soi », poussière de vivants qui virevolte dans le rayon lumineux projeté par la science. Au terme d'une sorte de longue parenthèse sur les vivants dont il poursuit la « logique », selon l'expression de François Jacob, il expose comment « les cellules s'associent à d'autres cellules, à leurs cellules propres mais aussi à d'autres cellules qui appartiennent à d'autres espèces, avec lesquelles elles entretiennent des rapports de dépendance réciproque… Ces organismes d'un troisième type… sont des méta-organismes. Nous sommes tous des méta-organismes[16] ». Ce qui veut dire aussi que nous sommes tous des chimères[17].

C'est ainsi que, élégamment escamoté, le motif du soi/non-soi, nous le perdons de vue, lui dont la métaphysique implicite embarrassait tant d'immunologistes, lorsque nous parcourons l'analyse moléculaire détaillée des différents récepteurs et ligands auxquels l'auteur consacre de nombreuses pages, quand il se replonge, plus loin, dans le « cœur de l'immunologie[18] ».

Le choix d'une philosophie de référence, Spinoza plutôt que Leibniz

À ce stade, Marc laisse de côté la vision centrale d'un moi, d'un sujet qui pourrait ressembler à un *cogito* : je pense donc je suis (*cogito ergo sum*), et qui ramènerait l'impasse de l'impossible définition du soi et du non-soi. Ce qui lui importe, c'est le spectacle d'un monde réel fait de méta-organismes en équilibre plus ou moins stable entre eux, imbriqués, il emprunte le terme à François Jacob[19], comme des poupées russes, en interaction permanente, mort et renouvellement, sans que la forme se perde. C'est à ce point de sa réflexion que, s'écartant de la posture du sujet cartésien, il sympathise de manière un peu inattendue avec le polisseur de verre d'Amsterdam, plus connu comme le philosophe Baruch Spinoza. Selon ce dernier, l'homme n'est au fond qu'un mode de la substance infinie qui constitue l'Être dans sa philosophie moniste : le corps humain, dit l'*Éthique* de Spinoza, est composé d'un très grand nombre d'éléments affectés par les corps extérieurs[20]. Marc est séduit par cette interaction permanente des éléments internes et externes, associée au maintien d'une forme dans le corps humain, dont l'âme perçoit l'idée. Il ne s'attarde pas sur la façon dont cette idée pour exister doit être subsumée en Dieu (*Deus sive Natura*) en qui se trouvent tous les individus, il adopte la vision d'une interaction permanente des êtres vivants, entre milieu intérieur et milieu extérieur. Autant dire un Spinoza relu et adopté par la biologie contemporaine, au prix d'un certain tour de force et sans aller jusqu'à voir en lui un précurseur de cette même biologie, bref, tel qu'il est déchiffré par des contemporains comme Henri Atlan ou Gilles Deleuze.

C'est là que j'ai mesuré l'écart (le progrès ?) de ce texte par rapport à une immunologie empêtrée dans l'impossibilité d'assigner des marqueurs stables du soi et du non-soi[21], et affrontée aux « tourbillons » de récepteurs que l'auteur décrit dans les pages qui suivent. Il procède à un exposé didactique de l'immunité vue par ses contemporains en adoptant – est-ce tout à fait un hasard ? – une présentation quasi axiomatique, sous forme d'« énoncés », numérotés de 1 à 20, écrits en caractères gras et complétés par des développements en caractères différents, romains et italiques : on n'est pas loin des « scholies » (commentaires) et des « lemmes » de l'*Éthique* présentée par Spinoza sous forme d'un traité mathématique. Grâce à cet artifice, l'auteur s'adapte à son lecteur en lui facilitant plusieurs niveaux de lecture : c'est d'ailleurs un trait marquant de l'ouvrage que cette liberté donnée au lecteur de choisir certains chapitres ou même alinéas, et d'en ignorer d'autres.

Au début, j'ai eu quelque mal à adopter Spinoza comme mentor, tant j'ai jadis été persuadée que la monade leibnizienne était le système philosophique le plus proche de l'immunologie. L'unité de base pour Leibniz, c'est la monade pour laquelle percevoir, c'est se souvenir, et se souvenir, c'est concevoir l'ensemble du monde. Les autres monades visent le même monde sans pour autant communiquer directement entre elles. L'ensemble des anticorps reflétant la diversité des antigènes peut ainsi donner une image interne du monde extérieur, visé par les autres monades. L'harmonie entre les perceptions est garantie par la vision divine, infinie pour Spinoza, considération théologique reléguée au second plan par nos biologistes… J'ai admis le choix d'un autre référent philosophique que Leibniz. Je pense que c'est la découverte du ou plutôt des microbiotes, ensembles de bactéries, virus, parasites et champignons peuplant la plupart de nos organes sans leur faire subir de dommage, qui a orienté Marc Daëron vers une philosophie réaliste insistant sur l'interaction permanente des parties des corps (vivants)[22], de préférence à une philosophie intellectuelle retrouvant la diversité des corps dans l'analyse logique des prédicats de la monade.

Ce fut en effet un événement considérable que la découverte du ou des microbiotes. Marc fait une grande place à leur contribution au fonctionnement de l'organisme et à leur rôle souvent bénéfique (production d'enzymes et de vitamines, etc.), qui exclut donc de considérer le microbe, le virus, le parasite comme l'ennemi absolu et l'objet d'une guerre à mort. Il suggère que des modifications de ces microbiotes expliquent les troubles regroupés sous le nom d'allergie. Entrant en immunologie après ses études de médecine, Marc Daëron a fait le pari de s'intéresser à son versant le plus contradictoire et le plus controversé[23], celui de l'« allergie », baptisée la maladie du siècle, the « *modern malady*[24] », en même temps qu'il travaillait déjà sur l'immunité anticancer[25]. Il note au passage la multiplication des allergies, peut-être sous l'influence de changements dans l'alimentation humaine, en particulier celle du nouveau-né (les bébés nés par césarienne sont dépourvus à la naissance de microbiote puisqu'ils ne s'infectent pas dans la filière vaginale). Autant d'hypothèses aujourd'hui passionnément discutées, car, malgré la place essentielle faite par la médecine à la diététique depuis Hippocrate, Galien et Avicenne, nous sommes encore au tout début d'une véritable intégration de l'alimentation dans la compréhension de la pathologie de l'être humain. À mes pressantes questions, Marc a répondu par avance que l'allergie (à ne pas confondre avec les maladies rattachées à l'auto-immunité), décrite depuis plus d'un siècle (Pirquet, 1906), est encore une énigme. Patience !

En guise de péroraison, la vie avec les Autres

Deux lectures au moins de cet ouvrage sont donc possibles, sans parler de celle biologique, historique et philosophique. Or l'histoire nous confronte à l'actuelle pandémie de Covid-19. Certes, ce n'est pas la pire qu'ait connue l'humanité (ce n'est pas la peste noire du Moyen Âge !), mais c'est la première qui vienne à ce point briser la confiance placée dans la science et aussi dans les systèmes de santé. Tout d'un coup, une rupture s'est produite, et nous apercevons dans le miroir de l'immunité toute une série de pandémies qui attendent d'entrer en scène au cours des décennies qui viennent, et contre lesquelles le risque existe d'être désarmés.

Le livre de Marc dans sa dernière partie détaille les connaissances impressionnantes acquises au cours de ces dernières années, il énumère tous ces motifs moléculaires de plus en plus abstraits, les ITAM, les ITIM, les CD… Avec tous ces sigles, ces identités codées, nous sommes loin des phagocytes aux allures d'étoiles de mer ou des hydres aquatiques figurant les anticorps de Paul Ehrlich dont les croquis, paraît-il, constellaient ses manuscrits scientifiques. Mais ce qui nous importe avant tout, c'est de savoir comment le système immunitaire nous protège, ce qui semblait sa fonction première quand il a commencé à exister pour nous. Or il apparaît, au terme du livre, que le système est avant tout affaire de communication intercellulaire, sans garantie de finalité, bref, à un bricolage incessant dont témoigne finalement toute la biologie. Le système est présenté moins comme protecteur que comme constamment tiraillé entre activation et inhibition. Pendant des siècles, l'inflammation a figuré le mal essentiel, le fameux triptyque médiéval *dolor rubor calor*, douleur rougeur chaleur. Et puis Metchnikoff a tourné les tables en montrant les bienfaits de l'inflammation physiologique, avec les macrophages qui dévorent les cellules bonnes à rien et détériorées ou invasives… Bref, l'inflammation est un vrai Janus *bifrons*. Notre système immunitaire est souvent symphonique, harmonieux, mais peut être aussi monstrueux, Dr Jekyll and Mr Hyde.

Une chose est sûre, cet essai sur l'immunité survient en un moment de l'histoire où la pandémie de Covid-19 nargue l'espoir têtu d'éradication des germes, maintenu en dépit du VIH et d'Ebola. Même l'éradication de la poliomyélite ne paraît plus si assurée[26] devant la menace de dissémination des souches vaccinales atténuées. Une chimiothérapie du Covid-19 se fait attendre, et l'infection s'accompagne d'un « orage cytokinique » (les médiateurs de l'inflammation) : les journalistes ont aussitôt adopté cette expression rappelant les catastrophes naturelles. Quant aux nouveaux vaccins comme celui qui est à base d'ARN messager, le message de l'industrie pharmaceutique est simple : une chaîne d'acide nucléique code une protéine de la couronne virale, toc toc, tapons le code comme nous le faisons constamment dans la vie et hop ! le corps, ou plutôt le système immunitaire ressent une drôle de chose et répond au quart de tour. Mais, Marc Daëron l'a bien expliqué, toute la machinerie de la stimulation et de la résistance, de la bonne et de la mauvaise inflammation est à portée du système : comment être sûr ?…

Je me rappelle, à l'orée de l'immunologie, l'ami Jenner, le bon docteur Jenner, qui a consacré sa vie à la diffusion de la vaccine. Il a comparé ses observations à celles qui lui parvenaient de toutes parts. La vaccine n'est pas une panacée, elle ne sert à rien contre d'autres maladies. Il faut l'éviter quand l'enfant souffre d'eczéma, pour éviter l'accident mortel de la vaccine généralisée. Aujourd'hui de par le monde beaucoup de personnes sont porteuses de déficits immunitaires compensés, ou traitées par immunosuppresseurs. Comment réaliser une vaccination « universelle » ?

Ce que dit finalement Marc Daëron, c'est que le système immunitaire gère les relations entre les êtres vivants, comme le système nerveux gère les relations avec le monde physique, une formulation séduisante, étonnante aussi, si l'on se souvient de formulations, aux antipodes de l'« homme neuronal[27] » ressemblant à un écorché anatomique, et du système immunitaire présenté comme un « cerveau mobile[28] ». Nous étions partis d'un système immunitaire conçu comme un moyen de protéger l'organisme contre les autres, nous avons maintenant un système qui permet de vivre avec les autres. Avec la maladie émergente à coronavirus s'impose la considération des relations entre les hommes et les animaux, les autres vivants, une histoire qui a commencé il y a longtemps avec la domestication. Le corps humain est à lui seul un microcosme, comme le disait Aristote, pas seulement eu égard aux quatre éléments qui le composent, terre, eau, air et feu, mais par rapport aux autres êtres vivants. Nous sommes dans un écosystème et nous-mêmes, un écosystème.

Dans ses dernières pages, Marc s'efforce de dépoussiérer notre vision du système immunitaire et de le purifier des surcharges finalistes pour ne pas dire téléologiques, ce qui rime avec théologiques. Nous ne sommes plus au temps du système immunitaire vu comme un château fort avec des créneaux, dessiné par le docteur Sandwith au tournant du siècle dernier : mais peut-on lui en vouloir d'avoir campé un système de défense du corps humain en parfait militaire du service de santé de l'Égypte coloniale, quand cette vision correspond si bien à notre désir secret de protection ? Nous avions tous aimé la formule de Medawar sur la singularité biologique de l'individu, *L'Unicité de l'individu*, l'individualisme marqueur de la modernité. Mais l'anthropologue David Napier trouve même dans l'immunologie un encouragement à briser avec le solipsisme contemporain et à s'engager activement avec autrui[29].

En contraste avec cette vision solitaire[30], Marc propose en effet, avec autant d'éloquence que de verve, une vision neuve du système immunitaire comme un système de relation entre un organisme comme le corps humain et les « Autres » – les autres humains et aussi les espèces animales et les plantes – sur lesquels il reste tant à apprendre, et l'énigme de l'origine de l'épidémie de Covid-19 nous rappelle cette immersion que nous avions négligée. Il sait pertinemment que toutes les conséquences n'en sont pas encore tirées pour ce qu'il en est de nos relations au sein de l'écosphère, comme l'illustrent nos incertitudes à propos de l'origine des futures pandémies.

La pandémie nous a conduits à abuser des métaphores de la guerre. Mieux vaut pourtant esquiver le conflit et chercher le « compromis », titre de la dernière partie de l'essai. Marc suggère l'importance d'un équilibre métastable, bien que toujours fragile : la vie avec les autres est incertaine et difficile. Il met l'accent sur la vie de relation en écho à ce que les juristes évoquent en parlant d'un humanisme des interdépendances[31] (sociales et écologiques), donc y compris celles qui nous lient avec les êtres vivants non humains, dans une demeure où nous sommes des passagers en transit. De cette vision modeste et robuste, Spinoza a pu être un héraut, avec son idée d'un être humain qui, bien que n'étant qu'un mode d'une substance infinie, tend à persévérer dans son être[32] : c'est le sens du *conatus*, de l'effort pour se maintenir au milieu de relations fluctuantes. L'immunité est source de connaissances pour les êtres vivants sur les milieux où ils évoluent et comme telle peut être guide de vie[33]. Ainsi l'essai de Marc Daëron croise-t-il nos interrogations lancinantes sur l'avenir de l'homme parmi les autres espèces et reconfirme-t-il son point de départ d'un cousinage entre l'immunologie et la philosophie, chacune ayant capacité de renouveler l'autre.

Anne Marie MOULIN, médecin, philosophe,
unité SPHere (Science, Philosophie, Histoire),
CNRS UMR 7219, université Paris-I-Panthéon-Sorbonne.
Janvier 2021.

Avant-propos

C'est au début du mois de novembre 2019, peu avant que quelques cas de pneumopathie atypique apparaissent à Wuhan, que la rédaction de ce livre a été entreprise après des années de maturation. L'émergence du Covid-19 n'en a pas été l'origine, ce n'est pas un livre sur la pandémie, mais celle-ci en a accompagné l'écriture quotidienne, justifiant chaque jour un peu plus le questionnement sur le système immunitaire qui en est l'objet, et lui donnant un caractère d'urgence inattendu.

Au moment où la rédaction de ce livre s'achève, à la mi-juillet 2020, la pandémie ravage les Amériques du Nord et du Sud, et l'on commence à en craindre le retour en Europe à la fin de l'été, alors qu'un hypothétique vaccin ne sera pas encore disponible. Profondément affectés dans nos vies avec les autres, nous attendons impatiemment un « monde d'après », dont nous ignorons si un vaccin nous aura débarrassés du SARS-CoV-2 ou si nous devrons apprendre à vivre avec lui.

Mais nous savons déjà que des centaines de souches de coronavirus sont hébergées par les chauves-souris, susceptibles de s'échapper un jour à la faveur d'une mutation et d'infecter les hommes. C'est dire que l'histoire n'est pas finie et que, quelle que soit l'évolution de cette pandémie, la question de l'immunité est plus que jamais d'actualité.

INTRODUCTION

Après l'immunité

« Une maladie, un germe, un vaccin ! » Le mot d'ordre lancé par Paul Bert[1], ancien élève et successeur de Claude Bernard à la Sorbonne, ancien ministre de l'Instruction publique et des Cultes dans le cabinet de Gambetta, et mort du choléra en 1886 à Hanoï, où il avait été nommé résident supérieur de l'Annam-Tonkin, témoigne d'un optimisme réjouissant.

Le premier germe responsable d'une maladie infectieuse humaine, le bacille du charbon, a été identifié par Robert Koch en 1876. Entre 1876 et 1886, ce sont les germes de la gangrène gazeuse, de la blennorragie, de la fièvre typhoïde, de la tuberculose, de la scarlatine, du choléra, de la diphtérie, du tétanos, d'infections gastro-intestinales et de la pneumonie qui sont découverts. Au même moment, entre 1880 et 1885, Louis Pasteur met au point un vaccin contre le choléra des poules – le premier vaccin fabriqué par l'homme –, un vaccin contre le charbon du mouton, un vaccin contre le rouget du porc et un vaccin contre la rage. Onze germes pathogènes découverts et quatre vaccins mis au point en dix ans : on peut partager l'enthousiasme de Paul Bert et comprendre sa confiance en une science libératrice. En cette fin de XIXe siècle où le progrès fait rage, la découverte des microbes, la théorie microbienne des maladies et l'élaboration de vaccins promettent un avenir délivré des fléaux qui s'abattent sur les hommes et les tuent par millions depuis la nuit des temps.

Et, de fait, les progrès en santé publique sont immenses au XXe siècle. Les vaccinations et les antibiotiques sauvent des millions et des millions de vies, celles d'enfants surtout ; mais aussi l'accroissement de l'hygiène, l'amélioration de l'alimentation et des conditions de vie, sans parler des lois sociales. La durée de vie moyenne triple en deux siècles, la variole est officiellement éradiquée du globe en 1979, le fardeau des maladies infectieuses et la hantise des épidémies s'estompent peu à peu dans les mémoires en Occident, au point qu'on s'interroge sur la nécessité de vacciner contre des maladies déjà oubliées. Les épidémies, c'était le monde d'avant !

*

Le 1er décembre 2019, un cas de pneumopathie atypique est signalé à Wuhan, dans la province chinoise du Hubei. Les cas se multiplient au cours du mois de décembre, en Chine centrale puis dans toute la Chine. Le 7 janvier 2020, le virus responsable est isolé : c'est un nouveau coronavirus qui ressemble à celui du syndrome respiratoire aigu sévère (SRAS) qui avait frappé l'Asie en 2003. Le 22 janvier, l'Organisation mondiale de la santé (OMS) rapporte le premier cas de contamination interhumaine, en Chine.

Le premier cas hors de Chine continentale est rapporté le 13 janvier en Thaïlande. Fin janvier, le virus a atteint successivement le Japon, la Corée du Sud, les États-Unis, Taïwan, Singapour, le Viêt Nam, la France, le Canada, l'Australie, le Cambodge, le Sri Lanka, l'Allemagne, Dubaï, la Finlande, l'Inde, les Philippines, l'Italie, la Russie, le Royaume-Uni, la Suède et l'Espagne. Le 30 janvier, l'OMS déclare que l'épidémie représente une « urgence de santé publique de portée internationale ». La maladie est officiellement nommée « *coronavirus disease* 2019 » ou « Covid-19 », et le virus, « SARS-CoV-2[2] » (*severe acute respiratory syndome-coronavirus*-2). L'épidémie se répand sur tous les continents. Elle est déclarée « pandémie » par l'OMS le 11 mars 2020.

Le Covid-19[3] ne ressemble pas au SRAS ni au MERS, le *Middle East respiratory syndrome* dû à un autre coronavirus apparu en 2012. C'est une maladie nouvelle. Dans un nombre de cas inconnu mais sans doute important, l'infection est asymptomatique. Les individus infectés sont contagieux avant d'être malades. Lorsqu'il se déclare après une ou deux semaines d'incubation, le Covid-19 se présente comme une grippe plus ou moins sévère, mais spontanément résolutive dans 85 % des cas. C'est donc une infection virale que le système immunitaire contrôle le plus souvent, presque toujours chez les sujets jeunes.

Dans 15-20 % des cas, la maladie s'aggrave une dizaine de jours après l'apparition des symptômes. Dans 5 % des cas, elle évolue vers un tableau de détresse respiratoire aiguë associé à un choc inflammatoire dû à une sécrétion massive de *cytokines**, ces molécules produites par les cellules du système immunitaire en réponse à une infection. Cette « tempête cytokinique », comme l'appellent les Anglo-Saxons, peut entraîner la mort des sujets âgés, surtout s'ils sont fragilisés par des pathologies préexistantes. Au début du mois de mai 2020, le Covid-19 a déjà tué près de 250 000 personnes dans le monde, près de 25 000 en France.

Le système immunitaire peut donc aussi bien protéger contre une maladie infectieuse que l'aggraver et, dans certains cas, provoquer la mort. Confère-t-il au moins une immunité protectrice aux patients qui en sont guéris ? Les anticorps induits par le virus protègent-ils contre la maladie ? Des réponses à ces questions dépend pour une bonne part la possibilité d'un vaccin. Nous n'avons pas de réponse à l'heure où ces mots sont écrits[4]. Les tentatives pour mettre au point un vaccin contre le Covid-19 se multiplient néanmoins, en réponse à la demande pressante de pouvoirs politiques impuissants et de populations réduites à se terrer chez elles pour échapper au virus. Car comment lutter contre la pandémie sans traitement et sans vaccin ?

*

Ainsi, malgré le succès des vaccinations, malgré l'accroissement des connaissances en microbiologie et en virologie, malgré le développement des antibiotiques, le bel enthousiasme de la fin du XIXe siècle n'est plus de saison au début du XXIe siècle. Contrairement à ce que nous avions pu croire avec une certaine légèreté, nous sommes loin d'en avoir fini avec les maladies infectieuses. Des épidémies émergent ici et là : sida, chikungunya, grippe aviaire, fièvre de la vallée du Rift, Ebola, Zika, SRAS, MERS, la liste n'est pas close, et aujourd'hui Covid-19. Des maladies réapparaissent, qu'on croyait disparues ou sous contrôle : fièvre du Nil, maladie de Lyme, hépatite C, fièvre jaune, mais aussi tuberculose et syphilis. Avec l'apparition de souches de bactéries résistantes, les antibiotiques montrent leurs limites. Ils sélectionnent des souches inconnues auparavant comme *Clostridium difficile*. Le vieillissement de

---

* Les mots dont la première occurrence est en italique et suivie d'un astérisque sont définis dans le glossaire, à la fin de l'ouvrage.

la population et l'utilisation de chimiothérapies toxiques pour les cellules immunitaires favorisent le développement d'infections nosocomiales dues à des bactéries multirésistantes qui ont élu domicile au cœur des hôpitaux. On voit apparaître chez les immunodéprimés des infections dues à des bactéries normalement non pathogènes de la flore intestinale. Le réchauffement climatique permet la migration dans les pays du Nord de vecteurs des maladies du Sud. Ainsi, *Aedes albopictus*, le moustique-tigre, a franchi la Méditerranée en 2004. À l'origine d'une brève épidémie de dengue dans un quartier de Nîmes en 2015 et de deux cas autochtones d'infection par le virus Zika en France métropolitaine en 2019, il a atteint 58 départements français au début du mois de mai 2020[5].

Or, si les vaccinations obligatoires protègent efficacement contre la diphtérie, le tétanos et la poliomyélite, et maintenant contre la coqueluche, l'hépatite B, les méningites virales, les méningites à méningocoques, la pneumonie à pneumocoques, la rougeole, les oreillons et la rubéole, certains vaccins, comme le BCG ou le vaccin contre la grippe saisonnière, ne protègent que partiellement. Surtout, n'en déplaise à Paul Bert, nous n'avons pas de vaccin pour toutes les maladies infectieuses, loin s'en faut. Malgré des efforts et des progrès considérables, on ne dispose toujours pas de vaccin contre le sida, quarante ans après la découverte du VIH. Il n'existe pas non plus de vaccin contre le paludisme qui tue près d'un demi-million de personnes par an dont plus des deux tiers sont des enfants de moins de 5 ans, ni contre la maladie de Chagas ou la maladie du sommeil, pas de vaccin contre les parasitoses d'une façon générale.

*

C'est pour rendre compte de l'immunité protectrice conférée par les vaccinations qu'une nouvelle science s'est développée au XXe siècle, l'immunologie, et ce sont des immunologistes qui ont conçu le système immunitaire comme un système de défense. Ce système, sans aucun doute possible, protège contre les maladies infectieuses. Les nouveau-nés dont le système immunitaire est incapable de produire des anticorps doivent vivre dans des bulles stériles en absence de traitement capable de restaurer cette capacité. Les patients dont le système immunitaire est détruit par le VIH meurent d'infections opportunistes en absence d'une trithérapie qui contrôle l'infection. Il protège sans doute aussi des cancers qui se développent sans qu'on s'en aperçoive. Les patients soumis à un traitement immunosuppresseur sont en effet plus fréquemment atteints par un cancer. Le système immunitaire est-il pour autant un système de défense ?

La question peut paraître incongrue. Pourquoi, en effet, poser une telle question quand la défense contre les pathogènes est devenue une grande fonction physiologique attribuée au système immunitaire ? Une première raison est qu'à l'évidence il lui arrive de faillir à sa mission. On meurt encore de maladies infectieuses, et d'autant plus qu'on n'est pas vacciné, quelle qu'en soit la raison. Selon l'OMS, le choléra fait entre 20 000 et 140 000 morts par an dans le monde. La rougeole a tué plus de 140 000 enfants de moins de 5 ans dans le monde en 2018. Près de 400 par jour ! Et si une des fonctions du système immunitaire est de surveiller l'apparition de cellules cancéreuses et de les éliminer avant qu'elles ne se mettent à proliférer et à envahir les tissus voisins, des cancers finissent par se développer chez un trop grand nombre d'entre nous. Une deuxième raison est que, comme dans le cas du Covid-19, il arrive que l'on ne meure pas de l'infection qui a été contractée, mais de la réponse immunitaire censée protéger contre cette infection. S'agit-il d'un emballement d'un système qui répond au virus ? Des moyens de défense trop puissants sont-ils mis en jeu ou échappent-ils à des mécanismes de régulation qui, normalement, les contrôlent ? Une troisième raison est qu'il arrive au système immunitaire de se tromper de cible. Il lui arrive de détruire des cellules normales, des cellules de nos propres tissus, comme les cellules qui produisent l'insuline dans le pancréas. Quelle est la signification de ces « maladies auto-immunitaires » comme le diabète de type 1 ? Il arrive encore plus souvent au système immunitaire de réagir à des substances de l'environnement parfaitement inoffensives, comme du pollen de graminées ou du poil de chat, voire des aliments comme l'arachide, et, lorsqu'il le fait, il rend malade, et parfois il tue en quelques minutes. Les allergies sont des réactions incompréhensibles du système immunitaire. Si le système immunitaire est bien ce qu'on croit qu'il est, quelle nécessité le pousse à nous protéger contre nous-mêmes et contre des allergènes inoffensifs ?

Tel qu'il a été conçu, le système immunitaire est capable de distinguer ce qui nous est étranger – le non-soi – de nous-mêmes – le soi – et d'éliminer le non-soi pour protéger le soi. Il possède en effet un appareil de reconnaissance sophistiqué qui lui permet de percevoir l'infinie variété du non-soi, et un puissant appareil de défense qui lui permet de « neutraliser », comme on dit en langage militaire, toute source de danger, réel ou supposé. Il se trouve que nous hébergeons entre dix et cinquante fois plus de bactéries que nous n'avons de cellules dans notre corps entier, et un nombre encore plus grand de virus, avec lesquels nous vivons en bonne intelligence, enfin le plus souvent. Nous nous entendons les uns avec les autres parce que nous nous fournissons mutuellement ce qui nous manque et dont nous avons besoin. Nous nous entendons si bien que, si ce « microbiote » vient à manquer, chez l'enfant né par césarienne par exemple, ou s'il est altéré par un traitement antibiotique intempestif administré au cours des premiers mois de la vie, nous développons des maladies à l'âge adulte, ces « maladies de société », comme l'obésité, les maladies allergiques et auto-immunitaires, justement, dont la fréquence ne cesse d'augmenter. Au point que le microbiote est devenu un organe comme les autres. Nous sommes des méta-organismes faits de centaines d'espèces. Si le microbiote qui nous habite est bien un organe dont nous avons besoin pour vivre, comment le système immunitaire s'accommode-t-il de tout ce non-soi qui grouille en nous sans mobiliser son arsenal et nous en débarrasser ?

*

Alors, le système immunitaire est-il ce système de défense qu'il est censé être ? La question paraît moins incongrue maintenant. Certes, on peut penser que toutes ces réponses immunitaires pathogènes sont des erreurs du système immunitaire, ou des dommages collatéraux, ou alors des faillites du système, qu'il en fait trop ou pas assez. Rien ni personne n'est parfait. Mais ce système immunitaire est un produit de la sélection naturelle. Nous comprenons bien qu'un système de défense contre les pathogènes puisse avoir conféré un avantage sélectif à nos ancêtres *phylogénétiques** par rapport à ceux qui n'en avaient pas. Mais l'allergie ? Quel avantage peut résulter de mécanismes sophistiqués qui induisent des réactions anaphylactiques mortelles contre des substances sans danger ? Et l'auto-immunité ? Quel avantage sélectif peut résulter de mécanismes d'autodestruction qui s'en prennent à des organes vitaux ? Nous comprenons bien qu'un système particulièrement sensible à la présence de micro-organismes permette de détecter et de détruire la multitude des microbes qui nous menacent. Mais comment s'y prend-il pour ne pas « voir » ou pour épargner la multitude des commensaux qui vivent en nous ? D'autant plus que certains d'entre eux sont moins « innocents » qu'ils ne le paraissent, et qu'il leur arrive de devenir de véritables pathogènes quand nous baissons la garde.

Longtemps, on a pensé qu'il suffirait de trouver des réponses à ces questions. Peu de réponses satisfaisantes ont été proposées. Il est possible qu'un jour de meilleures soient trouvées. Il est possible aussi qu'il n'y ait pas de bonnes réponses parce que ce sont les questions qui ne sont pas bonnes. Il est possible, en effet, qu'elles n'appellent pas de réponses mais une autre façon de voir les choses. C'est le pari que j'ai fait. Je me propose donc de déconstruire le système immunitaire tel qu'il a été construit pour le reconstruire autrement, de sorte qu'on ne bute plus sur des questions sans réponses, ou beaucoup moins.

Je partirai du fait que, conçu pour rendre compte de l'immunité protectrice conférée par les vaccinations contre les micro-organismes pathogènes, le système qui a été construit s'est vu assigner une fonction protectrice, elle-même conçue comme une grande fonction physiologique. C'est donc un système marqué d'un péché *téléologique** originel, un système biologique entaché d'une finalité irréductible qui met l'effet avant la cause, en contradiction avec les règles de la causalité en biologie comme dans les autres sciences. Le premier objectif est de se débarrasser de ces *a priori* qui entravent la pensée immunologique et l'entraînent vers une idéologie qui n'a pas place dans une discipline scientifique. J'essaierai ensuite de bâtir un autre système biologique, un système « candide », un système d'« après l'immunité » intégré dans la physiologie.

*

Ce livre a une « forme sonate[6] ». Chacune de ses trois parties est composée de trois chapitres, eux-mêmes divisés en trois sections. On peut lire les trois parties dans l'ordre ou dans un autre ordre. Elles peuvent en effet aussi être vues comme les trois parties d'un triptyque, chacune étant à la fois complète et l'élément d'un tout.

« L'exposition », *andante*, est intitulée « La défense ». Elle expose le problème. On y fait beaucoup référence à l'histoire, mais ce n'est pas une histoire de l'immunologie. C'est un long retour aux sources pour essayer de comprendre, dans les textes des pères fondateurs, d'où tout est parti dans l'entre-deux de la Belle Époque, et comment un système biologique de défense a ensuite été élaboré, fondé sur la distinction entre le soi et le non-soi, qui a pris place parmi les grands systèmes physiologiques au début des années 1960. Cette partie montre aussi comment, ainsi conçu, le système immunitaire est confronté à des défis qu'il peine à relever.

Le « développement », *adagio*, est intitulé « Logiques du vivant ». On y prend le temps de lever les yeux de notre objet d'étude pour regarder autour de nous au-delà de la science. Les immunologistes étudient des processus fondamentaux qui permettent la vie des organismes vivants. Ils ne sont pas les seuls. Des biologistes d'autres disciplines, mais également des historiens, des philosophes, des sociologues ont contribué à modifier la façon dont nous comprenons le vivant. J'ai donc essayé, à la lumière de ce que nous apprennent les sciences humaines, de dessiner le cadre, ou plutôt les cadres dans lesquels pourrait prendre place le système que je me propose de reconstruire.

La « réexposition », *allegro vivace*, est intitulée « Le compromis ». C'est un retour à la science, une réexposition de l'immunité, autrement. Je commence par rassembler un nombre réduit d'« énoncés » présentant les faits scientifiques saillants débarrassés de leur héritage historique et, autant que possible, de leurs biais théoriques. Ces énoncés fournissent sous une forme condensée de quoi bâtir un nouveau système. Je tente ensuite de placer ce système dans les cadres conceptuels discutés dans la partie précédente. Il se présente alors comme un second système de relation. Un système qui perçoit le monde biologique et y répond, de la même façon que le système nerveux central perçoit le monde physique et y répond. Je m'efforce enfin de reconstruire un système qui, plus que nous défendre *contre* les autres, nous permet de vivre *avec* les autres, ceux qui nous entourent et ceux qui sont en nous. Les maladies sont nombreuses, alors, qui peuvent être comprises comme résultant d'un problème de relation. À l'état d'immunité, inné ou acquis, est substitué un équilibre dynamique ; à la notion de protection, celle d'un compromis toujours renégocié. Pour le méta-organisme que nous sommes, l'immunité devient alors bien plus qu'une protection, c'est une condition d'existence.

I

La défense

« DÉFENSE. *n. f. (fin* XIe*).* 1° Action de défendre qqn en se battant. 2° *Fig.* Action de défendre, de protéger, de soutenir qqn, qqch. 3° Le fait de se défendre, de résister. »

A. REY et J. REY-DEBOVE,
Le Petit Robert. Dictionnaire alphabétique et analogique de la langue française (1984).

« La Défense. Durant le siège de Paris de 1870-1871, le rond-point de Courbevoie est fortifié par la construction de la redoute de Courbevoie. Le lieu est mis en défense le 21 septembre 1870 par le 19e régiment de marche après l'apparition des Prussiens à la Malmaison. Après la bataille de Courbevoie, le 2 avril 1871, durant la Commune de Paris, les troupes versaillaises installent au rond-point de Courbevoie une batterie qui mitraillait le pont de Neuilly tenu par les fédérés. En 1878, le Conseil général de la Seine organise un concours pour le choix d'une sculpture rendant hommage aux défenseurs de la capitale lors du siège de 1870-1871. Le 12 août 1883, la statue *La Défense de Paris* de Louis Ernest Barrias est inaugurée. Le rond-point de Courbevoie devient alors "le rond-point de La Défense-de-Paris" qui deviendra avec le temps "le rond-point de La Défense". Depuis les années 1960 "La Défense" est un quartier constitué d'immeubles de grande hauteur qui regroupe un quartier d'affaires, des logements et un centre commercial. En 2009, elle compte 2 500 entreprises dont les sièges de multinationales françaises et étrangères, et elle abrite 20 000 habitants dans 71 tours. »

Article « La Défense », Wikipédia.

Il ne s'agit pas ici de réécrire l'histoire de l'immunologie, ni d'écrire une nouvelle histoire de l'immunologie, ni même d'écrire l'histoire de l'immunologie. Je ferai beaucoup référence à l'histoire dans cette première partie, mais la démarche que j'adopterai n'est pas historique, elle est même précisément celle que récusent les historiens : je suivrai un chemin rétrograde. L'histoire dont je parlerai est celle des « connaissances sanctionnées, c'est-à-dire encore actuelles parce que agissantes[1] ».

Mon objectif est en effet celui d'un immunologiste qui s'interroge sur la nature de son objet d'étude. Il est uniquement d'essayer de comprendre comment, au cours de l'histoire de l'immunologie, a été conçu un système biologique de défense comme le système immunitaire que nous connaissons aujourd'hui, et dont je crois qu'il doit être repensé.

Il nous faut donc revenir en arrière et chercher comment tout a commencé dans l'entre-deux de la Belle Époque, entre XIXe et XXe siècle, entre France et Allemagne, entre guerre et guerre.

CHAPITRE 1

Avant le système immunitaire

Dans ce chapitre seront exposés les actes fondateurs des trois principaux pionniers de l'immunité, alors que n'existent encore ni la science de l'immunité ni le nom qui la désignera. « L'atténuation des germes », dont Louis Pasteur fait le fondement de la vaccination, l'expérience de Messine, par laquelle Élie Metchnikoff scelle le destin de l'immunité en assignant aux phagocytes la tâche de protéger l'organisme « contre les nuisibles intrus », et la description des anticorps, dont Paul Ehrlich fait « les balles magiques » de l'immunité, sont les bases sur lesquelles repose la science qu'on appelle l'immunologie.

Les microbes et leurs hôtes

« *Omnis cellula e cellula* », « toute cellule est issue d'une autre cellule ». En définissant la cellule comme l'unité de vie au début du XIXe siècle, la théorie cellulaire de Rudolf Virchow[1] en fait le composant universel des êtres vivants. Ce ne sont ni les fibres, dont Albrecht von Haller avait fait « pour le physiologiste ce que la ligne est pour le géomètre », ni les 21 tissus, dont Xavier Bichat avait fait l'essence des organes, ce sont les cellules qui sont les composants fondamentaux, caractéristiques des êtres vivants. La théorie des germes apparaît alors comme un prolongement de la théorie cellulaire. Elle s'inscrit dans une conception générale du vivant qui prend corps au cours du XIXe siècle[2].

Vers la fin du XVIIIe siècle, Felice Fontana et Giovanni Targioni Tozzetti avaient déjà reconnu le rôle d'êtres vivants – des champignons – dans des maladies des plantes ; au tout début du XIXe siècle, Nicolas Appert avait mis au point un procédé de chauffage dans des contenants hermétiquement fermés permettant « de conserver pendant plusieurs années toutes les substances animales et végétales » ; en 1847, Ignaz Semmelweis avait compris que la fièvre puerpérale pouvait être transmise à de jeunes mères par des internes qui, avant de les accoucher, avaient pratiqué une autopsie. Comment un lien, qui nous semble s'imposer aujourd'hui, aurait-il pu être fait, alors, entre ces observations ? L'idée que des germes pouvaient être la cause de maladies n'était pas dans les esprits. C'est Louis Pasteur qui va l'y introduire.

La théorie microbienne des maladies

Depuis ses premiers travaux de stéréochimie à Strasbourg jusqu'à l'élaboration de la vaccination antirabique à l'École normale supérieure et la consécration de son œuvre par la création de l'institut qui porte son nom, Pasteur aura creusé le même sillon. L'asymétrie moléculaire conduit en effet aux fermentations, les fermentations à la réfutation de la génération spontanée, la réfutation de la génération spontanée à la théorie des germes, la théorie des germes à l'explication des maladies du ver à soie, la spécificité des microbes responsables des maladies du ver à soie à celle des microbes responsables du choléra des poules et du charbon, au principe de l'atténuation des germes et à la vaccination. Tout se tient.

Le point de départ est donc le travail que fait Pasteur sur les cristaux de tartrate et de paratartrate à la fin des années 1840. Ces cristaux sont deux formes sous lesquelles l'acide tartrique cristallise, ce sont des isomères. Ils ont la même composition chimique mais ils n'ont pas la même forme. Ils sont l'un pour l'autre ce que sont l'une pour l'autre la main droite et la main gauche. L'observation déterminante que fait Pasteur est que des champignons microscopiques n'utilisent ou ne produisent qu'une seule de ces deux formes. Les organismes vivants peuvent distinguer les isomères d'une molécule.

Lorsque, peu de temps après, Pasteur trouve que, de la même façon, les fermentations à l'œuvre dans la production de vin ou de bière ne produisent ou n'utilisent qu'un seul de deux isomères, il y voit la signature du vivant. C'est pour lui l'indice que des organismes vivants, et non comme on le pensait des substances chimiques, doivent être responsables des fermentations. Il peut alors démontrer le rôle de levures dans la fermentation de la bière, et d'un infusoire anaérobie dans la fermentation butyrique. Et il conclut que des organismes microscopiques spécifiques, qui se développent dans des conditions particulières en présence des nutriments appropriés, sont les agents des fermentations d'un type ou d'un autre.

Pasteur est alors prêt à s'engager dans la controverse sur la génération spontanée. En 1859, Félix Pouchet avait publié un ouvrage dans lequel il défendait l'idée que des êtres vivants pouvaient éclore d'une matière qui, certes, avait été vivante mais qui ne l'était plus. La vie pouvait être engendrée sans la vie. Pasteur démontre que, comme la fermentation, la génération est causée par des germes et que ces germes sont présents partout dans l'atmosphère. Car du vivant ne saurait se former spontanément à partir d'une matière qui n'en contiendrait pas, au moins en germe. Il existe une continuité de la vie. D'ailleurs le mot « germe » le dit bien : il s'applique aussi bien aux infections qu'à la génération. Les graines germent. Une infection s'apparente au développement d'une semence.

L'hypothèse que les maladies infectieuses sont dues à des germes peut alors s'imposer comme une extension de la théorie des germes. Les expériences par lesquelles, en 1865, Pasteur montre que différentes maladies du ver à soie sont dues à des germes différents qui le parasitent sont la suite logique des expériences sur les fermentations, et il le dit explicitement :

> [Dans ma communication sur la fermentation butyrique en 1861] j'annonçais alors à l'Académie que le ferment de cette fermentation, loin d'être une matière albuminoïde en voie de décomposition spontanée, comme on le croyait, était formé par des vibrions qui offrent les plus grandes analogies avec les corps filiformes du sang des animaux charbonneux. [...] Peu d'années après, je reconnus qu'une des infections les plus graves du ver à soie était la conséquence de la fermentation anormale de la feuille de mûrier dans le canal intestinal, fermentation produite par des organismes divers, et notamment par ces mêmes vibrions, agents actifs de la putréfaction des matières animales[3].

Avant qu'on connaisse les microbes, les maladies étaient causées par des miasmes, c'est-à-dire par les émanations toxiques de matières organiques en cours de putréfaction, qui provoquaient la putréfaction des tissus vivants contaminés comme elles provoquaient celle des tissus des cadavres, et c'est bien ainsi que Semmelweis avait compris la transmission de la fièvre puerpérale des cadavres aux femmes en couches. La putréfaction est en effet depuis des siècles le modèle de l'infection, et la putréfaction relève de processus chimiques, pas de processus biologiques. Les miasmes se transmettent de deux façons : par contact, comme la fièvre puerpérale ou la variole, on parle alors de « contagion », ou, indirectement, par l'air vicié, comme la fièvre des marais ou malaria – le mauvais (*mal*) air (*aria*) en italien – ou par l'eau souillée, comme le choléra, on parle alors d'« infection ». Contagieuses ou infectieuses, ce sont des maladies transmissibles. À partir de 1877, Pasteur applique la théorie de la spécificité des fermentations aux maladies transmissibles. Les germes remplacent les miasmes. La théorie microbienne des maladies connaît alors un formidable essor.

C'est Robert Koch, et non Pasteur, qui isole le premier germe responsable d'une maladie humaine lors d'une épidémie de charbon en 1876. En le nommant *Bacillus anthracis*, il conforte l'idée que des germes spécifiques sont responsables de maladies particulières. La maladie peut être définie par son agent causal, cette cause est extérieure à l'organisme, et une même cause externe produit la même maladie. Koch dresse alors la liste des critères nécessaires pour qu'un microbe soit reconnu comme la cause nécessaire d'une maladie.

C'est alors un feu roulant de découvertes, en Allemagne et en France : *Clostridium septicum*, le germe de la gangrène gazeuse en 1877, *Neisseria gonorrhea*, le germe de la blennorragie en 1879, *Salmonella typhi*, le germe de la fièvre typhoïde en 1880, *Mycobacterium tuberculosis*, le germe de la tuberculose en 1882, *Sreptococcus pyogenes*, ou streptocoque A, le germe de la scarlatine en 1882, *Vibrio cholerae*, le germe du choléra en 1883, *Corynebacterium diphtheriae*, le germe de la diphtérie en 1884, *Clostridium tetani*, le germe du tétanos en 1884, *Escherichia coli*, un germe responsable d'infections gastro-intestinales en 1885, *Streptococcus pneumoniae*, le germe de la pneumonie en 1886, *Neisseria meningitis*, le germe de la méningite à méningocoques en 1887, *Salmonella typhimurium*, le germe des salmonelloses en

1891, *Shigella flexneri*, le germe de la dysenterie à shigelles en 1900, *Treponema pallidum*, le germe de la syphilis en 1905, etc., la liste des pathogènes identifiés en quelques décennies est impressionnante. La science des microbes triomphe.

La connaissance du rôle des microbes dans la transmission des maladies vient justifier des règles promues depuis longtemps par les hygiénistes, et les renforcer. Transmise à toutes les couches de la société par l'école laïque, gratuite, publique, et popularisée par les médias qui s'en emparent et la vulgarisent, la théorie microbienne se répand rapidement dans la population. En conséquence, l'habitat et les édifices se modifient. Les lourdes tentures s'allègent dans les appartements bourgeois, les surfaces lisses remplacent le bois. Les Parisiens qui descendent sous le ventre de Paris pour inaugurer le métropolitain en 1900 découvrent les stations carrelées de faïence blanche. Les mosaïques brillantes éclairent les brasseries de mille couleurs. Les toilettes en porcelaine font leur apparition, et les glacières. Les comportements changent aussi : on se lave les mains avant de manger, le reste du corps un peu plus souvent qu'avant, on utilise des désinfectants. La production des aliments, leur conservation et leur distribution sont contrôlées.

La science des microbes, remarque Ilana Löwy, donne aux pouvoirs politiques des moyens de renforcer le contrôle de l'espace public. Car la maladie est associée à la saleté, et la saleté, à un milieu social[4]. En 1883, le préfet de la Seine, Eugène Poubelle, signe un arrêté préfectoral relatif à l'enlèvement des ordures ménagères pour lutter contre l'entassement des déchets dans les rues de Paris. C'est durant le Second Empire, auquel Pasteur était si profondément attaché, que, sous la direction d'Eugène Belgrand, les égouts de Paris sont rénovés, assainis et étendus, en même temps que le préfet Haussmann redessine la ville. De larges collecteurs sont creusés sous les avenues nouvellement percées. En 1894, une loi impose le tout-à-l'égout aux immeubles. La révolution microbiologique accompagne la révolution haussmannienne et le contrôle des classes populaires de la capitale.

La mise en pratique autoritaire des nouvelles connaissances s'est imposée dans les colonies où les « maladies tropicales » sont un obstacle à la colonisation. Il s'agit d'abord de rendre les tropiques habitables pour les Occidentaux. Là-bas aussi, dans les territoires d'outre-mer, on renforce donc des mesures d'hygiène bien connues : faire bouillir l'eau, lutter contre les insectes, ventiler les locaux, isoler les malades, installer les colons et les militaires dans des régions montagneuses où il fait moins chaud et où l'air est plus sain, éviter le contact avec les autochtones. Les campagnes de vaccination viendront plus tard. Les colons auront bientôt besoin de main-d'œuvre. La microbiologie apparaît alors également comme un moyen d'imposer aux colonisés la « mission civilisatrice » que se sont donnée les Européens.

Au tournant du siècle, la nouvelle science des microbes apparaît donc comme une avancée considérable dans la compréhension des phénomènes de la vie d'une part, et des maladies transmissibles d'autre part. Avec son exploitation politique en France et dans sa zone d'influence, elle conforte et apporte une justification rationnelle à des mesures d'hygiène déjà préconisées, elle les popularise. Elle instaure des règles d'asepsie dans les salles d'opération et l'utilisation de produits antiseptiques. Les premiers résultats ne se font pas attendre. La fréquence de la tuberculose, qui, à la fin du XIXe siècle, affecte près d'un quart de la population des pays industrialisés et qui est responsable de la moitié des décès chez l'adulte, commence à diminuer avec l'amélioration des conditions de vie, bien avant que la streptomycine, le premier antibiotique antituberculeux, ne soit découverte en 1943. Ce n'est pas rien, mais ce n'est qu'un début : la bactériologie inaugure l'avènement des vaccinations et des antibiotiques. La science des microbes, dit Ilana Löwy, n'est encore, alors, qu'une promesse.

L'atténuation des germes et les vaccins

La description de tous ces germes, responsables de toutes ces maladies, fait un peu oublier que tous les germes ne sont pas pathogènes et même que tous les germes pathogènes ne le sont pas toujours. En 1865, déjà, Pasteur notait que les maladies du ver à soie sont dues à des micro-organismes qui *deviennent* pathogènes quand les vers présentent des constitutions particulières. La survenue de la maladie dépend des interactions entre les parasites, leur hôte et le milieu. Dans certains cas, la relation entre le microbe et l'organisme est symbiotique, dans d'autres, elle est conflictuelle. Pour Pasteur comme pour Koch, il existe une « concurrence vitale » entre les microbes et l'hôte et entre les microbes eux-mêmes, qui s'apparente à une « lutte pour la vie » darwinienne.

Le développement des microbes et la maladie dont ils sont la cause dépendent donc de la constitution de l'hôte qu'ils infectent. Cela n'est pas surprenant pour Pasteur qui sait bien que tous les germes ne poussent pas dans le même milieu :

> Les organismes microscopiques les plus divers s'accommodent de la nourriture que leur offre [l'eau de levure] [...]. Par exemple, vient-on à y semer la bactéridie charbonneuse, elle prend en quelques heures un développement surprenant. Chose étrange, ce milieu de culture est tout à fait impropre à la vie du microbe du choléra des poules ; il y périt même promptement en moins de 48 heures. N'est-ce pas l'image de ce qu'on observe quand un organisme microscopique se montre inoffensif pour une espèce animale à laquelle on l'inocule ? [...] Je passe à une particularité plus singulière encore de la culture du microbe, auteur du choléra des poules. L'inoculation de cet organisme à des cochons d'Inde est loin d'amener la mort aussi sûrement qu'avec les poules[5].

Dans le même texte, Pasteur assimile le milieu de culture à l'hôte. De même que tous les milieux de culture ne permettent pas la croissance de tous les microbes, toutes les espèces ne sont pas également sensibles à une infection par un même microbe, et cette différence de sensibilité peut être expliquée par des différences entre les conditions que rencontre le microbe dans un hôte et dans un autre. Pour justifier cette analogie, Pasteur fait alors l'expérience suivante :

> [...] ayant reconnu que la bactéridie charbonneuse ne se développe pas, ou très péniblement, à des températures de 43-44 degrés dans certains liquides de culture, nous avons pensé que telle était peut-être l'explication d'un fait bien connu, quoique fort mystérieux, à savoir, que certains animaux sont réfractaires à la maladie charbonneuse. Il nous avait été impossible [...] de donner le charbon à des poules. La température d'environ 42 degrés de ces gallinacés, jointe à la résistance vitale, ne s'opposerait-elle pas au développement de la bactéridie charbonneuse dans le corps de ces animaux ? Si cette conjecture était fondée, nous devrions pouvoir donner facilement le charbon aux poules en abaissant la température de leur corps. La réussite de l'expérience fut immédiate. Qu'on inocule une poule avec la bactéridie charbonneuse et qu'on la place les jambes plongées dans de

l'eau à 25 degrés, ce qui suffit pour que la température de tout son corps descende à 37-38 degrés, température des animaux susceptibles de prendre le charbon, et entre 24 ou 30 heures la poule meurt, tout son corps envahi par la bactéridie charbonneuse[6].

Flacon de culture ou hôte, le milieu joue donc un rôle critique dans la croissance des microbes, *in vitro* aussi bien qu'*in vivo*. Mais, si le milieu affecte la croissance des microbes, l'inverse est également vrai : la croissance des microbes modifie le milieu. Au bout d'un certain temps, la croissance de microbes dans un milieu de culture s'arrête, et un milieu dans lequel se sont déjà développés des microbes ne permet plus la croissance de nouveaux microbes du même type ensemencés dans ce milieu. La raison en est qu'au bout d'un certain temps les nutriments nécessaires à la croissance de ces microbes ont été consommés par ceux qui y ont été cultivés précédemment.

Pasteur transpose alors l'analogie qu'il a faite entre milieu de culture et hôte : si le microbe affecte le milieu, il doit affecter l'hôte. Il a bien sûr en tête la variolisation pratiquée depuis longtemps en Orient et rapportée en Angleterre par lady Mary Wortley Montagu en 1721, et la « vaccination » pratiquée pour la première fois par Edward Jenner en 1796, qui protègent contre la variole. Une forme mineure de variole induit un état qui protège contre une forme mortelle de la même maladie, et une maladie bénigne comme la vaccine induit un état qui protège contre une variole mortelle. Pasteur cherche comment obtenir le même résultat avec le choléra des poules en modifiant le microbe responsable, et, pour modifier le microbe, il en modifie les conditions de culture : « Par certains changements dans le mode de culture, on peut faire que le microbe infectieux soit diminué dans sa virulence. C'est là le point vif de mon sujet », dit-il à l'Académie de médecine, mais il ne dit pas encore par quels changements. Qu'importe, le résultat est là :

> Prenons quarante poules. Inoculons-en vingt avec le virus très virulent ; les vingt poules mourront. Inoculons les vingt autres avec le virus atténué ; toutes seront malades, mais elles ne mourront pas. Laissons-les se guérir et revenons ensuite pour ces vingt poules à l'inoculation du virus très infectieux. Cette fois il ne tuera pas[7].

Pasteur fait avec son « virus » atténué exactement ce qu'avait fait un siècle auparavant Jenner avec la vaccine : il infecte les poules avec un microbe qui les rend malades mais qui ne les tue pas, puis il les soumet à une infection mortelle. Il obtient le même résultat que Jenner. Il reconnaît d'ailleurs l'antériorité de celui-ci en adoptant, pour son microbe atténué, le nom « vaccin ». La différence, et elle est de taille, est que l'effet protecteur du virus de la vaccine contre la variole est un accident de la nature, par ailleurs déjà bien connu des vachères, mais que Jenner démontre et dont il prouve l'efficacité en soumettant les vaccinés à une variolisation d'épreuve, tandis que la protection contre le choléra est conférée par un microbe dont la virulence a été délibérément atténuée par son mode de préparation. C'est le premier « vaccin », puisque le nom s'appliquera par la suite à tous les autres micro-organismes modifiés en vue d'une immunisation, le premier vaccin conçu et fabriqué par l'homme. Le premier, mais pas le dernier. D'un accident, Pasteur fait un principe et d'une expérience réussie, il fait une méthode.

> Dans un simple changement du mode de culture du parasite, dans le seul fait d'éloigner les époques des ensemencements, nous avons une méthode pour obtenir des virulences progressivement décroissantes, et finalement un vrai virus vaccinal, qui ne tue pas, donne la maladie bénigne et préserve de la maladie mortelle[8].

Qu'importe si la méthode ne marche pas pour le charbon du mouton et s'il faudra l'adapter pour le virus de la rage, et à grand-peine ; la technique diffère mais le principe est le même. Pour le protéger il faut modifier l'hôte en l'exposant à un microbe rendu inoffensif. Les vaccinations ultérieures reposeront sur ce principe, avec le succès que l'on sait, et même si l'on s'y prend un peu différemment aujourd'hui pour mettre au point de nouveaux vaccins, le principe reste le même.

Mais nous n'en sommes toujours qu'au début de l'histoire. À l'exception du vaccin contre la fièvre typhoïde élaboré par Almroth Wright et Richard Pfeiffer dès 1896, les « grands » vaccins ne seront mis au point que bien plus tard au XXe siècle, et lentement : les vaccins contre la diphtérie et contre le tétanos en 1924, le vaccin contre la fièvre jaune en 1937, les premiers vaccins contre la coqueluche dans les années 1940, remplacés par un meilleur en 1981, les premiers vaccins contre la grippe dans les années 1944-1945, le vaccin injectable contre la poliomyélite en 1954, remplacé par le vaccin oral en 1957, le premier vaccin contre l'hépatite B en 1976, remplacé par un vaccin recombinant en 1986, etc., nous pourrions continuer la liste jusqu'à aujourd'hui, et on espère bien qu'elle s'allongera encore demain. Aux vaccins s'ajoutent les premiers médicaments antibactériens. Paul Ehrlich découvre en 1909 qu'un dérivé de l'arsenic est efficace contre la syphilis parce qu'il tue le tréponème. En 1928, Alexandre Fleming découvre la pénicilline, le premier antibiotique, et en 1935, Jacques et Thérèse Tréfouël, Federico Nitti et Daniel Bovet découvrent la sulfanilamide, le premier sulfamide.

Les progrès en santé publique qui en résultent sont spectaculaires. La mortalité infantile (avant l'âge de 1 an) en France passe de 30 % en 1800 à 15 % en 1900 et à 5 % en 1950 (elle est de 0,3 % aujourd'hui). La décroissance de la fréquence de la tuberculose s'accélère avec la vaccination par le BCG, les nouveaux antibiotiques antituberculeux et leurs associations. On ne dénombre plus que 5 cas de tuberculose pulmonaire pour 100 000 habitants en France en 2015[9]. La variole est déclarée officiellement éradiquée du globe par l'Organisation mondiale de la santé en 1979. L'espérance moyenne de vie en France qui n'atteignait pas 30 ans en 1800, passe à 48 ans en 1900 ; elle est de 79 ans pour les hommes et de 85 ans pour les femmes en 2015.

Avec le recul, la reconnaissance de Pasteur comme un bienfaiteur de l'humanité n'est pas usurpée. La théorie des germes qu'il a élaborée et le principe de la vaccination qu'il a établi ont permis, permettent toujours et permettront encore de sauver des millions et des millions de vies. Rien d'étonnant donc à cette gloire. Ce qui est étrange est qu'elle ait été immédiate, que Pasteur soit devenu un grand homme, et pour le monde entier, de son vivant. Le choléra des poules, le charbon du mouton ou le rouget du porc avaient un impact économique certain[10], et disposer de vaccins contre ces maladies était sans aucun doute un réel progrès en médecine vétérinaire. Ce ne sont cependant pas ces vaccins qui ont fait de Pasteur le bienfaiteur de l'humanité qu'il est devenu. Bien sûr, le vaccin antirabique a fait forte impression car on ne disposait d'aucun traitement efficace et, une fois déclarée, la maladie était presque toujours mortelle dans un tableau épouvantable, au point que l'étouffement entre deux matelas ou la saignée à blanc étaient des « traitements » suffisamment répandus pour qu'il ait fallu les interdire par décret[11]. La rage terrifie, et ces images en couleurs où l'on peut voir les files de mordus venus du monde entier dans leurs costumes traditionnels se faire vacciner rue d'Ulm[12] le montrent bien. Ce n'est cependant pas une maladie très fréquente : une trentaine de cas par an en France, c'est peu, et toutes les morsures de chiens enragés ne transmettent pas la rage. Elle n'est pas une de ces maladies épidémiques qui, depuis toujours, tuent les hommes par millions. Pourtant, au lendemain des communications à l'Académie des sciences et à l'Académie de médecine, les 26 et 27 octobre 1885, auxquelles Pasteur rapporte le succès de la vaccination du petit Joseph Meister, au mois de juillet précédent, la presse s'enflamme :

> L'Institut de France a applaudi d'enthousiasme à la relation, sobre comme un procès-verbal, de ce merveilleux miracle par le modeste thaumaturge lui-même ; toutes les nations applaudissent comme nous. Si un homme a mérité jamais d'être coulé en bronze de son vivant, c'est M. Pasteur, c'est Pasteur. Les Grecs reconnaissants l'auraient fait dieu (*Le Courrier de Lyon*, 29 octobre 1885)[13].

Pouvait-on en 1885 anticiper les vaccinations à venir et leur immense succès ? Pouvait-on imaginer que cette manœuvre serait qualifiée par l'Organisation mondiale de la santé comme « une des plus grandes réussites de la médecine moderne », « une des interventions de santé publique les plus efficaces et qui présente le meilleur rapport coût-efficacité[14] » ? Sans doute pas. Néanmoins, c'est le président de la République Sadi Carnot lui-même qui, le 14 novembre 1888, inaugure l'Institut Pasteur en présence de 600 invités venus du monde entier. Et lorsque à 10 h 30, le 27 décembre 1892, Pasteur fait son entrée dans le grand amphithéâtre de la Sorbonne au bras du même président de la République alors que la Garde républicaine joue une marche triomphale, les délégués des académies et des sociétés savantes de France et de l'étranger, les membres de l'Institut, les professeurs de faculté, les députations de l'École normale, de l'École polytechnique, de l'École centrale, de l'École de pharmacie, des écoles vétérinaires, des écoles d'agriculture se pressent pour assister au jubilé organisé à l'occasion du soixante-dixième anniversaire du Grand Homme, aux côtés de ses élèves et collaborateurs et, dans les secondes tribunes, des élèves des lycées et des écoles[15].

Peut-être une explication tient-elle au nom « vaccin ». En adoptant ce nom, alors que les germes atténués par Pasteur n'ont rien à voir avec la vache et la vaccine, en l'empruntant à Jenner, Pasteur ne fait pas que reconnaître la vaccination jennérienne déjà vieille d'un siècle comme l'événement fondateur, il ne s'efface pas derrière Jenner, le précurseur, au contraire, il assimile les « vaccinations » que lui-même a mises au point à la vaccination antivariolique. Car la variole, ce n'est pas le choléra des poules, le charbon du mouton, le rouget du porc ou même la rage. C'est la maladie qui a exterminé une grande partie des Indiens du Nouveau Monde quand les Européens l'y ont introduite. C'est une maladie qui atteint plus de 90 % de la population du Vieux Continent au XVIIIe siècle et qui tue 30 % de ceux qu'elle atteint. C'est bien pire que la peste noire de sinistre mémoire. En fournissant une explication aux maladies transmissibles qui rend possible l'élaboration systématique de vaccins contre des maladies aussi terrifiantes, c'est donc bien à un gigantesque progrès de l'humanité que participe Pasteur. En se référant à un passé aussi prestigieux vieux d'un siècle, Pasteur s'inscrit dans le futur et il annonce l'avenir radieux que promet alors le progrès.

La IIIe République ne s'y trompe pas. Elle s'approprie le Grand Homme et en fait un « saint laïque[16] ». Le 5 octobre 1895, dix ans après celles de Victor Hugo au Panthéon, Pasteur aura des funérailles nationales à Notre-Dame où, comme le rapporte *Le Figaro* du 6 octobre,

> Raymond Poincaré, ministre de l'Instruction publique, lui rend un ultime hommage dans un discours poignant. […] Toute la nation était vraiment là, son élite appelée à défiler entre l'épaisse masse humaine. Par moments, les princes étrangers, les représentants des grands corps de l'État coude à coude avec les ouvriers.

Un bel exemple d'unité et de fierté nationales qui vient à point en pleine affaire Dreyfus et dans un contexte international tendu.

La guerre entre la France et la Prusse s'est achevée un peu moins d'un quart de siècle plus tôt par la proclamation de l'Empire allemand et celle de Guillaume Ier empereur au château de Versailles. Elle se solde par un traité qui acte la défaite de la France, et qui la consacre par l'annexion de l'Alsace et d'une partie de la Lorraine, par le paiement d'une indemnité de 5 milliards de francs, payable en or, en marks ou en devise étrangère (pas en francs), et par l'occupation d'une partie du territoire français jusqu'au paiement de cette somme. Ce traité de Francfort humiliant ne fait qu'exacerber les nationalismes et les haines qui ne demandent qu'à être attisés entre les deux pays. Il appelle à la revanche. Il porte en germe la prochaine guerre, celle qui sera la « Grande Guerre » avant d'être la « Der des ders », et qui se prépare déjà de part et d'autre de la ligne bleue des Vosges.

Dès le 18 janvier 1870, Pasteur avait renvoyé au doyen de la faculté de médecine le diplôme de docteur en médecine que lui avait décerné l'Université de Bonn, en le priant de rayer son nom des archives de la faculté et de reprendre « un parchemin dont la vue lui était devenue odieuse ». Le doyen, le docteur Maurice Naumann, répondit à « l'insulte qu'avait osé faire Pasteur à la nation allemande dans la personne sacrée de son auguste empereur, le roi Guillaume de Prusse, en lui envoyant l'expression de *tout son mépris*[17] ». Et, dans une lettre à son élève Raulin datée du 17 septembre 1870[18], Pasteur écrit :

> Je voudrais que la France résistât jusqu'à son dernier homme, jusqu'à son dernier rempart ! Je voudrais la guerre prolongée jusqu'au cœur de l'hiver afin que les éléments venant à notre aide, tous ces vandales périssent de froid de misère et de maladies. Chacun de mes travaux jusqu'au dernier jour portera pour épigraphe : Haine à la Prusse. Vengeance, vengeance…

Pasteur nous montre ici que le milieu affecte bien les êtres qui y vivent. Les détestations nationalistes contaminent les relations académiques. La concurrence sera féroce entre l'école française et l'école allemande qui s'efforceront de comprendre comment les vaccinations peuvent conférer une immunité protectrice.

L'hôte comme un milieu de culture

Car la question reste entière. Si l'effet ne fait pas de doute, son mécanisme est un mystère. Comment un microbe rendu inoffensif peut-il protéger contre le même microbe virulent ? Pasteur revient à l'analogie qu'il fait entre l'hôte et le milieu de culture :

> Lorsque l'immunité complète est atteinte, on peut inoculer le microbe le plus virulent dans des muscles quelconques, sans produire le moindre effet,

c'est-à-dire que toute culture est devenue impossible dans ces muscles. Ils ne contiennent plus d'aliments pour le microbe[19].

L'immunité induite par une vaccination est la conséquence d'une carence alimentaire, fatale pour le microbe. Pasteur en est convaincu :

> Considérons une poule très bien vaccinée par une ou plusieurs inoculations antérieures du virus affaibli. Réinoculons cette poule. Que va-t-il se passer ? La lésion locale sera pour ainsi dire insignifiante, relativement à celles que les premières inoculations ont produites. [...] Le muscle qui a été malade est devenu, après sa guérison et sa réparation, en quelque sorte impuissant à cultiver le microbe, comme si ce dernier, par une culture antérieure, avait supprimé dans le muscle quelques principes que la vie ne ramène pas et dont l'absence empêche le développement du petit organisme[20].

L'explication est bien sûr inexacte, mais Pasteur n'a guère de moyens de le savoir. Il poursuit donc son raisonnement, et les conclusions auxquelles il arrive sont remarquables. D'abord, il montre que l'atténuation d'un microbe est à la fois stable – la virulence du microbe reste atténuée si on le cultive – et réversible. On peut en effet rendre virulent à nouveau un microbc atténué. C'est ce qu'il appelle le « retour à la virulence ». Pour cela, il suffit de l'inoculer à des receveurs plus sensibles à l'infection : des cobayes âgés d'un jour seulement qui sont tués par une bactéridie charbonneuse atténuée, inoffensive pour des cobayes adultes, ou des petits oiseaux, serins, canaris ou moineaux qui succombent à une infection par le microbe atténué du choléra, inoffensif pour des poules. Si on transmet l'infection à d'autres animaux sensibles, puis à d'autres, et ainsi de suite, le germe retrouve progressivement sa virulence d'origine et la conserve.

Pasteur, à ce moment, pense avoir trouvé une explication au mode de survenue des épidémies. On sait bien en effet que des épidémies surviennent ici ou là, parfois en absence de contamination connue et peut-être parfois sans contamination. On sait aussi que, le plus souvent, les épidémies s'éteignent d'elles-mêmes au bout d'un certain temps, sans raison apparente. On sait enfin que les épidémies reviennent après des intervalles variables, la grippe tous les ans, la peste après des dizaines ou des centaines d'années. L'explication tient aux variations de virulence de leurs agents, elles-mêmes dues aux variations des conditions :

Une épidémie qu'un affaiblissement de son virus a éteinte peut renaître par le renforcement de ce virus sous certaines influences. Les récits que j'ai lus d'apparition spontanée de la peste me paraissent en offrir des exemples [...]. La peste est une maladie virulente propre à certains pays. Dans tous ces pays, son virus atténué doit exister, prêt à y reprendre sa forme active quand des conditions de climat, de famine, de misère, s'y montrent de nouveau. Il est d'autres maladies virulentes qui apparaissent *spontanément* en toutes contrées : tel est le typhus des camps. Sans nul doute, les germes des microbes, auteurs de ces dernières maladies, sont partout répandus. L'homme les porte sur lui ou dans son canal intestinal sans grand dommage, mais prêt également à devenir dangereux lorsque, par des conditions d'encombrement et de développement successifs à la surface des plaies, dans des corps affaiblis ou autrement, leur virulence se trouve progressivement renforcée[21].

Laissons Pasteur conclure :

Et voilà que la virulence nous apparaît sous un jour nouveau [...]. Qu'est-ce qu'un organisme microscopique inoffensif pour l'homme ou pour tel animal déterminé ? C'est un être qui ne peut se développer dans notre corps ou dans le corps de cet animal ; mais rien ne prouve que, si cet être microscopique venait à pénétrer dans une autre des mille et mille espèces de la création, il ne pourrait l'envahir et la rendre malade. Sa virulence, renforcée alors par des passages successifs dans les représentants de cette espèce, pourrait devenir en état d'atteindre tel ou tel animal de grande taille, l'homme ou certains animaux domestiques. [...] Je suis très porté à croire que c'est ainsi qu'ont apparu, à travers les âges, la variole, la syphilis, la peste, la fièvre jaune, etc., et que c'est également par des phénomènes de ce genre qu'apparaissent, de temps à autre, certaines grandes épidémies, celle de typhus, par exemple, que je viens de mentionner[22].

J'ai choisi de reproduire ici de longs passages des écrits de Pasteur. Une première raison est qu'après la vaccination antirabique la gloire de Pasteur est devenue telle et son personnage de bienfaiteur de l'humanité tellement encombrant que la plupart des textes *sur* Pasteur hésitent entre légende et faits avérés, entre hagiographie et critique, entre déférence et prise de distance. Les textes *de* Pasteur sont ce qu'ils sont. Ceux qui ont été utilisés ici sont ceux de conférences prononcées à l'Académie de médecine ou ailleurs. Ils ne reflètent sans doute pas fidèlement la pensée de Pasteur, mais ils disent précisément ce qu'il a voulu dire à ses collègues. À ses contradicteurs aussi, et sans doute alors le texte n'a plus seulement pour fonction de dire la science. Peu importe, ces textes révèlent ce qu'on nomme le « contexte de justification » des découvertes de Pasteur.

Une deuxième raison est que Pasteur insiste sur les aspects pratiques de son travail : sur les méthodes d'inactivation des germes, sur les techniques de vaccination, sur les conséquences épidémiologiques de ses observations, autrement dit sur les applications de son travail. Si bien qu'on a tendance à oublier la théorie derrière l'empirisme, la microbiologie derrière les vaccinations[23]. Or la notion de spécificité des microbes, l'analogie entre hôte et milieu de culture, la relation entre les microbes et leur hôte, tous ces concepts qui guident la pensée de Pasteur se révèlent derrière les pratiques qu'il décrit dans ses textes, même quand il n'en parle pas explicitement.

La troisième raison est que, parfois, Pasteur dit explicitement dans ces textes des choses qui ne figurent pas ou rarement dans les images d'Épinal qui illustrent l'épopée pasteurienne, des notions que n'ont retenues ni ses successeurs ni la légende. Ainsi, l'intérêt des points de vue qu'il défend sur la notion de virulence ou sur l'apparition et la disparition des épidémies, par exemple, tirés directement de ses expériences d'atténuation et de retour de virulence, prend toute sa mesure à un moment où l'on s'inquiète de la survenue de « maladies émergentes » ou « réémergentes », et où, alors que ces lignes sont écrites, un coronavirus inconnu, venu de la province du Hubei comme la peste noire au Moyen Âge, se répand dans le monde entier.

Nous voyons donc comment les travaux de Pasteur, même les plus appliqués, participent de ce profond changement qu'accompagne l'individualisation de la biologie – le mot « biologie » apparaît au tout début du XIXe siècle – comme une science autonome, et son prodigieux essor. En moins d'un demi-siècle, la compréhension du vivant change radicalement.

Après Pasteur, deux hypothèses sont proposées pour expliquer l'immunité. L'une fait appel à des cellules qui patrouillent dans les tissus, l'autre à des molécules qui sont emportées par les humeurs. Chacune a ses défenseurs et ses contradicteurs avec leurs bonnes et leurs mauvaises raisons, des deux côtés de la vallée du Rhin. Chacune fera école, et chaque école s'affirmera dans la lutte qui les oppose, fantassins français contre artilleurs allemands, alors que les chants patriotiques, le grondement des aciéries et les bruits de bottes annoncent déjà la guerre qui vient. Ni Élie Metchnikoff qui défend la théorie cellulaire ni Paul Ehrlich qui défend la théorie humorale ne sont microbiologistes. Ils rejoindront pourtant les deux grands microbiologistes du moment dans les instituts qui viennent d'être créés pour eux, l'Institut Pasteur à Paris et l'Institut Robert Koch à Berlin. Et le prix Nobel de médecine ou physiologie attribué conjointement à Ehrlich et à Metchnikoff « pour leurs travaux sur la théorie de l'immunité » en 1908 ne les rapprochera pas.

Les phagocytes et l'harmonie

Élie Metchnikoff[24] n'est pas impliqué dans la crise franco-allemande qui couve. Il est russe. Il ne s'intéresse pas particulièrement aux microbes ni aux maladies infectieuses. Il est zoologiste. Il vient d'un autre monde. En 1882, il fait une expérience décisive qui va profondément marquer la science de l'immunité qui est en train de se constituer.

Le zoologiste et les méduses

Metchnikoff naît en 1845. Il grandit dans le domaine de Panassovka, propriété de sa famille au milieu des steppes de la Petite Russie, dans les environs de Kharkov[25]. Il a 8 ans quand son intérêt pour la botanique et l'histoire naturelle est éveillé par le précepteur d'un de ses frères aînés. À 11 ans, il échappe de justesse à la noyade alors qu'il pêche des hydres d'eau douce pour les étudier. Au lycée de Kharkov, il s'intéresse aux amibes, aux infusoires, aux organismes microscopiques parce qu'il les voit comme des manifestations primordiales de la vie. Il a maintenant 15 ans. Séduit par la théorie cellulaire de Virchow, il rêve de concevoir lui aussi une théorie générale du vivant. Il soumet un manuscrit au *Bulletin de la société des naturalistes de Moscou* qui l'accepte. Il se rend compte alors que ses conclusions sont inexactes, et il obtient le retrait de son article avant sa publication. Son premier article publié est une analyse critique d'un manuel de géologie. Il a 16 ans.

Metchnikoff quitte le lycée pour l'Université de Kharkov, où il met deux ans pour parcourir un cursus de quatre ans. Il a 17 ans quand il lit *L'Origine des espèces* qui l'influencera toute sa vie. Il voyage. Il travaille à l'Université de Giessen, à l'Université de Göttingen, à l'Université de Munich. Il découvre la digestion intracellulaire chez un ver plat alors qu'il est à Giessen. Il a 20 ans. En 1867, il soutient sa thèse sur le développement embryonnaire des seiches et des crustacés. Il enseigne à l'Université d'Odessa, puis à l'Université de Saint-Pétersbourg avant d'obtenir un poste de professeur titulaire en zoologie et anatomie comparée à l'Université d'Odessa. En 1869, il épouse Ludmila Vassilievna Fedorovna, avec laquelle il part en Italie. Le climat, plus clément qu'en Russie, est indiqué pour la tuberculose pulmonaire dont Ludmila est gravement atteinte, et les rivages y possèdent une riche faune marine. À Naples, Metchnikoff étudie le développement des échinodermes, à La Spezia, il étudie les animaux pélagiques, à San Remo, les méduses. Il part pour Madère, au Portugal, pour étudier l'embryologie des myriapodes. À Odessa, où il retourne entre ses voyages, des intrigues empoisonnent l'atmosphère de l'université. Ludmila meurt de sa tuberculose à Madère en 1873. Il part pour Genève où il tente de se suicider en absorbant une forte dose de morphine.

Rétabli, Metchnikoff aura recours à la morphine, mais à plus faible dose, pour affronter le pessimisme qui l'habite depuis longtemps. Il retourne à Odessa où il rencontre Olga Nikolaevna Belokopytova. Il l'épouse en 1875. Il a 30 ans, elle en a 17. La situation empire à l'université. La situation politique de la Russie également après l'assassinat du tsar Alexandre II. Metchnikoff voyage à Naples et à Messine. En 1880, Olga est atteinte d'une grave fièvre typhoïde qui inquiète Metchnikoff. En 1881, il démissionne de son poste à l'Université d'Odessa où sa vie est devenue impossible. Il souffre de troubles cardiaques, il est sujet à des vertiges, il a des insomnies, il est dépressif. Il fait une seconde tentative de suicide, cette fois en s'injectant le sang d'un patient atteint de fièvre récurrente « pour savoir si cette maladie est transmissible par le sang ». Elle l'est. Il tombe gravement malade.

L'expérience de Messine

Metchnikoff se remet lentement, mais les problèmes de vue dont il souffre depuis longtemps se sont compliqués d'une choroïdite sévère qui rend l'observation microscopique pénible. Il s'intéresse au développement des métazoaires. Il observe le phénomène de digestion intracellulaire par des cellules mésenchymateuses chez des animaux multicellulaires dépourvus de cavité digestive. C'est pour poursuivre ces travaux qu'il part pour Messine à l'automne 1882 avec sa femme, les deux sœurs et les trois jeunes frères de celle-ci. La famille s'installe dans un petit appartement avec jardin et vue sur la mer, où l'on est un peu à l'étroit, dit Olga. Le laboratoire est installé dans le salon. Metchnikoff raconte :

> Je me reposais après les secousses qui avaient provoqué ma démission de l'Université et je me livrais avec passion au travail dans le cadre splendide du détroit de Messine. Un jour que toute la famille était au cirque pour voir d'extraordinaires singes dressés, je restais seul à mon microscope et j'observais la vie des cellules mobiles d'une larve transparente d'étoile de mer, quand une nouvelle pensée m'illumina tout à coup.
> J'eus l'idée que des cellules analogues devaient servir à la défense de l'organisme contre les nuisibles intrus. Sentant qu'il y avait dans ceci quelque chose de très intéressant je fus tellement ému que je me mis à marcher à grands pas allant même au bord de la mer pour rassembler mes pensées. Je me disais que si ma supposition était juste, une écharde introduite dans le corps d'une étoile de mer n'ayant ni vaisseaux sanguins ni système nerveux, devait être très vite entourée par les cellules mobiles, ainsi que cela s'observe chez l'homme qui a une écharde au doigt. Aussitôt dit, aussitôt fait. Dans le jardinet de notre demeure, jardinet où quelques jours auparavant nous avions organisé pour les enfants « un arbre de Noël » sur un petit mandarinier, je pris plusieurs piquants de rosier pour les introduire sous la peau des superbes larves d'étoile de mer transparentes comme de l'eau. Très ému, je ne dormis naturellement pas de la nuit dans l'attente du résultat de mon expérience et le lendemain, à une heure très matinale je constatai avec joie qu'elle avait pleinement réussi ! Cette expérience servit de base à la théorie phagocytaire au développement de laquelle je consacrai les vingt-cinq années suivantes de ma vie. L'expérience essentielle avec l'écharde donnait lieu à toute une série de conclusions qui découlaient

> d'elles-mêmes, et une large perspective s'ouvrait ainsi devant moi dans le domaine de la médecine théorique à laquelle j'étais totalement étranger auparavant[26].

Beaucoup plus tard, en 1908, Metchnikoff reviendra sur l'expérience de Messine :

> Ainsi, c'est à Messine qu'eut lieu le grand événement de ma vie scientifique. Jusqu'alors zoologiste, je devins brusquement pathologiste. J'entrais dans une nouvelle voie, où s'exerça mon activité ultérieure. C'est avec un sentiment particulier que je songe à ce passé lointain et c'est avec tendresse que j'évoque Messine, dont la catastrophe[27] m'émeut profondément.

Si, comme Metchnikoff le dit avec une telle force, l'expérience de Messine est « le grand événement » de sa vie scientifique, elle est aussi un grand événement pour l'immunologie naissante. En lui donnant des cellules, elle donne corps à l'immunité. La protection conférée par les vaccinations pasteuriennes n'est plus un état, ce n'est plus une carence en éléments nutritifs comme le croit Pasteur (mais Metchnikoff le sait-il ?), ce n'est plus un défaut, c'est une action, et cette action est dotée d'*effecteurs**. Qui plus est, des effecteurs cellulaires qu'on peut voir, qu'on peut voir bouger et même agir. Ce ne sont pas ces substances invisibles auxquelles Paul Ehrlich attribuera le même rôle et qu'il appellera des anticorps (mais Metchnikoff ne le sait pas encore). Ces cellules spécialisées sont les organes de l'immunité. Elles défendent l'organisme « contre les nuisibles intrus » et elles annoncent déjà les légions de phagocytes de l'armée immunitaire à venir. Comment en est-on arrivé là ? Comment, « jusqu'alors zoologiste, [Metchnikoff] devient[-il] brusquement pathologiste » ? Trois points méritent d'être notés qui peuvent nous éclairer.

Le premier porte sur les conditions dans lesquelles cette expérience est faite, sur ce que les historiens appellent le « contexte de découverte ». Dire que Metchnikoff n'est pas en très bonne forme est un euphémisme. Il lui a fallu longtemps pour récupérer après sa seconde tentative de suicide, l'année précédente et, si l'on en croit Olga, il en a des séquelles, la fièvre récurrente ayant aggravé sa cardiopathie. Il dort mal. Il reconnaît lui-même qu'il doit se reposer « après les secousses qui avaient provoqué sa démission de l'Université » à Odessa. C'est alors qu'un soir où il est seul dans ce petit appartement, assis derrière son microscope, une pensée l'« illumine tout à coup » : les cellules phagocytaires participent à la défense de l'organisme. Son grand-père maternel, juif polonais, s'était fait baptiser luthérien par précaution et il avait élevé ses enfants dans cette religion, ce qui ne l'empêcha pas de devoir fuir Varsovie en toute hâte pour se réfugier à Saint-Pétersbourg lors de la révolution polonaise de 1830. Metchnikoff avait cessé d'être croyant depuis le lycée, il était même alors athée convaincu et ne s'en cachait pas, réaliste et volontiers matérialiste. C'est pourtant en des termes qui relèvent du discours mystique qu'il décrit l'intuition qui lui vient à Messine : il est « illuminé ». C'est une véritable révélation qui lui est faite, et il en est « tellement ému » qu'il lui faut « marcher jusqu'au bord de la mer pour rassembler ses pensées ».

Il procède alors à l'expérience proprement dite, mais est-ce bien une expérience ? « Aussitôt dit, aussitôt fait » ! A-t-il quelque chose comme un témoin négatif ? Utilise-t-il plusieurs larves d'étoile de mer ? de plusieurs sortes ? Fait-il varier le stimulus ? Quantifie-t-il la réaction ? Metchnikoff ne nous le dit pas. « Le lendemain, à une heure très matinale, [il constate] avec joie que [l'expérience a] pleinement réussi. » Au lieu de « l'expérience de Messine », peut-être devrions-nous dire alors « l'observation de Messine », même si elle suit une intervention. D'ailleurs Metchnikoff est zoologiste de formation. Il ne fait pas de la biologie expérimentale, mais de la biologie d'observation.

Le deuxième point est qu'en effet Metchnikoff n'est pas microbiologiste. Toute son activité scientifique a, jusqu'ici, été consacrée à l'embryologie, et la question qui le préoccupe est la formation des organismes multicellulaires. Il pense que l'embryologie peut lui apporter des réponses parce qu'il sait bien que, comme l'a énoncé Ernst Haeckel[28], « l'*ontogenèse** récapitule la *phylogenèse** ». Mais il n'est pas d'accord avec Haeckel sur le mode de formation des feuillets embryonnaires. Pour Haeckel, qui travaille sur l'amphioxus, c'est un processus d'invagination. Pour Metchnikoff, qui travaille sur des animaux plus primitifs comme les éponges, les hydres et les méduses, c'est un processus de migration cellulaire, c'est une « introgression », comme il l'appelle.

Or ces cellules qui migrent ne sont pas seulement mobiles, elles sont aussi phagocytaires. Il conclut que les métazoaires dérivent d'un ancêtre commun dépourvu de cavité digestive, capable, comme les éponges, de digestion intracellulaire grâce à des « cellules dévorantes ». Metchnikoff observe alors dans des larves de cœlentérés qui possèdent un tube digestif, que les cellules du mésoderme contiennent des corps étrangers. Il conclut que, bien que pourvus d'un tube digestif, les organismes plus évolués peuvent conserver des cellules primitives capables de digestion intracellulaire. Ce sont ces questions qui agitent l'esprit de Metchnikoff quand, à Messine, il est « illuminé par une nouvelle pensée ». Quel rapport entre des aliments et de « nuisibles intrus » ? Quel rapport entre la digestion et la protection ? Quel rapport entre un processus d'assimilation et un processus d'exclusion ?

Le rapport est peut-être dans le troisième point. Depuis toujours, Metchnikoff rêve à une grande théorie du vivant[29]. Il entreprend ses premiers travaux peu après avoir lu *L'Origine des espèces*. Sa pensée est résolument évolutionniste, et le développement des individus résulte d'une « lutte pour la vie » au sein même de l'organisme. La multicellularité étant acquise, Metchnikoff s'interroge sur le problème que, pour lui, pose l'existence dans un même être vivant d'une multitude de cellules différenciées. Car ces cellules ne peuvent que se livrer à une compétition darwinienne. Comment intégrer leurs activités malgré cette compétition ? Comment rendre « harmonieux » un tout fondamentalement « disharmonieux » ? En faisant appel aux phagocytes.

Les phagocytes contre la disharmonie

Pour Metchnikoff, la fonction des phagocytes est en effet non seulement nutritive, elle est aussi de nettoyage. Les phagocytes ont pour mission de débarrasser l'organisme de ses « éléments disharmonieux ». Ceux-ci peuvent être exogènes comme les microbes, mais également endogènes comme les cellules mortes présentes dans une blessure ou comme les cellules de la queue du têtard au cours de la métamorphose. La notion d'éléments disharmonieux est large pour Metchnikoff : chez l'homme, elle inclut l'appendice, la pilosité corporelle, les dents de sagesse, l'hymen et, pour une part, le côlon, qu'il revient aux phagocytes de prendre en charge. Comment les phagocytes perçoivent-ils la disharmonie et décident-ils de ce qu'il faut faire disparaître ? Metchnikoff ne le dit pas.

Les phagocytes apparaissent alors comme les effecteurs d'une fonction biologique qui intègre fonction de nutrition, fonction de réparation et fonction de protection. Il appelle cette fonction l'« inflammation physiologique ». Pour l'embryologiste qu'est Metchnikoff, un organisme n'est pas donné, il est dans un état de changement permanent, il doit constamment s'adapter à un monde en perpétuel changement. C'est aux phagocytes qu'incombe la charge de faire le ménage et de maintenir l'ordre qu'il appelle l'harmonie. Metchnikoff a trouvé cette théorie synthétique qu'il avait l'ambition d'élaborer depuis toujours. Il lui consacrera le reste de sa vie. Il la soumet à Virchow dont la théorie cellulaire l'avait tellement marqué quand il avait 15 ans.

> Le grand savant m'a beaucoup encouragé à continuer dans cette voie. Lorsque je lui ai exposé la réflexion que la réaction inflammatoire de la part des cellules amiboïdes ne pouvait être comprise qu'en admettant que les globules blancs fissent la chasse aux microbes et les détruisent, M. Virchow me répondit que dans tous les cas, en pathologie, on pensait et on enseignait juste le contraire. On était d'avis que les microbes se trouvaient bien dans les leucocytes et se servaient de ces cellules comme moyen de transport et de dissémination dans l'organisme[30].

À qui s'adresse la mise en garde de Virchow ? à Metchnikoff ou aux pathologistes qui pensent et qui enseignent juste le contraire ? Peu importe ! Qu'importe aussi que, dans ce contexte, la fonction protectrice des phagocytes ne soit qu'un aspect d'une fonction beaucoup plus large. C'est elle qu'on retient et qui sert de base à la théorie cellulaire de l'immunité qu'adopte l'école pasteurienne.

Metchnikoff rend visite à Pasteur à Paris et à Koch à Berlin. Il leur présente la *phagocytose** comme une explication de l'immunité. L'idée est loin de faire l'unanimité, surtout en Allemagne. Pour Baumgarten[31], « l'interprétation par Metchnikoff de l'activité des leucocytes semble davantage le produit d'une imagination fertile que celui qui découlerait d'une observation objective faite par un chercheur ». Pour Behring[32], la résistance de rats blancs à une infection charbonneuse que Metchnikoff présente comme résultant de l'activité des phagocytes est simplement due à l'alcalinité du sang de ces animaux, qui ne permet pas le développement du bacille. Pour Emmerich[33], les phagocytes sont incapables de détruire des microbes, ils ne font que les disséminer. Koch n'est pas convaincu par Metchnikoff. Pasteur l'est. Il l'invite à le rejoindre dans l'Institut Pasteur flambant neuf qui ouvrira ses portes à Paris l'année suivante. Devenu chef de service, Metchnikoff fait des phagocytes les fantassins d'une *immunité cellulaire** défendue par l'école française contre l'école allemande. Metchnikoff a rejoint le monde des microbes et il s'est engagé dans la querelle franco-allemande.

Les balles magiques de l'immunité

Car la querelle continue, de congrès en congrès. En 1894, Metchnikoff proclame « la victoire de la théorie cellulaire de l'immunité et l'échec des théories purement humorales. [...] C'est un fait général que l'immunité contre les maladies infectieuses est due à l'activité de cellules vivantes ». À quoi Koch répond en 1908 : ces « nouvelles données ont détruit les fondements de la théorie phagocytaire qui doit donc laisser la place à la théorie humorale de l'immunité ». Le promoteur et défenseur de l'*immunité humorale** est Paul Ehrlich.

Les colorants et les chaînes latérales

Ehrlich n'est pas plus microbiologiste que ne l'est Metchnikoff, il est chimiste et il pense en chimiste. Ehrlich naît en 1854 à Strehlen[34] dans la province de Silésie, en Prusse. Adolescent, il est frappé par les préparations histologiques faites par son cousin, plus âgé que lui, Karl Weigert[35]. Étudiant en médecine de 1872 à 1877, Ehrlich fréquente les universités de Breslau, Strasbourg, Fribourg en Breisgau, Leipzig. Il soutient sa thèse de médecine consacrée aux méthodes de coloration des tissus à Leipzig en 1878. Il a 24 ans. La même année, il devient professeur assistant à l'hôpital de la Charité à Berlin.

Pour voir les cellules au microscope, Ehrlich les colore. Des colorants acides comme l'éosine et des colorants basiques comme le bleu de méthylène lui permettent de distinguer trois sortes de cellules parmi les globules blancs du sang circulant qu'on appelle les polynucléaires parce qu'ils semblent avoir plusieurs noyaux. On les appelle toujours les polynucléaires *éosinophiles*, les polynucléaires *basophiles* et les polynucléaires *neutrophiles*. En 1882, il met au point une technique de coloration du bacille que Koch vient de découvrir et dont il a montré qu'il est l'agent de la tuberculose. En 1884, des modifications de cette technique permettent à Hans Christian Gram[36] de mettre au point une technique de coloration des parois bactériennes qui distingue les bactéries « Gram-positives » et les bactéries « Gram-négatives ». Cette technique est toujours utilisée et cette classification des bactéries en deux grandes catégories est toujours valide. Ehrlich devient professeur titulaire et, en 1885, il soutient une thèse d'habilitation sur « les besoins en oxygène de l'organisme » dans laquelle il utilise des colorants pour montrer que les cellules fixent l'oxygène grâce à des « chaînes latérales » qu'elles possèdent.

Bactéries ou cellules animales, peu importe, elles interagissent avec des substances chimiques, parmi lesquelles des colorants, parce qu'elles possèdent des chaînes latérales qui fixent spécifiquement ces substances. Que sont ces chaînes latérales ? Ehrlich les a-t-il vues, avec ses colorants ? Non bien sûr, car il ne s'agit pas de pseudopodes, de dendrites ou d'extensions cytoplasmiques visibles au microscope comme nous en connaissons sur les cellules aujourd'hui. Ehrlich les définit comme « des groupements chimiques particuliers dans le protoplasme des cellules ». Il mélange le niveau moléculaire invisible – des groupements chimiques – et le niveau cellulaire visible – le protoplasme. La raison est que la notion de cellule est encore vague, surtout en Allemagne[37] où Haeckel s'évertue à chercher des constituants des êtres vivants plus élémentaires que les cellules, et il en trouve, qu'il nomme « plastidules ». Car il pense que la vie appartient à la matière organique à un niveau infracellulaire, plutôt qu'à la cellule. C'est la molécule organique qui, sous des formes multiples, est la forme élémentaire du vivant. Dans ce contexte, Ehrlich conçoit la cellule comme une molécule géante avec des chaînes latérales, comme les fonctions substituables décrites par Kekulé en 1872 sur le noyau des carbures benzéniques[38]. Ehrlich est chimiste et allemand.

Il utilise alors toutes sortes de colorants qui se fixent plus ou moins spécifiquement à des cellules de types différents. Celles-ci peuvent ainsi être distinguées les unes des autres et décrites. Il observe des globules rouges nucléés dont il comprend qu'ils sont des précurseurs de ces cellules normalement dépourvues de noyau, à différents stades de leur différenciation. Il les nomme « normoblastes », « mégaloblastes », « microblastes », « poïkiloblastes ». La terminologie perdurera longtemps dans les hémogrammes. Il décrit aussi dans différents tissus ces « grosses cellules » bourrées de granules métachromatiques qu'il appelle mastocytes, et pour lesquelles il gardera une affection particulière. Avec ses colorants et ses cellules de toutes les couleurs, Ehrlich jette les bases de l'histologie et de la cytologie.

Bon nombre de ces colorants sont toxiques : ils tuent les cellules qu'ils colorent. S'ils colorent des pathogènes, ces colorants deviennent des médicaments. Ehrlich les imagine comme des « balles magiques » car elles vont droit au but : elles atteignent leurs cibles qui portent les chaînes latérales spécifiques auxquelles elles se fixent. Ainsi, au début des années 1890, il tente d'utiliser le bleu de méthylène pour traiter la malaria et, à la fin des années 1890, il propose le rouge trypan pour traiter les trypanosomiases. Un peu plus tard, des dérivés de l'arsenic se révéleront efficaces pour traiter la syphilis. Il en fait un médicament commercialisé sous le nom de « Salvarsan » qui fera d'Ehrlich le « père » de la chimiothérapie.

Les toxines et les antitoxines

Un événement important, pour ce qui nous intéresse ici, est qu'en 1890 Koch recrute Ehrlich au nouvel Institut Prussien Royal pour les maladies infectieuses dont il est directeur à Berlin, et qui deviendra bientôt l'Institut Robert Koch. Là, Ehrlich rencontre Emil von Behring qui y arrive au même moment. C'est dans cet institut que Behring trouve que le sérum d'animaux immunisés contre la toxine diphtérique peut, d'une part, « neutraliser » cette toxine et, d'autre part, transférer une immunité antidiphtérique à un animal non immunisé. À l'origine de la sérothérapie, ces travaux vaudront à Behring d'être lauréat du tout premier prix Nobel en médecine ou physiologie en 1901 « pour ses travaux sur la sérothérapie, notamment ses applications contre la diphtérie, par lesquels il a ouvert une voie nouvelle dans le domaine de la science médicale, et mis dans les mains des médecins une arme victorieuse contre la maladie et la mort ».

Mais nous sommes en 1890, et Ehrlich s'intéresse à cette réaction toxine-antitoxine sur laquelle repose la sérothérapie. Il montre qu'il s'agit d'une simple réaction chimique : elle dépend de la température ainsi que des concentrations de toxine et d'antitoxine dans le sérum. Ehrlich peut alors étudier cette réaction comme il sait le faire, avec les outils et les concepts de la chimie. Il le raconte dans le discours qu'il prononce le 11 décembre 1908, lorsqu'il reçoit le prix Nobel avec Metchnikoff.

Ehrlich a remarqué que, spontanément ou sous l'effet de substances chimiques comme l'iode, une toxine peut perdre sa toxicité tout en gardant sa capacité de neutraliser des anticorps[39]. Il doit donc exister deux groupes fonctionnels dans une toxine, conclut-il, un groupe labile qui rend compte de la toxicité et un groupe stable qui peut, d'une part, induire la production d'anticorps en se liant à une cellule et, d'autre part, permettre aux antitoxines de neutraliser la toxine en s'y liant. Ehrlich appelle ce groupe « haptophore » (du grec *hapto*, « attacher »). Dans les deux cas, la liaison de la toxine relève d'une même réaction, c'est une réaction chimique et, insiste-t-il, elle est spécifique :

> L'antitoxine contre le tétanos neutralise exclusivement la toxine tétanique, l'antitoxine contre la diphtérie uniquement la toxine diphtérique, le sérum antivenin de serpent seulement le venin de serpent, pour ne citer que quelques exemples parmi des centaines. Pour cette raison, on doit penser que les deux substances qui réagissent ensemble[40] établissent une *liaison*[41] chimique qui, étant donné sa stricte *spécificité*, ne peut s'expliquer que par l'existence de deux groupes ayant des configurations distinctes – des groupes qui, si l'on utilise la comparaison que fait Emil Fischer[42], ont des formes complémentaires comme une clé et une serrure.

L'image de la clé dans la serrure qu'Ehrlich emprunte à Fischer sera utilisée pendant longtemps pour faire comprendre la notion de spécificité associée à la réaction antigène-anticorps. Dans cette analogie, ce n'est pas l'action de la clé dans la serrure qu'on retient, ce n'est pas son pouvoir d'ouvrir la serrure, mais le fait que, pour ouvrir une serrure, il faut la bonne clé. On va même au-delà de ce que suggère l'analogie : une même clé peut parfois ouvrir plusieurs serrures, on appelle une telle clé un « passe » ; on veut une spécificité réciproque, une seule clé pour une serrure et une seule serrure pour une clé. Un anticorps ne peut se lier qu'à un seul haptophore et chaque haptophore à un seul anticorps.

La liaison chimique entre toxine et antitoxine est non seulement spécifique, elle est aussi réversible. On peut la rompre par un traitement acide et en dissocier ainsi les composants.

> Je fis l'hypothèse que la toxine tétanique, par exemple, doit se lier à des groupements chimiques particuliers dans le protoplasme des cellules [...]. J'ai donc appelé simplement de tels groupements cellulaires des « récepteurs de poisons » ou, tout simplement des « récepteurs ». [...] Mais puisque l'haptophore de la toxine doit avoir une structure stéréochimique hautement complexe et unique, et puisqu'il interagit *simultanément* et *de la même façon* avec les récepteurs cellulaires et avec l'antitoxine, on doit conclure que le groupement protoplasmique, c'est-à-dire le récepteur cellulaire, doit être identique à l'antitoxine présente dans le sérum des animaux immunisés, car une *clé digne de ce nom* ne saurait ouvrir plusieurs serrures en même temps. Or, le récepteur cellulaire est à l'évidence préformé, et les antitoxines produites artificiellement ne sont qu'une conséquence, [...], on doit faire l'hypothèse que l'antitoxine n'est *rien d'autre que* des composants *libérés* par la cellule, autrement dit, des récepteurs produits en excès.

Dans la même phrase, Ehrlich énonce, comme en passant, deux points fondamentaux de l'immunologie qui ne vont pas de soi et que les travaux ultérieurs confirmeront : 1) les récepteurs préexistent à la rencontre des antigènes ; et 2) les anticorps sont une forme soluble des récepteurs d'antigène exprimés par une cellule. Et il ajoute :

> On ne peut penser que ces récepteurs spécifiques portés par des cellules, qui se combinent au venin de serpent, à la toxine diphtérique, à la toxine tétanique, au poison botulique, etc., sont *à proprement parler* conçus comme des récepteurs pour des substances toxiques auxquelles, dans des conditions de vie normales, un animal ne sera peut-être jamais exposé. Pourtant, ils existent. On doit donc imaginer qu'ils existent pour se combiner *chimiquement* avec des produits *normaux* du métabolisme, autrement dit, pour les assimiler.

C'est la première fois sans doute qu'est exprimée l'idée que l'immunité ne concerne pas seulement des organismes pathogènes ou des substances toxiques, mais également des substances normales, voire des substances qui peuvent être produites par l'organisme lui-même.

Quelle est alors la fonction de ces récepteurs, spécifiques de ces substances, sur les cellules ? C'est de pouvoir assimiler ces substances. De même que Metchnikoff fait un processus de défense d'un processus de nutrition par des phagocytes, Ehrlich fait d'un processus d'assimilation un processus de protection contre des toxines. Le statut de la toxine devient alors tout autre : c'est une substance nutritive à laquelle est attaché un groupe latéral qui rend compte de sa toxicité mais pas de sa capacité d'induire des anticorps. Or, si la toxicité d'une substance et son antigénicité sont deux propriétés sans relation, alors des substances nutritives non toxiques peuvent être antigéniques. Et, si cellules et molécules, avec leurs chaînes latérales, se comportent de façon semblable en présence de substances chimiques comme l'imagine Ehrlich, on peut même induire des anticorps contre des cellules normales.

La réponse anticorps et ses images

Les choses étant ainsi définies, comment une toxine peut-elle induire la production d'anticorps spécifiques de cette toxine ? Lorsque les récepteurs, *i.e.* les chaînes latérales du protoplasme dont la fonction normale est l'assimilation, sont occupés par une toxine, ils perdent cette fonction, dit-il. Et, en vertu de « la *loi fondamentale* de la compensation des défauts » énoncée par son cousin Karl Weigert, ces récepteurs sont remplacés par de nouveaux qui compensent la perte de fonction des récepteurs occupés. Si l'on répète les injections de toxine, autrement dit si l'on répète les immunisations, celle-ci occupe un nombre de récepteurs de plus en plus grand, et un nombre de plus en plus grand de nouveaux récepteurs sont fabriqués en réaction. Ils sont produits avec un tel excès que la cellule s'en débarrasse et les libère. Détachés de la cellule, les récepteurs deviennent des anticorps qui peuvent neutraliser la toxine. Ainsi s'expliquent la formation des anticorps et leur spécificité. Et, si l'on poursuit les injections de toxine, le pouvoir protecteur contre cette toxine s'accumule dans le sang, de sorte que, si le sérum de cet animal est injecté à un autre, il peut protéger celui-ci contre une maladie due à cette toxine. Il peut être utilisé dans un but thérapeutique. Ainsi s'explique la sérothérapie. Ehrlich conclut :

> Toutes sortes de substances nutritives, vraisemblablement de nature protéique pour la plupart d'entre elles, trouvent des récepteurs *spécifiques* sur les cellules. Il est possible, *par immunisation*, de faire passer ces structures dans le sang en grande abondance et sous différentes formes qui ont différentes propriétés : des agglutinines, des précipitines, des amborécepteurs[43] et des opsonines, d'une part, des antitoxines et des antiferments, d'autre part.

Pour bien se faire comprendre, Ehrlich publie en 1900 des dessins[44] qui frappent l'imagination. Ces dessins se présentent comme quatre vignettes d'une bande dessinée, quatre *cartoons* qui montrent une séquence d'événements[45] : Ehrlich nous donne à voir le déroulement d'une réponse immunitaire dans le temps. Mieux encore, les dessins d'Ehrlich « montrent » ces substances invisibles que sont les anticorps, et les cellules qui les produisent, que personne n'a encore observées. Ils offrent des images de la toxine et de ses interactions avec les chaînes latérales comme Ehrlich les imagine, ce que les techniques disponibles alors sont bien incapables de faire. Ils donnent à voir, aussi, la clé dans la serrure, conférant ainsi une apparence matérielle à la métaphore. Cette métaphore persistera longtemps pour illustrer la spécificité des anticorps. Reproduites dans tous les manuels d'immunologie, les images d'Ehrlich donnent à une hypothèse fonctionnelle l'apparence d'une réalité objective.

Quant au mécanisme d'action des anticorps dirigés contre des organismes pathogènes, et non plus des toxines, pour l'expliquer Ehrlich fait appel à des parasites, ces trypanosomes qu'il sait si bien colorer :

> On pourrait penser, comme on l'admet communément en immunologie, que les anticorps tuent les parasites directement par un effet toxique. Lorsqu'ils adhèrent aux trypanosomes, les anticorps les léseraient ou les tueraient grâce à des groupes toxophoriques ou trypanolytiques que posséderaient ces anticorps. Mais mes collègues et moi pensons qu'il n'en est rien. [...] l'anticorps n'est pas toxique pour le trypanosome. Son seul effet est de l'empêcher d'absorber des substances nutritives en occupant

> les récepteurs spécifiques de ces substances sur le parasite. [...] Je crois que de tels anticorps, qui *n'ont d'autre activité qu'antinutritive, jouent probablement un rôle extraordinairement important* non seulement envers les bactéries, mais d'une façon générale, en *biologie*.

Contrairement à une idée généralement admise, dit Ehrlich, les anticorps n'ont pas d'effet propre. En tout cas, ils ne tuent pas. Les anticorps ne font rien d'autre que de se fixer, et seules les conséquences de cette fixation rendent compte des activités biologiques qu'ils exercent. S'ils neutralisent une toxine, c'est qu'en s'y fixant ils l'empêchent de se lier aux chaînes latérales spécifiques de cette toxine sur une cellule. S'ils protègent contre un micro-organisme pathogène, c'est qu'en se fixant aux chaînes latérales ils l'empêchent de se nourrir. L'idée que les anticorps ne font que se fixer est vraie – bien que de nombreux immunologistes l'ignorent – ; l'idée qu'ils empêchent la nutrition d'un pathogène est fausse. *L'extraordinaire importance* de l'activité antinutritive des anticorps est donc purement rhétorique.

Ainsi réduite à des interactions chimiques, la biologie d'Ehrlich – *la biologie en général*, insiste celui-ci, pas seulement l'immunité humorale – se présente comme un progrès. Conformément à la tradition de la biologie allemande, pour laquelle une réduction de la cellule à la molécule est un gage de scientificité, Ehrlich milite pour une « science dure » de l'immunité chimique, qui s'oppose à la « science molle » des phagocytes de Metchnikoff. Il s'inscrit dans une vieille tradition allemande. Au tout début du siècle, *Les Affinités électives* de Goethe renvoyaient déjà explicitement à la chimie et à l'*affinité** qui régit les rapports entre les corps comme une loi de la Nature qui régit aussi les rapports entre les corps vivants. Et j'ai déjà dit la recherche d'une vie infracellulaire dans des molécules organiques par Haeckel. Gage de scientificité donc, et de rigueur, la biologie d'Ehrlich est aussi beaucoup plus simple : même géante, une molécule construite comme un noyau benzénique est infiniment moins complexe qu'une cellule. La cellule y gagnera ses récepteurs qui fixent leurs *ligands** en obéissant à la loi d'action de masse. Et l'immunité, l'efficacité de la chimie. Bayer, AGFA, BASF, la puissante industrie chimique allemande, qui fabrique les colorants chers à Ehrlich, avance ses divisions sur l'échiquier de l'économie mondiale.

La théorie humorale est cependant loin d'emporter l'adhésion, et pas seulement pour des raisons nationalistes. Elle est en effet bien moins « dure » qu'elle ne le voudrait : Ehrlich reste vague sur de nombreux points. Ehrlich le chimiste ne fait aucune tentative de caractérisation des récepteurs. Que sont ces « groupements chimiques particuliers dans le protoplasme des cellules » ? De quoi sont-ils faits ? Il ne mesure pas l'affinité de leur interaction avec leur ligand. Il n'en donne ni le nombre sur chaque cellule, ni la spécificité, ni le type, remarque Anne Marie Moulin[46]. Et quand il parle de « fonction chimique », dit-elle, c'est pour « faire sérieux », car on sait bien qu'une fonction chimique, une fonction acide ou une fonction alcool par exemple, n'a guère de spécificité. Ce n'est donc pas une fonction chimique qui peut rendre compte de ce caractère, pourtant fondamental pour Ehrlich, qu'est la spécificité des chaînes latérales pour leurs ligands. Et que dire de la fonction d'assimilation attribuée aux chaînes latérales ? Elle n'est étayée par aucune observation.

Pourtant la notion de récepteur d'antigène est là, et l'on peut être frappé par l'« intuition » d'Ehrlich quant à l'origine des anticorps. Les récepteurs précèdent bien la rencontre de l'antigène, et la production des anticorps résulte bien de la liaison de l'antigène à ces récepteurs. Cependant, assimiler le processus montré par Ehrlich dans sa séquence de dessins à ce qu'on sait aujourd'hui de la formation des anticorps est un peu rapide et pour le moins approximatif. Les cellules qui « reconnaissent » l'antigène (les lymphocytes B) grâce à leurs récepteurs pour l'antigène (les BCR) ne sont pas celles qui produisent les anticorps (les *plasmocytes**). Les plasmocytes résultent de la multiplication et de la différenciation terminale des lymphocytes B stimulés par l'antigène. Contrairement aux lymphocytes B, les plasmocytes qui produisent la majorité des anticorps sériques (les IgG) n'*expriment** pas de BCR. Les anticorps qu'ils sécrètent ne peuvent donc provenir de la libération de récepteurs d'antigène qu'ils n'expriment pas. Ehrlich qui a coloré et observé tant de cellules ne nous dit pas lesquelles produiraient les anticorps en libérant leurs chaînes latérales. Peut-être suggère-t-il que toutes les cellules de l'organisme en sont capables. Il faut dire qu'assimilées à des molécules géantes les cellules d'Ehrlich sont laissées à l'imagination. Quant à ses images que les innombrables reproductions ont rendues si populaires, elles sont pure fantaisie.

Il suffit cependant aux anticorps de se fixer à une toxine pour la neutraliser et pour conférer une immunité passive. La nobélisation de la sérothérapie antidiphtérique puis son application à grande échelle signent le triomphe des anticorps. Comme les colorants toxiques pour les pathogènes, les anticorps sécrétés dans le torrent circulatoire se répandent en un instant dans tout l'organisme, atteignent leurs cibles spécifiques et les neutralisent. Les anticorps de la sérothérapie deviennent les « balles magiques » d'une immunité qui neutralise l'ennemi. Elles renvoient au second plan l'immunité cellulaire qui y restera pendant longtemps. L'immunologie naissante est humorale et martiale.

CHAPITRE 2

L'invention du système immunitaire

Ce chapitre décrit comment, pendant un demi-siècle, l'immunologie naissante est une immunologie chimique, la science des anticorps, avant de devenir après la Seconde Guerre mondiale une immunologie cellulaire, la science des lymphocytes. Les éléments cellulaires et moléculaires ayant été catalogués, ils sont alors intégrés dans un système biologique dévolu à la défense de l'organisme, qui prend le nom de « système immunitaire » au début des années 1960. Jusqu'à ce qu'on découvre au début des années 1990 que nous avons, non pas un, mais deux systèmes immunitaires, un système immunitaire inné capable de percevoir des « signaux de danger » et un système immunitaire adaptatif capable de percevoir « le soi et le non-soi ».

Après les pionniers

L'héritage

Après Pasteur en 1895, Koch meurt en 1910, Ehrlich en 1915, Metchnikoff en 1916. Deux générations de pionniers ont jeté les bases de deux nouvelles disciplines biologiques : Pasteur et Koch, celles de la microbiologie ; Ehrlich et Metchnikoff, les prémices de la science de l'immunité qui deviendra l'immunologie. Ces deux disciplines, étroitement liées par leur histoire, diffèrent profondément par leur objet :

la microbiologie étudie des êtres vivants, l'immunologie, des processus. Les bactéries, virus (la question n'est pas ici de savoir si les virus sont vivants, d'autant qu'au début du XXe siècle le terme était utilisé avec un sens beaucoup plus large que celui qu'il a aujourd'hui) et autres micro-organismes ont une existence objective ; l'immunité n'est pas un objet biologique, c'est une idée, c'est même une métaphore. L'immunologie est sans *objet*. C'est peut-être la raison pour laquelle les générations d'immunologistes qui se succèdent n'oublient pas que la science de l'immunité est enracinée dans la science des microbes. La microbiologie fournit à l'immunologie un ancrage dans un monde objectif qu'elle n'a pas.

La notion d'« immunité morbide » qui apparaît en 1863 dans le *Dictionnaire* d'Émile Littré résulte de l'importation dans le langage médical d'un terme du langage juridique qui signifie « exemption de charge ». « Immunité » vient du latin *immunitas*, « exemption, dispense », dérivé de *munus*, « charge ». Avant de dispenser de la maladie infectieuse, l'immunité a longtemps dispensé de payer l'impôt ou de porter les armes. L'immunité morbide existait néanmoins, même si elle n'était pas nommée : on connaissait l'étrange privilège qu'avaient certains d'échapper à la maladie qui frappait les autres, ou d'en guérir quand les autres en mouraient. En atténuant les germes, Pasteur fait de ce privilège la chose du monde la mieux partagée. « Protège-toi toi-même ! » Avec les vaccins, il donne à tout un chacun la capacité de se dispenser de la maladie infectieuse en *acquérant* une immunité par la vaccination. C'est cette immunité vaccinale *acquise* qu'il faut comprendre. Pour expliquer ces choses nouvelles, il faut une nouvelle science. Ce sera la science de l'immunité, l'*immuno-logie*.

Pourtant, si l'on s'en tient à ce qu'ils ont dit ou écrit comme j'ai essayé de le faire plus haut, ce n'est pas ce que les pionniers avaient en tête. À la différence des chercheurs d'aujourd'hui qui, pour comprendre le fonctionnement d'un système biologique, étudient les effets d'une perturbation qu'ils provoquent dans ce système, comme l'enseigne la méthode expérimentale, les premiers explorateurs de l'immunité n'avaient pas de système à étudier, ils étudiaient la perturbation elle-même. Ils ne préparaient pas l'avènement d'une nouvelle science conçue pour rendre compte de leurs observations, ils faisaient même le contraire : ils cherchaient à intégrer leurs observations au savoir de l'époque, ils essayaient de les inclure dans des systèmes biologiques plus vastes.

Ainsi, que nous dit Pasteur ? Il nous dit que les microbes et leurs hôtes sont interdépendants et que leur dépendance elle-même dépend des conditions dans lesquelles ils vivent. En atténuant les germes, il nous montre que le milieu transforme les microbes. En les cultivant dans un flacon, il nous montre que les microbes transforment le milieu. En vaccinant par un germe atténué, il nous montre que les microbes transforment leurs hôtes. En redonnant aux germes leur virulence par passage chez des hôtes plus sensibles, il nous montre que leurs hôtes transforment les microbes. En fin de compte, il nous dit la *relation* fondamentale qui associe les hôtes et les microbes. Cette notion sera éclipsée par le succès des vaccinations, mais, un siècle plus tard, le sida donnera raison à Pasteur.

Déjà trop vieux et diminué par les séquelles des accidents vasculaires qui l'ont frappé, Pasteur ne s'implique guère dans l'étude des mécanismes capables de rendre compte de l'immunité vaccinale. Il s'en tient à l'idée que celle-ci est une conséquence d'un appauvrissement en milieu nutritif du vacciné. A-t-il conscience de la faiblesse de son explication ? De même, l'idée que la présence d'un germe est une condition nécessaire mais pas une condition suffisante pour provoquer une maladie, comme l'avaient vu et Pasteur et Koch, sera éclipsée par le formidable essor de la microbiologie. Koch favorisera l'éradication des germes comme moyen de lutte contre les maladies infectieuses, et il laissera aux balles magiques d'Ehrlich le soin de faire le travail. Les antibiotiques feront le reste. Un siècle plus tard, l'éradication de la variole donnera raison à Koch.

Que nous dit Metchnikoff ? Il nous dit que « défendre l'organisme contre les nuisibles intrus » n'est qu'une des fonctions des phagocytes. Il ne nous dit pas comment les phagocytes identifient les « intrus » ni pourquoi ils sont « nuisibles ». Ce ne sont pas des problèmes qui le préoccupent. Ce qui l'intéresse, c'est ce que font les phagocytes parmi toutes ces cellules différenciées qui coexistent dans l'organisme. Metchnikoff nous dit alors que ces cellules sont « multitâches » : ce sont les effecteurs d'une multitude de fonctions, parmi lesquelles la nutrition, la réparation et la protection. Comme l'immunité pasteurienne, l'immunité metchnikovienne a quelque chose à voir avec la nutrition puisque ce sont les mêmes cellules qui permettent la digestion chez les métazoaires dépourvus de cavité digestive et qui assurent leur défense et celle des organismes dotés d'un système digestif. Il nous dit surtout que ces fonctions sont intégrées dans une même grande fonction biologique qui vise à établir et à maintenir une nécessaire harmonie entre les populations cellulaires engagées dans une lutte pour la vie darwinienne.

On sait la profonde influence de Darwin sur la pensée de Metchnikoff. Sait-on s'il a eu connaissance de Carnot et du second principe de la thermodynamique publié en 1824 ? Car la disharmonie vers laquelle tendent nécessairement les organismes multicellulaires peuplés de toutes sortes de populations cellulaires différenciées ressemble fort à l'*entropie** du principe de Carnot, et la fonction que Metchnikoff assigne aux phagocytes de rétablir et de maintenir l'harmonie dans le corps des métazoaires ressemble à la fonction néguentropique, dont Erwin Schrödinger[1] fera une caractéristique du vivant. Metchnikoff nomme cette fonction l'« inflammation physiologique » dont les phagocytes sont les ordonnateurs. Il pense alors avoir trouvé cette théorie générale du vivant à laquelle il aspire depuis toujours, un vivant en lutte constante contre la disharmonie.

Cette ambition sera abandonnée, et avec elle sa grande théorie intégrative, lorsque Metchnikoff aura pris ses fonctions de chef de laboratoire à l'Institut Pasteur. C'est *a posteriori*, vingt-six ans après l'épisode de Messine, puisqu'il évoque dans le même texte le tremblement de terre qui a détruit la ville en 1908, que Metchnikoff écrira que c'est à Messine qu'eut lieu « le grand événement de sa vie scientifique », lorsque, jusque-là zoologiste, il devint brusquement pathologiste. Entretemps, il est devenu pasteurien et il défend âprement l'immunité cellulaire en réduisant le phagocyte à sa fonction défensive. Un siècle plus tard, l'immunité innée reprendra à son compte les macrophages, les microphages et autres phagocytes de Metchnikoff, et lui donnera raison.

Que nous dit Ehrlich ? Il nous dit que la biologie est réductible à la chimie. Les toxines et les antitoxines sont des substances chimiques, les récepteurs auxquels elles se fixent sont des fonctions chimiques, jusqu'aux cellules qui sont comme des molécules de benzène géantes. Le vivant est fait de substances chimiques qui agissent les unes sur les autres par des réactions chimiques simples. Ce sont ces réactions chimiques qui intéressent Ehrlich, bien plus que l'immunité qu'elles peuvent conférer. Il suffit pour s'en convaincre de comparer les discours que prononcent Ehrlich et Metchnikoff le 11 décembre 1908, lors de la cérémonie de remise du prix Nobel de médecine ou physiologie qu'ils partagent. Ce sont des hommes mûrs qui parlent : Metchnikoff a 63 ans, Ehrlich, 54 ans. Tous deux nous disent ce qu'ils veulent que nous retenions du travail pour lequel ils sont couronnés et ce qu'ils souhaitent que l'histoire en retienne. En ce sens, ils réécrivent leur propre histoire, celle qui a conduit à leur consécration.

Dans son discours, intitulé « De l'état actuel de la question de l'immunité dans les maladies infectieuses », Metchnikoff ne parle que de phagocytes et de phagocytose. Sa conclusion est :

> J'ai essayé de résumer l'état actuel d'un sujet qui peut servir d'exemple de l'utilité d'une recherche purement théorique. L'étude de l'origine des organes digestifs chez les animaux les plus primitifs, disparus depuis longtemps, a petit à petit ouvert un champ aboutissant à un nouveau concept de l'immunité, à la recherche de nouvelles méthodes permettant de combattre les infections et d'assurer la résistance et la guérison de l'organisme.

Dans le sien, intitulé « Les fonctions cellulaires partielles », Ehrlich consacre une moitié (8 pages) aux réactions toxines-antitoxines, l'autre moitié (8 pages) à la chimiothérapie des trypanosomiases. Sa conclusion est :

> Ce que j'ai voulu montrer, c'est que nous commençons à disposer de moyens pour comprendre le mode d'action des substances thérapeutiques, dont la conception doit reposer sur la connaissance du lieu où agissent les médicaments et de leur mode d'action[2]. Mon espoir est qu'une mise en pratique systématique de ces connaissances permettra une élaboration rationnelle des médicaments, et je mentionnerai à ce sujet l'arsénophénylglycine qui a démontré aujourd'hui être un remède idéal chez l'animal de laboratoire.

N'oublions pas qu'Ehrlich et Metchnikoff sont récompensés « pour leurs travaux sur la théorie de l'immunité », comme le précise le recteur du Royal Caroline Institute, le professeur et comte K. A. H. Mörner dans la présentation qu'il fait des deux lauréats. La place de la « théorie de l'immunité » qu'ils lui accordent est pour le moins inégale. Le discours de Metchnikoff et celui d'Ehrlich ont des longueurs comparables (respectivement 8 569 et 7 317 mots). Metchnikoff y prononce cinquante fois le mot « immunité », Ehrlich, deux fois.

Néanmoins, si réductrice qu'elle soit, la chimie des interactions toxine-antitoxine d'Ehrlich n'est pas sans conséquences conceptuelles. La distinction faite par Ehrlich entre le site responsable de la toxicité d'une toxine, le « toxophore », et le site auquel se fixe l'antitoxine *in vitro*, l'« haptophore », est l'équivalent, dit avec les mots de la chimie, de la distinction faite par Pasteur entre le pouvoir pathogène d'un microbe et son pouvoir immunogène[3] *in vivo*, dite avec les mots de la microbiologie. Comme le pouvoir pathogène du microbe, la toxicité de la toxine est labile, alors que, comme le pouvoir immunogène du microbe, l'antigénicité de la toxine est stable. Cette distinction permet à Ehrlich de penser que l'immunité concerne non seulement des toxines, mais également des substances dénuées de toxicité. C'est la première fois que l'immunité s'émancipe de la microbiologie. Par ailleurs, en assimilant les cellules à de grosses molécules, Ehrlich rend possible l'idée d'une immunité contre des cellules normales et non plus seulement contre des microbes. Les groupes sanguins de Karl Landsteiner[4] et les « sérums cytotoxiques » de Jules Bordet[5] ne tarderont pas à lui donner raison.

Quant aux chaînes latérales « *à proprement parler* conçues comme des récepteurs pour des substances toxiques auxquelles, dans des conditions de vie normales, un animal ne sera peut-être jamais exposé », Ehrlich « doit imaginer qu'[elles] existent pour se combiner *chimiquement* avec des produits *normaux* du métabolisme ». Il leur attribue alors une fonction d'assimilation. Comme Pasteur et comme Metchnikoff, Ehrlich associe l'immunité à la nutrition. Dans des conditions normales, ces chaînes latérales restent associées aux cellules. Ce n'est que lorsqu'elles sont occupées par un excès de ligand qu'elles sont libérées sous forme d'anticorps. Ce n'est qu'en cas d'immunisation qu'elles sont produites en grande quantité en vertu de la loi de Weigert, et qu'elles se retrouvent éventuellement dans le sérum où elles ne peuvent plus permettre l'assimilation de ce qui s'y fixe. Les anticorps apparaissent donc davantage comme des artefacts induits par les injections des vaccinateurs ou comme des réponses à des conditions pathologiques que comme des produits physiologiques. Et, comme ils ont la spécificité des chaînes latérales, ils peuvent toujours se combiner chimiquement avec les ligands de celles-ci. Ils n'ont pas d'autre fonction. Les anticorps ne tuent pas. Pourtant, les anticorps d'Ehrlich deviendront les balles magiques de l'immunité, et la théorie humorale de l'immunité dominera l'immunologie pendant la première moitié du XXe siècle.

Le temps des anticorps

Les anticorps ne tuent pas mais ils protègent. Après le premier enfant guéri du croup par Behring grâce l'injection de sérum antitoxine diphtérique à Noël 1891, trois cents enfants atteints de diphtérie sont traités de la même façon avec succès par Émile Roux à l'hôpital des Enfants-Malades en 1894[6]. Pour répondre à une demande croissante, des centres de production sont créés comme l'annexe de l'Institut Pasteur à Garches, où des chevaux sont immunisés et leur sérum, prélevé, titré, standardisé, conditionné et expédié dans tout le pays. La sérothérapie antidiphtérique et surtout la sérothérapie antitétanique, qui sauve d'une mort certaine d'innombrables blessés dans les tranchées de la Première Guerre mondiale qui a fini par éclater[7], fondent la suprématie de la théorie humorale.

La science de l'immunité balbutiante est donc d'abord une extension du domaine de la chimie, dont le héros est l'anticorps. Mystérieux et insaisissable héros que personne n'a jamais vu. Car, comme l'immunité, les anticorps « n'existent » pas. Ce sont des activités qui apparaissent dans le sérum des animaux immunisés, et c'est par ces activités qu'ils sont d'abord nommés : antitoxines, hémolysines, agglutinines, précipitines et plus tard opsonines, réagines, etc. Quels rapports entre tous les effets biologiques de ces supposées substances en « -ine » observés *in vitro* ? Sont-ils le fait d'une même substance qui aurait des effets multiples ou ceux de multiples substances dont chacune aurait un effet propre ? Les anticorps sont définis à grand-peine par leur capacité à « reconnaître » spécifiquement l'antigène qui a induit leur formation, et l'antigène, par sa capacité à induire des anticorps spécifiques. Dans ce raisonnement circulaire laborieux n'apparaît clairement que la notion de spécificité. Plus que toute autre propriété, ce qui définit un anticorps est sa spécificité. Comment s'explique cette spécificité ? De quoi est fait un anticorps ? Pour répondre à ces questions, Ehrlich ne nous laisse guère que ses images de chaînes latérales et de clés dans des serrures.

Karl Landsteiner n'est pas moins chimiste qu'Ehrlich, mais il ne croit pas à une immunité réduite à des réactions chimiques, il n'est pas convaincu par les petits dessins d'Ehrlich, il doute même de l'existence matérielle de ses anticorps. À ces substances inaccessibles à l'analyse chimique, dans cette soupe biologique qu'est le sérum, il préfère les antigènes ; et, aux microbes infiniment complexes ou à leurs toxines de composition inconnue, il préfère des antigènes artificiels, beaucoup plus simples et de composition connue. Il couple donc à des protéines connues de petites molécules chimiques qu'il appelle des haptènes, et il étudie la production d'anticorps antihaptène chez des animaux immunisés avec ces complexes protéine-haptène artificiels. Il trouve que les anticorps ainsi induits peuvent distinguer non seulement des haptènes très semblables, mais également un même haptène couplé à des endroits différents sur une même protéine. Les anticorps de Landsteiner sont encore plus spécifiques que les antitoxines d'Ehrlich, ils peuvent distinguer la conformation de molécules différentes qui ont pourtant la même composition chimique. Avec les haptènes, les antigènes s'émancipent définitivement des microbes et des maladies infectieuses. Ils troquent leur définition tautologique pour une définition stéréochimique. L'immunologie se mue en immunochimie.

Avec ses anticorps antihaptènes, Landsteiner est confronté au même problème qu'Ehrlich avec ses anticorps antivenin de serpent, antitoxine diphtérique, antitoxine tétanique ou antitoxine botulique : comment expliquer l'étendue d'un tel répertoire potentiel de spécificités envers des antigènes que l'organisme ne rencontrera peut-être jamais ? « La période d'innocence était finie, dit Anne Marie Moulin, l'organisme pouvait fabriquer sous les tropiques des anticorps dirigés contre des parasites de l'ours blanc[8] ! » Et même contre des antigènes de l'ours blanc lui-même, pourrions-nous ajouter. Face à un nombre inimaginable d'anticorps improbables, la théorie d'Ehrlich selon laquelle les chaînes latérales qui donneront les anticorps préexistent à la rencontre de l'antigène devient difficilement tenable. Elle doit s'effacer devant des théories « instructives » selon lesquelles c'est l'antigène qui façonne l'anticorps, à moins que ce ne soit l'anticorps qui se moule sur l'antigène.

On en sait encore trop peu, alors, sur la nature des anticorps et leur structure pour trancher.

De « colloïdes » aux propriétés rappelant celles que les vitalistes attribuaient à la matière vivante, les anticorps deviennent des « protéines », autrement dit des macromolécules accessibles à l'analyse physicochimique. Ils acquièrent une existence matérielle. Les anticorps sont enfin des corps. On peut en déterminer la taille par ultracentrifugation et l'exprimer en unités Svedberg (S), du nom de l'inventeur de cette technique[9]. On peut les peser en mesurant la quantité d'azote qu'ils contiennent par la méthode de Kjeldahl comme le fait Michael Heidelberger[10]. On peut les distinguer parmi les autres protéines du sérum par électrophorèse, *i.e.* en les faisant migrer dans un champ électrique comme le montre Arne Tiselius[11]. On peut enfin les identifier et même les voir grâce à l'immunoélectrophorèse, une technique qui combine l'électrophorèse et une réaction antigène-anticorps mise au point par Pierre Grabar[12].

Grâce à ces progrès techniques, les anticorps sont identifiés dans le sérum comme des « gamma globulines » en 1939. Il en existe de tailles différentes : on parle de « 7S gamma G » et de « 19S gamma M ». Les anticorps deviennent des « *immunoglobulines** » (Ig) en 1964, parmi lesquelles on distingue cinq classes : les IgA, les IgG, les IgM et les IgD, puis les IgE en 1967. Entre-temps, Gerald Edelman et Rodney Porter[13] avaient déterminé la structure des anticorps : deux chaînes lourdes et deux chaînes légères liées entre elles par des ponts disulfures, et ce sont les chaînes lourdes qui font la différence entre les classes d'immunoglobulines. La connaissance de la nature et de la structure moléculaire des anticorps s'accélère avec celle des protéines. Les immunoglobulines, avec leurs chaînes associées, deviennent des modèles d'étude des protéines pluricaténaires. L'anticorps est plus que jamais un héros. On ne sait cependant toujours pas ce qui détermine sa spécificité, et encore moins comment il peut en exister autant, spécifiques d'autant d'antigènes. C'est l'immunologie cellulaire qui apportera la réponse à cette énigme de l'immunité humorale.

Le temps des lymphocytes

Après le temps des anticorps, voici venu celui des cellules, mais attention, ce ne sont pas les phagocytes de Metchnikoff qui reviennent, ils le feront mais beaucoup plus tard, lorsqu'on commencera à s'intéresser à l'immunité innée. Il s'agit toujours d'élucider les mécanismes de l'immunité acquise par les vaccinations et, pour commencer, de déterminer d'où proviennent les anticorps. La question de leur spécificité et de leur diversité attendra.

Paradoxalement, c'est l'augmentation exponentielle de la concentration des anticorps après une immunisation qui est à l'origine du retour de la cellule dans la science de l'immunité. La courbe du taux des anticorps sériques en fonction du temps chez un animal immunisé rappelle à Frank Macfarlane Burnet[14] la courbe de prolifération de bactéries en culture, elle lui suggère que quelque chose comme une prolifération biologique est à l'œuvre. Burnet est virologiste de formation. Il ne parle pas explicitement de cellules, mais il a déjà en tête l'image de *clones** qui se forment à partir d'une même cellule et qui pourraient produire les anticorps.

En 1955, Niels Jerne[15] propose une théorie selon laquelle un processus de « sélection naturelle » explique la formation des anticorps[16]. Cette théorie repose sur trois hypothèses : 1) il existe des cellules qui produisent des anticorps d'une seule spécificité en très petite quantité avant toute rencontre d'un antigène ; 2) lorsqu'un antigène est introduit dans l'organisme, il se complexe avec le ou les anticorps spécifiques, et les complexes antigène-anticorps ainsi formés peuvent, d'une façon ou d'une autre, retrouver la cellule qui produit les anticorps ; 3) l'interaction de ces complexes avec la cellule induit celle-ci à se multiplier. Les cellules issues de cette multiplication sécrétant toutes les mêmes anticorps, le taux d'anticorps spécifiques de l'antigène augmente dans le sérum. En transposant la sélection naturelle darwinienne de l'individu à la cellule et en proposant une théorie sélective de l'immunité, Jerne s'oppose aux théories instructives défendues notamment par Linus Pauling au cours des années 1940. Il faut dire que la meilleure connaissance de la structure des protéines et de ce qui détermine leur forme commençait à disqualifier l'idée que l'anticorps s'adapte à l'antigène. À la fin des années 1950, Burnet a toujours en tête l'idée d'une prolifération cellulaire. Elle s'accorde bien avec la notion de sélection proposée par Jerne. Il opère une synthèse des deux points de vue et propose à son tour une théorie selon laquelle c'est l'antigène lui-même qui sélectionne la « bonne » cellule et la fait proliférer, induisant ainsi la formation de clones cellulaires sécréteurs d'anticorps. C'est la théorie de la « sélection clonale ». Elle prévaut toujours aujourd'hui.

S'il en est bien ainsi, de quelle cellule parle-t-on ? En 1948, après des débats enflammés, Astrid Fagraeus avait réussi à identifier les plasmocytes comme les cellules qui produisent les anticorps[17]. En 1963, Jerne met au point une technique qui permet de voir les cellules produire des anticorps antiglobules rouges de mouton parmi les leucocytes d'un animal immunisé. Celles-ci forment en effet des « plages de lyse » lorsqu'on les place sur un tapis de globules rouges de mouton en présence d'ingrédients nécessaires à l'action des anticorps. Au centre des plages, *i.e.* au centre des zones circulaires dans lesquelles les globules rouges ont disparu, on peut voir au microscope un plasmocyte en train de sécréter les anticorps qui ont détruit les globules rouges[18]. Il faudra encore du temps pour comprendre que les plasmocytes se différencient à partir de lymphocytes et plus encore pour se rendre compte qu'il y a lymphocytes et lymphocytes.

On connaissait les lymphocytes depuis qu'Ehrlich les avait décrits avec ses colorants en 1891, mais on n'en savait pas grand-chose. Au début des années 1960, une série d'expériences les projette sur le devant de la scène immunologique. Ces expériences ont pour objectif de déterminer quels organes et quelles cellules sont nécessaires pour produire des anticorps. Deux types d'expériences sont alors réalisées. Les unes consistent à enlever des organes chirurgicalement ou à détruire des cellules en irradiant les animaux et à en examiner les conséquences sur la production d'anticorps. Les autres consistent à rechercher quelles cellules peuvent restaurer les déficits ainsi induits.

Les premières expériences sont faites par Jacques Miller[19], alors qu'il est doctorant à l'Université de Londres. Il s'intéresse à un organe qui, étrangement, s'atrophie après la naissance pour ne laisser que des vestiges à l'âge adulte, le thymus. Miller montre que, si l'on enlève le thymus d'une souris à sa naissance, on diminue la capacité de l'animal ainsi « thymectomisé » de produire des anticorps, et on abolit sa capacité de rejeter une greffe incompatible[20]. Peu de temps après, Max D. Cooper, un jeune immunologiste américain, pédiatre de formation, rejoint le laboratoire de Robert Good à l'Université du Minnesota, où il travaille sur un étrange organe que les oiseaux possèdent au niveau du côlon, la « bourse de Fabricius », décrit au XVIIe siècle par l'anatomiste italien Girolamo Fabrizi d'Acquapendente. On ignore à peu près tout de cet organe. Cooper trouve que, si l'on enlève la bourse de Fabricius d'un poulet à sa naissance, on abolit la capacité du poulet ainsi « bursectomisé » de produire des anticorps. Et comme l'avait fait Miller chez la souris, il montre qu'un poulet thymectomisé est incapable de rejeter une greffe incompatible[21].

Les mêmes déficits s'observent chez une souris adulte exposée à une forte dose de rayons X, et, si la dose est suffisante, la souris meurt. On trouve alors qu'on peut « sauver » la souris en lui injectant des cellules par voie intraveineuse. Une injection de cellules de thymus n'est pas suffisante, ni une injection de cellules de moelle osseuse, mais une injection des deux types de cellules restaure complètement les réponses anticorps d'une souris irradiée. L'étude des cellules capables de reconstituer le système immunitaire de la souris démontre alors que les cellules qui produisent les anticorps sont celles qui proviennent de la moelle osseuse, mais que ces cellules ne suffisent pas. Elles ont besoin de cellules provenant du thymus. Dans les deux organes, les cellules responsables sont des lymphocytes, et ce sont ces cellules qui sont détruites par une irradiation, car les lymphocytes sont particulièrement sensibles aux rayons X.

L'interprétation de ces expériences est que les lymphocytes qui proviennent de la moelle et les lymphocytes qui proviennent du thymus sont différents et qu'ils doivent « coopérer » pour qu'une réponse anticorps soit induite. Avec le développement des techniques de culture cellulaire, il devient possible de confirmer *in vitro* cette coopération entre deux populations de lymphocytes : les lymphocytes T (T comme thymus), et les lymphocytes B (B comme bourse [de Fabricius]), car on comprend que les lymphocytes de la bourse de Fabricius jouent chez les oiseaux le même rôle que les lymphocytes de la moelle osseuse chez les mammifères qui n'ont pas de bourse de Fabricius. Le dualisme cellules T-cellules B, ainsi qu'on les appelle rapidement, signe le début d'une nouvelle ère de l'immunologie, celle de l'« immunologie cellulaire ».

L'immunologie cellulaire n'est pas l'étude de l'immunité cellulaire de Metchnikoff, ce n'est pas une immunologie des phagocytes, même si on se rend rapidement compte qu'il faut non seulement des cellules T et des cellules B pour produire des anticorps, mais aussi des cellules résistantes aux rayons X qui ressemblent beaucoup aux phagocytes, c'est l'immunologie des lymphocytes. C'est une science de l'immunité centrée sur l'étude de ces cellules, qui utilise les techniques de transfert de cellules *in vivo* et de culture cellulaire *in vitro*. Les immunologistes du lymphocyte relèguent les immunologistes des anticorps au second plan, et le prestige des immunologistes du lymphocyte T l'emporte sur celui des immunologistes du lymphocyte B, car cette cellule renvoie à la production d'anticorps, et donc à une immunité humorale démodée. Au début des années 1970, l'immunité *est* cellulaire, et le lymphocyte, *la* cellule immunitaire par excellence.

On distingue alors des réponses immunitaires qui impliquent des anticorps et des réponses immunitaires qui, comme le rejet des greffes, les réactions cytotoxiques et les réactions d'« hypersensibilité retardée », sont purement cellulaires. Comme les réponses qui conduisent à la production d'anticorps, les réponses « à médiation cellulaire » nécessitent une coopération avec des cellules T, mais elles sont elles-mêmes dues à des cellules T. La coopération n'est donc pas seulement entre cellules T et cellules B, elle est également entre cellules T et cellules T. On distingue alors deux types de lymphocytes T : des lymphocytes Th (h pour *helper*) ou lymphocytes T auxiliaires qui jouent le même rôle pour les réponses anticorps et les réponses cellulaires, et des lymphocytes T effecteurs qui sont responsables du rejet des greffes, des réactions de *cytotoxicité** et des réactions d'hypersensibilité retardée. Il existe donc non seulement des lymphocytes B et des lymphocytes T, mais, parmi les lymphocytes T, des sous-populations de lymphocytes T. Il y en aura bientôt bien plus que deux. Commence alors la recherche de « marqueurs » capables de distinguer ces sous-populations, autrement dit des molécules dont on ignore généralement ce qu'elles y font, mais qui peuvent être détectées à la surface des cellules T et qui sont associées à un type de lymphocytes ou à un autre. Ainsi distinguera-t-on les lymphocytes T auxiliaires qui expriment la molécule CD4, des lymphocytes T effecteurs qui expriment la molécule CD8.

En même temps qu'avec toutes ces cellules la réponse immunitaire devient plus complexe, leur connaissance clarifie des phénomènes incompris. Ceux qui impliquent des antigènes d'histocompatibilité en sont un exemple. De même que les antigènes de groupes sanguins portés par les hématies déterminent la compatibilité ou l'incompatibilité d'une transfusion sanguine, des antigènes de groupes tissulaires exprimés par les autres cellules de l'organisme déterminent la compatibilité ou l'incompatibilité d'une greffe d'organe ou de tissu. On parle d'antigène parce que c'est à l'aide d'anticorps qui les reconnaissent qu'on les identifie. Le terme « antigène » n'a donc ici qu'un sens opérationnel lié à la technique employée. Ces antigènes, donc, sont des molécules exprimées sur la membrane cytoplasmique des cellules.

Chez l'homme comme chez la souris, ces molécules sont codées par des gènes qui sont groupés dans un locus génétique appelé « complexe majeur d'histocompatibilité* » (CMH)[22]. Deux classes de molécules sont codées par les gènes du CMH. Les molécules de classe I (CMH-I) sont exprimées par toutes les cellules nucléées. Les molécules de classe II (CMH-II) sont exprimées par des cellules impliquées dans les réponses immunitaires : les lymphocytes B, et des cellules qui rappellent les phagocytes de Metchnikoff comme les macrophages et les monocytes. Très vite, on dénombre plusieurs gènes qui codent les molécules de classe I et plusieurs autres qui codent les molécules de classe II. Surtout on se rend compte qu'il existe un très grand nombre d'*allèles** de chaque gène et que ces gènes sont très polymorphes[23]. Les combinaisons possibles sont tellement nombreuses qu'il n'y a pas, dans le monde entier, deux individus qui expriment les mêmes antigènes d'*histocompatibilité**. Pour cette raison, les molécules d'histocompatibilité ont été interprétées comme des « marqueurs d'identité » individuelle.

On comprend bien alors que des réactions immunitaires dirigées contre ces molécules puissent provoquer un rejet de greffe. En revanche, on comprend mal qu'un système d'antigènes d'histocompatibilité aussi complexe ait été sélectionné au cours de l'évolution s'il n'intervient que dans les greffes de tissus et les transplantations d'organes. Ce ne sont, à l'évidence, pas des phénomènes naturels. En quelques années, des expériences cruciales apportent une réponse à cette question et, en même temps, permettent de comprendre ce que signifie « coopérer » pour des cellules T. On découvre en effet que « reconnaître » un antigène est avant tout l'affaire des cellules T et que c'est une affaire beaucoup plus compliquée qu'on ne le pensait.

La description des mécanismes impliqués occupe les immunologistes pendant toutes les années 1970. Pour reconnaître un antigène, les cellules T doivent entrer en interaction avec d'autres cellules : les cellules Th avec des « cellules présentatrices d'antigènes » ; les cellules T *effectrices** comme les cellules cytotoxiques avec des « cellules cibles » qu'elles sont capables de détruire. Les cellules « présentatrices d'antigène » sont alors principalement des macrophages. On découvrira plus tard que d'autres cellules, qu'on appellera « cellules dendritiques » parce qu'elles ressemblent à des neurones avec leurs dendrites, sont bien plus efficaces que les macrophages. Les cellules cibles sont, par exemple, des cellules infectées par un virus ou des cellules tumorales. L'interaction se fait par l'intermédiaire de « récepteurs d'antigène » exprimés par les lymphocytes T.

Or ce que « reconnaissent » les récepteurs des deux types de cellules T, ce ne sont pas des antigènes mais des fragments d'antigène associés à des molécules du CMH : les molécules de classe II exprimées par les cellules présentatrices d'antigène ou les molécules de classe I exprimées par les cellules infectées[24]. On découvrira plus tard que la spécificité des interactions des deux grands types de cellules T s'explique par l'*expression** différentielle de *CD4** ou de CD8 : CD4, exprimé par les lymphocytes Th, se fixe aux molécules de classe II exprimées par les cellules présentatrices d'antigène, tandis que CD8, exprimé par les cellules cytotoxiques, se fixe aux molécules de classe I exprimées par les cellules infectées par un virus ou les cellules tumorales. La suite de l'histoire, la dissection des mécanismes de la reconnaissance des antigènes, viendra avec l'irruption de la biologie moléculaire en immunologie.

La seconde moitié des années 1970 voit en effet l'immunologie cellulaire se « moléculariser ». Ce qu'on appelle la biologie moléculaire – il s'agit en réalité de la biologie étudiée à travers le prisme et avec les techniques de la génétique moléculaire – s'est imposé dans toutes les sciences de la vie. Ces techniques permettent non seulement d'identifier les gènes des protéines impliquées dans les réponses immunitaires, mais également d'avoir accès à ces protéines par le détour des acides nucléiques qui les codent, ce que les techniques de biochimie les plus sophistiquées ne permettent pas.

On peut ainsi purifier l'ARN d'une cellule, le transformer en ADN complémentaire (ADNc)[25], séquencer cet ADNc et, de cette séquence, déduire la séquence d'*acides aminés** des protéines exprimées par cette cellule. On peut aussi faire exprimer l'ADNc codant une protéine connue dans une cellule qui ne l'exprime pas normalement et déterminer ce que cette protéine « sait » faire dans cette cellule en comparant celle-ci à la cellule non modifiée. On peut enfin introduire des mutations à différents endroits dans l'ADNc codant une protéine, faire exprimer cet ADNc muté dans une cellule et déterminer dans la protéine l'effet des mutations introduites dans l'ADNc. On peut ainsi, en intervenant sur l'ADNc qui la code, disséquer une protéine en ses différentes parties et déterminer ce que font ces parties. Une première avancée de cette nouvelle immunologie a été l'identification des gènes qui codent les anticorps, et (enfin !) l'élucidation des bases génétiques de la spécificité et de la diversité des anticorps par Susumu Tonegawa[26].

Lorsque nous disons que les anticorps ou les lymphocytes sont capables de « reconnaître » un antigène, nous savons bien que nous faisons appel à une métaphore anthropomorphique : les anticorps et les lymphocytes ne connaissent rien et ne reconnaissent donc rien. Ils sont juste capables d'interagir avec un antigène si les anticorps sont spécifiques de cet antigène ou si les lymphocytes expriment des récepteurs spécifiques de cet antigène. Nous faisons donc un abus de langage lorsque nous parlons de « reconnaissance ». Les lymphocytes ne peuvent « reconnaître » un antigène qu'ils ne « connaissent » pas. Comment pourraient-ils le « connaître » ? Nous sommes face au paradoxe que Platon fait énoncer à Ménon : « Et comment t'y prendras-tu, Socrate, pour chercher ce que tu ne connais en aucune manière ? Quel principe prendras-tu, dans ton ignorance, pour te guider dans cette recherche ? Et quand tu viendrais à le rencontrer, comment le reconnaîtrais-tu, ne l'ayant jamais connu ? » « Celui qui ignore a en lui-même sur ce qu'il ignore des opinions vraies[27] », répond Socrate. Avant toute connaissance de quelque chose, nous possédons en nous les moyens appropriés de connaître cette chose que nous ne connaissons pas, et ainsi de la reconnaître. Toute connaissance est une réminiscence. Connaître, c'est reconnaître. Et donc connaître, c'est reconnaître de l'inconnu. C'est exactement ce que font les lymphocytes.

Les lymphocytes expriment des récepteurs pour l'antigène : les lymphocytes B expriment des *B cell receptors* (BCR), les lymphocytes T, des *T cell receptors* (TCR). Ces récepteurs possèdent des « régions constantes » qui les structurent et déterminent leur forme, et des « régions variables » qui leur permettent de « reconnaître » des antigènes. Une première découverte, qui remet en cause le « dogme » de la biologie moléculaire « un gène-une protéine », est que plusieurs gènes codent une même protéine constitutive des récepteurs d'antigènes. Quelques gènes non polymorphiques codent les régions constantes caractéristiques des différentes classes d'anticorps ; en revanche, un grand nombre de gènes codent les régions variables. Surtout, ces gènes ne codent qu'une partie des régions variables. Je prendrai comme exemple les gènes qui codent les régions variables des BCR.

Trois parties des régions variables sont codées, chacune, par des gènes V, des gènes D et des gènes J. Dans le *génome** d'un individu, on trouve une quarantaine de gènes V, 23 gènes D et 6 gènes J. Dans l'ADN d'un lymphocyte B de cet individu, on ne trouve plus qu'un gène V juxtaposé à un gène D et à un gène J. Dans l'ADN d'un autre lymphocyte B du même individu, on trouve la même configuration, mais faite de gènes V, D et J différents. La différence entre l'ADN des lymphocytes et l'ADN de toutes les autres cellules (l'ADN génomique) résulte d'un « *réarrangement** somatique » des gènes variables par lequel un gène de chaque type est « choisi » tandis que tous les autres sont perdus. Cette modification de l'ADN se fait au hasard dans chaque lymphocyte, et un lymphocyte ne contient qu'une seule combinaison de gènes V, D et J. Le nombre de combinaisons possibles est tel que chaque lymphocyte possède sa propre combinaison.

En conséquence, tous les BCR d'un lymphocyte sont spécifiques du même antigène et les BCR de différents lymphocytes ont des spécificités différentes. Un mécanisme de réarrangement génétique comparable affecte les gènes qui codent les régions variables des TCR et déterminent leur spécificité. Ce réarrangement génétique irréversible n'existe dans aucune autre cellule que les lymphocytes. Il se produit avant que le lymphocyte ne rencontre son antigène. L'intuition d'Ehrlich selon laquelle le récepteur précède la rencontre du ligand était donc juste. On comprend ainsi comment se constitue un répertoire de spécificités, capable d'« anticiper » la rencontre de n'importe quel antigène. Comme le prétendait Socrate pour les hommes, les lymphocytes possèdent en eux de quoi reconnaître l'inconnu.

Il nous reste à comprendre comment sont produits des anticorps spécifiques lorsque survient un antigène. Lorsqu'un antigène est reconnu par le BCR d'une cellule B, ce récepteur délivre à la cellule des signaux d'*activation** qui ont deux conséquences. La première est que la cellule se met à proliférer. Parce que les autres gènes variables sont perdus, le réarrangement est irréversible. La combinaison VDJ que porte le lymphocyte qui se divise est transmise à ses cellules filles qui, à leur tour, la transmettront à leur descendance. Ainsi se constitue un « clone » de cellules B qui portent toutes le même BCR. La seconde conséquence de la reconnaissance d'un antigène par le BCR d'un lymphocyte est que la cellule se différencie. Elle se transforme en plasmocyte. Les plasmocytes sont les cellules qui sécrètent les anticorps par milliards. Les anticorps qu'elles sécrètent sont codés par les mêmes gènes que ceux qui codent le BCR des cellules B dont elles dérivent[28]. La biologie moléculaire conforte ainsi la théorie de la sélection clonale de Burnet et elle permet enfin de comprendre la diversité du répertoire immunitaire.

Les systèmes immunitaires

La nécessité d'un système

Observation après observation, expérience après expérience, les faits s'accumulent qu'il faut organiser. Ainsi se met en place peu à peu un édifice conceptuel capable d'intégrer les résultats, et finalement un système. Les immunologistes se donnent un système de pensée qui leur permet d'embrasser l'ensemble de ce qu'ils trouvent, de le *com-prendre*.

L'immunologie n'a pas été conçue pour étudier un système biologique reconnu ou compris comme tel, c'est elle qui a conçu et élaboré le système qu'elle étudie. La constitution d'un système biologique relève d'une interrogation : soit cet organe, ou soient ces organes (ou ces cellules, voire ces molécules) accessibles à l'observation ou à l'expérience ; quelle peut être ou quelles peuvent être leur(s) fonction(s) ? Lorsque différents organes semblent avoir la même fonction ou contribuer à une même fonction, on peut les rassembler dans un système dont tous les organes contribuent à la fonction de ce système.

Rien de tel, au départ, pour le système immunitaire. « La science de l'immunité s'est développée avant tout essai de projection sur l'espace du corps humain[29]. » Pas encore d'organes ou de cellules clairement identifiées par leur fonction immunitaire à rassembler. La question est inversée : soit l'immunité protectrice, et en particulier l'immunité conférée par les vaccinations, *i.e.* soit la fonction immunitaire ; quels organes sont susceptibles d'en rendre compte ? Quelle est leur contribution à cette fonction et comment les fonctions de tous ces organes s'intègrent-elles en une seule et même fonction immunitaire ?

Lorsque, petit à petit, les lymphocytes des deux grands types avec leurs sous-populations s'ajoutent aux différentes cellules phagocytaires et à bien d'autres cellules « accessoires » lorsque les organes qui les produisent et les hébergent sont reconnus, lorsque leurs interactions et les molécules qu'elles produisent sont décrites, par lesquelles elles communiquent, alors un système se constitue dans les profondeurs des organes *hématopoïétiques** et prend corps. C'est d'abord un « système *lymphoïde** », un système de lymphocytes qui rappelle le système de phagocytes imaginé par Metchnikoff, un système défini par ses constituants cellulaires.

> C'est une facilité pour une science de se donner un système à étudier, une sécurité aussi. Une fois posé que les lymphocytes « sont » le système immunitaire, l'immunologie devient la science du système immunitaire. Parler d'un système de lymphocytes, c'est supposer que leur organisation a des lois : un lymphocyte isolé n'a pas de sens[30].

Ainsi se constitue peu à peu un « système immunitaire » défini non plus par ses éléments, mais par sa fonction : assurer l'immunité protectrice que l'immunologie s'était proposé d'étudier. Le système immunitaire est un produit de l'immunologie. Un système, immunitaire donc, prend place à côté des autres grands systèmes biologiques au début des années 1960. « L'émergence chez les vertébrés d'un système immunitaire, spécifique, dont les anticorps constituent la composante humorale, est un fait remarquable de l'évolution des espèces », peut-on lire dans un manuel d'immunologie[31]. L'immunité prend place parmi les grandes fonctions physiologiques, et le système immunitaire, parmi les grands systèmes physiologiques qui ont été sélectionnés au cours de l'évolution.

Ce système remplit effectivement la fonction immunitaire qui lui a été assignée *a priori*, mais également la fonction unificatrice pour laquelle il a été conçu : toutes ces observations faites depuis Pasteur peuvent être intégrées dans un ensemble conceptuel, l'immunologie, et toutes ces cellules et ces molécules qui sillonnent l'organisme travaillent en synergie à une même fonction, l'immunité. Le système immunitaire se révèle *a posteriori* avoir une autre fonction : il fournit à l'immunologie une nouvelle raison d'être. Il l'ancre dans la réalité. L'immunologie n'est plus seulement la science d'une idée ou d'un état, l'immunité, elle devient la science d'un objet, le système immunitaire qu'elle s'est donné et qui produit cet état. Elle rejoint les autres sciences de la vie qui étudient un système biologique[32].

Ainsi conçu sur un raisonnement circulaire, le système immunitaire est fondamentalement téléologique. Il est là *pour* assurer l'immunité. « Le système immunitaire s'est développé au cours de l'évolution pour nous protéger des multiples germes pathogènes présents dans l'environnement », peut-on lire dans un autre manuel d'immunologie[33]. Protéger contre les maladies infectieuses, c'est *la fonction* assignée au système immunitaire avant sa création puisqu'il a été conçu *pour* remplir cette fonction. Les fonctions sont omniprésentes en biologie[34], et sans doute indispensables. Elles posent pourtant un problème, celui de la finalité qu'elles impliquent. La finalité des fonctions biologiques vient de l'analogie qui est faite et qui a toujours été faite entre les organes des êtres vivants et les outils des hommes. « Organe » vient du grec *ὄργανον* (*organon*) qui signifie « outil », « instrument », qui est lui-même un dérivé de *ἔργον* (*ergon*) qui signifie « œuvre », « travail ». Un organe est un instrument de travail, c'est un outil. Les outils des hommes ont été conçus par un ingénieur et fabriqués par des ouvriers pour faire un travail particulier. Or, contrairement aux artefacts, les organes et les systèmes biologiques n'ont été conçus par personne, ils n'ont été fabriqués par personne, ils n'ont pas été faits *pour* quelque chose. Ni « Grand Ingénieur » ni dessein intelligent, ils se sont faits tout seuls, au hasard de la vie, après quoi ils ont été sélectionnés au cours de l'évolution.

Avant le système immunitaire, les pionniers de l'immunologie ne s'embarrassaient pas du problème de la finalité de leurs objets biologiques puisqu'ils ne cherchaient pas à expliquer un phénomène naturel, mais les effets qu'ils induisaient eux-mêmes par des manœuvres empiriques. Puis vint le système immunitaire. Tant qu'il s'agissait d'un système conceptuel destiné à fédérer les observations, tant qu'il s'agissait d'un système qu'ils avaient eux-mêmes conçu, les immunologistes de la seconde génération n'étaient pas non plus confrontés au problème de la finalité du système immunitaire. Ce système relevait bien d'une cause finale, mais une cause finale que lui avaient assignée les « grands ingénieurs » immunologistes eux-mêmes. À partir du moment où le système immunitaire cesse d'être un édifice conceptuel et acquiert une existence, à partir du moment où il devient un système biologique comme les autres, le nouveau système pose problème : ce n'est plus un artefact mais un objet naturel, un produit de la sélection naturelle. Il n'y a plus de grands ingénieurs qui l'ont conçu. Le système immunitaire a cependant pour fonction de défendre l'organisme contre les pathogènes, c'est sa raison d'existence, et c'est ce vers quoi toutes les activités de ses organes, de ses cellules et de ses molécules tendent. Il est l'« organe » de l'immunité. Le système immunitaire est fondamentalement téléologique. Il l'est toujours, et peu d'immunologistes semblent s'en émouvoir.

Les cellules parlent aux cellules

Le système immunitaire des années 1960 se présente comme un ballet incessant de cellules qui sillonnent l'organisme et qui vivent leur vie au hasard des rencontres, avec des antigènes qui apparaissent inopinément ici ou là et avec d'autres cellules, dans un environnement tissulaire largement ignoré. Rien qui ressemble à un système organisé comme le système nerveux ou le système digestif.

> C'est ici que s'opère un redoutable glissement épistémologique, dit Anne Marie Moulin : parler du système immunitaire, c'est se donner et donner à autrui l'illusion que nous avons une idée globale du fonctionnement immunitaire de l'organisme. Or, dans la réalité, le système n'est jamais envisagé dans son ensemble : il s'agit toujours de vérifications locales et parcellaires[35].

Ainsi, Robert Mishell et Richard Dutton montrent qu'on peut « immuniser » les cellules dissociées d'une rate de souris en les cultivant avec des globules rouges de mouton dans un milieu de culture supplémenté par du sérum de veau fœtal[36] ; après quoi on mesure la réponse anticorps antiglobules rouges de mouton ainsi induite *in vitro* par la méthode des plages de lyse de Jerne. Une réponse immunitaire « hors sol », en quelque sorte. Peu à peu, cependant, il apparaît que les cellules du système immunitaire ne sont pas isolées dans un organisme vivant, elles entrent en contact les unes avec les autres, elles se touchent parfois et, quand elles ne se touchent pas, elles communiquent en s'envoyant des médiateurs.

Les cellules immunitaires peuvent en effet établir un contact direct entre elles, les cellules Th avec les cellules B ou avec les cellules T effectrices avec lesquelles elles coopèrent. Le contact ainsi établi est transitoire mais prolongé, c'est une véritable interaction qui se met en place entre les deux cellules, stabilisée par un grand nombre d'interactions moléculaires entre des molécules exprimées par une cellule et des molécules exprimées par l'autre cellule. Les molécules engagées se réorganisent dans la zone de contact, au centre de laquelle sont regroupés les TCR du lymphocyte T *engagés** avec les molécules du CMH de la cellule qui présente l'antigène. On appelle une telle interaction une « synapse immunologique » par analogie avec les synapses interneuronales dans le système nerveux, et, comme dans une synapse entre neurones, des informations passent d'une cellule à l'autre.

Pour communiquer à distance, les cellules du système immunitaire utilisent des « interleukines ». Comme leur nom l'indique, ces médiateurs ont été décrits comme des substances qui établissent une liaison entre (inter-) les globules blancs (-leukines) dont font partie les lymphocytes. Les interleukines sécrétées par une cellule diffusent dans le milieu. Très rapidement, elles atteignent d'autres cellules de l'environnement. Si celles-ci possèdent des récepteurs pour ces interleukines, elles répondent à cette stimulation. Leurs réponses dépendent du type de la cellule. Des cellules « émettent » donc des « signaux » moléculaires qui peuvent être « captés » à distance par des « récepteurs ». Ces mots qui renvoient à Shannon[37] et à la théorie de l'information qui imprègne la biologie des années 1970 disent bien que nous parlons de communication.

Parce qu'on se rend rapidement compte que ce mode de communication est utilisé par d'autres cellules que les globules blancs, et parce que ces médiateurs mettent des cellules en action, on change leur nom en « cytokine », dans lequel « cyto- » ne désigne plus des cellules particulières et « -kine » suggère la notion de mouvement. On conserve cependant l'abréviation « IL » (interleukine) pour désigner les cytokines et, au fur et à mesure qu'on en trouve de nouvelles, on leur affecte un numéro. Ainsi parle-t-on d'IL-2, d'IL-13 ou d'IL-33. D'autres cytokines ont gardé le nom « historique » par lequel elles ont été désignées lors de leur découverte. Ainsi, les « interférons » (IFN) des différents types qui « interfèrent » avec la réplication des virus, les « facteurs stimulant les colonies » (CSF) qui promeuvent la prolifération de certains types cellulaires et les « facteurs de nécrose tumorale » (TNF), qui induisent une « mort cellulaire programmée », sont également des cytokines. Les *chimiokines** sont des cytokines qui ont la propriété d'induire la migration des cellules vers celle qui les a produites. En tout, une bonne centaine de cytokines ont été décrites aujourd'hui.

Que font ces cytokines ? Elles « informent » les cellules de l'environnement qu'une autre cellule a été « *activée** », à la suite d'une interaction avec un antigène par exemple. Elles n'agissent pas sur l'antigène, et peu importe l'antigène qui a activé la cellule productrice, mais leur production est induite par une interaction spécifique. Une fois sécrétées, les cytokines se fixent à des récepteurs de cytokines exprimés par toutes sortes de cellules. On distingue plusieurs familles de récepteurs de cytokines selon leur(s) ligands(s), leur structure et leur mode de fonctionnement. Plusieurs cytokines peuvent se fixer à un même récepteur et plusieurs récepteurs de cytokines partagent des sous-unités. L'engagement des récepteurs de cytokines induit différentes réponses cellulaires qui dépendent de la cytokine, du type de récepteur et du type cellulaire. Les cytokines ont des effets multiples.

Le fonctionnement des récepteurs qui permettent aux cellules du système immunitaire de percevoir le monde qui les entoure et de communiquer entre elles devient un sujet d'étude pour l'immunologie. Et, en premier lieu, les récepteurs immunitaires par excellence, les récepteurs d'antigène des lymphocytes. Comment l'interaction d'un antigène avec un BCR sur une cellule B, ou l'interaction d'un complexe CMH-peptide avec un TCR, déclenche-t-elle l'activation, la prolifération et la différenciation d'un lymphocyte B ou d'un lymphocyte T ? L'immunologie, qui s'intéressait jusqu'alors aux cellules et aux molécules du monde extracellulaire, doit traverser la membrane et partir à la découverte d'un nouveau monde, le monde intracellulaire. Il lui faut de nouveaux outils.

Il lui faut apprendre à rendre les membranes solubles avec des détergents sans détruire les molécules du cytoplasme, à extraire les récepteurs de ces membranes sans les endommager, à les « précipiter » ainsi que les protéines intracellulaires et à les purifier, à analyser leurs modifications après que la cellule a été activée, et les interactions qu'elles établissent entre elles. L'immunologie cellulaire se convertit à la biochimie et, plus tard, à l'analyse protéomique.

Une première question est celle du passage transmembranaire : comment une molécule extracellulaire, qui ne pénètre pas elle-même dans la cellule, peut-elle entrer en communication avec le monde intracellulaire ? La réponse est un peu déconcertante : il faut et il suffit qu'elle agrège les récepteurs auxquels elle se fixe. Rien de particulier ne se passe lorsqu'un ligand se lie à un récepteur. La liaison est spécifique, certes, mais à elle seule elle n'a pas d'effet. D'ailleurs, la spécificité de la liaison est relative : on peut remplacer le ligand par n'importe quelle molécule qui a une affinité suffisante pour se fixer au récepteur. À une condition cependant : qu'elle soit plurivalente et qu'elle puisse engager plusieurs récepteurs adjacents sur la membrane. Ainsi, on peut activer un lymphocyte B par un antigène spécifique du BCR de cette cellule, bien entendu, à condition que cet antigène puisse engager plusieurs BCR sur la même cellule, mais on peut aussi bien l'activer par des anticorps anti-BCR, à la même condition[38]. L'engagement d'un récepteur dont l'exquise spécificité relève d'un extraordinaire réarrangement génétique, unique aux lymphocytes, n'a pour seule conséquence que son agrégation, et n'importe quel ligand plurivalent fait l'affaire !

La signification biologique de l'agrégation des récepteurs a longtemps été une énigme. En 1989, Michael Reth repère dans les domaines intracytoplasmiques des BCR et des TCR un petit « motif moléculaire » conservé qui contient deux tyrosines. Lorsque les récepteurs d'antigène sont agrégés, des enzymes intracellulaires appelées « *tyrosine-kinases** » phosphorylent les tyrosines de ces *immunoreceptor tyrosine-based activation motifs* (ITAM). Une fois phosphorylés, les ITAM recrutent des molécules de signalisation intracellulaire. Ainsi, l'agrégation des récepteurs d'antigène a pour effet de rapprocher des enzymes de leur substrat. Ceux-là agissent alors sur ceux-ci et ils enclenchent une cascade de réactions qui conduisent à une activation cellulaire. Nous avons compris comment un « signal » extracellulaire peut engendrer un « signal » intracellulaire.

La suite est une longue histoire partagée par l'immunologie avec d'autres disciplines biologiques, durant laquelle une multitude de molécules intracellulaires sont découvertes dont des enzymes, mais pas seulement, qui constituent d'abord un *signalosome** sous les récepteurs agrégés, dans lequel s'élaborent des signaux qui sont ensuite conduits jusqu'au noyau où ils stimulent l'expression de gènes inductibles. Ceux-ci codent notamment des cytokines qui sont alors sécrétées, et des protéines qui déclenchent la multiplication cellulaire. Ainsi la reconnaissance d'un antigène peut-elle induire l'activation d'un lymphocyte, avec ses conséquences, et sa prolifération.

La communication cellulaire ainsi découverte vient conforter la notion de système immunitaire. Même mobiles, même dispersées dans l'organisme, les cellules du système immunitaire ne sont plus seules. Certes, le système immunitaire n'est pas enfermé dans un appareil avec ses organes reliés par des nerfs ou des tuyaux, ses cellules ressemblent plus aux astres errants de l'Antiquité qu'aux étoiles de la sphère des fixes, mais elles sont reliées par des informations portées par des cellules et des molécules qui circulent dans un système ouvert, et qui en font un système intégré.

L'inné après l'acquis

Un système immunitaire a donc été conçu pour rendre compte de l'immunité conférée par les vaccinations pasteuriennes, mais également de l'immunité qui suit la guérison d'une maladie infectieuse, puisque c'est de germes atténués de cette maladie que sont faits les vaccins. L'immunité ainsi induite chez un individu n'existait pas auparavant, c'est une immunité acquise. C'est aussi une immunité spécifique : elle protège de la maladie dont on a guéri mais pas d'une autre, et un vaccin antitétanique protège du tétanos, mais pas de la rougeole. C'est une immunité qui garde en mémoire ses réponses antérieures : elle s'installe plus rapidement, ses réponses sont plus fortes et plus prolongées contre un micro-organisme contre lequel elle a déjà réagi. C'est une immunité qui se fait en fonction des pathogènes rencontrés, c'est une immunité

« à la carte », c'est une immunité adaptative, et le système immunitaire qui la permet est lui-même un « système immunitaire adaptatif ». Et voilà qu'on découvre que nous n'avons pas un système immunitaire comme on avait fini par le croire, mais deux.

L'immense succès des vaccinations avait fait un peu oublier que l'immunité existait déjà avant Pasteur, avant Jenner et même avant lady Wortley Montagu. C'était ce privilège dont bénéficiaient depuis l'aube de l'humanité ceux que la maladie épargnait, on ne savait pourquoi, quand elle frappait les autres. C'était elle qui avait faire dire à Koch, lorsqu'il établissait les critères à prendre en compte pour identifier un microbe pathogène, qu'un microbe est nécessaire à la maladie, mais pas suffisant. C'est elle qui fait aussi en grande partie qu'un médecin n'attrape pas toutes les maladies contagieuses de ses patients. Cette immunité n'est pas acquise, elle est « innée ». Cette immunité « naturelle » est-elle différente de l'immunité acquise ? Préexiste-t-elle vraiment à la rencontre des pathogènes ou fait-elle suite à une infection passée inaperçue ? Relève-t-elle des mêmes mécanismes que l'immunité adaptative ou de mécanismes différents ? À vrai dire, on ne se pose pas vraiment la question avant la fin des années 1980.

Au début des années 1990, Jules Hoffmann et Bruno Lemaitre découvrent que des molécules qui déterminent la polarité dorso-ventrale au cours de l'embryogenèse de la drosophile, les molécules « Toll », sont également des récepteurs qui protègent les mouches des infections fongiques[39]. Chez les insectes, la protection contre les infections est assurée par la production de peptides bactéricides ou fongicides. La production de ces peptides est déclenchée par l'engagement des récepteurs Toll, non pas directement par les pathogènes, mais par des molécules induites par l'infection. Des *Toll-like receptors* (TLR) sont alors mis en évidence sur les cellules de mammifères par Ruslan Medzhitov et Charles Janeway, et, en 1998, Bruce Beutler démontre qu'un de ces TLR est le récepteur d'une endotoxine bactérienne, le lipopolysaccharide (LPS)[40]. Les TLR sont à l'immunité innée ce que sont les BCR et les TCR à l'immunité adaptative. L'immunité innée acquiert un droit de cité au royaume de l'immunologie.

Les TLR ne ressemblent ni aux BCR ni aux TCR. Ils n'ont pas la même distribution cellulaire, ils n'ont pas les mêmes ligands, ils n'ont pas la même structure, ils n'utilisent pas les mêmes voies de signalisation.

D'une façon générale, l'expression des TLR est complémentaire de celle des récepteurs d'antigène. S'ils sont aussi exprimés par des lymphocytes B, ils sont surtout exprimés par les nombreuses cellules *myéloïdes** : les polynucléaires des trois types, les macrophages et les monocytes, les cellules dendritiques notamment. Ils sont exprimés aussi par des cellules épithéliales et des cellules endothéliales. Certains, exprimés sur la membrane cytoplasmique de ces cellules, fixent des molécules extracellulaires, d'autres, exprimés sur la membrane de vésicules intracellulaires ou dans le cytoplasme, fixent des molécules intracellulaires. Les ligands des TLR sont des molécules microbiennes exprimées ou produites par de nombreux micro-organismes[41].

Ce que reconnaissent les TLR, ce ne sont pas des molécules particulières mais des « patterns ». Les patterns reconnus par les TLR sont des agencements moléculaires partagés par différents types de micro-organismes. Les TLR sont des *pattern recognition receptors* (PRR). Les TLR sont des protéines transmembranaires monocaténaires. Leur domaine extracellulaire est composé par la répétition de plusieurs dizaines de motifs riches en leucine. Leur domaine intracellulaire est associé à des « adaptateurs » intracellulaires qui recrutent des kinases cytoplasmiques lorsque le récepteur est engagé par un ligand. Les réponses induites par les TLR dépendent du ligand et de la cellule. Elles comprennent l'expression de différents gènes, la sécrétion de médiateurs, la mobilisation de la cellule et l'internalisation du pathogène.

Avec les TLR, les lymphocytes cessent d'être *les* cellules de l'immunité. L'immunité devient aussi l'affaire de toutes ces cellules myéloïdes qui n'ont besoin ni de se multiplier, car elles sont très nombreuses et présentes partout, ni de se différencier, car elles sont déjà fonctionnelles et il en existe de nombreux types. En conséquence, la réponse immunitaire innée n'a pas besoin de se mettre en place : elle est prête à répondre immédiatement, n'importe où, à n'importe quel micro-organisme, mais elle n'a pas de mémoire. On la comprend alors comme une « première ligne de défense » qui permet d'attendre que la réponse immunitaire adaptative se constitue. L'immunité innée, c'est, un siècle plus tard, le retour des phagocytes et de cette immunité cellulaire qu'avaient éclipsée les anticorps d'Ehrlich. L'immunité innée est la revanche posthume de Metchnikoff.

Cela étant dit, l'immunité innée ne se réduit pas à aux phagocytes ni même aux cellules myéloïdes. On connaissait depuis longtemps ces *natural killer cells*, les cellules NK, qui peuvent tuer des cellules tumorales ou infectées par des virus, mais on ne savait trop qu'en faire. On ne connaissait pas leurs récepteurs, ni ce qu'ils reconnaissent sur les cellules qu'ils tuent. Au début des années 2010, les cellules NK apparaissent comme un type parmi d'autres d'*innate lymphoid cells*, les ILC. Les ILC ne sont pas des cellules myéloïdes, ce sont des cellules lymphoïdes comme les lymphocytes, mais elles n'expriment ni BCR, ni TCR, ni d'autres récepteurs qui ressembleraient aux récepteurs d'antigène des lymphocytes. Différents types d'ILC sont cependant reconnus, qui apparaissent comme les équivalents innés des types de cellules T qui avaient été décrits. Ils sécrètent les mêmes cytokines, ils exercent les mêmes activités biologiques, ils contribuent aux mêmes types de réaction. L'opposition entre immunité innée et immunité acquise commence à s'estomper. Elle s'estompe d'autant mieux qu'elle n'a pas lieu d'être.

Certes, les cellules de l'immunité innée et les cellules de l'immunité acquise sont différentes, leurs récepteurs sont différents et elles interviennent différemment dans les réponses immunitaires, mais elles ne s'opposent nullement. Les deux immunités sont complémentaires. Elles sont même mutuellement nécessaires à deux moments de la réponse immunitaire : lors de la phase d'induction et lors de la phase effectrice. C'est en effet l'immunité innée qui met en route la réponse immunitaire adaptative et l'immunité adaptative qui utilise les cellules de l'immunité innée pour agir.

La phase d'induction comprend tout ce qui se passe entre le moment où un antigène entre en contact avec l'organisme et le moment où le système immunitaire est « informé » de la présence de cet antigène. Peu de lymphocytes sont là pour le reconnaître, dans les tissus périphériques où arrive l'antigène, le plus souvent aux frontières de l'organisme. Ils sont dans les ganglions drainants. Et puis l'antigène n'est pas encore « reconnaissable » par les lymphocytes T. Une cellule dendritique doit le prendre en charge et l'« apprêter ». Elle internalise l'antigène, le découpe en fragments peptidiques qu'elle charge sur ses molécules d'histocompatibilité de classe II. Mais la distance peut être grande entre la périphérie et le ganglion. La cellule dendritique peut assurer le transport, mais elle n'est pas prête à le faire. Elle doit pour cela recevoir les signaux nécessaires que peuvent lui délivrer ses TLR. Il faut donc que la cellule soit exposée à des produits microbiens reconnaissables par ses TLR. On appelle ces produits des « *adjuvants*[*42] ».

Des adjuvants permettent donc à la cellule dendritique de migrer dans le ganglion avec sa charge peptidique. Là, elle rencontre des lymphocytes Th dont la molécule CD4 se lie aux molécules CMH-II de la cellule présentatrice d'antigène, tandis que son TCR « palpe » le peptide qui y est associé. Rien ne se passe si le TCR ne « reconnaît » rien, et la cellule dendritique quitte son lymphocyte pour un autre. Jusqu'à ce qu'elle tombe sur le « bon » lymphocyte, celui dont le TCR reconnaît le peptide qu'elle porte à sa surface sur ses molécules CMH-II. La « réponse » du système immunitaire peut alors se mettre en place.

La phase effectrice comprend la production d'effecteurs immunitaires, cellulaires et moléculaires, et les effets biologiques qu'ils exercent sur l'antigène. Les anticorps sont les principaux effecteurs moléculaires de la réponse adaptative. Ils reconnaissent spécifiquement les antigènes et s'y fixent avec une plus ou moins grande affinité, mais, à elle seule, cette fixation n'a pas ou peu d'effets. Pour exercer un effet, les anticorps doivent mettre en route des systèmes effecteurs qui peuvent agir sur l'antigène qu'ils ont reconnu. Le principal système effecteur est constitué par les innombrables cellules myéloïdes qui sont présentes partout. Ces cellules n'ont pas de récepteur pour l'antigène, mais elles ont des récepteurs pour les anticorps et, comme les TCR et les BCR, la plupart de ces récepteurs possèdent des ITAM dans leur(s) domaine(s) intracytoplasmique(s). Lorsque des anticorps se fixent à ces récepteurs, ils fournissent aux cellules myéloïdes de véritables récepteurs d'antigène. En effet, lorsque, ainsi fixés sur leurs récepteurs, ces anticorps reconnaissent un antigène, les récepteurs délivrent à la cellule des signaux d'activation qui l'induisent à agir sur l'antigène. Ainsi, les cellules myéloïdes, *i.e.* les principales cellules effectrices de l'immunité innée, sont enrôlées dans l'immunité adaptative par les anticorps. La guerre de cent ans entre cellules et anticorps est terminée.

Le soi et le non-soi

L'origine d'un mythe

Un mythe, dit Mircea Eliade[43], « relate un événement qui a eu lieu dans le temps primordial, le temps fabuleux des "commencements" ». Un mythe est en effet « toujours le récit d'une création : on rapporte comment quelque chose a été produit, a commencé à *être* » ; et « connaître les mythes, c'est apprendre le secret de l'origine des choses[44] ». L'événement fondateur de l'immunologie, le moment fabuleux du « commencement » de la science de l'immunité prend place à Messine au mois de décembre 1882. C'est cette soirée solitaire cent fois racontée où une nouvelle pensée illumine tout à coup l'esprit de Metchnikoff qui fonde la notion de « soi ». Ce qui illumine tout à coup l'esprit de Metchnikoff, c'est l'irruption de l'idée que les phagocytes « devaient servir à la défense de l'organisme contre les nuisibles intrus ».

Cette idée lui vient *a priori*, avant qu'il ait fait l'expérience fameuse. Ce n'est pas la conclusion d'une expérience – il n'en dit d'ailleurs pas le résultat ; seulement que « le lendemain, à une heure très matinale [il constate] avec joie qu'elle [a] pleinement réussi » –, c'est une supposition : « Je me disais que si ma supposition était juste, une écharde introduite dans le corps d'une étoile de mer n'ayant ni vaisseaux sanguins ni système nerveux, devait être très vite entourée par les cellules mobiles [...]. » Cette supposition, donc, contient deux notions distinctes avant même que le « résultat » de l'expérience soit connu : la notion de « nuisibles intrus » et la notion de « défense de l'organisme ». Que veut dire Metchnikoff par « intrus » ? Pourquoi les intrus sont-ils « nuisibles » ? Contre quoi l'organisme doit-il être défendu ? Pourquoi Metchnikoff associe-t-il dans la même phrase « la défense de l'organisme » et « les nuisibles intrus » ?

Metchnikoff est encore l'embryologiste qu'il a toujours été, et il a toujours en tête *L'Origine des espèces* qu'il a lu à l'âge de 17 ans. Ce qui le préoccupe, ce n'est pas la menace que les microbes font peser sur l'organisme – on n'en connaît alors qu'un petit nombre –, c'est le conflit, qui lui semble inévitable, entre toutes les cellules qui se différencient au cours du développement et qui coexistent dans un même organisme vivant. Pour policer ces relations conflictuelles, pour assurer une certaine « harmonie », pour remettre un peu d'ordre aussi, nettoyer les débris, se débarrasser des cellules endommagées et faire disparaître les cadavres des cellules mortes, quoi de mieux que des « cellules dévorantes » ? Évidemment, les phagocytes s'occupent aussi de cette épine de rose qui n'a rien à faire à l'intérieur de cette larve d'étoile de mer, et dont la présence en trouble l'harmonie.

Metchnikoff ne parle pas de « soi », mais il parle d'intrus, et c'est bien d'une intrusion qu'il s'agit. Or une intrusion, c'est l'entrée *quelque part*, généralement par effraction, de quelque chose qui n'a pas lieu d'y être. C'est précisément ce que fait Metchnikoff en enfonçant une épine de rose dans le corps d'une larve d'étoile de mer transparente comme de l'eau, c'est un viol. En parlant d'intrus, Metchnikoff délimite un espace propre à l'étoile de mer dont l'accès est réservé, interdit aux intrus, un dedans qui peut donc être violé. Il implique ainsi non seulement un milieu intérieur distinct du monde extérieur comme Claude Bernard l'avait fait avant lui, mais un lieu qui appartient en propre à *cette larve d'étoile de mer là*, une propriété privée, un chez-soi, presque un soi.

Les phagocytes ne sont donc pas seulement des cellules nourricières, les nettoyeurs de l'organisme, les fossoyeurs des corps morts. D'ordonnateurs d'une harmonie idéale qui s'opposerait à un hypothétique désordre intérieur causé par la lutte pour la vie des cellules, ils deviennent les gardiens de ce presque soi qui surgit de nulle part. L'irruption du sacré qui illumine l'esprit de Metchnikoff, c'est l'irruption de la notion de « soi », qui fonde réellement la science de l'immunité et qui la fait telle qu'elle est aujourd'hui. L'idée s'impose alors comme une évidence que les phagocytes sont non seulement les gardiens de ce soi en devenir, ils en sont aussi les défenseurs ; car il faut bien s'en défendre, si les intrus sont nuisibles.

D'où vient à Metchnikoff cette idée que les intrus sont nuisibles ? Il n'a pas encore observé les cellules mobiles autour des spores présentes dans des daphnies infectées, il n'a pas encore infecté des rats blancs avec la bactéridie charbonneuse comme il le fera plus tard pour valider son intuition et essayer de convaincre ses détracteurs allemands. Car l'épine qu'il enfonce dans le corps de l'étoile de mer n'est pas un pathogène. Elle est cependant encombrante et en tout cas déplacée. Elle n'a rien à faire dans ce corps transparent comme de l'eau, c'est un *corps étranger*. La raison pour laquelle, par leur simple présence, les intrus sont nuisibles, c'est qu'ils détruisent l'harmonie.

Il n'empêche que les « nuisibles intrus » deviennent une seule et même chose, et « intrus » devient synonyme de « nuisible ». Si l'intrus est défini comme ce qui, dans l'étoile de mer, n'est pas l'étoile de mer, alors est nuisible tout corps *étranger* à l'étoile de mer. Et l'organisme doit être défendu contre ce qui lui est étranger. Ainsi, Metchnikoff, cet embryologiste russe qui a étudié le rôle des phagocytes dans l'assimilation des aliments venus de l'extérieur, cet ancien étudiant de l'Université de Kharkov qui a complété sa formation dans plusieurs universités allemandes, ce chercheur qui travaille aussi bien à Kharkov qu'à Saint-Pétersbourg, Odessa, Madère, Naples ou Messine, et qui vivra jusqu'à la fin de ses jours expatrié à Paris, Metchnikoff le cosmopolite devient le promoteur d'une théorie qui assimile l'étranger à un intrus nécessairement nuisible.

La science du soi et du non-soi

Peu de temps après, Ehrlich pose la question que ne se pose pas Metchnikoff. Si l'organisme peut « percevoir » les intrus, comment les distingue-t-il de ce qui est « non-intrus » ? Comment se reconnaît-il lui-même ? Si Ehrlich se pose cette question, ce n'est pas seulement parce que l'immunité n'est pas au premier plan de ses préoccupations – rappelons-nous les deux occurrences du mot « immunité » dans son discours Nobel contre cinquante occurrences dans celui de Metchnikoff –, c'est aussi parce que, depuis le début des années 1880, Charles Bouchard[45] défend l'idée que des maladies peuvent être dues à une « auto-intoxication » par des toxines libérées par les cellules lorsqu'elles meurent. Normalement éliminées par les reins, ces toxines peuvent provoquer une auto-intoxication, notamment en cas d'insuffisance rénale[46]. L'important, pour Ehrlich, n'est donc pas tant de neutraliser l'étranger que de ne pas s'auto-intoxiquer, de ne pas porter atteinte à soi-même.

Or, pense-t-il, la nature ne peut agir contre elle-même. Il pose donc comme principe *a priori* celui de l'*horror autotoxicus*. L'organisme, dit-il,

« possède certains moyens par lesquels la réaction immunitaire [...] est empêchée d'agir contre les éléments de l'organisme et de donner lieu à des autotoxines ». Afin de ne pas transgresser ce « tabou de l'auto-immunité[47] », l'organisme dispose de deux types de moyens. Le premier est de faire disparaître les chaînes latérales spécifiques d'éventuelles autotoxines au cours de la vie embryonnaire, prévenant ainsi la libération d'autoanticorps. Le second est de produire des antagonistes des autotoxines, des anti-autotoxines[48]. L'*horror autotoxicus* est soluble dans la chimie. Ehrlich est bien en peine de démontrer le ou les mécanismes qui en rendent compte, mais clairement, avec les mots qui sont les siens, il pose la question de la reconnaissance du soi.

Il faut attendre les années 1950 pour que Burnet apporte une définition opérationnelle du soi. Dès la fin des années 1930, Burnet s'interroge sur la capacité des amibes de digérer des nutriments exogènes sans se digérer elles-mêmes[49] : il faut bien que l'amibe fasse la différence entre elle et la nourriture. Comment une telle discrimination est-elle possible ? La question ressemble à celle que pose Ehrlich. Cependant, à la différence d'Ehrlich, Burnet ne se demande pas comment l'organisme reconnaît le soi pour l'épargner, mais comment il l'épargne en ne le reconnaissant pas. Il définit alors le soi comme ce qui était présent chez l'embryon ; le non-soi comme ce qui n'y était pas. Pour Burnet, l'immunité est un processus d'apprentissage, ou plutôt de « désapprentissage », au cours de la vie embryonnaire. Cette idée repose sur une expérience célèbre faite par Peter Medawar, qui démontre que des cellules étrangères qui sont rejetées par un animal adulte ne sont pas rejetées et peuvent persister indéfiniment si elles ont été injectées à un embryon du même animal[50]. Burnet conclut que tout – molécule ou cellule – ce qui ne faisait pas partie de l'organisme au cours de l'embryogenèse peut induire une réponse immunitaire chez l'adulte, mais rien de ce qui en faisait partie alors.

En effet, propose Burnet, l'organisme élimine les lymphocytes autoréactifs pendant la période prénatale, de sorte que tout antigène rencontré durant cette période ne peut plus être reconnu. Burnet, le promoteur de la sélection clonale, élimine des *cellules* autoréactives, quand Ehrlich, le promoteur de l'immunité chimique, éliminait des *molécules* (les chaînes latérales) autoréactives. Ainsi, les réactions immunitaires nécessitent un processus par lequel l'organisme apprend à ignorer le soi. À l'interdit d'Ehrlich, Burnet substitue la notion de « tolérance immunitaire ». À une *horror autotoxicus* innée, il substitue une autotolérance acquise. Une discontinuité radicale distingue le soi toléré du non-soi immunogène.

Avec Burnet, l'immunologie cesse d'être la science de l'immunité ; elle devient la « science du soi et du non-soi[51] », et le système immunitaire est défini comme un système capable de distinguer le soi du non-soi[52] afin d'agir contre le non-soi en épargnant le soi. C'est Burnet qui, le premier, utilise le mot « soi ». D'où lui vient cette idée ? Il reconnaît que c'est la lecture de *The Science of Life*[53], un livre de vulgarisation dans lequel « soi » désigne un soi psychologique, qui la lui a suggérée. L'auteur de *The Science of Life* est H. G. Wells, qui est surtout connu pour avoir publié en 1898 *La Guerre des mondes*[54], un livre de science-fiction où il raconte l'attaque de Londres par des Martiens et leur sanglante victoire sur l'armée britannique, avant qu'ils ne périssent d'infection par les microbes terriens contre lesquels ils n'étaient pas immunisés… Les voies souterraines des idées sont impénétrables.

Mais que veut dire Burnet quand il parle de soi ? Il n'est pas très explicite sur ce point. Ce qui l'intéresse n'est pas tellement ce qui définit le soi, ou le non-soi, mais ce qui permet de discriminer le soi du non-soi. Burnet, dit le philosophe de la biologie Thomas Pradeu, fait passer « la discrimination entre le soi et le non-soi du statut d'*explanans* à celui d'*explanandum*[55] ». Devenue science du soi et du non-soi, l'immunologie redevient une science dont l'objet est une idée, une idée éclairante, peut-être, mais qui est tout sauf claire, ce qui ne l'empêche pas d'être répétée sans fin dans les livres et les manuels d'immunologie, enseignée, vulgarisée. L'immunologie est une science dans laquelle le langage est performatif : il suffit de dire le soi pour qu'il soit. Trois exemples, parmi beaucoup d'autres, de récitation de la définition du nouveau système immunitaire fondée sur son aptitude à distinguer le soi et le non-soi :

1) Le système immunitaire est le système biologique qui assure l'intégrité du soi. Il a la capacité d'éliminer ce qui est différent du soi biologique et de tolérer les substances qui portent les marques du soi[56].
2) L'immunité se définit comme la capacité du système immunitaire à reconnaître les molécules étrangères (antigènes) et à réagir contre elles, tout en étant tolérant vis-à-vis des molécules propres à l'organisme[57].

3) Le système immunitaire a pour rôle de maintenir l'intégrité biologique de l'organisme, ce qu'il accomplit en assumant les fonctions suivantes :
   - **reconnaissance** et **tolérance du soi** (et du non-soi « inoffensif ») ;
   - **reconnaissance** et **élimination du non-soi** (et du soi altéré)[58].

Dans le premier exemple, la fonction du système immunitaire est d'« assurer l'intégrité du soi », dans le deuxième, de « réagir contre les molécules étrangères tout en étant tolérant vis-à-vis des molécules propres à l'organisme », dans le troisième, de « maintenir l'intégrité biologique de l'organisme en éliminant le non-soi offensif (ou altéré) ». Ces trois exemples nous interrogent.

Que signifie l'« intégrité du soi » (exemple 1) ? La formule est reprise *ad nauseam* par les immunologistes sans jamais être expliquée. « Intégrité : état d'une chose, d'un tout, qui est entier, qui a toutes ses parties ; état de ce qui est sain, intact, qui n'a subi aucune altération, aucune atteinte », dit le *Trésor de la langue française*. Que serait un soi non intègre ? Sans doute pas un soi non entier, pas davantage un soi malsain ; alors un soi non intact, un soi altéré ? La notion de « soi altéré » (exemple 3) est souvent utilisée pour parler de cancer ou de cellules infectées par des virus. Mais comment définir un soi intact, un soi non altéré ? Surtout si, comme nous le dit Burnet, le soi est précisément ce qui est ignoré par le système immunitaire parce qu'il s'est débarrassé des moyens de le « voir ». Pour percevoir le soi, il faut faire appel au système immunitaire d'un organisme étranger qui peut le percevoir comme du non-soi. « C'est l'étranger, c'est l'autre, c'est la différence qui fait la singularité de l'un », dit Jean-Didier Vincent dans les actes d'un colloque sur la question du soi et du non-soi publiés en 1990[59]. Si c'est bien le cas, le soi n'a de définition que relationnelle. Le soi n'existe pas en soi. On peut douter que le système immunitaire d'un rat et celui d'un poulet voient le même non-soi dans une cellule humaine d'un même individu. À qui doit-on faire confiance pour définir le soi de cet homme : au rat ou au poulet ?

Que signifie « soi biologique » (exemple 1) ? L'« intégrité du soi » (exemple 1) est-elle la même chose que l'« intégrité *biologique* d'un organisme » (exemple 3) ? Que serait un soi défini autrement que biologiquement ? Que serait un organisme qui ne serait pas « intègre » *biologiquement* (exemples 1 et 3) ? Que sont ces « marques du soi » portées par les *substances* tolérées par le système immunitaire (exemple 1), qui les identifie comme des « molécules propres à l'organisme » (exemple 2) ? La conclusion d'une discussion tenue lors du colloque mentionné plus haut[60] peut donner une idée de la confusion qui règne au début des années 1990 :

> MARCEL BESSIS. – Je ne comprends pas très bien. Quelle est votre définition du soi ? Le non-soi n'existe pas ? Le mot soi veut dire qu'il existe un non-soi ? Est-ce que vous pouvez imaginer le soi sans quelque chose qui est différent ?
> JEAN-MICHEL CLAVERIE. – [...] Le non-soi, c'est ce qu'on n'a encore jamais vu. Ce qu'un système immunitaire donné, dans une situation donnée, n'a encore jamais eu l'occasion de voir. Cela peut être votre propre cancer, la jambe d'une souris, n'importe quoi.
> MARC JEANNEROD. – [...] Le soi, c'est un ensemble de caractéristiques absolument autonomes, une idiosyncrasie. Le soi est *self* défini. Il n'a pas besoin de se définir par rapport au non-soi, sinon il n'y aurait pas de soi.
> MARCEL BESSIS. – Je ne comprends pas. Ne pourrait-on améliorer la nomenclature ? Appeler ce soi d'un autre nom !
> MARC JEANNEROD. – L'individu, peut-être.
> MARCEL BESSIS. – Oui, si vous voulez dire : un individu existe même s'il n'existe pas d'autres individus.
> MARC JEANNEROD. – Non, je veux dire que la combinatoire unique qui constitue un soi existe indépendamment des autres soi, ou alors il y a une confusion totale sur le mot soi.
> MARCEL BESSIS. – Je crois que soi et individu sont deux choses très différentes. On est soi quand on reconnaît qu'on est différent des autres.

Fin de la discussion. Nous n'avons guère avancé. Une vingtaine d'années plus tard, Pradeu distingue cinq sens du terme de soi[61] : 1) un soi *organismique*, défini comme la somme de tous les constituants de l'organisme ; 2) un soi *génomique*, défini par la constitution génétique de l'individu ; 3) un soi *tissulaire*, défini par l'ensemble des antigènes d'histocompatibilité caractéristiques de l'individu ; 4) un soi *peptidique*, défini par l'ensemble des peptides présents sur les molécules du CMH de l'individu ; et 5) un soi *opérationnel*, défini tautologiquement par l'ensemble de ce qui ne déclenche pas de réaction immunitaire chez un individu. Cinq sens auxquels Pradeu ajoute sa propre définition d'un soi *immunogénique* fondé sur sa continuité. Nous avons le choix. Mais toujours pas de définition satisfaisante.

Et le système immunitaire dans tout ça ? Prenons un dernier exemple extrait d'un manuel d'immunologie publié en 2001 :

> **Le système immunitaire** a pour première fonction de permettre à un organisme pluricellulaire de **maintenir la cohérence des cellules et des tissus qui le constituent et d'assurer son intégrité en éliminant ses propres constituants altérés et les substances étrangères ou les agents infectieux auxquels il est exposé**[62].

Plus d'un siècle après l'expérience de Messine, l'intégrité du soi ressemble furieusement à l'harmonie rêvée de Metchnikoff – la « cohérence des cellules et des tissus » de l'organisme –, et le système immunitaire, capable de distinguer la disharmonie à défaut du soi, apparaît comme le garant de cette harmonie.

La science de tous les dangers

Au début des années 1990, Polly Matzinger adopte une position radicale : « J'appelle "soi" n'importe quelle partie de l'organisme et "non-soi" tout le reste de l'univers. J'ajoute que le système immunitaire se moque de ces catégories », dit-elle dans un article où elle expose sa « théorie du danger[63] ». Le résumé de cet article se présente ainsi :

> Depuis très longtemps, les immunologistes sont convaincus que l'objectif premier du système immunitaire est de discriminer le soi et le non-soi. Je pense que le moment est venu de changer de point de vue. Dans cet essai, je discute la possibilité que le système immunitaire réponde avant tout à la nécessité de détecter le danger et d'en protéger l'organisme. Il n'agit pas seul pour remplir cette tâche car il reçoit un grand nombre de signaux, positifs et négatifs, en provenance de tout un réseau constitué par les autres tissus de l'organisme.

À la discrimination « soi *vs* non-soi », Matzinger substitue la discrimination « non dangereux *vs* dangereux ». Comment le système immunitaire fait-il la différence entre un antigène du non-soi, nuisible peut-être, puisque du non-soi, mais pas méchant, et un pathogène qui met en danger la vie de l'organisme qu'il infecte ? Et, tout d'abord, qu'est-ce qui est dangereux pour un organisme ?

> Il y a tellement de choses dangereuses, dit-elle : des toxines bactériennes, des virus, des parasites, des tumeurs à croissance rapide ; mais il y a tellement de choses très semblables qui ne le sont pas : les produits bactériens bénéfiques, les virus non lytiques, les cellules qui, comme celles de la peau, de l'intestin ou de la moelle osseuse, se divisent constamment. Comment le système immunitaire peut-il faire la différence ?

Matzinger reconnaît qu'elle n'a pas de bonne réponse à cette question. Surtout, elle ne parvient pas à donner une définition du « danger ». Elle contourne alors le problème : ce n'est pas vraiment le danger que perçoit le système immunitaire, mais des « signaux de danger » qui lui sont envoyés. Ce serait l'émission de « signaux de danger » qui informerait le système immunitaire de l'existence d'un danger, et lui permettrait de ne mettre en route une réponse immunitaire qu'en cas de danger.

De quels « signaux » parle Matzinger ? Probablement pas des signaux annonçant la mort cellulaire, reconnaît-elle, car bien des cellules meurent de leur belle mort, quand elles ne meurent pas de « mort programmée ». La mort cellulaire est une réponse normale de l'organisme dans de nombreuses circonstances, et elle n'entraîne pas de réponse immunitaire dans ces circonstances. Les « signaux de danger », dit-elle, sont en réalité des *signes* de « stress » cellulaire comme la production de « protéines de choc thermique » en réponse à une « agression » ou des *signes* de « détresse » cellulaire comme la libération de protéines intracellulaires lorsqu'une cellule se détruit. Normalement absents du milieu extracellulaire, ces deux types de molécules peuvent en effet activer les cellules dendritiques, et ainsi contribuer à induire une réponse immunitaire. Ces propositions ne sont pas sans poser problème.

Un premier problème est qu'elles mettent sur le même plan des causes et des conséquences. Les notions de « stress » et de « détresse » ne sont pas plus définies que la notion de « danger », ni vraiment distinguées. Or un danger n'est pas un dommage infligé à un organisme vivant, c'est la possibilité que survienne un événement dommageable pour cet organisme. Un danger n'est ni un stress ni une détresse.

Un stress ou une détresse sont des conséquences de l'actualisation d'un danger.

Un second problème est que ces propositions confondent des signes et des signaux. Nous savons bien que la fumée qui sort d'une cheminée est le signe que la maison est habitée, alors que la fumée qu'utilise un Indien pour communiquer avec des membres de sa tribu est un signal. Un signe n'est pas un signal. La différence porte non pas sur la chose émise, mais sur l'émetteur et sur le receveur. Un signe est émis par quelque chose ou quelqu'un en absence de finalité. C'est le receveur qui l'interprète comme un signe de quelque chose. Un signal est émis par quelqu'un, dans un but de communication avec quelqu'un d'autre. Le receveur interprète alors le message envoyé par l'émetteur. Un signal contient un message ; un signe n'en contient pas. Dans la théorie du danger, il faut donc admettre que les cellules « en détresse » envoient des « signaux de stress » (et non des « signes de stress ») au système immunitaire pour qu'il les interprète comme des « signaux de danger » et qu'il y réponde. On retombe toujours sur l'écueil des causes finales.

La raison en est que, comme le soi, comme la tolérance, comme beaucoup d'autres notions en immunologie, « stress », « détresse », « danger » sont des situations qui s'appliquent à des hommes dotés d'une conscience. Les appliquer à des cellules, des systèmes ou des organismes vivants relève de l'imagination et de la fantaisie anthropomorphique à laquelle les hommes ont depuis toujours fait appel pour imaginer le vivant et tout ce qu'ils ne comprennent pas. Croire que les cellules de l'organisme envoient des « signaux de danger » au système immunitaire, c'est croire que la fièvre est un signal de danger envoyé par le système immunitaire au médecin. Sans compter que, quoi de plus dangereux que la vie ? Vivre, c'est du premier au dernier instant, accepter le danger de mourir. Le danger, c'est la vie !

Malgré ses faiblesses constitutives, la théorie du danger est très vite adoptée par les immunologistes que ne rebute aucune analogie. Une raison est qu'elle est proposée au moment où prend corps la notion d'une immunité innée, distincte de l'immunité adaptative, une immunité « non spécifique », qui complète l'immunité spécifique d'antigène du système immunitaire adaptatif. La notion de danger est suffisamment large pour n'être spécifique de rien. Bien qu'elle ait cherché à rendre compte de l'immunité adaptative, la théorie du danger gagne en crédibilité en apportant un cadre théorique à l'immunité innée. L'immunité innée anticipe l'immunité adaptative, l'avertit du danger et permet d'attendre que celle-ci soit à pied d'œuvre. Inversement, les récepteurs de l'immunité innée apportent à la théorie du danger une existence matérielle. Ils lui donnent des bases moléculaires dont elle était dépourvue.

Ce que reconnaissent les TLR est en effet assimilé collectivement aux « signaux de danger » de Polly Matzinger. Les TLR reconnaissent des patterns. Les patterns sont des régularités moléculaires qu'on trouve sur la paroi de nombreuses bactéries ou que certaines cellules se mettent à exprimer lorsqu'elles sont endommagées. On appelle *pathogen-associated molecular patterns* (PAMP) les patterns exprimés sur les parois bactériennes. On appelle *damage-associated molecular patterns* » (DAMP) les patterns exprimés par les cellules endommagées. Des patterns moléculaires ne sont pas des antigènes. Ils ne sont pas reconnus par les récepteurs d'antigène des lymphocytes. Ils ne sont pas spécifiques d'un pathogène ou d'un type de cellules. Ils sont au contraire partagés par beaucoup de micro-organismes ou beaucoup de cellules. Avec le temps, les DAMP deviennent des « alarmines », et on les trouve en plus grande quantité dans le sérum de patients atteints de maladies inflammatoires chroniques, d'allergies, de maladies auto-immunitaires ou de cancers.

Ainsi, l'immunité innée trouve son mythe fondateur dans la théorie du danger comme l'immunité adaptative avait trouvé le sien dans la théorie du soi et du non-soi. Le système immunitaire inné devient un système dont la fonction est de détecter le danger. Il l'est toujours en 2017[64]. De même que le système immunitaire inné ne remplace pas le système immunitaire adaptatif, le paradigme du danger ne remplace pas le paradigme du soi et du non-soi. Il s'y ajoute. Le système immunitaire inné est la sentinelle du système immunitaire adaptatif dont la fonction reste de maintenir l'intégrité du soi. L'immunologie n'est plus seulement la science du soi et du non-soi, c'est aussi la science de tous les dangers.

CHAPITRE 3

Le système immunitaire face à ses défis

Avec ses deux composantes, le système immunitaire est équipé pour livrer bataille à ses meilleurs ennemis, les microbes contre lesquels il a été construit, ce qu'il fait avec ardeur et, il faut le lui reconnaître, avec un succès certain. Ce qui ne l'empêche pas de rester vigilant entre les périodes de conflit : il assure une surveillance immunitaire contre les cellules cancéreuses qui peuvent survenir sans crier gare, avec un succès plus mitigé. Il lui arrive parfois de se tromper de cible, ou de ne pas la traiter comme il faudrait, d'en faire trop ou pas assez. La facilitation de certaines tumeurs, les maladies auto-immunitaires, les allergies sont des exemples de ces « erreurs » du système immunitaire qui devient pathogène, ce qui, pour un système de défense, pose problème. Le retour des microbes en pose un autre : on découvre dans les années 2000 que nous en hébergeons bien plus que nous n'avons de cellules, et qu'ils exercent des influences considérables sur le système immunitaire lui-même, et sur le système nerveux. Nous pensions que le système immunitaire contrôlait les microbes, nous découvrons que ce sont les microbes qui contrôlent le système immunitaire. Nous allons devoir nous interroger sur ce système immunitaire.

La drôle de guerre

Ils sont partout

C'est en montrant que les germes sont partout autour de nous que Pasteur avait remporté la lutte avec Pouchet et qu'il avait rejeté la génération spontanée dans les oubliettes des sciences du vivant. Ils sont donc partout et, maintenant qu'on sait que tant d'entre eux sont pathogènes, on voit des pathogènes partout. Auparavant, les hommes ignoraient qu'ils partageaient le monde avec une multitude d'invisibles êtres vivants. Les microbes existaient déjà, évidemment, mais on ne les croyait pas si petits, on ne les savait pas si nombreux, on ne les imaginait pas présents partout. Surtout, c'était juste des petits êtres, des animalcules, des infusoires sans malignité. Et voilà qu'ils acquièrent un tout autre statut : ils sont responsables des maladies transmissibles. Car tous ces microbes que, au tournant du siècle, on décrit année après année sont des germes pathogènes. Ils ne peuvent être que pathogènes puisque ce sont les germes responsables des maladies qu'on cherche, et qu'on trouve. *Anthracis*, *septicum*, *gonorrhea*, *typhi*, *tuberculosis*, *pyogenes*, *cholerae*, *diphtheriae*, *tetani*, *pneumoniae*, *meningitis*, la plupart portent, au génitif, le nom latin de la maladie qu'ils causent. Qui dit microbe dit maladie. Bien placé pour le savoir, Pasteur mettait en pratique les gestes barrières et la distanciation physique, bien avant la pandémie de coronavirus qui nous frappe aujourd'hui : il se lavait les mains à la moindre occasion et saluait ses visiteurs de loin sans leur serrer la main.

Alors, forcément, quand on parle de microbes, on parle d'ennemis. L'homme vit entouré d'ennemis qui le rendent malade, des ennemis d'autant plus dangereux qu'ils sont invisibles. Un poème de Charles Richet[1], publié en 1914 dans un recueil intitulé *La Gloire de Pasteur*, le dit comme on ne le dirait plus aujourd'hui. Le titre de ce poème ? « Ils sont partout » :

Dans le sol, les fleuves, les airs,
Aux sables brûlants des déserts,
Dans les montagnes, dans les mers,
Dans nos maisons et dans nos villes,

Portés par les flots et les vents
Se cachent les germes vivants,
Atomes subtils et mouvants,
Soustraits à nos regards débiles !

Ils sont partout : dans le chemin,
Sur nos habits, sur notre main,
Entourant le pauvre être humain
De leur ardente pourriture !
Toujours jeunes et toujours forts,
Ils envahissent tous les corps,
Ceux des vivants et ceux des morts,
Ils sont les rois de la nature.

À chaque geste, à chaque pas,
Ces ennemis qu'on ne voit pas,
Infectent jeux, amours, repas,
De leur vie effrayante et sombre :
Et minuscules vibrions,
Lancent sur nous par millions,
Leurs invisibles légions.
Ils ont l'immensité du nombre[2].

En dépit de sa grandiloquence, qui nous faisait sourire il y a encore peu de temps, ce poème entre étrangement en résonance avec le discours prononcé le 16 mars 2020 par le président de la République, annonçant des mesures de confinement de la population pour tenter de ralentir l'épidémie de Covid-19, alors que le décompte quotidien des morts poursuit sa courbe exponentielle.

> Nous sommes en guerre, martèle Emmanuel Macron, en guerre sanitaire certes. Nous ne luttons ni contre une armée ni contre une autre nation, mais l'ennemi est là, invisible, insaisissable, et qui progresse. Et cela requiert notre mobilisation générale. Nous sommes en guerre. Toute l'action du gouvernement et du Parlement doit être désormais tournée vers le combat contre l'épidémie, de jour comme de nuit. Rien ne doit nous en divertir[3].

« Restez chez vous ! », nous ordonne-t-il. Nous avons appris la différence entre les virus et les bactéries et nous savons maintenant que, si les germes « sont partout », les virus ne sont pas n'importe où, ils ne sont pas « portés par les flots et les vents » mais par nous-mêmes et quelques autres. « Restez chez vous ! », supplient les médecins hospitaliers et leurs équipes qui luttent en première ligne dans les hôpitaux saturés. « Restez chez vous ! » Un siècle après l'effroyable pandémie de grippe espagnole qui ravagea une Europe à peine sortie de la tuerie de la Première Guerre mondiale et le reste du monde, la pandémie de coronavirus déferle sur l'Europe, et nous n'avons pas d'autre choix que de nous isoler les uns des autres pour nous protéger, et pour nous défendre, de nous en remettre à ce système immunitaire conçu comme une machine de guerre contre de « nuisibles intrus » d'un nouveau type.

C'est bien sûr Metchnikoff et Ehrlich qui nous ont donné, l'un ses bataillons de phagocytes, l'autre son artillerie de « balles magiques ». Les armes mises à part, c'est le même combat entre les microbes et l'organisme, des deux côtés du Rhin. « Les phagocytes entrent en lutte contre ces micro-organismes et débarrassent l'organisme de ces envahisseurs », dit Metchnikoff ; « les antagonistes sécrètent des substances hostiles à la vitalité et la réceptivité de chaque organisme », les bactéries sécrètent des toxines, l'organisme, des antisubstances, dit Ehrlich[4]. Les immunologistes des générations suivantes ont ajouté leurs propres descriptions avec leurs métaphores qu'ils utilisent non seulement pour enseigner, exporter et vulgariser l'immunologie auprès d'un public non scientifique, mais également pour leur usage personnel.

« Anticorps », « cellules tueuses », « cellules cibles », « cellules sentinelles », « alarmines », les mots de l'immunologie disent assez clairement le combat qui se déroule en nous, entre le système immunitaire et ses invisibles ennemis. Les médias reprennent à leur compte ces images simplificatrices qui frappent l'imagination, et ils négligent de préciser qu'une image n'est pas la réalité, que « ceci n'est pas une pipe[5] » ! Les immunologistes eux-mêmes oublient que, depuis la caverne où ils sont enchaînés, ils n'ont accès qu'aux ombres. Ils lâchent la proie pour l'ombre et, du coup, prennent des vessies pour des lanternes. Ils étudient alors les « stratégies » de défense élaborées par le système immunitaire pour « neutraliser » tous ces étrangers menaçants au milieu desquels nous vivons, et celles que développent les pathogènes pour y échapper. Ils se prennent pour les stratèges *ex machina* d'une guerre à laquelle ils ont fini par croire.

Plusieurs raisons peuvent expliquer l'origine d'une telle idéologie martiale, et sa persistance au plus profond d'une discipline biologique qui revendique sa scientificité. Car c'est bien d'idéologie qu'il s'agit. D'où vient cet *a priori* non scientifique et que vient-il faire en immunologie ? Une première raison est sans aucun doute le contexte historique. L'immunologie se construit en France et en Allemagne avant, pendant et après la Première Guerre mondiale. Avant 1914, la haine est insufflée par le traité de Francfort qui humilie la France, après 1918, par le traité de Versailles qui humilie l'Allemagne, entre les deux, elle est entretenue par la folie des états-majors des deux pays, et par le massacre de 10 millions d'hommes et d'à peine moins de civils. J'ai déjà dit le climat détestable qui règne entre les scientifiques des deux pays et qui nourrit cette guerre picrocholine entre théorie humorale et théorie cellulaire de l'immunité.

Une seconde raison est l'influence de la pensée darwinienne. *L'Origine des espèces* est publiée en novembre 1859 sous la pression des amis de Charles Darwin, Lyell et Hooker, à cause de ce manuscrit « sur la tendance des variétés à s'écarter indéfiniment du type primitif » que lui a envoyé l'année précédente Alfred Wallace, qui était arrivé aux mêmes conclusions que lui. *L'Origine des espèces* est le fruit d'une très longue maturation : huit ans d'études sur les cirripèdes pour les *Geological Observations on South America*, plus de vingt ans d'observations pour *De la fécondation des orchidées*, des notes accumulées pendant plus de quarante ans pour *La Filiation de l'homme*, plus de trente ans de notes pour *L'Expression des émotions chez l'homme et chez les animaux*, seize ans d'observations pour *Les Plantes insectivores* nourrissent la réflexion de Darwin. Il avait fait des ébauches de son ouvrage, en 1842 (35 pages au crayon) et en 1844 (230 pages)[6]. Darwin prend tout son temps pour élaborer ses idées avant de les publier.

L'irruption du manuscrit de Wallace l'amène à rédiger dans l'urgence un ouvrage beaucoup plus concis qu'il ne l'avait prévu, dans lequel il « se borne à [n']indiquer [que] les conclusions générales » et quelques exemples. La brièveté de cet ouvrage en facilite grandement la lecture et la diffusion. Les 1 250 exemplaires du premier tirage sont épuisés en une journée. *L'Origine des espèces* est immédiatement connue et abondamment commentée. Nous avons vu qu'elle est lue par le très jeune Metchnikoff qui en est profondément marqué et pour toute sa vie. Pasteur et Koch également, et ils s'y réfèrent explicitement. Ehrlich ne mentionne pas Darwin, mais sa conception des relations entre l'organisme et les pathogènes est profondément darwinienne.

La première édition a pour titre *L'Origine des espèces au moyen de la sélection naturelle ou la Préservation des races favorisées dans la lutte pour la vie.* Ce long titre contient trois notions qui fonctionnent comme autant de « mots clés ». La première, l'« origine des espèces », est la principale. C'est celle qui fait scandale en réfutant le schéma biblique d'une création instantanée du monde. Elle fait référence en effet au principe que Darwin nomme « descendance avec modification » et qui ne deviendra principe d'« évolution » que dans la sixième édition. La deuxième, la « sélection naturelle », renvoie à la démonstration que fait Darwin que le principe de sélection utilisé par les éleveurs, « si puissant entre les mains de l'homme » « s'applique de façon très efficace » « à l'état de nature ». La troisième, la « lutte pour la vie », est à l'origine des deux autres. Darwin l'a en tête depuis sa lecture d'*Essai sur les populations* de Thomas Malthus[7] en 1838. La lutte pour la vie, dit-il dans l'introduction, c'est

> la doctrine de Malthus appliquée à tout le règne animal et à tout le règne végétal. Comme il naît beaucoup plus d'individus de chaque espèce qu'il n'en peut survivre ; comme en conséquence, la lutte pour l'existence se renouvelle à chaque instant, il s'ensuit que tout être qui varie quelque peu que ce soit de façon qui lui est profitable a une plus grande chance de survivre.

De ces trois notions, c'est la lutte pour la vie qu'on retient en premier. Parce qu'elle est plus facile à comprendre que celle de sélection, et bien plus que celle de l'origine des espèces. Elle ne prête pas à polémique. Elle s'applique à merveille à la situation de l'organisme et des pathogènes qui luttent les uns et l'autre pour leur survie. Pasteur et Koch y adhèrent, Ehrlich la traduit en termes chimiques, et Metchnikoff, qui ne s'intéresse pas encore aux microbes, la voit se produire entre toutes ces cellules qui se différencient au cours du développement des métazoaires et qui persistent dans l'organisme adulte. Devenu pathologiste et immunologiste, Metchnikoff fait de la maladie infectieuse la partie émergée de la lutte pour la vie des microbes et de l'organisme.

Leurs successeurs n'auront qu'à les suivre, et ils ne manqueront pas de forcer le trait.

Ce n'est pourtant pas cette version réductrice des interactions interspécifiques que décrit Darwin. Il « serait, dit-il, [...] absurde d'attribuer aux seules conditions extérieures la conformation du gui et ses rapports avec plusieurs êtres organisés distincts, par les seuls effets des conditions extérieures, de l'habitude, ou de la volonté de la plante elle-même ». Une telle explication « néglige totalement les cas de coadaptation des êtres vivants entre eux et par rapport à leurs conditions de vie ». « Coadaptation », dit Darwin. Une coadaptation n'est pas une extension du domaine de la lutte pour la vie, le mot ne fait pas partie du vocabulaire militaire. Ce n'est pas non plus cette vision simpliste de la lutte pour la vie que Pasteur retient de *L'Origine des espèces* lorsqu'il nous dit que l'homme porte en lui les germes des microbes sans grand dommage, mais qu'ils sont « prêts à devenir dangereux lorsque, par des conditions d'encombrement et de développement successifs à la surface des plaies, dans des corps affaiblis ou autrement, leur virulence se trouve progressivement renforcée ». Pasteur ne parle pas de coadaptation, mais ce qu'il écrit y ressemble. J'aurai l'occasion d'en reparler. En attendant, c'est la guerre.

La surveillance immunitaire

On sait depuis la guerre de Troie et la guerre de Cent Ans que, quand c'est la guerre, elle ne fait pas rage tout le temps. On sait aussi qu'elle peut prendre des formes différentes. On a connu la guerre froide, les guerres de libération populaires, les guerres par pays interposés. Il y a même eu la « drôle de guerre ». C'est dans une drôle de guerre que le système immunitaire est engagé contre le cancer.

Les cellules cancéreuses ne sont pas des microbes, mais, comme les microbes, elles sont pathogènes. Ce sont des cellules dans le génome desquelles se sont accumulées des mutations. Toutes les cellules mutent, c'est un processus inévitable : ce sont des erreurs de copie que font les enzymes qui, chaque fois que la cellule se divise, dupliquent les 3 milliards de paires de bases qui constituent l'ADN de chaque cellule. C'est ce processus aléatoire qui a permis à LUCA[8], notre ancêtre le plus récent dont toutes les formes de vie connues descendent, d'évoluer jusqu'à ce que nous sommes, en transmettant aux milliards de générations d'individus qui nous ont précédés les mutations qui leur conféraient un avantage sélectif.

Toutes nos cellules continuent à muter et, dans ces cellules, certaines mutations affectent les gènes qui codent des protéines impliquées dans le contrôle de la multiplication cellulaire. Les cellules cancéreuses sont des cellules qui, parce qu'elles ont accumulé de telles mutations, ont échappé à ce contrôle. Elles n'ont plus besoin de recevoir des signaux de prolifération délivrés par des facteurs de croissance pour commencer à se multiplier. Elles ne répondent plus aux signaux qui, normalement, stoppent leur prolifération. Elles sont devenues des cellules cancéreuses. On dit que ce sont des cellules « transformées ».

Ces cellules sont transformées, certes, mais ce sont toujours nos cellules, nos propres cellules. Comment le système immunitaire les perçoit-il ? Comme du soi ou comme du non-soi ? Peuvent-elles passer inaperçues parce qu'elles se développent dans cette zone grise entre soi et non-soi que le système immunitaire adaptatif distingue mal ? Leur aptitude à proliférer les rend dangereuses pour les tissus aux dépens desquels elles se développent, et pour l'organisme entier. Sont-elles perçues comme un danger par le système immunitaire inné ? Libèrent-elles des « alarmines » qui avertissent de leur dangereuse existence ? Ou avancent-elles masquées, invisibles pour les deux systèmes immunitaires ? Ces questions ne sont pas rhétoriques. Elles questionnent la possibilité d'une immunité anticancer.

Il a fallu longtemps pour que la preuve que les cellules cancéreuses sont reconnues par le système immunitaire soit établie. On essaie de vacciner contre des tumeurs expérimentales dès les premières vaccinations antimicrobiennes. En vain. Dans les années 1950, on montre que des tumeurs induites par des produits cancérogènes chez des souris sont rejetées si elles sont transplantées à d'autres. On découvre des anticorps fixés à ces tumeurs, et dans les années 1960 des anticorps contre les cellules tumorales sont pour la première fois mis en évidence chez des patients atteints d'un lymphome de Burkitt. Avec l'avènement de l'immunologie cellulaire, des cellules cytotoxiques antitumeur sont caractérisées, et les modalités de leurs interactions avec les cellules cancéreuses sont définies dans les années 1970, jusqu'aux processus qui conduisent à la mort de ces cellules. Des antigènes de tumeurs sont enfin identifiés au début des années 1980.

Ces résultats confortent la vieille idée d'une « surveillance immunitaire ». Dès 1909, Ehrlich avait imaginé des mécanismes qui lui semblaient nécessaires pour éliminer les cellules aberrantes qu'un processus aussi complexe que le développement d'un embryon jusqu'à l'adulte ne pouvait manquer de produire. Il n'avait fait que les imaginer. Un demi-siècle plus tard, avec Lewis Thomas, Burnet reprend l'idée d'Ehrlich et la nomme « surveillance immunitaire ». Des cellules tumorales apparaissent sans doute fréquemment, mais elles sont rapidement reconnues par le système immunitaire qui veille, et elles sont éliminées avant qu'elles ne s'expriment cliniquement. Rien ne se passe en apparence, dans cette « drôle de guerre ». Nous ne nous rendons compte ni que nous produisons des cellules cancéreuses sans arrêt, ni que notre système immunitaire nous en débarrasse immédiatement. Jusqu'au jour où le cancer déborde les systèmes de défense mis en place pour le contenir et envahit l'organisme.

Il est difficile de démontrer l'existence d'un mécanisme qu'on ne voit pas et qui, lorsqu'il est efficace, fait disparaître ce sur quoi il agit. Ce sont des observations médicales qui confirment l'existence d'une surveillance immunitaire, en montrant qu'en son absence les cancers prolifèrent. La première observation est la fréquence anormalement élevée de cancers survenant chez des patients soumis à un traitement immunosuppresseur. La seconde est l'apparition d'une forme rare de cancer, le sarcome de Kaposi, chez des patients malades du sida. L'infection par le VIH s'accompagne en effet d'une perte d'un grand nombre de lymphocytes T. La démonstration finale est apportée en 2001 grâce à des souris génétiquement modifiées de façon qu'elles soient dépourvues de système immunitaire. Ces souris sont beaucoup plus sensibles à des cancérogènes chimiques. Une immunité anticancer est donc possible, et une surveillance immunitaire existe. La survenue de cancers démontre cependant que l'une comme l'autre ne sont pas toujours efficaces.

La tolérance immunitaire

Le système immunitaire n'est pas toujours efficace parce que son fonctionnement est plus subtil que ne le suggèrent les métaphores martiales. Ce n'est pas seulement une machine à tuer les invisibles ennemis, ce n'est pas seulement un système de surveillance des cellules déviantes qui s'affranchissent des règles de la société des cellules. L'organisme, en effet, ne peut posséder un système qui assure de telles fonctions sans en être protégé.

Comment le système immunitaire s'y prend-il pour éliminer ses propres constituants altérés et les substances étrangères ou les agents infectieux auxquels il est exposé tout en épargnant ses constituants normaux ? Pour le comprendre, il nous faut revenir au modèle du soi et du non-soi. La réponse semble simple si l'on en croit Burnet : est éliminé ce qui n'est pas toléré pour les raisons qu'il nous a données. Elle l'est moins qu'il n'y paraît car, pour tolérer du soi, il faut éliminer les cellules spécifiques de ce soi qui, si elles ne l'étaient pas, l'élimineraient. Or ces cellules autoréactives qui sont éliminées sont aussi du soi. Par ailleurs, du non-soi peut être toléré, malgré la persistance des cellules spécifiques de ce non-soi, et Burnet ne nous explique pas comment. Tolérer n'est pas si simple.

La tolérance est une autre de ces métaphores qu'affectionnent les immunologistes, avec leur charge anthropomorphique. Le *Trésor de la langue française* donne au mot « tolérance » deux sens principaux. Le premier s'applique à des personnes : « Fait de tolérer quelque chose, d'admettre avec une certaine passivité, avec condescendance parfois, ce que l'on aurait le pouvoir d'interdire, le droit d'empêcher. » Le second s'applique à des organismes vivants ou à des choses : « Faculté que présente un organisme vivant à supporter jusqu'à un certain seuil sans dommage apparent les effets chimiques ou physiques auxquels il est exposé. » Dans le second sens, la tolérance est purement passive ; l'organisme subit. Dans le premier, elle implique une décision, même si celle-ci est de ne pas faire ce qu'on aurait pu faire. C'est une tolérance active ; l'organisme agit. La tolérance immunologique peut être active et/ou passive.

La tolérance passive est une absence de réponse immunitaire. C'est une tolérance par ignorance. Elle prévient la reconnaissance de l'antigène. Elle agit donc à la phase d'induction de la réponse immunitaire. C'est la tolérance de Burnet par laquelle le soi est ignoré, faute de pouvoir être reconnu. On remarque que cette tolérance n'est pas si passive que le suggère son nom. Elle résulte en effet d'un apprentissage. Celui-ci consiste en une « sélection négative » des cellules autoréactives. La sélection négative est un processus actif d'élimination des lymphocytes susceptibles de reconnaître les antigènes présents au cours de la période embryonnaire. Ces cellules s'engagent en effet dans un processus de « mort programmée » qui aboutit à ce qui est parfois décrit comme un « suicide » cellulaire. La mort programmée, ou *apoptose**, est un mode de réponse des cellules du système immunitaire, mais également de nombreuses autres cellules, notamment pendant l'embryogenèse[9].

La tolérance active résulte de la mise en œuvre de mécanismes régulateurs qui inhibent la réponse immunitaire. Elle ne prévient pas la reconnaissance de l'antigène mais les conséquences de cette reconnaissance. Des lymphocytes T ont en effet été décrits, qui inhibent l'activation d'autres lymphocytes. Il existe plusieurs types de cellules T régulatrices (Treg) qui exercent leurs activités suppressives dans des conditions différentes et selon différentes modalités. La plupart sécrètent des cytokines qui, comme l'IL-10 ou le TGFβ, inhibent l'activation cellulaire. Par ailleurs, différentes populations de lymphocytes Th peuvent s'inhiber les unes les autres. Ainsi, les lymphocytes Th1 sécrètent de l'IL-2 et de l'IFNγ qui inhibent l'activation des lymphocytes Th2, tandis que, réciproquement, les lymphocytes Th2 sécrètent de l'IL-4 et de l'IL-13 qui inhibent l'activation des lymphocytes Th1. D'autres cellules régulatrices ont été découvertes par la suite : des lymphocytes B (Breg), mais également des cellules myéloïdes comme les macrophages et les cellules dendritiques.

Avec ses différentes modalités, la tolérance immunitaire ne fait pas que protéger l'organisme contre les débordements de son système immunitaire, elle introduit une flexibilité dans les réponses immunitaires. Au couple soi/non-soi ne correspond plus nécessairement le couple connaissance/ignorance ou le couple non-réponse/réponse. La tolérance permet d'adapter les réponses immunitaires à la situation. Elle ouvre aussi une zone incertaine où l'immunité révèle sa face cachée.

La face sombre de l'immunité

Les réponses immunitaires ne sont donc pas seulement ces réactions du système immunitaire qui, en réponse à des signaux de danger, met en route son arsenal défensif contre des agents (micro-organismes ou cellules transformées) pathogènes et les détruit. Le système immunitaire met également en route des mécanismes de contrôle qui s'exercent sur les effecteurs immunitaires. On peut penser qu'en règle générale tout va bien : ces mécanismes de contrôle s'exercent sur la réponse immunitaire qui fait son office sans que nous ne nous rendions compte de rien. Il peut arriver cependant que la réponse et son contrôle ne soient pas proportionnés. Parfois les réponses sont insuffisantes, ou le contrôle est excessif. Dans ces deux cas, les agents pathogènes l'emportent. Parfois, les réponses sont trop intenses, ou leur contrôle, insuffisant. Dans ces deux cas, les réponses sont excessives. Elles débordent leurs cibles et provoquent des « dommages collatéraux ». Tumeurs qui échappent à la surveillance immunitaire, auto-immunité, allergies et autres hypersensibilités sont des conséquences de réponses immunitaires mal adaptées.

Quand l'immunité aide le cancer

Les premières observations remontent au tout début de l'épopée vaccinale, lorsque des tentatives de vaccination sont tentées, en espérant qu'elles protégeront du cancer comme les vaccinations antimicrobiennes protègent des maladies infectieuses. En 1907, Simon Flexner et James Jobling font une observation paradoxale : certaines tumeurs se développent plus rapidement chez des souris immunisées contre des extraits de ces tumeurs que chez des souris non immunisées[10]. On ne comprend pas, mais on en sait alors si peu de l'immunité. On pense que ce sont les extraits tumoraux qui, au lieu d'induire une immunité, favorisent la croissance tumorale. On cherche des substances protumorales dans les extraits de tumeurs pendant près de quarante ans.

En 1947, Nathan Kaliss montre qu'on fait fausse route. Ce ne sont pas les extraits tumoraux qui facilitent la croissance tumorale, mais la réponse immunitaire qu'ils induisent. Car ces extraits tumoraux (mais également les cellules entières) induisent bien une réponse immunitaire. On obtient en effet le même résultat si on injecte à des souris non immunisées le sérum de souris immunisées contre les tumeurs, et, dans ce sérum, ce sont des anticorps antitumeur qui sont responsables[11]. Au lieu de détruire les cellules tumorales, une réponse immunitaire antitumeur peut favoriser leur croissance.

Qu'est-ce donc que ce système censé assurer une surveillance immunitaire et qui non seulement est impuissant à prévenir la survenue des cancers, mais qui parfois en facilite la croissance ? Ce n'est pas seulement un système dont le « contrôle de qualité » serait trop efficace. C'est un système biologique dont la réponse n'est pas univoque. L'immunité qu'induisent les tumeurs n'est pas l'immunité naïve des origines, ce n'est plus l'immunité protectrice induite par les vaccinations pasteuriennes, c'est une immunité ambivalente. Elle a en effet deux composantes antagonistes : l'une, qui comprend les mécanismes conduisant à la mort des cellules tumorales, est protectrice ; l'autre, qui comprend les mécanismes conduisant à la protection des cellules tumorales, est pathogène.

Dans les années 1960, Guy Voisin montre que cette dualité des réponses immunitaires n'est pas propre à l'immunité antitumorale, mais qu'elle s'applique à toutes les réponses immunitaires[12]. Parce que les expériences d'immunologie se font alors *in vivo* et parce qu'elles consistent souvent en des expériences de transfert de cellules d'un animal à un autre, Guy Voisin utilise le vocabulaire de l'immunologie de transplantation. La réaction immunitaire, dit-il, comprend une « réaction de rejet » et une « réaction de facilitation ». La réaction de rejet l'emporte sur la réaction de facilitation dans les réponses immunitaires dirigées contre des cibles potentiellement pathogènes, comme des micro-organismes ou des tumeurs. La réaction de facilitation l'emporte sur la réaction de rejet dans les réponses immunitaires dirigées contre des cibles nécessaires à la survie comme les tissus autologues ou le fœtus. Ainsi, cette double réaction permet de rendre compte aussi bien de l'échec des premières tentatives de vaccination contre le cancer que du succès, fort heureusement habituel et reproductible, de cette greffe de tissu incompatible qu'est une grossesse normale. Nous ne savons pas comment le système immunitaire distingue les cibles potentiellement pathogènes des cibles nécessaires à la survie. Les mécanismes responsables des réactions de facilitation n'ont pu être élucidés, sans doute parce que les techniques nécessaires n'étaient alors pas disponibles, mais aussi parce que les esprits n'étaient pas encore prêts à accepter cette idée d'une immunité fondamentalement ambivalente.

Dans les années 1990, toutes sortes de récepteurs sont découverts, qui inhibent l'activation des cellules effectrices de l'immunité. Ces récepteurs sont exprimés par un très grand nombre de cellules : les cellules T, les cellules NK, mais aussi les cellules B et les cellules myéloïdes. Ces récepteurs sont caractérisés par la présence, dans leur domaine intracytoplasmique, d'un ou de plusieurs motifs moléculaires appelés *immunoreceptor tyrosine-based inhibition motifs* (ITIM). Les ITIM exercent un effet antagoniste sur les motifs activateurs – les ITAM – présents dans les domaines intracytoplasmiques des récepteurs qui activent les cellules immunitaires. Ainsi, l'activation des cellules du système immunitaire dépend du rapport entre les signaux activateurs engendrés par les récepteurs à ITAM et les signaux inhibiteurs engendrés par les récepteurs à ITIM. Il est probable que les récepteurs à ITIM jouent un rôle de premier plan dans la facilitation des tumeurs. La démonstration n'a pas été apportée. Il reste que le couple antagoniste ITAM/ITIM traduit en termes moléculaires le couple antagoniste facilitation/rejet de Guy Voisin. C'est en effet la prise de conscience de cette dualité fondamentale qui a permis cette véritable « révolution thérapeutique » que constituent les nouvelles immunothérapies des cancers[13]. Ces nouvelles approches thérapeutiques ont en effet pour objectif de lever les mécanismes inhibiteurs qui contrôlent les réponses immunitaires anticancer.

L'immunothérapie des cancers a connu quatre grandes approches. La première approche, fondée sur le succès des vaccinations antimicrobiennes, a cherché à induire une réponse antitumorale par une immunisation. Sans grand succès. La deuxième approche a cherché à stimuler de façon non spécifique une réponse antitumorale préexistante, *i.e.* celle qui rend compte de la surveillance immunitaire, à l'aide de produits d'origine bactérienne ou de cytokines. Des bactéries comme les streptocoques responsables de l'érysipèle ou le BCG ont donné des résultats encourageants mais limités. Des cytokines, comme l'interféron ou l'IL-2, se sont révélées décevantes et non dénuées d'effets secondaires graves dans les tumeurs humaines. La troisième approche a consisté à administrer aux patients des effecteurs immunitaires « tout faits ». Des anticorps monoclonaux dirigés contre des antigènes tumoraux, comme le rituximab ou l'herceptine, se sont révélés efficaces dans certaines tumeurs. Plus récemment, des cellules T cytotoxiques « à la carte » ont été fabriquées en laboratoire. Des lymphocytes T cytotoxiques du patient sont prélevés. Le TCR de ces cellules est ensuite modifié génétiquement : les domaines extracellulaires du récepteur sont remplacés par un fragment d'anticorps spécifique de la tumeur du patient pour fabriquer un récepteur d'antigène chimérique (*chimeric antigen receptor* ou CAR) qui est alors exprimé dans des cellules T du patient. Les cellules T-CAR ainsi produites sont amplifiées *in vitro* et réinjectées au patient. Cette approche thérapeutique, lourde et coûteuse, donne de bons résultats sur les tumeurs d'origine hématopoïétique comme certaines leucémies lymphoïdes et les lymphomes non hodgkiniens. La quatrième et dernière approche consiste à libérer les réponses antitumorales des mécanismes régulateurs qui la contraignent. Ces inhibiteurs de contrôle immunitaire ont démontré une efficacité sans précédent, notamment dans des cancers de pronostic très sombre comme les mélanomes métastatiques ou certains cancers du poumon.

L'auto-immunité ou la transgression

En 1898, Jules Bordet démontre que l'immunisation d'un animal avec du sang d'un animal d'une autre espèce confère au sérum de l'animal immunisé le pouvoir de détruire les globules rouges d'un animal de cette espèce. Peu de temps après, Ehrlich montre qu'on obtient le même phénomène avec du sang provenant d'un animal de la même espèce, mais pas avec du sang provenant du même animal. C'est cette observation qui, avec sa conviction qu'un organisme ne saurait se mettre lui-même en danger, le conduit à postuler son *horror autotoxicus*.

Ce « tabou de l'auto-immunité[14] » s'impose avec une telle force qu'il interdit toute autoréactivité, parfois contre l'évidence. Ainsi, rapporte l'historien des sciences et immunologiste Arthur Silverstein, lorsqu'en 1904 Julius Donath et Karl Landsteiner démontrent sans doute possible que l'hémoglobinurie paroxystique induite par le froid ou cryoglobulinémie est une anémie hémolytique auto-immunitaire, leur travail n'est discuté par personne, y compris par Ehrlich qui y fait même référence. Cette découverte n'est cependant pas reçue comme une remise en cause de l'*horror autotoxicus*, mais comme une exception qui, comme chacun sait, confirme la règle, voire comme une aberration.

La description d'un nombre croissant de maladies qui relèvent d'un processus auto-immunitaire, comme les anémies hémolytiques acquises, l'encéphalomyélite dite « allergique », le purpura thrombocytopénique, certaines aspermatogenèses ou l'ophtlamie sympathique, n'ébranle pas davantage le dogme pendant un demi-siècle. Au point que, lorsqu'ils trouvent des autoanticorps antithyroïde dans la thyroïdite expérimentale, Noel Rose et Ernst Witebsky recherchent pendant trois ans l'erreur qui les a conduits à une observation qui va contre l'interdit d'Ehrlich, avant de se décider à la publier en 1956[15].

Il faudra presque un siècle pour que l'*étiologie** auto-immunitaire du diabète de type 1 soit reconnue. Le diabète est décrit en 1880. Rapidement, Étienne Lancereaux montre qu'il en existe deux formes : le « diabète maigre », une forme aiguë rapidement fatale du sujet jeune qu'on appelle aujourd'hui diabète insulinodépendant ou diabète de type 1, et le « diabète gras », une forme chronique de l'adulte qu'on appelle aujourd'hui le diabète de type 2. L'insulinothérapie du diabète de type 1 est introduite dans les années 1920, mais on ne connaît toujours pas la cause du déficit en insuline. Il faut attendre les années 1960 pour que l'observation d'une inflammation des îlots de Langerhans, dans le pancréas de patients morts de diabète de type 1, suggère une possible cause auto-immunitaire. En 1974, des autoanticorps sont découverts par la technique d'immunofluorescence sur des coupes de pancréas, et, en 1976, des lymphocytes T spécifiques d'autoantigènes des cellules β des îlots de Langerhans sont identifiés, qui font du diabète de type 1 une maladie auto-immunitaire.

L'avènement de l'immunologie cellulaire, qui a fait passer au second plan l'immunologie chimique d'Ehrlich, et l'arrivée d'une nouvelle génération d'immunologistes qui ramènent la discipline dans le champ de la biologie et de la médecine permettent enfin la transgression du tabou. L'auto-immunité devient scientifiquement correcte, et les pathologies qui en découlent, des maladies auto-immunitaires. L'évidence enfin acceptée ne répond pas à la question que se posait Ehrlich.

Au contraire, elle la pose frontalement, mais dans un contexte qui n'est plus celui du début du siècle : l'immunologie s'est dotée entre-temps d'un système immunitaire dont la fonction est de protéger l'organisme. Qu'est-ce donc que ce système censé s'occuper des autres pour nous en protéger, qui s'occupe aussi de nous et qui, alors, nous rend malade ?

La question de la reconnaissance du soi a évolué depuis Burnet. On sait que tout ne se joue pas pendant la vie embryonnaire. On sait aussi que la reconnaissance du soi est nécessaire à la reconnaissance du non-soi. En 1974, Rolf Zinkernagel, Peter Doherty et quelques autres nous ont en effet appris que ce que « voient » les TCR d'un lymphocyte T, ce sont des peptides dérivés d'antigène associés à une molécule du CMH sur une cellule présentatrice d'antigène, *à condition* que ce soit la même molécule du CMH que celle que porte ce lymphocyte. Autrement dit, à condition que le lymphocyte reconnaisse une molécule caractéristique du soi. Voilà donc le système immunitaire confronté à deux injonctions contradictoires. Il doit d'un côté répondre au non-soi mais ignorer le soi pour l'épargner et d'un autre côté reconnaître le soi pour pouvoir répondre au non-soi. C'est pour tenter de résoudre le problème posé par cette contradiction qu'ont été élaborés les modèles de sélection des lymphocytes T dans le thymus et des lymphocytes B dans la moelle osseuse. Les deux types de lymphocytes sont en effet soumis à une double sélection. Je prendrai la sélection des lymphocytes T comme exemple.

Rappelons-nous que, comme celle des BCR, la spécificité des TCR est déterminée au hasard, avant que le lymphocyte ne rencontre l'antigène. Nous avons vu qu'elle dépend d'un réarrangement des gènes variables qui se produit dans chaque cellule précurseur de lymphocyte. Certains de ces récepteurs reconnaissent des molécules du soi, parmi lesquelles les molécules du CMH de l'individu. Les lymphocytes T sont soumis à deux processus de sélection dans le thymus. Le premier est une « sélection positive » : seules les cellules dont le TCR est engagé par une molécule du CMH exprimée par des cellules thymiques survivent. Autrement dit, ce sont des lymphocytes autoréactifs qui sont sélectionnés. Les autres meurent par apoptose. Près de 90 % des lymphocytes T, incapables d'interagir avec les molécules du CMH de l'organisme, meurent ainsi dans le thymus, sans avoir « servi » à rien.

Les lymphocytes T survivants sont alors soumis à un processus de « sélection négative ». Ces cellules sont exposées aux cellules du thymus qui expriment des molécules du CMH auxquelles sont associés des peptides du soi. Parmi ces lymphocytes, ceux dont le TCR a une forte affinité pour les peptides du soi sont à leur tour éliminés. Les quelques lymphocytes T qui survivent finalement quittent le thymus pour s'installer dans les organes lymphoïdes secondaires. Leur TCR n'a pas ou peu d'affinité pour les peptides du soi. Ils sont disponibles pour interagir avec des peptides du non-soi présentés par des cellules dendritiques. La sélection négative qui élimine la plupart des cellules T autoréactives dépend donc du répertoire de peptides du soi associés aux molécules du CMH des cellules du thymus.

Ce répertoire est contrôlé par un facteur de *transcription** appelé *autoimmune regulator* (AIRE), qui détermine l'expression de l'ensemble des protéines de l'organisme par les cellules de l'*épithélium** thymique. Si des peptides du soi manquent dans le répertoire de peptides portés par les cellules de l'épithélium thymique, des lymphocytes T dont le TCR reconnaît les peptides manquants échappent à la sélection négative. Ils sont susceptibles de déclencher une maladie auto-immunitaire. De même une absence ou une anomalie de la régulation exercée par AIRE. D'autres mécanismes de régulation peuvent néanmoins prévenir la survenue de maladies auto-immunitaires que pourraient provoquer les lymphocytes qui auraient échappé à la sélection négative. Parmi ces mécanismes, certains sont le fait des lymphocytes T régulateurs (Treg) et des cytokines inhibitrices qu'ils sécrètent.

Il arrive néanmoins que ces mécanismes de régulation soient insuffisants et que des maladies auto-immunitaires se développent. Des facteurs génétiques et des facteurs environnementaux se combinent pour favoriser la survenue de ces maladies. Parmi les facteurs environnementaux, les infections jouent un rôle déclenchant. Ainsi, une infection par le virus Epstein-Barr (EBV) est associée à la sclérose en plaques. On connaît depuis longtemps des maladies auto-immunitaires associées à des polymorphismes des allèles HLA qui codent les molécules du CMH, mais on ne comprend pas bien la signification de cette association. Certaines maladies auto-immunitaires sont associées à des polymorphismes des gènes codant des cytokines et/ou des récepteurs de cytokines. D'autres sont dues à des mutations du gène qui code AIRE[16], d'autres à des mutations qui codent FoxP3[17], un facteur de transcription qui détermine la différenciation de cellules Treg, d'autres à des mutations des gènes qui codent les molécules impliquées dans les processus de mort cellulaire programmée[18].

Quels qu'en soient les mécanismes, les maladies auto-immunitaires ont pour origine un défaut des processus qui éliminent et/ou des mécanismes qui contrôlent les lymphocytes autoréactifs. Ainsi comprises, elles apparaissent comme des anomalies de la réponse immunitaire. Pourtant, les individus normaux possèdent des lymphocytes T autoréactifs[19], et leur sérum contient un grand nombre d'autoanticorps « naturels[20] ». Au point qu'on a parlé d'« autoréactivité physiologique ». Ehrlich doit se retourner dans sa tombe.

L'allergie ou l'immunité qui tue

Durant l'été 1901, Charles Richet et Paul Portier font une expérience dont les résultats sont embarrassants, quatre ans à peine après la mort de Pasteur. Ils trouvent que, au lieu de le protéger, l'injection d'une dose infinitésimale de toxine peut induire chez un chien une immunité telle que celui-ci meurt en quelques minutes si, dans les semaines qui suivent, on lui réinjecte une dose inoffensive de la même toxine. Ils nomment cette observation « anaphylaxie », *i.e.* le contraire de la prophylaxie pasteurienne, le contraire de la protection. Cinq ans plus tard, Richet montre qu'une « sensibilité anaphylactique » peut être transmise à un animal non immunisé par le sérum d'un animal immunisé. C'est le même Charles Richet qui, en 1888, avait démontré avec Jules Héricourt qu'une protection contre une infection staphylococcique peut être transférée à des animaux non immunisés par du sérum d'animaux immunisés. Le sérum d'un animal immunisé peut donc aussi bien protéger contre une infection mortelle que tuer un animal qui reçoit une dose inoffensive de toxine.

L'anaphylaxie est rapidement comprise comme une réaction allergique généralisée. L'allergie n'est pas nouvelle, on en rapporte des cas, plus ou moins avérés, depuis l'Antiquité, mais on n'a aucune idée de son mécanisme. L'anaphylaxie de Richet et Portier suggère bien qu'elle relève de mécanismes immunitaires, mais comment les comprendre ?

Comment des mécanismes protecteurs peuvent-ils être pathogènes ? Qu'est-ce que ce système qui rend malade au lieu de protéger lorsqu'il réagit à des substances aussi inoffensives que du pollen de graminées, du poil de chat ou même de la nourriture ? Le terme « allergie », créé par Clemens von Pirquet à partir du Grec ἄλλος ἔργον (*allos ergon*), devient progressivement utilisé avec son sens étymologique : l'allergie est une *autre réaction*. Des mécanismes uniques sont alors recherchés, et trouvés, pour rendre compte de cette réaction singulière du système immunitaire.

En 1911, Henry Dale et Patrick Laidlaw trouvent que les symptômes de l'anaphylaxie peuvent être reproduits par l'administration d'histamine. L'histamine est une substance trouvée dans l'ergot de seigle. Quel rapport peut-il y avoir entre un champignon qui parasite le seigle et l'anaphylaxie ? Il faut attendre 1953 pour qu'on découvre que les granules de cellules présentes en très petit nombre dans le sang et les tissus, les basophiles et mastocytes, contiennent de l'histamine. On n'en sait pas beaucoup plus sur ces étonnantes cellules depuis qu'Ehrlich les a décrites grâce à ses colorants. On sait cependant que la peau contient des mastocytes.

En 1921, deux médecins allemands, Carl Prausnitz et Heinz Küstner, font une expérience qui est restée célèbre. Küstner est allergique au poisson. Il injecte un peu de son propre sérum dans la peau de son collègue Prausnitz qui n'est pas allergique. Le lendemain, Küstner injecte un extrait de poisson au même endroit dans la peau de Prausnitz. Dans les minutes qui suivent, une réaction cutanée inflammatoire se développe au point d'injection. La capacité de faire une réaction anaphylactique locale peut donc être transmise à un individu non allergique par le sérum d'un allergique. Dans les années 1950, Zoltan Ovary met au point un test d'anaphylaxie cutanée passive chez le cobaye qui, parce qu'il reproduit la réaction de Prausnitz-Küstner avec toutes sortes de variations chez un animal de laboratoire, facilite grandement l'étude de l'anaphylaxie.

En 1966, Teruko et Kimishige Ishizaka, deux jeunes chercheurs japonais qui travaillent alors à Denver, recherchent dans le sérum de patients allergiques les anticorps responsables de leurs allergies. Ils trouvent des anticorps dont la concentration sérique est extrêmement faible, à peine mesurable avec les techniques disponibles, si bien qu'on les soupçonne d'avoir purifié un contaminant. Les Ishizaka ont la chance que, l'année suivante, Gunnar Johansson et Hans Bennich, deux chercheurs suédois qui travaillent à Uppsala, décrivent la production par un myélome[21] humain d'une immunoglobuline dont les propriétés physico-chimiques sont différentes de celles des autres anticorps. Les Ishizaka disposent d'une activité biologique, mais pas d'anticorps pour l'expliquer, ou en si petite quantité qu'ils ne peuvent les caractériser ; Johansson et Bennich disposent au contraire de grandes quantités d'anticorps qu'ils peuvent caractériser, mais pas d'activité biologique à leur attribuer. De leur rencontre résulte la description d'une nouvelle classe d'anticorps, les IgE, qui sont responsables des réactions allergiques.

Ces anticorps se distinguent des autres anticorps par plusieurs caractères. Leur concentration plasmatique est un million de fois plus faible que celle des anticorps majoritaires, les IgG. Ils ont une plus grande taille que la plupart des autres anticorps : leur poids moléculaire est de 180 000 daltons, alors que celui des IgG est de 150 000 daltons. Ils sont détruits en trente minutes par un chauffage à 56 °C, alors que les IgG résistent : ils sont thermolabiles. Ils ont aussi l'étrange capacité de se fixer aux tissus, ou plus exactement à des cellules présentes dans ces tissus : ils sont *cytophiles*. Les cellules auxquelles se fixent les IgE dans les tissus sont les mastocytes. Ils se lient en effet avec une affinité exceptionnellement élevée à des récepteurs uniques spécifiques de ces anticorps, exprimés par les mastocytes, mais aussi par les basophiles du sang circulant.

C'est Henry Metzger qui purifie les récepteurs pour les IgE exprimés par ces cellules qui sont si peu abondantes dans les tissus normaux, et difficiles à isoler des autres cellules. Il peut faire ce travail parce qu'il dispose d'une lignée de cellules tumorales dérivées de basophiles de rat qu'il peut obtenir en grande quantité en les cultivant. Metzger montre que ces récepteurs fixent les IgE avec une affinité exceptionnellement élevée. Il montre que la fixation des IgE est à elle seule incapable d'activer les cellules et que c'est l'agrégation des récepteurs qui active les basophiles, lorsqu'un allergène plurivalent se fixe aux IgE préalablement fixées sur leurs récepteurs. Les cellules libèrent alors leurs granules et tous les médiateurs qu'ils contiennent. Car il y a de nombreuses autres substances que l'histamine dans les granules. D'autres substances qui ne sont pas contenues dans les granules sont également synthétisées et sécrétées par les basophiles et par les mastocytes. Ensemble, toutes ces substances concourent au développement d'une réaction inflammatoire aiguë.

Ainsi, comme la valse, la réaction allergique procède en trois temps. Le premier temps est la production d'IgE en réponse à une stimulation du système immunitaire par un allergène[22]. Ces IgE, spécifiques de l'allergène, se fixent durablement sur les récepteurs pour les IgE des mastocytes et des basophiles grâce à la forte affinité de ces récepteurs. Le deuxième temps est l'activation des mastocytes et des basophiles lors d'une seconde exposition à l'allergène. En se fixant aux IgE fixées sur ces cellules, celui-ci agrège les récepteurs d'IgE, et cette agrégation déclenche la libération et la sécrétion de médiateurs inflammatoires. Le troisième temps est l'expression clinique de la réaction. Les médiateurs se répandent autour des mastocytes et des basophiles qui les ont libérés, ils agissent sur les cellules du voisinage qui possèdent des récepteurs pour ces médiateurs. Ces cellules répondent à cette stimulation selon leur type : les cellules sécrétrices (de mucus par exemple) sécrètent, les cellules musculaires lisses (des bronches par exemple) se contractent, les cellules endothéliales (des vaisseaux par exemple) laissent passer des liquides dans les tissus. En quelques minutes, une réaction inflammatoire aiguë se forme, dont l'expression clinique dépend principalement du lieu où elle se produit et donc des cellules qui y participent. On comprend bien ainsi les manifestations cliniques des allergies. On ne comprend cependant toujours pas ce qui fait qu'on est allergique ou non.

En 1986, Timothy Mosmann et Robert Coffman distinguent chez la souris deux types de lymphocytes Th par les cytokines qu'ils sécrètent lorsqu'ils sont activés. Les cellules Th1 sécrètent de l'IFN-γ, tandis que les cellules Th2 sécrètent de l'IL-4. Les cellules Th1 contribuent à l'immunité protectrice, tandis que les cellules Th2 contribuent à l'allergie. En effet, les cytokines produites par les cellules Th1 favorisent la production d'IgG, tandis que les cytokines produites par les cellules Th2 favorisent la production d'IgE, ainsi que la différenciation des mastocytes et des basophiles. En 1995, Sergio Romagnani démontre l'existence de cellules Th1 et Th2 chez l'homme, avec des caractéristiques semblables à celles de la souris. Les cellules Th1 humaines sécrètent non seulement de l'IFN-γ, mais également de l'IL-2 et du TNF-α, tandis que les cellules Th2 sécrètent non seulement de l'IL-4, mais également de l'IL-5, de l'IL-6, de l'IL-10 et de l'IL-13. Au début des années 2010, des populations d'*innate lymphoid cells* (ILC) sont décrites chez l'homme, les ILC1 et les ILC2 qui sécrètent les mêmes cytokines que les cellules Th1 et les cellules Th2, respectivement. La dichotomie se confirme donc entre deux types de réponses, les réponses qu'on appelle de type 1 impliquées dans l'immunité protectrice, et les réponses de type 2 impliquées dans l'allergie.

Ainsi, au fur et à mesure qu'on identifie les acteurs cellulaires et moléculaires et qu'on comprend les mécanismes en jeu, l'opposition entre immunité et allergie se renforce. L'allergie est bien « une autre réaction ». Par ailleurs, on comprend de mieux en mieux les mécanismes qui expliquent les manifestations cliniques des allergies, mais on ne comprend toujours pas ce qu'est une allergie. Quelle différence y a-t-il entre un individu normal et un individu allergique ? Toutes ces molécules et ces cellules, avec leurs médiateurs inflammatoires, existent et fonctionnent chez des sujets non allergiques. Et puis l'allergie est une énigme. Son existence même est incompréhensible. Quel(s) avantage(s) sélectif(s) peut conférer une réaction dont les seuls effets connus sont pathogènes, quand ils ne sont pas mortels ? On lui attribue souvent un rôle protecteur contre des parasites, mais ce rôle est peu convaincant. Comme les autres cellules myéloïdes auxquelles ils appartiennent, les mastocytes contribuent à l'immunité innée, mais cette contribution n'explique pas l'allergie. Tels qu'ils sont conçus, le système immunitaire inné sensible aux signaux de danger et le système immunitaire adaptatif qui protège contre le non-soi sont incapables de rendre compte des allergies.

Le retour des microbes

Ces microbes qui vivent en nous

Nous avons vu qu'au début du XXe siècle microbe est synonyme de pathogène et pourquoi. On sait cependant depuis longtemps que des microbes vivent dans l'intestin, particulièrement dans le côlon. On est loin de leur reconnaître, alors, une fonction biologique. Dans un article publié en 1910, Metchnikoff les décrit comme des ennemis qui nous empoisonnent et attendent notre mort pour accomplir leurs basses œuvres.

> Nous nourrissons dans notre tube digestif, notamment dans le gros intestin, une flore très riche, une végétation ennemie aux méfaits de laquelle nous sommes perpétuellement exposés.
> Tout le monde sait qu'aussitôt après la mort commence la putréfaction du cadavre. Elle a son point de départ dans les intestins, d'où elle gagne tout le corps. Ce phénomène est le résultat de l'activité des microbes qui peuplent normalement notre tube digestif. Dans l'organisme vivant et intact, empêchés par des influences diverses, ils n'arrivent pas à produire une putréfaction avancée. Mais tout accident morbide peut suffire à déchaîner leur activité malfaisante. L'étranglement d'une hernie, l'invagination d'un segment de l'intestin dans un autre sont capables de déterminer une forte inflammation et même de la nécrose, et ces accidents ont pour cause les microbes putréfiants qui peuplent nos organes digestifs.
> On peut objecter que, dans les conditions normales, ces mêmes microbes vivent dans nos intestins sans occasionner aucun dommage apparent. En effet, il n'est point douteux que chez l'homme bien portant la putréfaction intestinale n'atteint pas, tant s'en faut, l'intensité formidable que l'on observe dans une hernie étranglée ou chez le cadavre. Et pourtant, le contenu de notre gros intestin est jusqu'à un certain point dans un état de pourriture constante, comme l'atteste l'excrétion continue, par les reins des produits de la putréfaction. [...] Il résulte des faits les mieux établis que le gros intestin, cette fabrique de poison microbien, est un organe plus qu'inutile, un danger permanent pour l'organisme[23].

Cette « végétation ennemie » qui nous fait courir « un danger permanent », dit Metchnikoff, comme si le souvenir de cette soirée solitaire à Messine était toujours présent dans son esprit. De nuisibles intrus nous menacent de même que l'épine de rose menaçait cette larve d'étoile de mer transparente comme de l'eau. Nous ne sommes pourtant pas, comme elle, victimes d'une agression : « les microbes putréfiants qui peuplent nos organes digestifs » sont en nous chez eux, et ils nous tuent. Nous devons faire face à un ennemi de l'intérieur. Les bactéries intestinales sont la cinquième colonne dans cette guerre des mondes entre les microbes et nous.

N'oublions pas que Metchnikoff n'est pas microbiologiste. Ce qui l'intéresse, c'est l'organisme, ce qui le préoccupe dans cette dernière partie de sa vie – il lui reste six ans à vivre –, c'est cette disharmonie provoquée par les microbes coliques qu'il accuse de raccourcir la vie. Nous pourrions vivre jusqu'à 120 ou 150 ans avant de mourir de « mort naturelle » sans ces microbes putréfiants, croit-il, et il est frappé par l'étonnante longévité de certains paysans bulgares, notamment ceux d'origine turque qui consomment régulièrement du lait fermenté. En 1905, le chercheur bulgare Stamen Grigorov avait identifié le *Bacillus bulgaricus*, un ferment lactique qui transforme le lait fermenté en yaourt. Metchnikoff s'empare de cette corrélation. Il fait du yaourt bulgare un élixir de longévité dans lequel *B. bulgaricus* est le principe actif. Metchnikoff invente les « bons microbes », et il les enrôle dans la guerre contre les mauvais qui nous habitent.

Il montre comment, en transformant le lactose en acide lactique, *B. bulgaricus* tue les bactéries putréfiantes et rétablit l'« orthobiose » perdue. Nous retrouvons ici l'influence de Darwin chez Metchnikoff. Comme l'harmonie cellulaire résulte d'une lutte des cellules qui constituent les organismes multicellulaires, l'orthobiose microbienne résulte d'une lutte des micro-organismes dans l'intestin. Pour combattre la « dysbiose » due aux microbes putréfiants, Metchnikoff suggère de faire bouillir le lait pour tuer les microbes nuisibles qu'il contient, et de les remplacer par des cultures pures de bons bacilles bulgares. Le yaourt devient à la mode. Vendu en pot de grès dans les pharmacies, il est utilisé en Europe occidentale comme un médicament. *B. bulgaricus* est en effet souverain contre toutes sortes de maladies, la dépression, l'hypocondrie et la mélancolie comprises. Isaac Carasso, chassé de Salonique en 1912, importe la recette artisanale du yoghourt des Balkans à Barcelone en 1919 où il la commercialise sous le nom « Danone », d'après le nom de son fils Daniel, puis à Paris en 1930, et à New York après la Seconde Guerre mondiale[24].

Les microbes contenus dans le lait fermenté ne colonisent pas l'intestin lorsqu'on les consomme, ils ne remplacent pas les microbes intestinaux. Ils ne font que passer. Ce sont des « probiotiques », comme on les appelle aujourd'hui. Tous les microbes qui résident dans l'intestin ne sont cependant pas pathogènes. En 1885, le pédiatre Theodor Escherich avait prononcé devant la Société de morphologie et de physiologie une conférence intitulée « Les bactéries intestinales du nouveau-né et du nourrisson », dans laquelle il décrivait une *Bacterium coli commune*. Cette bactérie, qui prendra le nom *Escherichia coli*, n'est pas pathogène, enfin, pas toujours[25]. Elle est devenue la bactérie familière de tous les laboratoires de biologie. Les microbes qui vivent en nous perdent progressivement le statut de pathogène qu'ont les microbes qui vivent hors de nous. Les bactéries intestinales deviennent nos « commensaux », littéralement, nos compagnons de table, nos convives. Ces microbes sont là, chez nous, et ils partagent notre nourriture.

Leur statut change encore dans les années 1950, quand on découvre que toutes sortes de bactéries et de champignons possèdent des cellulases et autres enzymes glycolytiques capables de digérer la cellulose. Or la plupart des animaux, y compris les herbivores, sont incapables de synthétiser la cellulase. Celle-ci est produite par des micro-organismes présents dans l'intestin (ou la panse chez les ruminants). La flore intestinale nous procure donc des enzymes que nous ne savons pas synthétiser nous-mêmes et qui nous permettent de digérer les végétaux. De commensale, notre relation devient « mutualiste » ou « symbiotique ». Non seulement nous mangeons à la même table avec les bactéries, mais nous leur fournissons de la nourriture, en échange de quoi elles nous aident à nous nourrir. Nos relations sont devenues mutuellement bénéfiques.

L'attention se concentre alors sur ces bactéries commensales qui vivent dans l'intestin. On apprend à les cultiver, ce qui n'est pas facile car 99 % d'entre elles sont anaérobies, et la plupart meurent en culture. Dans les années 1960-1970, on décrit néanmoins les relations qu'elles entretiennent les unes avec les autres, les effets qu'ont les antibiotiques. Dans les années 1970, de nouvelles techniques sont devenues disponibles : on peut identifier les bactéries par les ARN ribosomiques 16S. Ces acides nucléiques constituent une sous-unité des ribosomes des bactéries. Ils diffèrent selon les espèces bactériennes. Un véritable catalogue des bactéries intestinales commence à être établi. Le développement des techniques de séquençage à haut débit rend alors possible une étude métagénomique des bactéries contenues dans l'intestin.

C'est dans ce contexte et avec ces outils que le projet européen MétaHit, coordonné par Stanislav Dusko Ehrlich, est lancé par l'INRA en 2008. Son objectif est de séquencer tous les génomes microbiens contenus dans l'intestin humain, d'identifier les espèces microbiennes d'où ils proviennent et d'étudier leurs variations individuelles. En 2010, 3,3 millions de gènes correspondant à l'ensemble des gènes des bactéries du tube digestif humain sont séquencés, et plus de 1 000 espèces, essentiellement bactériennes, sont identifiées, dont plusieurs centaines étaient inconnues. Il apparaît que chaque individu porte environ 540 000 gènes microbiens, appartenant à 160 espèces réparties en 7 *phyla*. La composition du microbiote est pour moitié commune à un grand nombre d'individus et pour moitié propre à chaque individu. En 2011, trois « entérotypes », ou signatures bactériennes, sont décrits, qui diffèrent principalement par l'abondance de certains types de bactéries[26]. Ces signatures ne dépendent ni de l'origine géographique, ni de l'ethnie, ni de l'âge, ni du sexe des individus.

Le microbiote, cet organe oublié

Ainsi, peu à peu, la flore intestinale est devenue un nouveau monde, le « microbiote ». Le microbiote, c'est l'ensemble des micro-organismes – bactéries, virus, parasites, champignons – qui vivent en nous, sur nous, avec nous. C'est tout un monde que nous transportons avec nous partout où nous allons. Car nous possédons plusieurs microbiotes : un microbiote intestinal, un microbiote cutané, un microbiote buccal, un microbiote vaginal, et des organes qu'on croyait stériles, comme les poumons, se révèlent avoir leur propre microbiote. Avec 10^{12} à 10^{14} micro-organismes, le microbiote intestinal est de loin le plus abondant. À lui seul, il contient de deux à dix fois plus de microbes que nous n'avons de cellules dans le corps entier et il pèse 2 kilos. Or ce microbiote s'est révélé exercer des effets bien au-delà de l'intestin. Il contribue en effet également au fonctionnement du système immunitaire et du système nerveux.

Le microbiote intestinal permet donc l'hydrolyse de la cellulose, mais aussi de l'amidon et de polysaccharides. Il permet la fermentation des aliments non digestibles. Il facilite l'assimilation en fournissant des enzymes dont l'organisme est dépourvu. Il contribue à la synthèse de plusieurs vitamines. Il contribue à l'absorption des acides gras et de cations divalents comme le calcium. Il contrôle la différenciation et le fonctionnement de l'épithélium intestinal. Il s'oppose à la colonisation de l'intestin par des bactéries pathogènes, les bactéries qui y résident entrant en compétition avec celles-ci et/ou sécrétant des substances bactéricides.

Le microbiote est essentiel à l'induction, à l'apprentissage et au fonctionnement du système immunitaire[27]. Des souris axéniques, c'est-à-dire nées stérilement par césarienne, alimentées par de la nourriture stérile, abreuvées par de l'eau stérile et maintenues dans un environnement stérile n'ont pas de microbiote intestinal. L'intestin est en effet ensemencé par les microbes de la mère lors de l'accouchement, lorsque le nouveau-né traverse les voies urogénitales. Le système immunitaire intestinal des souris axéniques est immature, dépourvu de *plaques de Peyer** où a lieu la maturation des lymphocytes T et B de l'intestin. Ces souris présentent un déficit en IgA et une diminution du nombre de lymphocytes T et B circulants. Les bactéries qui colonisent l'intestin à la naissance diminuent les réponses inflammatoires des cellules de l'immunité innée lorsque celles-ci sont stimulées par les endotoxines bactériennes auxquelles elles sont exposées. Elles stimulent également le développement de cellules régulatrices comme les lymphocytes Treg qui inhibent les réponses inflammatoires dirigées contre des antigènes alimentaires et permettent que les protéines ingérées soient tolérées. Le système immunitaire est durablement modifié par les micro-organismes auxquels il est exposé lors de la période néonatale. Des souris traitées par des antibiotiques pendant la première semaine de leur vie développent à l'âge adulte des maladies dues à un dérèglement immunitaire comme l'asthme.

De même, le microbiote intestinal intervient à différents moments dans le développement et le fonctionnement du système nerveux[28]. Il intervient également dans certains troubles du comportement. Les souris axéniques ont en effet un comportement à risque et une hyperactivité ainsi que des déficits de l'apprentissage et de la mémoire. Le microbiote intervient dans la neurogenèse. Au cours de la grossesse, le cerveau est le siège d'une expansion neuronale massive, suivie d'une apoptose non moins massive de la moitié des neurones durant les trois ou quatre dernières semaines de gestation. Les souris axéniques présentent une hyperneurogenèse dans l'hippocampe dorsal et une immaturité des cellules de la microglie qui constituent le système immunitaire inné du système nerveux central. Elles ont aussi une barrière encéphalo-méningée plus perméable aux macromolécules. Des anomalies de la composition du microbiote intestinal ont été observées dans des pathologies neurologiques comme l'autisme, la schizophrénie et la dépression, ainsi que dans des maladies neurodégénératives comme la maladie de Parkinson.

Les effets attribués au monde microbien dans le développement, le phénotype et le comportement des mammifères ne sont pas propres à ces organismes. On en observe chez tous les vertébrés, et même chez des invertébrés. Le microbiote apparaît peu à peu comme un composant essentiel des organismes vivants. C'est une part de nous-mêmes, une part qui non seulement nous appartient, mais qui nous identifie en tant qu'individu puisqu'une bonne part de sa composition est propre à chacun de nous et nous caractérise. C'est un nouveau soi. Du soi fait de non-soi. Décidément, la distinction entre soi et non-soi ne va plus de soi.

Mais ce n'est pas tout : le microbiote est un organe à part entière, c'est « un organe oublié », dit joliment Margaret McFall-Ngai[29]. Le terme « organe » attribué au microbiote dit clairement qu'il a une fonction biologique. Nous n'oublions pas que le sens étymologique du mot « organe » est « outil ». Consécration suprême, l'organe microbiote est promu au même rang que l'organe noble par excellence, le cerveau. Il devient notre « second cerveau », et c'est ainsi qu'il est popularisé dans une pléthore de livres destinés au grand public[30].

Cependant, si nous avons la chance de posséder cet organe, c'est précisément parce qu'il n'a pas été « oublié » au cours de l'évolution, c'est parce que nos ancêtres phylogénétiques possédaient déjà un microbiote qui leur conférait un avantage, le même ou un autre, qui les a aidés à survivre. Tout indique que nous avons coévolué avec notre microbiote. Or parler de coévolution implique non seulement que les micro-organismes du microbiote ont conféré un avantage sélectif à leur hôte, mais également qu'ils ont bénéficié d'un avantage sélectif conféré par leur hôte. Vue selon cette perspective, la relation que nous entretenons avec les microbes n'a plus grand-chose à voir avec l'immunité des origines. Elle est incompatible avec le système immunitaire tel qu'il fut conçu.

Quel système immunitaire ?

Nous arrivons au terme de ce long retour aux sources par lequel nous avons essayé de comprendre comment a été élaboré le système immunitaire que s'est donné l'immunologie, un système biologique qui, depuis toujours, doit faire face à ses propres défis, et aujourd'hui à l'irruption de ce microbiote promu au rang d'organe. Qu'en avons-nous appris ?

Nous avons appris que, tel qu'il est conçu, le système immunitaire n'était pas en germe dans l'esprit des précurseurs de la science de l'immunité. Pasteur mettait en œuvre une pratique qu'il tirait d'une conception, qu'on pourrait qualifier de « mutualiste », des relations réciproques des microbes avec leurs hôtes. Les uns dépendent des autres et ils agissent les uns sur les autres. Les vaccinations n'étaient que des conséquences pratiques de cette interdépendance puisque, même atténué, un germe pouvait modifier l'hôte dans sa capacité à interagir avec ce germe. Pasteur pensait même que la vie des organismes supérieurs serait impossible sans les microbes. Metchnikoff interprétait l'immunité comme un aspect de cet effort constant des organismes pour rétablir l'harmonie perdue. Une harmonie sans cesse perdue, car, pour l'embryologiste qu'il était, l'organisme est en continuel remaniement. Un aspect seulement, qui s'inscrivait dans ce système de phagocytes dont il avait fait les ordonnateurs prométhéens d'une *homéostasie** instable et nécessaire. Ehrlich ne se préoccupait guère de l'immunité. La vie était, pour lui, une affaire de substances chimiques, et les réactions immunitaires, dont les réactions entre toxines et antitoxines étaient un exemple, n'étaient que des réactions chimiques. Les réactions chimiques peuvent être représentées par des équations. Une équation est réversible et symétrique. Les réactions chimiques des molécules du vivant sont aussi réversibles et symétriques. La liaison des anticorps antitoxine à l'haptophore d'une toxine peut être dissociée par un traitement acide.

Aucun des trois pionniers de l'immunologie ne concevait donc ce système de défense *dirigé contre* les microbes, ce système à sens unique qu'est le système immunitaire. Tous les trois étaient profondément imprégnés de l'idée d'une lutte pour la vie darwinienne, mais au sens que Darwin précise dans *L'Origine des espèces*, une *lutte pour l'existence*, plutôt qu'une lutte pour la vie.

> Je dois faire remarquer que j'emploie le terme de *lutte pour l'existence* dans le sens général et métaphorique, ce qui implique des relations mutuelles de dépendance des êtres organisés [...]. Le gui dépend du pommier et de quelques autres arbres ; or c'est seulement au figuré que l'on pourra dire qu'il lutte contre ces arbres, car si ces parasites s'établissent en trop grand nombre sur le même arbre, ce dernier languit et meurt ; mais on peut dire que plusieurs guis, poussant ensemble sur la même branche et produisant des graines, luttent l'un avec l'autre. Comme ce sont les oiseaux qui disséminent les graines du gui, son existence dépend d'eux, et l'on pourra dire au figuré que le gui lutte avec d'autres plantes portant des fruits, car il importe à chaque plante d'amener les oiseaux à manger les fruits qu'elle produit, pour en disséminer la graine. J'emploie donc, pour plus de commodité le terme général *lutte pour l'existence*, dans ces différents sens qui se confondent les uns avec les autres[31].

C'est « au figuré », nous dit Darwin, qu'il faut comprendre la lutte pour l'existence. Ce n'est pas la lutte pour la vie des macro-organismes contre les micro-organismes qu'entendra l'immunologie, ce n'est pas la lutte des êtres vivants les uns contre les autres que retiendront le darwinisme social et la sociobiologie, ni la concurrence qui fonde le capitalisme, ni même la compétition, mais l'effort que font les organismes pour exister les uns avec les autres, pour *coexister*. La lutte pour l'existence, dit-il, « implique des relations mutuelles de dépendance ». C'est une façon de dire l'interdépendance des êtres vivants dans un milieu donné.

Nous avons vu comment un système immunitaire a néanmoins été conçu, dévolu à la défense et « au maintien de l'intégrité » de l'organisme, ou plutôt deux systèmes complémentaires dotés l'un comme l'autre de capacités cognitive et praxique propres. L'un est constitué de cellules capables de percevoir le « danger » et de mettre en œuvre tout un système de cellules aveugles à l'antigène mais dotées d'une multitude de fonctions effectrices mobilisables sans délai contre les pathogènes. L'autre est constitué de cellules équipées de récepteurs capables de percevoir la totalité des antigènes du monde et d'engendrer tout un arsenal de cellules et de molécules effectrices spécifiques, contre les antigènes du non-soi. L'immunité, à l'origine « propriété accidentelle, mise en jeu dans des circonstances exceptionnelles liées au hasard d'une épidémie ou à la rencontre avec la lancette d'un vaccinateur et plus ou moins confondue avec les forces de résistance à la mort », est devenue « une fonction permanente essentielle à la survie dans la vie quotidienne du corps[32] ». Qu'importe que les notions de « danger » et de « soi » qui fondent respectivement le système immunitaire inné et le système immunitaire adaptatif soient des chimères inconnaissables par des systèmes biologiques, les effecteurs immunitaires protègent. Les faits sont là : un déficit immunitaire, qu'il soit primitif comme l'agammaglobulinémie de Bruton, ou acquis, comme le sida, met la vie en péril. L'immunité est une fonction vitale, et le système immunitaire, à la fois « création officielle de l'immunologie contemporaine » et « objet scientifique officiellement reconnu[33] », est compris comme un système biologique qui a été sélectionné au cours de l'évolution pour assurer cette fonction.

> L'addition d'une fonction supplémentaire, celle de l'immunité, à un ensemble de fonctions déjà répertoriées, telles que nutrition, respiration, circulation..., n'a été qu'un prélude à une grande première, où le système immunitaire se présentait finalement à la candidature de cause principale, à la fois formelle, matérielle et finale, pour paraphraser Aristote, en matière de pathogenèse. [...] Le système immunitaire est assimilable à une entité où s'éclairent les rapports de causalité qui instruisent sur la maladie [...]. Dans les pays occidentaux, il est devenu courant d'expliquer une affection par une vicissitude du système immunitaire [...]. [Celui-ci] a peut-être remplacé le « foie » des Français dans le diagnostic de la patraquerie chronique, avant d'être impliqué dans le drame de la maladie du siècle [le sida][34].

Nous avons vu enfin comment, devenu détenteur des causes de la maladie et garant d'une fonction défensive vitale contre les nuisibles intrus qu'il assure grâce à un puissant arsenal de cellules et de molécules effectrices, spécifiques et non spécifiques, le système immunitaire peut se prendre à ses propres pièges. Conçu pour distinguer le soi et le non-soi, il peine à voir les cellules du soi transformées en cellules cancéreuses, ou il les voit, mais au lieu de les traiter comme il traiterait un vulgaire pathogène, il les protège. Sans doute, bon an mal an, assure-t-il néanmoins cette surveillance immunitaire dont il a été chargé et, pendant longtemps, il nous exonère du cancer, mais nous avons toutes les chances de développer un cancer si nous vivons assez longtemps. Interdit de reconnaître le soi pour mieux agir sur le non-soi, il est soumis à de sévères processus de sélection positive et négative qui lui font perdre la presque totalité de ses cellules, possiblement autoréactives, et les quelques cellules élues sont placées sous le contrôle de puissants mécanismes régulateurs, cellulaires et moléculaires. Mais il transgresse le tabou. Parfois sans dommage apparent, comme si ce n'était pas vraiment l'autoreconnaissance qui pose problème, parfois au prix de maladies auto-immunitaires invalidantes. Censé nous protéger contre les pathogènes ou des toxines dangereuses par définition, le système immunitaire nous rend malades en s'attaquant à des allergènes inoffensifs, quand il ne nous tue pas. Il fait même appel à des mécanismes moléculaires et cellulaires sophistiqués pour y répondre, distincts des mécanismes qui confèrent une immunité protectrice, et qui n'ont d'effets connus que pathogènes. Sans parler des dommages collatéraux qu'il inflige aux tissus normaux lorsqu'il guerroie contre les vrais pathogènes. Le syndrome de détresse respiratoire aiguë qui emporte chaque jour des milliers de patients infectés par le SARS-CoV-2 apparaît de plus en plus comme une conséquence de la réaction du système immunitaire contre le virus.

Tous ces débordements, toutes ces erreurs de cible, ces insuffisances aussi, sont-ils le prix à payer pour la fonction vitale de défense que nous assure le système immunitaire ? Les pathologies dont il est responsable résultent-elles d'un défaut d'ajustement entre les réponses immunitaires et les mécanismes qui les contrôlent ? Même comprises comme des « bavures », ces manifestations « immunopathologiques » – on a bien été amené à reconnaître le pouvoir pathogène de l'immunité – posent problème. Si l'on s'en tient aux allergies, de quelles réactions physiologiques peuvent-elles être les excès ? Dévoilent-elles l'existence de processus ignorés dont l'importance est telle qu'ils ont été sélectionnés au cours de l'évolution en dépit de leur propension à tuer l'organisme qui en bénéficie ? Ou nous indiquent-elles que le système immunitaire n'est pas ce que nous croyons ?

Nous savons maintenant que le système immunitaire doit composer avec tout ce monde microbien qui nous habite. Il lui faut non seulement ne pas détruire le microbiote pour ne pas perdre tous les bénéfices que celui-ci nous apporte, ni induire, en réagissant contre lui, une réaction inflammatoire dévastatrice dans le tube digestif. Il lui faut considérer ces 2 kilos de non-soi comme du soi. Le système immunitaire doit même subir la loi du microbiote auquel revient le pouvoir d'en déclencher le développement et qui en contrôle le fonctionnement. Qui contrôle qui, en fin de compte, le système immunitaire ou les microbes ? Voire, qui est qui, nous qui les hébergeons, ou les microbes qui nous habitent et qui sont, tous ensemble, dix ou cinquante fois plus nombreux que nos cellules ? Le système immunitaire ne peut plus être ce système biologique dont la fonction est de préserver l'intégrité du soi en détruisant le non-soi. Nous allons devoir essayer de l'imaginer autrement.

II

Logiques du vivant

« Il n'y a pas une organisation du vivant mais une série d'organisations hiérarchisées, emboîtées comme des poupées russes. C'est à la connaissance de ces couches successives qu'est parvenue progressivement la biologie au cours de l'histoire. À chaque objet devenu accessible à l'analyse a correspondu alors une manière nouvelle d'envisager la formation des êtres vivants, de décomposer l'organisme pour le recomposer selon d'autres lois. »

François JACOB, *La Logique du vivant. Une histoire de l'hérédité* (1970).

« C'est faux de dire : je pense : on devrait dire : On me pense. – Pardon du jeu de mots. – Je est un autre. Tant pis pour le bois qui se trouve violon, et nargue aux inconscients, qui ergotent sur ce qu'ils ignorent tout à fait ! »

Arthur RIMBAUD, lettre à Georges Izambard, 13 mai 1871.

Un bon siècle et demi s'est écoulé, depuis que, presque en même temps[1] au cours de la seconde moitié XIXe siècle, Charles Darwin, Claude Bernard, Gregor Mendel et Louis Pasteur ont jeté les bases de la biologie du XXe siècle. Ce siècle et demi a profondément modifié notre façon de concevoir le vivant. Des historiens et des philosophes, mais aussi des sociologues y ont contribué, et bien sûr des biologistes qui, dotés de techniques toujours plus puissantes, n'ont cessé de leur donner du grain à moudre ; parfois leurs trouvailles entrent étrangement en résonance avec de très vieilles idées. L'être vivant qui émerge de ce bouillon de cultures n'est plus une citadelle assiégée par les micro-organismes du monde extérieur. C'est à lui seul tout un monde, et il commerce en permanence avec les êtres des autres mondes. Il ne peut plus être appréhendé que par plusieurs approches qui en révèlent autant de facettes. Il est à la fois multiple et un[2].

Je propose donc de lever les yeux un moment et de regarder un peu au-delà de nos plaques de culture et de nos souris de laboratoire. Ni systématique ni exhaustive, ma démarche n'est pas académique mais butineuse : je ferai mon miel de lectures guidées par le hasard plus que par la nécessité. « Tout est bon ! », dit Paul Feyerabend[3]. L'idée est de prendre un peu de recul, un peu de temps aussi, pour mieux comprendre ce que nous faisons et de quoi nous parlons quand nous travaillons sur des choses vivantes. Peut-être pourrons-nous alors revenir à l'objet de cette étude avec un regard nettoyé de nos préjugés, et y voir autre chose que ce qui s'imposait comme une évidence.

Un être vivant est le produit d'une histoire ou plutôt de plusieurs histoires, c'est un milieu intérieur dans un milieu extérieur, c'est une machine asservie aux lois de la thermodynamique, c'est un empilement de compartiments qui sont eux-mêmes des compartiments et sont eux-mêmes compartimentés, c'est un flux de matière dont la forme et l'organisation, pourtant, persistent, c'est un chantier permanent, c'est une organisation qui obéit à ses propres règles, c'est une boucle rétroactive, c'est un système autopoïétique, c'est un individu doté d'une identité propre, c'est un être et son double, c'est un méta-organisme, c'est un écosystème, et c'est tout cela à la fois. C'est dans le cadre de ces « logiques du vivant[4] » que nous essaierons de situer et de comprendre ce que peut bien être et faire le système biologique que nous appelons « immunitaire ».

CHAPITRE 1

Dans l'espace et dans le temps

Ce chapitre décrit l'étrange statut de l'organisme vivant, un système à la fois clos et ouvert au monde sans véritables limites, un être immatériel car traversé par un flux de matière qui pour un moment le constitue et qui, depuis la nuit des temps, perdure en se transformant, de génération en génération et de jour en jour, de sa naissance à sa mort, tout en restant lui-même ou à peu près.

Sans frontières

Le milieu intérieur

Un repli de l'espace des physiciens, une invagination du milieu des biologistes, un être vivant se présente comme une cavité dont, pour un intervalle de temps donné, l'organisation à la fois permet et spécifie la réalisation de processus singuliers. La singularité de ces processus n'est pas dans leur qualité – la chimie du vivant n'est pas d'une autre nature –, elle est dans leur improbabilité. Là sont concentrées des molécules organiques qui peuvent agir les unes avec les autres, ce que leur dilution ne permet pas ailleurs. Là, l'organisme fait son ordinaire de réactions exceptionnelles, impossibles dans le monde extérieur. Ce lieu privilégié, cet espace unique est à la fois délimité et produit par l'organisme. C'est le milieu intérieur de Claude Bernard :

> Je crois avoir le premier insisté sur cette idée qu'il y a pour l'animal réellement deux milieux : un *milieu extérieur* dans lequel est placé l'organisme, et un *milieu intérieur* dans lequel vivent les éléments des tissus. L'existence de l'être se passe, non pas dans le milieu extérieur, air atmosphérique pour l'être aérien, eau douce ou salée pour les animaux aquatiques, mais dans le *milieu liquide intérieur* formé par le liquide organique circulant qui entoure et baigne tous les éléments anatomiques des tissus[1].

Dans le milieu intérieur, les conditions nécessaires aux processus physico-chimiques de la vie sont non seulement réunies, mais maintenues, en dépit des fluctuations du milieu extérieur. Ces conditions dépendent de l'organisme considéré parce que chaque organisme produit son propre milieu intérieur et parce que le degré de complexité de l'organisme détermine le degré d'exigence et la tolérance aux variations des réactions dont il dépend.

> À mesure que l'organisme devient plus parfait, le milieu organique se spécialise et s'isole en quelque sorte de plus en plus du milieu ambiant. Chez les végétaux et les animaux à sang froid, [...] cet isolement est moins complet que chez les animaux à sang chaud [...]. Mais ces conditions diverses ne sauraient établir une différence de nature entre les êtres vivants, elles ne constituent que des perfectionnements dans les mécanismes isolateurs et protecteurs de l'organisme.

Inversement, les conditions du milieu intérieur dictent les possibilités de fonctionnement de l'organisme :

> Les manifestations vitales des animaux ne varient que parce que les conditions physico-chimiques de leurs milieux internes varient ; c'est ainsi qu'un mammifère dont le sang a été refroidi, soit par hibernation naturelle, soit par certaines lésions du système nerveux, se rapproche complètement, par les propriétés de ses tissus, d'un animal à sang froid proprement dit.

En conséquence, si les manifestations vitales des animaux ne varient pas, c'est parce que les conditions physico-chimiques de leur milieu interne restent constantes. Le milieu intérieur fonctionne comme un milieu tampon.

La constance du milieu intérieur, cependant, n'est pas un état stable. Elle ne résulte ni d'une immuabilité de sa composition ni d'une imperméabilité au milieu extérieur. En effet, même si Claude Bernard utilise la notion d'isolement, il insiste sur l'ouverture du milieu intérieur au milieu extérieur :

> Les éléments [du milieu intérieur] quoique profondément situés, communiquent avec l'extérieur ; ils vivent toujours dans les conditions du milieu extérieur perfectionnées et régularisées par le jeu de l'organisme. L'organisme n'est qu'une machine vivante construite de telle façon qu'il y a, d'une part, une communication libre du milieu extérieur avec le milieu intérieur organique, et, d'autre part, qu'il y a des fonctions protectrices des éléments organiques pour mettre les matériaux de la vie en réserve et entretenir sans interruption l'humidité, la chaleur et les autres conditions indispensables à l'activité vitale.

Fonctionner ou mourir

Le second principe de la thermodynamique, dans la formulation statistique de Boltzmann, stipule qu'un système physique abandonné à lui-même ne peut qu'évoluer vers un état de moindre organisation, il ne peut que se dégrader. C'est l'expression moderne de l'accroissement d'entropie de Carnot. Or, tant qu'il fonctionne, l'organisme vivant montre cette constance qui apparaît comme un défi à l'entropie. Si, en apparence, la vie résiste à l'entropie, c'est en fait que la question est mal formulée, ou plutôt que le système biologique n'est pas ce qu'il paraît être. Car, dit Claude Bernard,

> pour le physicien, l'attraction universelle n'est qu'une idée abstraite ; la manifestation de cette force exige la présence de deux corps. S'il n'y a qu'un corps, il n'y a plus d'attraction [...]. De même, la vie est le résultat du contact de l'organisme et du milieu ; nous ne pouvons pas la comprendre avec l'organisme seul. C'est donc également une abstraction, c'est-à-dire une force qui nous apparaît comme étant en dehors de la matière.

En effet, considéré isolément, comme nous y invitent et le second principe – qui s'applique aux systèmes abandonnés à eux-mêmes – et l'apparente indépendance de l'organisme, l'organisme, à l'évidence, obéit au second principe : il se décompose car il cesse d'être vivant. L'organisation du vivant se dilue dans l'entropie de la mort. Supprimez le milieu, nous dit Claude Bernard, la vie cesse quoique l'organisme subsiste. Supprimez seulement l'oxygène de l'air qu'il respire, un animal meurt en quelques minutes.

> Les conditions de la vie ne sont ni dans l'organisme ni dans le milieu extérieur, mais dans les deux à la fois. En effet, si l'on altère l'organisme, la vie cesse quoique le milieu reste intact ; si d'un autre côté, on enlève ou si l'on vicie le milieu, la vie disparaît également quoique l'organisme n'ait point été détruit.

Le système biologique n'est donc pas contenu dans l'organisme. Il est ce couple qui lie l'organisme et le milieu. Sans le milieu, le système biologique tout simplement n'existe pas. L'*indépendance* des êtres vivants *dépend* du milieu dans lequel ils vivent. Et si, localement, dans l'enceinte d'un organisme vivant, l'entropie n'augmente pas, c'est qu'elle augmente ailleurs, dans le milieu qui fait système avec l'organisme. L'organisme, en effet, ne maintient constantes les conditions de son milieu intérieur qu'au prix de la désorganisation du milieu extérieur. Il y puise matière et énergie. Le végétal extrait du sol et de l'air les constituants dont il se construit. L'animal tue et digère sa proie, animale ou végétale, qu'il doit d'abord détruire pour pouvoir s'en construire.

> C'est en détruisant la molécule, en désorganisant sa structure que la cellule bactérienne convertit l'ordre initialement contenu dans le glucose en énergie chimique. Celle-ci est alors utilisée pour la synthèse des constituants d'un ordre moléculaire différent, celui de la cellule[2].

Et Claude Bernard répond au « la vie est l'ensemble des fonctions qui résistent à la mort » de Xavier Bichat[3] par son célèbre « la vie, c'est la mort » avec, en écho, « la vie, c'est la création[4] ». La vie est asservie à la mort. Ou, pour reprendre la formule de Schrödinger, « l'être vivant se nourrit d'entropie négative[5] ». Considéré maintenant dans son ensemble, ouvert et non clos, c'est-à-dire compris comme un lieu d'activité, le système biologique obéit au second principe comme il obéit aux autres lois physiques.

Leur condition d'objet thermodynamique loin de l'équilibre impose aux organismes vivants de dépenser de l'énergie en permanence. Si l'organisme est un lieu d'activité, il y est condamné aux travaux forcés à perpétuité. Il doit fonctionner pour vivre. Une machine fabriquée par l'homme continue à exister lorsqu'elle est à l'arrêt. Elle possède d'ailleurs, le plus souvent, un interrupteur « marche/arrêt ». Pas d'interrupteur sur les systèmes vivants, car les éteindre serait les tuer. Les formes latentes de vie comme celles des spores conservent un métabolisme minimal qui les distingue d'un corps mort. Les virus accèdent à la vie lorsqu'ils infectent une cellule et qu'ils utilisent son métabolisme à leur profit. En dehors d'une cellule, ils sont dépourvus des moyens de fonctionner. Ils ne sont pas vivants et ils sont rapidement détruits. Fonctionner est une condition nécessaire à la vie[6].

Les poupées russes

Se pose alors la question de la dimension de l'organisme vivant, de son étendue. L'organisme, en effet, possède bien une limite, une enveloppe qui circonscrit le milieu intérieur et l'isole, mais il déborde cette limite par ses nécessaires relations avec l'extérieur. « Sa sphère, fait remarquer Cuvier, s'étend au-delà des limites du corps vivant lui-même[7]. » Non seulement il dégrade et absorbe le milieu, mais il y projette en même temps une organisation qui lui est propre. La vie n'existe que dans une infime fraction du monde cosmique, dans un espace fini. En quelques dizaines de kilomètres, les formes vivantes se remplacent les unes les autres, et il n'est nécessaire d'atteindre ni les plus hauts sommets ni les plus profonds abysses pour voir la vie se raréfier. La biosphère est tout entière contenue dans la paroi ténue d'une bulle, fluide, qui entoure la terre.

Dans cet espace étroit croissent et se multiplient des millions et des millions d'espèces. Chacun des organismes de chaque espèce produit autour de lui un gradient d'organisation qui lui est propre. Il colonise l'espace extérieur, il marque son territoire. Furtivement, un petit mammifère au pelage rare commence par se glisser au creux des rochers froids. Enveloppe minérale sur laquelle, dans l'obscurité protectrice, il projette le monde, ses terreurs et ses désirs, puis qu'il réchauffe du feu du ciel domestiqué. Il adapte l'excavation à ses activités. Il creuse, il dresse des pierres. Un jour, il construit un abri. Du sol, il arrache la roche, du lit des rivières, il extrait le gravier. Il mêle la boue au végétal, il taille, il assemble, il érige. Il sécrète une carapace qui dessine les limites de sa vie privée. Il bâtit l'Empire State Building et Manhattan. Dans la pierre, il martèle des obsessions, dans le bronze, il fond ses certitudes et ses angoisses. Il édifie la Grande Pyramide et lance au ciel les tours de Notre-Dame. Il dépèce une proie, dont il s'approprie la peau, découpée, retaillée, qu'il assimile comme un second tégument. Bientôt, de végétaux qu'il démantèle, digère, disloque, réduit aux fibres, il file, tisse, taille et bâtit une membrane à sa mesure, dont il se vêt.

Abrité dans cette expansion corporelle, il quitte le ventre de la caverne et part prendre possession du monde. Il renforce l'enveloppe lorsque l'impose la rigueur des conditions : dans le cuir, il découpe boucliers et cuirasses, puis il les forge dans le métal. Il s'entoure d'étuis mobiles pour explorer l'espace : il conçoit des vaisseaux, des nefs, des diligences, des automobiles, des avions. Enfin, il produit des milieux artificiels, scellés dans des membranes étanches, où il se glisse, qui lui permettent de déborder son biotope naturel, de déborder la biosphère même. Comme le scaphandre du plongeur, la combinaison du cosmonaute ou la station spatiale, le milieu est un produit du vivant, et l'organisme, au sens étroit, n'occupe que le centre du gradient d'interactions qui tissent et que tisse son activité. Le milieu est constitué par le vivant en même temps qu'il constitue le vivant.

Il suffit d'observer comment les végétaux occupent l'espace disponible pour comprendre que leurs limites débordent celles de leur ramure et de leurs racines. Il suffit de prendre un ascenseur pour se rendre compte que l'espace qui entoure l'individu n'est pas neutre : au fur et à mesure qu'à chaque étage entrent et sortent des passagers, ceux-ci modifient leurs positions. Ils réorganisent la niche qu'ils occupent, même pour quelques instants, ils contrôlent l'espace qui les sépare les uns des autres. C'est sans doute la raison pour laquelle le territoire est d'une telle importance pour de nombreux animaux. Et si l'histoire de l'humanité raconte une litanie d'atrocités, perpétrées pour défendre territoires, patries et autres lieux saints, c'est peut-être seulement que l'« espace vital » fait partie intégrante des êtres vivants.

À l'inverse, le partage de cet espace vital est bien plus qu'une expression de la vie sociale. Nous nous en rendons bien compte depuis que la pandémie de Covid-19 nous l'interdit. Nous retenons la main que nous tendons spontanément et bien sûr la joue, nous évaluons la distance qui nous sépare de notre interlocuteur, nous nous confinons de part et d'autre d'un *no man's land* potentiellement contaminé, nous nous fermons aux autres. Car partager son espace vital, c'est, au sens propre, une marque de *convivialité*. Ainsi, l'hospitalité par laquelle on autorise l'étranger à pénétrer dans sa demeure n'est pas chose légère. Elle instaure une relation forte et soigneusement codifiée. Car le rapprochement est tel qu'il induit la confusion des partenaires : c'est en effet par le même mot, « hôte », qu'en français on désigne indifféremment celui qui reçoit et celui qui est reçu. Et le partage des aliments engage les *convives* dans une relation plus étroite encore : ils se nourrissent du même milieu extérieur qui va les constituer bientôt. L'intimité du contact autorisé entre étrangers varie selon les cultures[8]. Les Américains du Nord répugnent à se toucher, les Européens se serrent la main, les Latins s'enlacent. Quand l'intimité est suffisante, on s'embrasse. Au maximum, la relation amoureuse abolit la limite de l'espace individuel. Les amants respirent la même haleine. L'étreinte fond en un seul deux espaces extracorporels. L'accès à l'intérieur est offert à l'autre, et les milieux intérieurs sont échangés dans le baiser ou l'acte sexuel.

Quant à l'intérieur de l'être vivant, la frontière de l'organisme n'y est pas moins floue. On observe un emboîtement de compartiments liquidiens, un enchevêtrement de vaisseaux, un réseau de cavités et de citernes : autant de milieux intérieurs qui constituent les milieux extérieurs de systèmes plus élémentaires. Le sang qui parcourt les artères et les veines, la lymphe qui emprunte les canaux lymphatiques, le liquide céphalo-rachidien qui baigne les cavités du système nerveux central, le liquide interstitiel qui imprègne les tissus sont autant de compartiments du milieu intérieur de l'organisme. Ils sont aussi le milieu extérieur pour les cellules sanguines, les lymphocytes, les cellules nerveuses ou les cellules qui constituent les tissus. Et, dans chacune de ces cellules, le cytoplasme est le milieu intérieur nécessaire à l'économie cellulaire.

Mais le cytoplasme, lui aussi, est cloisonné par un réseau de membranes internes. Il est criblé de vésicules, de saccules, d'ampoules, de citernes. Dans le réticulum *endoplasmique** s'assemblent les acides aminés ; dans l'*appareil de Golgi** mûrissent les protéines ; dans les mitochondries mijotent les molécules transporteuses d'énergie ; dans le noyau se transcrivent, se dupliquent, s'excisent et sautent les gènes, s'édifie la double hélice. Autant de replis humides, de cocons tièdes, d'invaginations secrètes qui à la fois permettent et spécifient des processus singuliers. Où commence alors, et où finit l'être vivant ? La limite anatomique n'existe pas : l'organisme est un empilement de matriochkas. L'organisme n'*a* pas de limite parce qu'il *est* une succession de limites. C'est une structure lamellaire.

Sans matière

Le champ de foire

L'être vivant n'a donc pas de définition anatomique mais seulement une définition fonctionnelle. C'est une structure d'échange, dit Georges Canguilhem :

> [...] entre l'organisme et l'environnement, il y a le même rapport qu'entre les parties et le tout à l'intérieur de l'organisme lui-même. L'individualité du vivant ne cesse pas à ses frontières ectodermiques, pas plus qu'elle ne commence à la cellule. Le rapport biologique entre l'être et son milieu est un rapport fonctionnel, et par conséquent mobile, dont les termes échangent successivement leur rôle[9].

Quand Claude Bernard nous dit la relation qui, en même temps, asservit le vivant au milieu et lui confère son indépendance vis-à-vis du milieu, il définit l'être vivant comme un lieu d'échange. L'organisme, alors, rassemble l'ensemble des structures dont l'organisation permet ce processus d'échange. Il pourrait ressembler à un vaste champ de foire où s'échangeraient ici de l'oxygène contre du gaz carbonique, là des protéines contre de l'urée. Ce qu'ajoute Georges Canguilhem, c'est que l'organisme n'est pas seulement le sujet, il est aussi l'objet de l'échange. L'être vivant lui-même, tout entier, se met dans la balance. C'est lui le fonds de commerce. Ce sont le marché, le marchand et les marchandises qui sont tour à tour les objets du troc. De sorte que la constance de l'organisme n'est pas dans sa matière mais dans la façon dont cette matière est organisée.

Et Descartes fait remarquer l'étrange statut du corps vivant. Le mot « corps », en effet, quand il s'applique à un être vivant, n'a pas le même sens que quand il s'applique à un corps physique.

> Quand nous parlons d'un corps en général, nous entendons une partie déterminée de la matière, et ensemble de la quantité dont l'univers est composé, en sorte qu'on ne saurait ôter tant soit peu de cette quantité, que nous jugions incontinent que le corps est moindre et qu'il n'est plus entier ; ni changer aucune particule de cette matière, que nous ne pensions pas après que le corps n'est plus totalement le même, ou *idem numero*. Mais quand nous parlons du corps d'un homme, nous n'entendons pas une partie déterminée de matière, ni qui ait une grandeur déterminée, mais seulement nous entendons toute la matière qui est ensemble unie avec l'âme de cet homme ; en sorte que bien que cette matière change, et que sa quantité augmente ou diminue, nous croyons toujours que c'est le même corps, *idem numero*, pendant qu'il demeure joint et uni substantiellement à la même âme ; et nous croyons que ce corps est tout entier, pendant qu'il a en soi toutes les dispositions requises pour conserver cette union. [...] Pour moi qui ai examiné la circulation du sang, et qui crois que la nutrition ne se fait que par une continuelle expulsion des parties de notre corps, qui sont chassées de leur place par d'autres qui y entrent, je ne pense pas qu'il y ait aucune particule de nos membres qui demeure le même *numero* un seul moment, encore que notre corps, en tant que corps humain, demeure toujours le même *numero* pendant qu'il est uni avec la même âme[10].

Ainsi, les corps vivants diffèrent des corps physiques en ceci que la matière des premiers est transitoire quand celle des seconds est permanente. On ne se baigne pas deux fois dans les mêmes eaux d'un fleuve, on ne touche pas non plus deux fois la même peau. Parce que son activité ne cesse jamais, un organisme ne redevient jamais identique à ce qu'il a été. Il n'empêche qu'on peut garder la même coiffure pendant dix ans. Et c'est par le même mot « corps » qu'on désigne deux choses aussi différentes.

Le corps abstrait

« Je trouve que ce mot de corps est fort équivoque », s'étonne Descartes. Cette équivoque devient flagrante lorsqu'on passe en revue les différents sens du mot corps proposés par *Le Petit Robert* : « I. La partie matérielle des êtres animés. » Cela est frappant quand, nous venons de le voir, une propriété remarquable du corps vivant est son « immatérialité ». Viennent ensuite, dans l'ordre : « II. Partie principale » et « III. Objet matériel ». C'est donc par un mot qui signifie « matière » – l'hydrogène est un *corps* simple – qu'on désigne un objet dont la matière ne fait que passer. Ce qu'il faut comprendre, c'est qu'appliqué aux êtres vivants « corps » ne doit pas être pris au sens concret mais au sens abstrait : « IV. *(Abstrait)*. Groupe formant un ensemble organisé sur le plan des institutions[11]. » Si l'être vivant a bien un corps, c'est au sens de « corps électoral » ou de « corps enseignant ». Il n'acquiert un corps au sens concret que lorsqu'il meurt. Car « corps » vient du latin *corpus* dont le sens, précisément, était « corps mort », « cadavre », voire « charogne », par opposition à *anima*, l'âme. De même, en grec, *soma* s'opposait à *demas* qui désignaient respectivement le corps mort et le corps vivant[12].

Finalement, le corps vivant apparaît plus comme un objet statistique que comme un objet physique décrit par la mécanique classique. Dans un gaz, le comportement brownien de chaque molécule est imprévisible, mais le comportement de l'ensemble de la population peut être décrit par des lois statistiques. De même, dans l'organisme vivant, le mouvement incessant des molécules les rend, chacune, insaisissables ; c'est la population dans son ensemble que nous percevons comme un corps vivant, c'est sa forme ; et peut-être l'étrange usage du mot « corps » pour désigner le corps vivant vient-il de ce que *corpus* a lui-même pour origine *krp* qui, en indo-iranien, désignait la « forme ». Comme tout corps physique, l'organisme restreint à ses frontières ectodermiques est un nuage de particules dont la position est imprévisible à un instant donné. Le même principe d'incertitude, à une échelle supérieure, s'applique au couple organisme/milieu, c'est-à-dire à l'être vivant : à chaque instant, l'appartenance d'une molécule à l'organisme ou au milieu est imprévisible.

La mort pour la vie

Si l'être vivant est bien ce lieu d'échange, cette interface, c'est qu'il est en permanence l'objet de profonds remaniements. L'objet, mais aussi le sujet. En fait, il passe sa vie à se produire, à se reproduire, à se régénérer et donc à se détruire. Nous perdons et refabriquons chaque année notre poids en cellules, nous changeons de peau tous les quinze jours, nous changeons d'intestin grêle tous les cinq jours[13]. L'organisme, en effet, *se* dégrade. Il ne se dégrade pas comme un monument se dégrade (il ne s'agit pas de l'accroissement d'entropie du système physique laissé à lui-même) ; *se dégrade* a ici un sens actif. Il se dégrade *lui-même*, comme il dégrade le milieu. Car l'autodégradation est une condition de la regradation. De même que la mort des individus est nécessaire à la permanence de l'espèce, la permanence de l'organisme passe par la destruction de ses propres éléments. Le métabolisme comprend deux voies distinctes, mais inséparables, l'*anabolisme*, ou la construction, la synthèse, et le *catabolisme*, ou la destruction, qui précède l'élimination.

La dégradation est assurée par des structures spécifiques, moléculaires, subcellulaires et cellulaires. Des enzymes protéolytiques, qui assurent la dégradation sélective de certaines protéines, sont tout aussi nécessaires que les enzymes participant à la synthèse des mêmes protéines. Leur absence (génétique) ou leur défaut de fonctionnement entraînent toutes sortes de pathologies. Dans les replis du réticulum endoplasmique, certaines protéines membranaires, à peine synthétisées, sont dégradées si elles ne s'associent pas à d'autres protéines. Des cellules sont spécialisées dans la dégradation. Ainsi, les ostéoclastes sont des cellules qui détruisent et résorbent le tissu osseux que d'autres cellules, les ostéoblastes, construisent. Certaines cellules, enfin, sont vouées à une « mort programmée » (ou *apoptose*) si elles ne reçoivent pas les signaux de l'environnement qui préviennent la mise en route du processus mortel. Celui-ci est en effet déclenché par le fonctionnement normal de la cellule en absence de stimulation.

La mort cellulaire fait partie de la construction de l'organisme. C'est par apoptose que sont éliminés les espaces interdigitaux, sauf chez les oiseaux à pattes palmées, les organes génitaux de l'autre sexe que nous possédons au début de notre développement, les cellules immunitaires autoréactives, les neurones qui n'ont pas établi de connexion. « Le pouvoir de s'autodétruire semble être profondément ancré au cœur du vivant », écrit Jean-Claude Ameisen, il peut être retracé dans les relations entre les *bactériophages* et les bactéries que ces virus infectent. Les bactéries infectées peuvent en effet contenir un *plasmide*, *i.e.* un morceau d'ADN non intégré dans le chromosome bactérien, qui code une toxine qui tue la bactérie et une molécule antagoniste qui inhibe la toxine. La toxine a une longue durée de vie, l'antagoniste, une durée de vie courte, de sorte que la bactérie doit sans cesse synthétiser l'antagoniste ou mourir. Certaines levures accumulent à chaque division des molécules qui diminuent progressivement leur capacité à se diviser et les rendent stériles avant de provoquer leur mort. Ainsi, « l'émergence, au cœur même du vivant, d'une forme contrôlée de déconstruction prématurée, a pu paradoxalement contribuer à sa capacité à résister, dans un combat *a priori* perdu d'avance, à l'usure et aux agressions permanentes de l'environnement[14] ». Si « la vie, c'est la mort », la mort, c'est donc aussi la vie ou, comme le disait malicieusement Jacques Prévert : « La mort, c'est pour la vie ! » L'être vivant organise sa destruction comme il organise sa construction.

À travers le temps

Avec Darwin, les organismes vivants deviennent des êtres historiques. Un être vivant est le produit d'une histoire, l'histoire d'une lignée racontée par une succession d'ancêtres phylogénétiques. C'est en réalité le produit de trois histoires : une histoire phylogénétique, mais aussi une histoire ontogénétique et une histoire immédiate. C'est également « une transition, une étape entre ce qui fut et ce qui sera »[15], et c'est une autre histoire.

La nuit des temps

Pour expliquer le vivant à partir des seules lois du monde physique, Jean-Baptiste de Lamarck avait fait appel au temps. Car, si la génération spontanée suffit pour expliquer la formation des formes de vie les plus simples, les formes plus complexes ont besoin de temps pour s'élaborer et se transformer[16]. Georges Cuvier, qui ne croit pas au transformisme, fait entrer l'histoire dans les sciences du vivant. C'est le premier qui raconte une histoire de la vie. Cette histoire, il la lit dans les couches géologiques du Bassin parisien. Celles-ci contiennent en effet des fossiles qui les caractérisent, et ceux-ci sont d'autant plus complexes que les couches sont plus superficielles. C'est une histoire compliquée, elle n'est pas linéaire. La mer qui s'était retirée revient à plusieurs reprises, les catastrophes se succèdent et avec elles disparaissent des espèces vivantes. Car les espèces ne se transforment pas, elles sont au contraire fixées dans leur forme une fois pour toutes. Elles se succèdent donc au gré de l'histoire de la Terre, et elles disparaissent, laissant la place à d'autres espèces sans laisser de descendants, sans formes intermédiaires. À l'opposé de Lamarck, qui avait vu les espèces se transformer avec le temps sans qu'elles ne s'inscrivent dans une histoire, Cuvier écrit une histoire de la vie dans laquelle les espèces se succèdent, mais ne se transforment pas. C'est Charles Darwin qui fera la synthèse des deux points de vue[17].

Darwin a besoin que les espèces puissent se transformer pour expliquer que les fossiles trouvés dans un endroit ressemblent aux animaux qui y vivent. Il en a aussi besoin pour expliquer non seulement les ressemblances, mais également les différences entre les animaux qu'il observe dans des îles et sur le continent le plus proche. L'idée que les espèces se transforment n'est pas vraiment nouvelle – Erasmus Darwin, le grand-père de Charles, l'avait défendue avant lui –, elle est même assez répandue. Darwin la reprend à son compte avec la notion de « variation ». Les variations sont le plus souvent infimes mais innombrables et elles portent sur n'importe quel organe. La plupart sont aléatoires, d'autres dépendent des conditions de vie. Ce sont des accidents, mais ces accidents ne sont pas sans lendemain, car des variations peuvent être transmises à la progéniture. Une histoire commune réunit les ascendants et les descendants. C'est cependant encore une brève histoire, une histoire d'individus. Dans cette histoire, la sélection introduit le temps long, le temps phylogénétique, car il faut qu'un grand nombre de variations, sélectionnées de génération en génération, s'accumulent pour qu'émerge une espèce nouvelle. Avec la sélection naturelle des variations avantageuses dans un monde en perpétuel changement et leur transmission aux descendants, Darwin introduit le concept de « descendance avec modification par sélection naturelle », autrement dit, l'évolution, même s'il est réticent à utiliser le terme.

Trois quarts de siècle après la publication de *L'Origine des espèces*, la « théorie synthétique de l'évolution » rassemble dans un même paradigme la sélection naturelle, la théorie cellulaire, la génétique formelle, la génétique des populations et la génétique moléculaire. Elle offre à la biologie sa première et unique théorie générale. Elle lui donne un cadre conceptuel qui résiste aux controverses, aux remises en question, au néolamarckisme, aux lectures naïves ou fallacieuses de l'*épigénétique**, et qui, avec et malgré ses difficultés, reste le seul cadre dans lequel peut être pensée la biologie d'aujourd'hui.

Le temps de la vie

Les organismes vivants ne sont pas seulement les produits d'une histoire. Ils sont aussi producteurs de leur histoire. Ils vivent, le temps d'une vie, leur propre histoire. En apparence, les vertébrés commencent par se développer jusqu'à ce qu'ils soient adultes, puis ils vieillissent jusqu'à ce qu'ils meurent de mort naturelle, sauf accident de parcours, évidemment, qui peut à tout moment mettre fin à l'histoire. En apparence seulement car le développement se poursuit au-delà de l'âge adulte, et le vieillissement commence avant l'âge adulte. Entre une origine, la fécondation, et une fin, la mort, la vie d'un individu se présente comme un passage à travers deux gradients continus : un gradient de développement qui décroît peu à peu et un gradient de vieillissement[18] qui augmente peu à peu.

Longtemps, on a cru que l'ontogenèse, *i.e.* le développement d'un individu, de l'œuf à l'adulte, *récapitulait* la phylogenèse, *i.e.* l'évolution de l'espèce. Selon la « théorie de la récapitulation » proposée par Haeckel en 1866, l'ontogenèse reproduirait en quelques jours, mois ou années les étapes qui s'étaient succédé au cours des millions d'années durant lesquelles s'était déroulée la phylogenèse. À partir des années 1990, notamment sous l'influence de Stephen Jay Gould, cette théorie est peu à peu abandonnée. On se rend compte que, loin de se calquer sur la phylogenèse, l'ontogenèse peut diverger sous l'effet de toutes sortes de facteurs qui contrôlent l'expression génique. Des *gènes homéotiques* sont découverts, qui déterminent la place des organes et, d'une façon générale, le plan d'organisation d'un animal. Les gènes homéotiques codent des facteurs de transcription appelés *homéoprotéines* qui possèdent des *homéodomaines* se fixant sur les régions régulatrices des gènes dont l'expression est contrôlée par les gènes homéotiques. Ainsi, les ailes et les pattes se forment et se placent au bon endroit dans le corps de la drosophile en construction.

Du début à la fin de leur vie, les organismes vivants vivent *ici et maintenant*. Ils vivent dans l'instant. Ils vivent une histoire immédiate. Des myriades d'interactions moléculaires se produisent en permanence qui permettent aux êtres vivants d'être vivants. Des molécules se rencontrent à chaque instant, entrent en contact, se lient les unes aux autres, agissent les unes sur les autres, se séparent. La capacité d'interagir avec une autre molécule n'est pas une propriété intrinsèque d'une molécule, mais une propriété contextuelle. Elle dépend de la molécule en question, mais aussi, et tout autant, des propriétés des molécules rencontrées, ainsi que de paramètres sans relation avec les propriétés des molécules elles-mêmes. Certaines interactions sont plus probables que d'autres parce que les partenaires d'interaction ont plus de chances de se rencontrer et parce que les liaisons établies sont plus stables. Ainsi, une concentration locale élevée d'un ou *a fortiori* des deux partenaires augmente la probabilité d'interaction en agissant sur les chances de rencontre. Elle augmente également la stabilité des liaisons parce que celles-ci ont de plus grandes chances de s'établir à nouveau après que la liaison s'est dissociée. Une interaction moléculaire est en effet un processus dynamique qui implique un grand nombre de liaisons de faible affinité qui se font et se défont sans cesse, mais qui permet qu'un nombre suffisant d'interactions simultanées persistent et maintiennent les molécules associées.

Chaque molécule a donc la possibilité d'interagir avec un grand nombre d'autres molécules. L'ensemble des interactions possibles constitue un vaste répertoire. Toutes ne sont pas biologiquement signifiantes. Toutes ne sont pas également possibles. Certaines ne sont possibles qu'en un lieu donné et à un moment donné. Certaines ont été possibles dans le passé phylogénétique mais ne le sont plus aujourd'hui. D'autres n'ont jamais encore été possibles mais le seront peut-être un jour. Ce répertoire virtuel est un fonds inépuisable pour ce que François Jacob appelle le « bricolage de l'évolution[19] ».

On voit poindre ici la notion de *propriété conditionnelle*. Nous pouvons en effet dire qu'une molécule donnée, avec ses propriétés intrinsèques, possède en outre des propriétés qui ne pourront s'exprimer que dans certaines conditions. Si cette molécule rencontrait telle autre molécule, alors elle pourrait exercer tel effet. Nous reconnaissons là l'énoncé conditionnel qui définit ce que les philosophes de la physique appellent une *disposition*[20]. Une disposition est une propriété « latente », une propriété qui ne s'actualise que dans des conditions particulières. Ce morceau de sucre est soluble dans l'eau, mais tel qu'il est là, posé dans la soucoupe, c'est un solide. Il se dissoudra dès que je le mettrai dans mon café. Il aura alors perdu la propriété d'être soluble, il sera dissous. Comme beaucoup d'autres qualités, auxquelles correspondent des adjectifs en « -uble », « -able » ou « -ible », la solubilité est une propriété conditionnelle[21].

Pour une même molécule, nous pouvons distinguer trois répertoires dispositionnels : un *répertoire virtuel* constitué de toutes les dispositions possibles dans toutes les conditions imaginables ou non imaginables (ce répertoire n'est pas infini car toutes les interactions moléculaires ne sont pas possibles), un *répertoire potentiel* constitué des dispositions possibles dans les conditions dans lesquelles cette molécule est susceptible de se trouver (par exemple dans les différents types cellulaires où elle est exprimée) et un *répertoire réel* constitué des dispositions réellement actualisées dans des conditions définies (par exemple dans une cellule donnée soumise à des conditions données). Les processus dont peuvent rendre compte les dispositions sont inconnaissables, soit parce qu'ils ne sont peut-être plus et qu'on ignore s'ils ont jamais été, soit parce qu'ils ne seront peut-être jamais. Nous sommes ici à un instant donné du temps, au croisement entre un passé révolu et un futur inconnu.

La traversée du temps

Si ce corps qui est le mien renouvelle en permanence la matière qui le constitue, comment peut-il rester reconnaissable comme étant le mien ? Comment puis-je être aujourd'hui l'enfant que j'ai été, alors que plus rien de ce que j'étais alors ne subsiste aujourd'hui ? Comment puis-je, à la fois, être resté le même et avoir tellement changé ?

> Car il n'y a personne qui ne croie que nous avons les mêmes corps que nous avons eus dès notre enfance, bien que leur quantité soit de beaucoup augmentée, et que, selon l'opinion commune des médecins, et sans doute selon la vérité, il n'y ait plus en eux aucune partie de la matière qui y était alors, et même qu'ils n'aient plus la même figure ; en sorte qu'ils ne sont *eadem numero*, qu'à cause qu'ils sont informés de la même âme[22].

En d'autres termes, comment, « entre ce qui fut et ce qui sera », un organisme vivant traverse-t-il le temps de son existence ?

Une façon de répondre à ces questions est de cesser de voir un corps vivant comme un objet, mais de le voir comme un processus. On a l'habitude de penser que, pour pouvoir agir, il faut d'abord exister, et donc que, pour être vivant, un organisme doit commencer par posséder un corps. Une machine peut, après avoir été fabriquée, rester stockée longtemps sans fonctionner, sans cesser d'exister pour autant. Or nous avons vu qu'un être vivant ne peut exister sans agir, que son fonctionnement est une condition de son existence. S'il arrête, il meurt. Il est difficile de concevoir que l'action qu'il exerce précède son existence, car quelque chose qui n'existe pas, même pas encore, ne peut pas faire grand-chose. On peut cependant concevoir un système biologique qui n'agit pas avant d'exister et qui n'attend pas d'exister pour agir, mais qui se fait en fonctionnant. Nous avons vu que le système immunitaire ne se développe pas chez des souris axéniques. Un autre exemple suffira : nous savons bien qu'en s'entraînant les sportifs augmentent la taille de leurs muscles ; nous savons aussi comment, inversement, l'absence d'exercice provoque une fonte musculaire chez les patients alités trop longtemps. Dans un tel système, le corps vivant et son activité sont tour à tour cause et résultat. Ce corps est régi par une causalité circulaire qui lui permet de vivre.

Une causalité circulaire, donc, oblige l'organisme à se reconstituer sans fin. Mais, à chaque cycle, il ne reproduit pas parfaitement ce qu'il était au cycle précédent. Les ingrédients qu'il utilise ne sont pas exactement les mêmes, des erreurs peuvent survenir, les conditions de fonctionnement varient, de sorte qu'il ne revient jamais au point de départ. Il change. Se recréer sans cesse permet à l'organisme de rester vivant, mais en se transformant. Il grandit, il se développe, il vieillit. Ainsi, les êtres vivants se développent dans l'espace, mais également dans le temps. De leur naissance à leur mort, ils traversent une fraction de temps. Ils sont le produit d'une double causalité : une causalité circulaire qui leur permet de vivre à chaque instant et une causalité linéaire qui les conduit pour traverser la durée de leur vie. D'une personne que nous regardons, nous ne percevons que ses trois dimensions dans l'espace, celles qu'elle possède au moment précis où nous la voyons. Nous n'en percevons qu'un instantané dans la trajectoire qui est la sienne, une fine tranche de temps. Si, d'aventure, nous la revoyons quelques années plus tard, ou si nous regardons des photos d'elle prises quelques années auparavant, nous découvrons d'autres tranches de temps figées chacune à un instant de sa vie. En même temps, nous mesurons combien elle a changé. En comparant ce qu'elle était et ce qu'elle est devenue, nous prenons conscience du chemin qu'elle a parcouru à travers le temps. Un être vivant a quatre dimensions : les trois dimensions de l'espace qu'il occupe à chaque instant et une dimension temporelle faite de toutes les tranches de temps qu'il a traversées et qui, placées les unes à côté des autres, dessinent une trajectoire dans le temps. Et, comme la causalité circulaire qui lui permet de vivre l'instant, la causalité linéaire qui lui permet de vivre sa vie est produite par l'organisme lui-même.

Si l'organisme change à chaque cycle de sa reconstruction, s'il se transforme au fur et à mesure qu'il progresse sur sa trajectoire dans le temps, il ne change pas radicalement de forme, il reste « reconnaissable ». Que signifie « reconnaissable » ici ? Il ne s'agit pas de la « reconnaissance » de l'inconnu que permettent les récepteurs immunitaires. Reconnaître quelqu'un signifie retrouver dans sa forme ou son comportement des traits qui lui sont propres. Nous retrouvons sur une photo d'un jeune enfant les traits de l'adulte qu'il est devenu. Quelque chose de notre forme persiste toute notre vie en chacun de nous, qui nous identifie. Cette continuité dans le changement permet d'établir une *identité diachronique* qui résiste au flux de matière qui nous traverse et au temps que nous traversons. Daniel Nicholson la nomme « continuité causale[23] », David Hull, « génidentité[24] ». La notion de génidentité est héritée du philosophe Rudolf Carnap[25] qui la propose pour désigner

« une forme impropre d'identité » des objets conçus dans un espace-temps quadridimensionnel. La génidentité désigne l'appartenance des différents états d'une chose à la même chose[26]. Cette presque identité diachronique, donc, concerne non seulement l'organisation que je partage avec les autres membres de l'espèce à laquelle j'appartiens, mais également l'organisation qui me caractérise. Celle-ci comme celle-là précédaient mon existence et elles se poursuivront au-delà de mon existence. J'ai gardé de mes parents et transmis à mes enfants quelque chose que nous avons en commun, qui nous identifie comme des membres de la même lignée.

L'ontogenèse, remarque Nicholson, est un processus dynamique complexe, dans lequel s'entremêlent des causes génétiques, des causes épigénétiques et des causes environnementales ; des causes qui ne sauraient être réduites aux instructions du génome, et dont aucune ne saurait suffire. Les gènes, dit-il, sont la mémoire des moyens trouvés par les ancêtres phylogénétiques pour se construire en tant qu'êtres vivants. Ils libèrent ainsi leurs descendants de la nécessité de « réinventer » comment fabriquer un organisme viable à chaque cycle de reproduction. Le génome est une base de données transmise de génération en génération, où sont recensées les stratégies éprouvées qui permettent de construire un adulte viable avec la plus grande probabilité[27]. Car, insistait Lucrèce,

> il ne faut pas croire que tous les éléments puissent se combiner de toutes les façons : autrement partout on verrait se créer des monstres, des êtres mi-hommes mi-bêtes venir au monde, parfois aussi de hautes branches s'élancer un corps vivant, des membres d'animaux terrestres s'unir à des parties d'animaux marins, et même des chimères soufflant la flamme par leur gueule effroyable que nourrirait la nature sur la terre mère de toutes choses. De tout cela il n'est manifeste que rien ne se produit, puisque tous les corps, engendrés par des semences définies, par une mère définie, ont, comme nous le voyons, la faculté de conserver en grandissant leurs caractères spécifiques. Évidemment ceci ne peut se produire que selon un plan défini[28].

Dans les 3 milliards de paires de bases de leur catalogue génétique, les descendants trouvent donc les recettes qu'ils mettent en œuvre pour se reproduire, conformes aux critères de l'espèce, mais aussi celles qu'ils utiliseront toute leur vie pour se reconstruire et traverser le temps de leur existence tout en restant eux-mêmes. Ils portent en eux leur propre référence. Ainsi : « Peu de phénomènes se manifestent avec autant d'évidence dans le monde vivant que la formation du semblable par le semblable[29]. »

CHAPITRE 2

Soi-même

Ce chapitre décrit la dynamique des événements qui permettent à des informations génétiques venues du fond des âges de s'actualiser pour un instant en un organisme vivant, ce ballet entre *ipse*, soi-même, et *idem*, le même, qui tournent l'un autour de l'autre pour se produire l'un l'autre comme un tourbillon dans la rivière, insaisissable et qui pourtant persiste.

L'autonomie

L'autonomie, c'est le droit de se gouverner selon ses propres lois. L'autonomie s'oppose à l'allonomie où les lois sont celles d'un autre. L'autonomie n'est pas pour autant l'indépendance, encore moins l'autarcie. L'autonomie apparaît comme une propriété fondamentale des êtres vivants.

> Cette autonomie n'est pas l'autonomie « naïve » des apparences. Ce n'est pas non plus une autonomie de source issue d'un « principe » vital. Au contraire, elle est profondément dépendante de la détermination physicochimique et elle doit sans cesse se produire elle-même. C'est une autonomie *émergente*[1].

En effet, si autonomie renvoie à *nomos*, la loi, elle contient aussi *autos*, dont Edgar Morin nous invite à réveiller les deux sens : le sens réfléchi, « soi-même », que le latin traduit par *ipse*, mais aussi le sens direct,

« le même », que le latin traduit par *idem*[2]. Το αὐτόν (*to auton*), en grec ancien, signifiait « la même chose ». L'organisme autonome est à la fois le même, *idem*, conforme aux critères de l'espèce, et soi-même, *ipse*, avec ses caractères individuels. Il se produit lui-même, *ipse*, et il se reproduit, *idem*, dans sa progéniture. Il se régénère lui-même, *ipse*, identique à lui-même, *idem*. En même temps qu'elle l'affranchit de la loi extérieure, l'autonomie assujettit l'organisme à la loi intérieure. Inversement, en l'affranchissant d'un constructeur étranger dont dépendent les machines artificielles, elle lui impose de se construire lui-même, elle le condamne à l'autopoïèse.

Pour produire du semblable et se reproduire identique, *idem*, l'organisme autonome ne peut se référer qu'à lui-même, *ipse*. Il obéit à sa loi intérieure, il utilise son propre schéma d'organisation. Le schéma d'organisation de chaque individu est inscrit dans son génome. Chaque individu dérivant de la fusion de deux cellules germinales, son génome résulte de l'association d'une copie issue du génome maternel et d'une copie issue du génome paternel. Et chacune de ses cellules somatiques porte en double un nouveau génome, original. Original, le génome l'est à tous les sens du mot. Il est à l'origine de tout être vivant, il est unique, il est étrange aussi, car il semble posséder des propriétés paradoxales. Ainsi, le génome est propre à la fois à l'espèce et à l'individu. Transmis de parents à enfant à travers la chaîne des individus, il assure la continuité de l'espèce avec ses caractères communs. Brassé de génération en génération, il produit dans chaque individu une combinaison inédite.

Il s'ensuit que le génome est à la fois stable et instable. Stable dans l'espèce, instable dans les individus. L'ADN est étonnamment stable en dehors de l'organisme : il peut être séquencé aujourd'hui dans des lambeaux de momies égyptiennes ; il peut être déposé sur du papier et être expédié par la poste, d'un laboratoire à un autre. Dans l'organisme, l'ADN est éminemment instable. Ses deux brins se séparent pour être recopiés, chaque fois qu'une cellule se divise. Il se fragmente, s'excise, se transloque, s'apparie pour fonctionner normalement. Il se casse aussi sous l'influence des rayons ultraviolets, et se répare, pas toujours bien ; il incorpore de l'ADN d'origine virale, dans les cellules infectées ; de copie en copie, il accumule des erreurs. Il mute. Le nombre de mutations augmente avec le temps. Elles touchent les cellules somatiques comme les cellules germinales, mais ne seront transmises à la descendance que celles qui auront affecté les cellules germinales avant la reproduction. Le génome est donc à la fois ouvert et fermé. Il permet les mutations somatiques mais n'autorise pas leur transmission. Il laisse, cependant, entrouverte la possibilité à quelques mutations des cellules germinales apparues précocement au cours de la vie de passer la barrière individuelle et d'être intégrées par une sous-population de l'espèce.

Enfin, le génome est à la fois intemporel et actuel. Il remonte à la nuit des temps et véhicule la mémoire de l'espèce, qu'il projette dans le futur ; mais cette mémoire ne peut s'exprimer qu'au présent, l'instant d'un individu. C'est que le génome code des informations qui ne peuvent être reçues et s'actualiser que par et dans l'appareil produit par l'individu vivant, selon ces mêmes informations.

> Le *genos* seul est hors vie, « hors du monde des phénomènes », dit Edgar Morin, il est en deçà et au-delà de la vie proprement dite ; il est au-dessous et au-dessus des phénomènes[3].

Pour réintégrer le monde des phénomènes, il faut que le génome se soumette à l'épreuve de la vie, qu'il prenne le risque de l'instabilité, qu'il s'incarne dans le phénoménal. Le phénoménal, alors, émerge du néant, l'instant d'une vie. Nourri des ingrédients disponibles *hic et nunc*, il donne corps au génome, il offre un phénotype au génotype. Il en résulte une chose vivante, nue, palpitante, vulnérable, obstinée, à l'intersection de la vie et de la mort, de l'instant et de l'éternité, du virtuel et du réel, porteuse de la mémoire de l'espèce et de son avenir.

Le tourbillon

> Le *code génétique** apparaît ainsi au centre du phénomène vivant non seulement parce qu'il implique un passage entre deux structures matérielles : une structure de conservation de l'hérédité (l'ADN) et une structure effectrice des fonctions de la vie (la protéine), mais surtout parce que la suite des règles de réécriture qui le composent permet au système qui les possède d'agir sur lui-même[4].

ADN et protéines se produisent mutuellement, tour à tour objets et sujets. Et *ipse* fabrique *idem*, car *idem* détermine *ipse*. *Idem et ipse* dessinent un cercle, une boucle, un tourbillon car l'autopoïèse est un système récursif. « La boucle est un processus où les produits et les effets ultimes deviennent les éléments et caractères premiers[5]. » Pour Henri Atlan, « le tourbillon liquide – détrônant l'ordonnancement du cristal – est devenu, ou redevenu, le modèle [d'organisation cellulaire], ainsi que la flamme de bougie, quelque part entre la rigidité du minéral et la décomposition de la fumée[6] ». Et, pour Edgar Morin, la forme élémentaire du système autopoïétique est le remous qui se forme dans le flux de la rivière.

> Un remous peut être considéré, non seulement comme un système, mais aussi comme une organisation active et même un moteur sauvage. Il est un système composé d'un très grand nombre d'éléments assemblés et brassés (les molécules d'eau), et constitue une unité globale complexe organisée. Sa forme spiraloïde est constante, bien qu'improbable par rapport au flux qui s'écoule unidirectionnellement. L'organisation du remous substitue à l'interaction au hasard des molécules au sein du flux indifférencié une répartition spatiale hétérogène et une vitesse différentielle, très rapide au centre, plus lente à la périphérie. Il s'agit donc bien d'un système, de par sa forme globale émergente, son organisation créant la différence, sa stabilité relative, bien qu'il soit traversé par un flux[7].
> Sans cesse, le mouvement rotatif capte le flux, le suce, le détourne, le fait tournoyer, le différencie, l'hétérogénéise, lui imprime sa forme spirale, puis l'expulse[8].

Le remous est autopoïétique : il est son propre produit, qui permet sa production. Il impose au flux monotone une organisation locale où les éléments, un instant, subissent une détermination singulière qui se surajoute à celle du flux et qui, en apparence, s'affranchit de la contrainte de l'écoulement général. Au point que le flux paraît menacer la boucle qui s'obstine, fragile, dans les turbulences. Mais que le flux cesse, ou seulement ralentisse, et le remous s'évanouit. Le remous n'existe que contre et par le courant. Les organismes vivants apparaissent comme des remous dans le tourbillon cosmique. Ils imposent au flux de matière qui les traverse leur organisation propre, qui produit les conditions de cette organisation. « Ils transforment la matière en eux-mêmes de façon que leur organisation soit le produit de leur opération[9]. » Et les molécules de passage sont temporairement détournées pour produire, contre (et grâce à elles) les perturbations extérieures, l'apparence d'une organisation durable.

> La vie est un tourbillon continuel, notait déjà Cuvier, dont la direction, toute compliquée qu'elle est, demeure constante, ainsi que l'espèce des molécules qui y sont entraînées, mais non les molécules individuelles elles-mêmes ; au contraire, la matière actuelle du corps vivant n'y sera bientôt plus, et cependant elle est dépositaire de la force qui contraindra la matière future à marcher dans le même sens qu'elle. Ainsi la forme des corps leur est plus essentielle que leur matière, puisque celle-ci change sans cesse, tandis que l'autre se conserve, et que d'ailleurs ce sont les formes qui constituent les différences des espèces, et non les combinaisons de matières, qui sont presque les mêmes dans toutes[10].

C'est la forme qui compte, c'est cette boucle issue de la rencontre de forces antagonistes qui dicte le trajet des molécules qui en même temps la traversent et la constituent. C'est la forme qui, à la fois, ouvre et délimite l'espace où s'exercent les forces constitutives du remous. Le remous est la forme et son produit. Il est en même temps ouvert et fermé, il *est* l'ouverture et la fermeture. Il n'est qu'un gradient continu de forces et de vitesses, qui va de l'œil du tourbillon à l'extérieur, et suffit à le clore. Il est nu.

Les êtres vivants, eux, ne sont pas nus. Ils sont limités par une membrane, une enveloppe, un tégument ; ou plutôt, nous l'avons vu, par un empilement de membranes. Or, si la membrane est clôture, elle est aussi lieu de passage, comme la frontière est le lieu obligé des échanges. Elle est criblée de pores, elle est percée de canaux, dont l'ouverture et la fermeture sont étroitement contrôlées, elle est dotée de pompes qui forcent les échanges ioniques, elle est traversée de protéines transmembranaires qui *transduisent** les informations du milieu extérieur dans le milieu intérieur et les traduisent en signaux perceptibles par la mécanique intracellulaire. Et puis la membrane est une structure fluide.

Une membrane, c'est une double couche de molécules lipidiques, refermée sur elle-même, et emprisonnant une gouttelette d'eau. C'est un œil dans le bouillon, une infime parcelle de beurre fondu, échappée de la tartine et qui s'enfuit, à la surface du café chaud. C'est un fluide à deux dimensions. Surtout, la membrane est une structure dynamique. Sur la mer lipidique flottent des protéines, mobiles, qui diffusent et sillonnent la circonférence de la cellule, s'entrechoquent, entrent en contact, s'associent, interagissent, se séparent, en quelques nanosecondes. Dans le plan de la membrane, un flux de molécules converge vers un pôle cellulaire. Des projections membranaires jaillissent vers l'extérieur. Montant des profondeurs intracellulaires, des membranes vésiculaires fusionnent avec la membrane cytoplasmique, qui déversent un flot de nouvelles molécules de surface. Des vacuoles de *pinocytose** se ferment, emprisonnant des molécules de l'extérieur, se détachent de la membrane cytoplasmique et plongent dans le milieu intracellulaire. *Endosomes** et phagosomes sont triés, orientés vers les *lysosomes** ou renvoyés vers la membrane cytoplasmique. Les trains de vésicules montantes croisent les trains de vésicules descendantes. Les voies convergent, se rejoignent, fusionnent, se séparent et s'éloignent.

Les membranes cellulaires ne sont que flux et reflux, tourbillons et remous. La clôture cellulaire a la même structure tourbillonnaire que le remous. Certes, la viscosité des lipides ralentit ses mouvements, mais elle les stabilise aussi ; et leur hydrophobicité, sans doute, scelle plus sûrement l'espace que le mouvement circulaire. Il n'empêche que la cellule animale conserve pour la délimiter une structure fluide et tourbillonnante, comme le stigmate phylogénétique d'un protosystème autopoïétique.

L'autopoïèse

C'est dans le cercle, donc, et par le cercle, que l'*ipse* produit de l'*idem*.

> Un système autopoïétique, écrit Francisco Varela, est organisé comme un réseau de production de composants qui a) régénèrent continuellement par leurs transformations et leurs interactions le réseau qui les a produits et qui b) constituent le système en tant qu'unité concrète dans l'espace où il existe, en spécifiant le domaine topologique où il se réalise comme un réseau[11].

Autrement dit, un système autopoïétique produit un système autopoïétique qui produit un système autopoïétique… dont tous les éléments se remplacent en permanence mais dont l'organisation reste constante. Cette dynamique de l'autopoïèse a deux dimensions : la production des conditions qui déterminent la topologie du système et celle des conditions qui déterminent l'identité des constituants du système.

Ce qui conditionne la première dimension de l'autopoïèse, c'est la présence de l'eau. Les molécules organiques ont en effet, dans l'eau, un comportement particulier, dicté par les propriétés hydrophiles et hydrophobes des groupements chimiques qui les constituent. Les interactions hydrophobes compartimentent le milieu lorsqu'elles s'exercent sur des molécules asymétriques, possédant un pôle hydrophile et un pôle hydrophobe. C'est le cas de certaines protéines, mais surtout des lipides. La plupart des lipides sont des acides gras, constitués d'une longue chaîne hydrocarbonée insoluble dans l'eau, unis le plus souvent à un alcool soluble dans l'eau. En milieu aqueux, les lipides s'organisent de sorte que les chaînes hydrophobes des acides gras se regroupent loin des molécules d'eau, alors que les têtes alcooliques hydrophiles se disposent au contact des molécules d'eau.

Cette organisation a deux états possibles : la micelle, sphérique, et une structure lamellaire formée de deux couches lipidiques. En se refermant sur elles-mêmes, les lamelles délimitent un espace clos, contenant des molécules d'eau, au sein du milieu aqueux. En même temps, les interactions hydrophobes tendent à rapprocher des molécules qui, dans un autre milieu, resteraient dispersées. Il en résulte un phénomène de concentration qui permet des interactions improbables. Enfermés dans la goutte d'eau emprisonnée par la double couche lipidique, les métabolites de ces réactions improbables ne se dispersent pas mais s'accumulent. Leur concentration augmentant, les petites molécules s'assemblent pour former des polymères. Parmi ces polymères, certains possèdent des propriétés autocatalytiques qui facilitent leur propre synthèse. Ainsi, le système évolue rapidement et se différencie du milieu extérieur. C'est un système instable.

La seconde dimension du système autopoïétique détermine la qualité des molécules contenues dans le compartiment intérieur. Cette spécification est la conséquence de l'établissement d'une correspondance entre deux classes de molécules, les acides nucléiques et les protéines.

Acides nucléiques et protéines sont des polymères linéaires. Les premiers sont constitués de quatre sous-unités, les *nucléotides**, les seconds, d'une vingtaine de sous-unités, les acides aminés. C'est l'ordre de l'enchaînement des sous-unités qui, seul, détermine la structure des deux classes de polymères. Or il existe une correspondance entre les deux : l'ordre selon lequel sont assemblés les acides aminés dans une protéine dépend de l'ordre selon lequel sont agencés les nucléotides dans un acide nucléique. Cette correspondance, connue sous le nom de code génétique, associe chacun des vingt acides aminés à un triplet de nucléotides. Et, nous l'avons vu, elle établit une « boucle étrange » entre une classe de polymères, dont la structure détermine celle de la seconde, dont le fonctionnement est nécessaire à la production de la première.

Le système n'évolue plus de façon aléatoire, il impose sa propre contrainte aux éléments qui le constituent. Il atteint un équilibre avec lui-même. C'est un système homéostatique. L'acide nucléique s'institue comme référence et engrange une mémoire de l'organisation. La protéine assure la régulation du fonctionnement du système. Les protéines, en effet, peuvent interagir les unes avec les autres sans pour autant établir de véritable liaison chimique. Elles se combinent transitoirement à des motifs moléculaires parce qu'ils sont complémentaires de certains de leurs propres motifs. Cette propriété leur confère l'aptitude de favoriser certaines interactions moléculaires, de les catalyser, mais aussi de « percevoir », de palper, selon le mot de François Jacob, les molécules présentes, d'informer le système et d'induire une réponse appropriée. Un système autopoïétique est un système autonome *et* homéostatique.

> La régulation est beaucoup plus qu'une correction de déviance, souligne Edgar Morin, la rétroaction négative n'est pas tellement un ajout qui apporte le finish de la correction, et la régulation n'est pas un simple apport de régularité. Ce n'est pas seulement l'organisation de l'efficacité et de la précision automatique dans un fonctionnement. C'est la constitution d'une totalité rétroactive qui se trouve dotée de propriétés organisationnelles propres[12].

L'homéostasie qui assure la constance du milieu intérieur est constitutive du processus vital. Être, c'est garder des formes et une organisation constantes dans un monde changeant, c'est rester soi-même, c'est préserver son identité.

CHAPITRE 3

Et moi et moi et moi ?

Dans ce chapitre, nous partirons à la recherche de l'individu, avec sa triple identité, génétique, générique et singulière, qui vit avec son double. Nous verrons comment un protozoaire se mue en métazoaire, puis en méta-organisme, comment « je est un autre ». Nous verrons enfin comment un philosophe du XVIIe siècle peut nous aider à comprendre un tel assemblage comme un tout fait de parties dans un monde dont il est une partie, qui agit et qui pâtit, affecté par les uns et affectant les autres, tout en persistant dans son être.

L'individu

Si le génome ne peut s'exprimer que dans et par un individu vivant, l'actualisation d'un génome est, par nécessité, un acte individuel. L'exprimer, c'est non seulement *donner corps* au génome et, en même temps, accéder à l'existence, c'est aussi le recevoir en héritage, le prendre en charge, se l'approprier, le dire à sa façon, le faire fonctionner, le reproduire et le transmettre ; c'est vivre sa vie. Vivre sa vie, ce n'est pas seulement vivre, ce n'est pas vivre une vie, c'est vivre la seule vie possible, c'est vivre sa propre vie, la vie qu'on se fait soi-même, au lieu unique et au moment unique de son existence. Ainsi émerge une étrange entité vivante, l'individu.

Étrange individu, en effet, évacué de la science normale et normative qui prétend à l'universel, mais n'expérimente que sur le singulier.

Étrange individu dont Edgar Morin dissèque l'identité remarquable en montrant qu'elle est triple :

> Je suis moi-même le même que mes congénères et géniteurs, tout en étant autre qu'eux puisque j'ai mon originalité particulière et que je suis irremplaçablement moi-même[1].

L'individu, en effet, est doté à la fois d'une identité qu'on pourrait nommer générique, d'une identité singulière et d'une identité subjective. Ces trois identités correspondent aux trois sens confondus dans le mot identité.

Le mot « identité » réfère d'abord à identique : il est formé sur la racine *idem*. Avant toute autre chose, l'individu identifié est conforme. Sur *ma* carte d'identité figure en premier lieu, en haut à gauche, le nom de mon père qui est aussi le nom de son père. Nous formons une lignée, désignée par un nom de famille qui m'*identifie* plus sûrement que mon prénom partagé. Dans de nombreuses cultures patriarcales, le patronyme, parfois, souligne encore la filiation par un préfixe, ben-, ou un suffixe, -son, -sen, -vitch, etc., qui signifie « fils de ». Et mon existence légale a commencé par la déclaration de ma *reconnaissance*, par mon père, à l'officier d'état civil. L'individu reconnu comme membre de la communauté de ceux qui hébergent des gènes communs reçoit l'héritage génétique qu'il a la charge de transmettre à son tour.

Reconnu, l'individu peut être alors assimilé par la famille, le clan, la tribu ou la horde. Dans certaines espèces, ses parents l'assimilent à eux-mêmes, le temps de l'élevage, au point de consacrer leur existence à sa subsistance, voire de sacrifier leur propre existence pour assurer sa survie. Devenu adulte, l'individu s'est lui-même assimilé à la communauté dont il a reçu l'héritage, au point d'accepter parfois, à son tour, de sacrifier sa vie pour la sauvegarde du groupe. Cette communauté génétique, qui définit son appartenance, constitue l'identité générique de l'individu.

Mais l'individu n'est pas n'importe quel membre du groupe. Il n'existe qu'en un seul exemplaire. Il possède une originalité qui le distingue de tous les autres. Il est le résultat d'une combinaison unique issue du grand brassage des gènes de l'espèce, au cours de la reproduction sexuée. Car, paradoxalement, identité implique en même temps différence. C'est le deuxième sens du mot « identité ». Sur ma première carte d'identité, une rubrique intitulée *caractères particuliers* recensait les signes visibles de mon unicité : symétrique de mon nom de famille, en bas à droite, juste au-dessus de ma signature, comme au bas d'un cahier d'écolier négligent, une tache un peu douteuse d'encre grasse témoignait de ma singularité biologique.

Depuis, les empreintes digitales de Bertillon, les groupes sanguins de Karl Landsteiner, les antigènes d'histocompatibilité de Jean Dausset et, aujourd'hui, les empreintes génétiques ont apporté de plus sûrs indices à l'identification médico-légale. Ils ont surtout fourni la preuve biologique incontournable que chaque individu est unique.

> Chacun de nous a reçu de sa mère au moins six caractères [d'histocompatibilité] et de son père six autres caractères. Chacun d'entre eux est tiré au sort par la grande loterie de la génétique sur une liste de 10 à 30 variantes. On peut imaginer les innombrables combinaisons qui peuvent en résulter. Elles sont pratiquement infinies. [...] Notre formule tissulaire représente notre carte d'identité biologique, le sceau de notre individualité[2].

Si aux groupes HLA on ajoute les groupes sanguins et les groupes de protéines, la probabilité que deux individus identiques réels existent peut être de 10^{-17} (1/100 millions de milliards)[3]. Tant que la population du globe ne sera que de quelques milliards, chaque homme pourra être considéré comme unique.

De plus, la population de molécules codées par un même gène et synthétisées dans une même cellule est hétérogène ; leur glycosylation, par exemple, diffère d'une molécule à une autre de la même protéine. Une fois synthétisées dans le réticulum endoplasmique, les protéines subissent, individuellement, divers processus de maturation dans l'appareil de Golgi, qui déterminent leur devenir dans la cellule. On retrouve *a fortiori* la même hétérogénéité dans deux cellules différentes. Les études de génomique, de transcriptomique, de protéomique et de métabolomique à l'échelle unicellulaire ont révélé une extraordinaire hétérogénéité entre des cellules d'un même type au sein d'un même tissu. En conséquence, il n'existe pas deux êtres identiques, même unicellulaires, même de même génotype. Chaque individu possède une identité singulière qui le distingue de tous les autres, même des plus proches, même de son jumeau homozygote.

Le troisième sens contenu dans le mot « identité », c'est la notion d'unité. L'identité, c'est le caractère de ce qui est un, unique et soi-même. Nous retrouvons *ipse*, le compagnon d'*idem*. L'identité de l'individu n'est pas seulement génétique, à la fois générique et singulière, elle est aussi subjective. L'identité subjective, c'est l'identité du sujet. L'identité subjective, c'est l'identité de l'être vivant engagé dans l'activité vitale, l'identité de l'individu qui vit *sa* vie, à la première personne. C'est donc l'identité de l'individu qui s'affirme et qui agit, par lui-même et pour lui-même. Cela peut être illustré par ce qu'Edgar Morin nomme « le principe d'exclusion d'*Escherichia coli* ».

> Prenons une bactérie qui se reproduit. Elle se divise en deux et reconstitue deux unités à partir de deux demi-unités, opérant ainsi une duplication. Il en sort deux bactéries génétiquement identiques et phénoménalement quasi identiques. Chacune va pourtant computer et agir pour soi, ignorant le plus souvent l'autre. La différence entre ces deux *alter ego* n'est pas de structure, d'organisation, de constitution, elle n'est pas d'identité dans le sens où le terme d'identité veut dire le même (*idem*) ; elle est d'identité dans le sens où le terme signifie soi-même (*ipse*) ; elle est dans l'occupation du site ontologique du sujet, site unique pour chacune des deux bactéries et que chacune occupe en excluant tout semblable. [En conséquence,] tout être vivant, de la bactérie à *Homo sapiens* […] s'affirme ainsi en un site privilégié et unique, où il devient le centre de son univers, et d'où il exclut tout autre congénère, y compris son jumeau homozygote. C'est l'occupation exclusive de ce site égocentrique qui fonde et définit le terme de sujet[4].

Ce sont l'existence et l'activité égocentriques de l'organisme vivant, l'*ipséité* du sujet, qui, l'excluant de l'ensemble de tous les autres êtres, fondent et définissent l'identité subjective de l'individu. Parce que seul l'individu-sujet peut agir, ses actions sont marquées au sceau de son *ipséité*. Souvenons-nous du *Rêve de D'Alembert* :

> BORDEU. – Après cela je ne vous dirai de la liberté qu'un mot, c'est que la dernière de nos actions est l'effet nécessaire d'une cause une : nous, très compliquée, mais une.
>
> Mlle DE LESPINASSE. – Nécessaire ?
>
> BORDEU. – Tâchez de concevoir la production d'une autre action, en supposant que l'être agissant soit le même.

> Mlle DE LESPINASSE. – Il a raison. Puisque j'agis ainsi, celui qui peut agir autrement n'est plus moi ; et assurer qu'au moment où je fais ou je dis une chose, j'en puis dire ou faire une autre, c'est assurer que je suis moi et que je suis un autre[5].

Seul dans l'espèce, seul de son espèce, l'individu-sujet est aussi et surtout seul au monde. Seul occupant de son site subjectif, il en exclut ses semblables qui, aussi égocentriques que lui, le lui rendent bien et l'ignorent superbement. Chaque organisme ne peut percevoir le monde qu'à travers lui-même. Toutes ses informations sont filtrées par l'appareil de perception dont il dispose, rappelle François Jacob :

> Tout ce qu'une bactérie peut percevoir c'est ce que son programme génétique lui permet de déceler au moyen de quelques protéines dont chacune « reconnaît » spécifiquement un composé particulier[6].

Et il définit, pour une espèce particulière, une sorte de « réalité biologique » comme la représentation particulière du monde extérieur par cette espèce. Pour une espèce particulière, sans doute, mais aussi pour un individu particulier et, chez les êtres unicellulaires, probablement, pour une cellule particulière. Chacun au centre de son univers est ainsi livré à lui-même. Son égocentrisme exclusif le condamne au narcissisme. Il n'agit que pour lui-même, mais il ne peut se référer qu'à lui-même.

Nous retrouvons ici la boucle génésique fondamentale de l'autopoïèse, l'autoréflexion subjective de l'autonomie, dans laquelle peut se fondre l'unité de l'individu-sujet. Nous sommes au cœur du sujet. Au cœur du tourbillon, aussi, de la boucle réflexive, où se fondent en une seule les trois identités de l'individu et sur laquelle Edgar Morin centre l'être vivant. Dans l'œil du remous qu'il nomme le *computo*. L'être vivant le plus modeste est en effet capable de connaître, de comparer et d'agir en conséquence. C'est un être *computant*.

L'énorme complexité de la bactérie la plus simple impose une coordination de la multitude des événements biochimiques qui constituent son activité. Cette coordination résulte de l'enchevêtrement de circuits de régulation qui agissent à toutes les étapes de son fonctionnement et renseignent à la fois sur les conditions extérieures et sur les conditions intérieures. Et, dans chaque circuit de régulation, cette fonction cognitive est assurée par les protéines de régulation. Ces protéines sont

> [...] des structures à deux têtes : la première donne à la protéine le moyen de reconnaître une espèce chimique particulière et d'accomplir ainsi une certaine fonction, de catalyse ou autre ; la seconde, de fixer un composé totalement différent qui modifie la configuration de la protéine et, par là même, change les propriétés de la première tête. Suivant que ce composé est ou non présent, suivant qu'il atteint ou non une certaine concentration dans la cellule, la protéine oscille entre deux états : activité ou non-activité[7].

Ainsi, d'oscillation en oscillation, le passage d'un état à l'autre décrit une boucle générative. C'est une boucle générative parce que réflexive. Réflexive implique à la fois qui retourne au point de départ en se repliant sur soi-même – la boucle est action – et qui renvoie, qui réfléchit – la boucle est connaissance. La boucle est le lieu où se fondent praxis et cognition. Ainsi peut-on dégager « l'idée d'une autoréflexion archaïque proprement cellulaire, [...] inséparable de la praxis auto-organisatrice de l'être », et ne passant pourtant pas par une représentation.

> Le *computo* [...] produit le *suis*, c'est-à-dire simultanément l'être, l'existence et la qualité du sujet. [...] Par le *computo*, nous pouvons restituer à l'être vivant le plus modeste ce dont l'avaient amputé à la fois l'aveuglement paradigmatique de la science « objective » et l'aveuglement mythique de l'orgueil humain : la qualité de sujet. Et nous voyons que cette qualité n'est pas un attribut de luxe, un « supplément d'âme », dont l'être pourrait être privé. La qualité de sujet est *vitale*[8].

Pour Edgar Morin, c'est l'acte de computation qui, en incluant l'identité générique dans l'identité singulière, produit l'identité subjective. Je vis moi, conforme à l'espèce et à moi-même. Et, comme parcouru par un courant alternatif, je clignote dans la nuit. Je n'en finis pas de tourner, oscillant entre praxis et cognition, entre réflexion et projection, entre désir et assouvissement, entre virtuel et réel. Entre moi et mon double.

Le double

En donnant corps à son génome, l'être vivant accède donc à l'existence. Une existence précaire, aléatoire, qui élit domicile dans un corps immatériel, traversé d'un tourbillon transitoire, sans doute ; mais dans tout organisme vivant, codée par l'enchaînement muet de quatre bases, toute l'information nécessaire à la construction, la reconstruction et la reproduction de l'ensemble de l'organisme est répétée dans chacune de ses cellules.

Incontournable et omniprésent, mais le plus souvent silencieux, le génome s'exprime avec parcimonie. Les gènes exprimés dans une cellule différenciée ne représentent qu'une infime fraction des séquences du génome. Les autres gènes, néanmoins, persistent, gardiens muets du savoir potentiel de l'espèce. Convive de pierre au festin de la vie, l'ADN projette l'ombre des morts. Le génotype est le double virtuel du phénotype.

Et puis les organismes supérieurs sont diploïdes : ils possèdent deux lots de chromosomes, leur génome existe en double. Ainsi, chaque cellule porte deux versions de chaque gène, deux allèles. Ces deux allèles parfois s'expriment ensemble, et le phénotype résulte de l'action conjuguée de leurs deux produits. Mais, souvent, un seul s'exprime : on parle de gène dominant. L'autre, récessif, ou soumis à l'exclusion allélique, reste silencieux, comme en suspens. Il n'en conserve pas moins la possibilité d'être exprimé dans l'individu suivant. Ainsi plane sur chacun de nous le souvenir figé d'ombres ancestrales, riche de potentialités inconnues, prêt à préserver l'individu de la maladie autant qu'à l'y précipiter.

Au cœur de la biologie « dure », la biologie moléculaire, nous rencontrons le thème du double, qui fonde les pratiques rituelles des peuples premiers, les superstitions, les religions, les légendes, et alimente la littérature de tous les pays. Avec l'ombre, qui a pour la première fois permis à l'homme de voir son propre corps, le reflet constitue l'autre objectivation du double. Mais, dans le miroir, l'image est inversée, symétrique. L'ADN, lui-même, est double et symétrique : il est constitué de deux brins étroitement associés l'un à l'autre par la complémentarité des bases qui les constituent. L'ADN est lui-même et son image. Et, lorsqu'un gène fonctionne, il commence par produire une image de lui-même. Lors de la réplication, chaque brin d'ADN sert de matrice pour que soit synthétisé un nouveau brin complémentaire. Pour être exprimé, un gène doit être transcrit en ARN messager, lui aussi complémentaire des séquences d'ADN, qui sera traduit en protéine, mais le « patron » reste en retrait, il n'entre pas vraiment dans la vie, c'est un double qui observe.

Au fond des caves d'Altamira ou de Lascaux, *Homo sapiens* savait déjà que

> [...] l'image n'est pas qu'une simple image, [qu']elle porte en elle la présence du double de l'être représenté et permet par ce truchement d'agir sur cet être. [...] Le propre du rituel magique chez *Homo sapiens* est de s'adresser non pas seulement directement aux êtres dont il attend une réponse mais aussi aux images ou symboles, lesquels sont supposés localiser en eux, d'une certaine manière, l'être représenté[9].

De même, lorsqu'ils fabriquent des ADN complémentaires, les modifient par mutation dirigée, les insèrent dans des vecteurs et les expriment dans des cellules, les biologistes moléculaires s'adressent à des images des protéines qu'ils veulent étudier. Et l'on peut s'interroger sur la part de rite magique dans le fondement de la démarche expérimentale moderne qui, pour agir sur le réel, commence par construire un modèle expérimental. C'est seulement sur ce modèle, sur cette représentation d'un fragment du monde, que l'expérimentateur peut travailler, modifier chacun des paramètres tour à tour, en observer les conséquences, en tirer des conclusions et en déduire des lois générales susceptibles de s'appliquer à l'objet représenté. Il n'a prise que sur des artefacts. Pour comprendre le réel, depuis toujours, l'homme interroge les images, et, pour changer le monde, chasseurs d'aurochs, chamans et chercheurs s'adressent aux doubles.

« Ce que cherche à produire sans relâche une bactérie, ce sont deux bactéries. Voilà, semble-t-il, son seul dessein, sa seule ambition », dit François Jacob[10]. Toute sa brève existence, *Escherichia coli* la consacre à préparer les conditions de sa division. Elle ne « rêve » qu'à devenir deux. Et elle travaille à l'actualisation du double virtuel qu'elle porte en elle. Mais le « rêve de la bactérie » tourne au cauchemar. Lorsqu'il quitte le monde virtuel pour accéder au monde réel, le double de la bactérie la fait du même coup disparaître. Car les bactéries ne se reproduisent pas, elles se divisent. Elles ne meurent pas, elles disparaissent en tant que sujet. Elles se diluent dans deux nouveaux sujets. Ainsi, souligne Edgar Morin, « le rêve de la bactérie se réalise en lui échappant : c'est le dédoublement en deux *alter ego* corporels, après quoi elle se retrouve deux fois seule, deux fois rêvant[11] ».

Comme les bactéries, les organismes supérieurs poursuivent le rêve d'être deux. Mais le recours obligatoire à la sexualité modifie leur rêve. Le déchirement de la bactérie qui se divise, l'organisme sexué le porte dans ses gamètes. Il résulte de la méiose, cette division réductrice propre aux cellules sexuelles, véritable mutilation cellulaire qui aboutit à la séparation des deux chromosomes de chaque paire dans deux cellules distinctes. Les ovules et les spermatozoïdes sont des cellules qui ont perdu leur double. Et, comme dans les légendes qui vouent à une mort prochaine ceux qui ont perdu leur ombre ou leur reflet, incapables de se diviser, les gamètes sont promis à la mort. À moins qu'ils ne rencontrent leur moitié. Dans *Le Banquet*, Platon fait dire à Aristophane comment Zeus, pour les punir de leur audace,

> coupa les hommes en deux, comme on coupe des alizes pour les sécher ou comme on coupe un œuf avec un cheveu. […] Or, quand le corps eut ainsi été divisé, chacun, regrettant sa moitié allait à elle ; et, s'embrassant et s'enlaçant les uns les autres avec le désir de se fondre ensemble, les hommes mouraient de faim et d'inaction, parce qu'ils ne voulaient rien faire les uns sans les autres […]. Chacun de nous est donc comme une tessère d'hospitalité, puisque nous avons été coupés comme des soles et que d'un nous sommes devenus deux ; aussi chacun cherche sa moitié[12].

Amputé de sa moitié, l'être sexué a besoin d'un autre pour réaliser le rêve que la bactérie peut réaliser seule. La sexualité objective le rêve idéal de la bactérie en manque charnel, en désir de l'autre. Elle l'oblige à prendre corps. Et, dans sa quête de l'unité perdue, l'être sexué paraît plus seul encore que la bactérie. La sexualité condamne l'organisme infirme à se consumer dans un donjuanisme existentiel. Il lui faut alors se départir de la superbe indifférence de la bactérie pour aller à la rencontre d'autres individus, les appeler, les reconnaître, les affronter, et vivre avec eux.

Je est un autre

Les métazoaires

Le rêve de la bactérie n'est pas propre aux micro-organismes. Toutes les cellules isolées le partagent, qui semblent ne vivre leurs myriades de vies solitaires que pour mieux engendrer des myriades d'*alter ego* seuls au monde. Inlassablement, les *protistes** recopient des milliards de kilomètres d'ADN, codant pour des millions de tonnes de protéines dont ils construisent leurs innombrables doubles. Puissante fuite en avant, à laquelle des animalcules, cependant, résistent. Contre la solitude unicellulaire, contre la dilution à l'infini de l'individu dans l'individu, quelques protozoaires et protophytes, quelques bactéries même, réalisent l'inaccessible rêve d'*Escherichia coli*. Ils construisent des superorganismes. Ils inventent les êtres pluricellulaires.

> Un point vivant… Non, je me trompe. Rien d'abord, puis un point vivant… À ce point vivant il s'en applique un autre, encore un autre ; et par ces applications successives il résulte un être un, car je suis bien un, je ne saurais douter… (En disant cela, il se tâtait partout.) Mais comment cette unité s'est-elle faite ? (Eh ! mon ami, lui ai-je dit, qu'est-ce que cela vous fait ? dormez… Il s'est tu. Après un moment de silence, il a repris comme s'il s'adressait à quelqu'un.) Tenez, philosophe, je vois bien un agrégat, un tissu de petits êtres sensibles, mais un animal !… un tout ! un système un, lui, ayant conscience de son unité ! Je ne le vois pas… Docteur, y entendez-vous quelque chose[13] ?

Ce n'est plus la bactérie, c'est d'Alembert qui rêve. Dans les organismes du nouveau type, les cellules ne sont plus seules au monde ; surtout, des propriétés nouvelles s'y révèlent et, avec elles, de nouvelles contraintes et de nouvelles possibilités, de nouveaux problèmes et de nouvelles solutions. Ainsi émergent de nouveaux individus, détenteurs d'identités nouvelles.

Pour constituer des organismes pluricellulaires, les protistes disposent de peu de solutions. Les cellules filles issues de leur division peuvent rester accolées au lieu de se disperser. Des organismes indépendants peuvent se rencontrer et s'assembler. C'est à peu près tout. C'est néanmoins suffisant pour que, partout, dans tous les règnes, des êtres pluricellulaires apparaissent.

Déjà, les bactéries forment des colonies. Sans doute, dans la plupart des colonies, les bactéries s'ignorent les unes les autres et poursuivent leur vie solitaire. Mais dans certaines espèces, comme les myxobactéries, une vie associative s'ébauche : des enzymes digestives, excrétées dans le milieu, sont mises en commun pour dégrader les substrats dont chaque bactérie se nourrit. Les liens se resserrent lorsque les substances nutritives viennent à manquer : des corps multicellulaires se constituent alors, dans lesquels chaque bactérie se différencie en spore.

Certaines algues vertes unicellulaires vivent tantôt isolément, tantôt en colonies. Dans les colonies d'algues flagellées, comme les *Chlamidomonas*, les flagelles battent de façon indépendante mais ils sont orientés de façon qu'ils permettent le déplacement de la colonie. Dans les énormes colonies de *Volvox*, où plusieurs dizaines de milliers de cellules peuvent rester groupées, une différenciation cellulaire apparaît. Toutes ces formes d'organisation, quel qu'en soit le degré de complexité, dépendent d'un système de cohésion.

Dans les colonies de myxobactéries, la cohésion n'est que fonctionnelle et dépend de la synthèse par les cellules individuelles des enzymes mises en commun. À un degré de plus, dans les colonies de *Chlamidomonas*, chaque cellule sécrète des protéines capables de s'organiser en une matrice extracellulaire qui assure la cohésion de la colonie. Quant aux cellules constituant les colonies de *Volvox*, elles restent reliées par un pont cytoplasmique qui ne se rompt pas lors de la division cellulaire.

> Avez-vous vu quelquefois un essaim d'abeilles s'échapper de leur ruche ? [...] les avez-vous vues s'en aller former à l'extrémité de la branche d'un arbre une longue grappe de petits animaux ailés, tous accrochés les uns aux autres par les pattes ?

Bien avant la théorie cellulaire, pour comprendre ce qui fait l'unité des métazoaires, Diderot utilise la métaphore de l'essaim.

> Voulez-vous transformer la grappe d'abeilles en un seul et unique animal ? amollissez les pattes par lesquelles elles se tiennent ; de contiguës qu'elles

> étaient, rendez-les continues. Entre cet état de la grappe et le précédent, il y a certainement une différence marquée ; et quelle peut être cette différence, sinon qu'à présent c'est un tout, un animal un, et qu'auparavant ce n'était qu'un assemblage d'animaux[14] ?

Ce qui fait l'unité, c'est le système de cohésion : « amollissez les pattes…, rendez-les continues… ». C'est la qualité du contact établi entre les abeilles qui détermine l'unité de l'essaim. Nous retrouvons là l'interface, dont nous avons vu qu'elle est à la fois le lieu et l'essence des êtres vivants.

Pour le micro-organisme dilué dans l'immensité du monde extracellulaire, le dehors est désertique, et c'est avec le monde inanimé que l'être unicellulaire commerce avant tout. D'autres organismes y vivent cependant. Ils se rencontrent, parfois, si la densité des populations est suffisante. Qu'une des populations augmente, ou que la dispersion des cellules filles soit limitée (dans un milieu rendu moins fluide par exemple), et le désert extracellulaire devient peuplé d'anachorètes. Les rencontres sont plus fréquentes, elles deviennent inévitables.

Mais dans une foule, même nombreuses, les collisions sont transitoires, et, seul dans la multitude, chacun poursuit son chemin en ignorant les autres. Pour qu'une liaison s'établisse, il ne suffit pas de rencontrer, il faut établir un contact et le maintenir. Or tous les contacts établis ne sont pas maintenus. Ceux qui le sont dépendent de la présence, sur la membrane cellulaire, de molécules capables d'interagir avec d'autres molécules sur d'autres surfaces cellulaires. Ce qui détermine l'aptitude d'une molécule à interagir avec d'autres molécules, c'est sa surface, ou plutôt c'est la complémentarité de sa surface avec celle d'autres molécules. C'est donc de la relation spatiale entre des protéines exprimées à la surface de deux cellules et amenées à se rencontrer que découle la possibilité qu'ont ces deux cellules d'établir un contact.

Ce contact est d'autant plus étroit, il peut se maintenir d'autant plus facilement et se prolonger d'autant plus longtemps qu'un plus grand nombre de molécules de membrane sont engagées. L'interaction des deux cellules dépend donc aussi de la densité des molécules de membrane capables d'interagir deux à deux et de la mobilité de ces molécules sur la membrane. Il en résulte qu'une molécule, exprimée en quantité suffisante sur la membrane d'une cellule et y remplissant une fonction quelconque, peut être décrite comme une *molécule d'adhérence* si elle se trouve posséder une surface complémentaire de celle d'une autre molécule, exprimée en quantité suffisante sur la membrane d'une autre cellule susceptible de rencontrer la première cellule, et où elle remplit une quelconque autre fonction.

De nombreuses molécules d'adhérence, appartenant à des familles différentes, existent sur la membrane d'une même cellule. Des interactions coopératives existent donc entre molécules d'adhérence, de sorte qu'un seuil peut être atteint, nécessaire à la cohésion d'un système cellulaire. Associations occasionnelles, plus ou moins prolongées, ou associations de longue durée, les « superorganismes » qui en résultent sont soumis à des contraintes nouvelles, inconnues des êtres unicellulaires qui les constituent. Si des avantages résultent en effet de l'association, si la survie du groupe favorise la survie des individus, la pression sélective s'exercera sur l'individu, sans doute, mais elle sera d'autant plus forte qu'elle renforcera son aptitude à constituer un groupe. C'est le cas des colonies de *Volvox* dont la plupart des cellules meurent si la colonie est dispersée.

Les performances du groupe peuvent aussi être notablement augmentées si des phénomènes de différenciation cellulaire se produisent au sein des organismes multiples. Ainsi, chez les cyanobactéries, qui restent accolées après la division et forment de longs filaments, il existe à intervalles réguliers des cellules capables d'utiliser l'azote de l'air pour l'incorporer dans des molécules organiques qu'elles partagent avec leurs voisines indifférenciées. À l'inverse, seules quelques cellules du groupe restent totipotentes qui assurent la reproduction. Les deux phénomènes se combinant, deux corps juxtaposés se différencient : le *soma*, dévolu à l'individu, mortel, et le *germen*, dévolu à l'espèce, immortel.

Chez les éponges, un petit nombre de cellules spécialisées forment un système de pores et de canaux à travers lesquels circule l'eau et qui filtrent les particules nutritives ; des choanocytes portent un flagelle qui bat au centre d'une collerette ; des cellules mésenchymateuses sécrètent les éléments d'un squelette, et des cellules nerveuses tissent un réseau diffus. Des cellules sexuelles se développent aussi, spermatozoïdes et oocytes, n'importe où dans le mésenchyme. Malgré leur spécialisation, les cellules des spongiaires restent mobiles, amœboïdes, et, lorsque l'animal se rétracte, les cellules changent de place. Elles conservent aussi la possibilité de reconstituer l'organisme, et l'on peut reproduire une éponge par bouturage.

Les méta-organismes

Les cellules issues d'une même cellule s'associent donc, et selon des modalités différentes. Elles s'associent aussi à d'autres cellules. On sait en effet aujourd'hui que, des protistes aux mammifères, tous les animaux, toutes les plantes, tous les organismes multicellulaires sont constitués non seulement par leurs « propres » cellules, mais également par des myriades d'autres cellules qui appartiennent à d'autres espèces, avec lesquelles elles entretiennent des rapports de dépendance réciproque. Ces organismes d'un troisième type, dont nous faisons partie, regroupent les cellules de l'hôte, des virus, des bactéries, des *archées**, des champignons, des algues, etc. Ce sont des *méta-organismes*. Nous sommes tous des méta-organismes[15].

Le terme « méta-organisme » est un terme général qui désigne une association fonctionnelle stable de cellules de plusieurs espèces. Le terme *holobionte* désigne un méta-organisme en précisant que les organismes qui le constituent entretiennent une relation symbiotique. Les organismes qui constituent un holobionte sont des *eucaryotes** et des *procaryotes** qui ont coévolué. Ils contiennent un *hologénome* constitué par le génome de l'hôte et par les génomes de tous les micro-organismes de son microbiote. Les holobiontes fonctionnent comme des *unités de sélection*. Les micro-organismes symbiotiques et leurs génomes sont en effet transmis de génération en génération, et les interactions entre les espèces peuvent moduler les processus évolutifs.

Ainsi, les coraux s'adaptent rapidement aux changements de l'environnement en modifiant les populations de bactéries avec lesquelles ils sont en symbiose. De cette façon, l'holobionte qu'ils constituent ensemble gagne en *fitness*. Il s'adapte mieux que ne le feraient les coraux s'ils étaient seuls, d'autant mieux que les variations de l'hologénome peuvent se produire de nombreuses façons : elles peuvent être de nature génétique et porter sur le génome de l'hôte aussi bien que sur les génomes du microbiote ; elles peuvent être autres que génétiques et résulter de l'amplification ou de la perte de souches de micro-organismes du microbiote, de l'intégration de souches microbiennes nouvelles provenant de l'environnement. Ainsi définis, les méta-organismes apparaissent comme des communautés d'organismes extrêmement dynamiques, dans lesquelles un flux incessant de gènes et de cellules permet à l'ensemble de se maintenir en équilibre avec lui-même et avec son environnement. Ce sont des écosystèmes dans un écosystème.

On commence à bien connaître les populations bactériennes présentes dans les microbiotes de toutes sortes de méta-organismes. On connaît moins bien les virus qui y sont présents également. Ils y sont pourtant nombreux. Comme partout, les virus les plus abondants sont des bactériophages. Les bactériophages sont des virus qui infectent les bactéries. Comme les virus qui infectent les cellules eucaryotes, les bactériophages peuvent détourner la machinerie de réplication de l'ADN de leur hôte à leur profit en lui faisant synthétiser leurs propres protéines, après quoi, les parois bactériennes sont détruites, et les nouvelles particules de bactériophages sont libérées dans le milieu. L'infection peut cependant se faire sur un autre mode : le bactériophage, qu'on qualifie alors de « tempéré », peut intégrer son matériel génétique dans celui de la bactérie hôte. Celui-ci y reste « dormant » sous forme de *prophage* et la bactérie infectée continue à vivre normalement. Elle réplique le prophage avec son génome lorsqu'elle se divise. Jusqu'à ce qu'un stimulus extérieur, comme une exposition aux rayons ultraviolets, provoque l'excision du prophage, sa réplication et la mise en route d'un cycle lytique.

Chez l'homme, l'intestin du nouveau-né est dépourvu de virus. La colonisation virale se produit en deux temps[16]. Lorsque les premières bactéries s'installent dans le côlon au cours de l'accouchement et le colonisent, elles apportent avec elles les prophages intégrés dans leur génome. Les bactériophages qui en dérivent sont les premières particules virales détectées chez le nourrisson. Après quelques mois apparaissent des virus qui infectent les cellules humaines : des adénovirus, des anellovirus, des calivirus, des picornavirus. Le nombre de ces virus, mais également celui des bactériophages, augmente. Il est plus grand chez les bébés nourris exclusivement au lait en poudre que chez les bébés nourris au sein. À l'âge de quatre mois, les bactériophages dominent, particulièrement les bactériophages à ADN. Les bactériophages lytiques sont les plus abondants chez le jeune enfant. On pense qu'ils contribuent au contrôle des populations bactériennes dominantes. Chez l'adulte, c'est la forme tempérée qui est la plus abondante. On pense qu'un équilibre s'est alors établi entre les bactéries et les bactériophages qui les infectent.

Progressivement, l'organisme a donc cessé d'être conçu comme le produit d'un unique génome, mais comme celui de tous les génomes de cette communauté d'organismes associés par une relation de dépendance symbiotique qui forment les méta-organismes. Après le Human Genome Project, destiné à séquencer la totalité du génome humain, le Human Microbiome Project a été lancé par les National Institutes of Health en 2009[17], dont l'objectif est de séquencer la totalité du *microbiome* humain, *i.e.* la totalité des génomes des organismes qui constituent le microbiote humain, et de caractériser le « microbiome normal » des sujets en bonne santé. Les résultats déjà obtenus ont révélé une grande variabilité individuelle qui remet en cause l'existence de quelques « types » de composition décrits antérieurement. S'il existe un « noyau commun », celui-ci ne porte pas tant sur des espèces que sur des fonctions métaboliques nécessaires à la vie et au maintien de cet écosystème que représente un méta-organisme.

Affecter et être affecté

Pour terminer cette partie, je voudrais faire appel à un philosophe contemporain de la *révolution scientifique* du XVIIe siècle. Polisseur de lentilles de son état, Baruch Spinoza propose en effet une vision du monde inédite dans laquelle celle qu'il a des êtres vivants entre étrangement en résonance avec plusieurs disciplines de la biologie moderne. Henri Atlan défend l'idée que des avancées scientifiques récentes comme celles des neurosciences ne font, en dernière analyse, que poser en d'autres termes de vieilles questions philosophiques, et il soutient qu'à ces questions Spinoza fournit des réponses plus pertinentes que bien des philosophes contemporains[18]. Il me semble qu'au moins autant qu'aux neurobiologistes Spinoza a des choses à dire aux immunologistes.

Lecteur éclairant de Spinoza, Gilles Deleuze souligne à quel point la thèse défendue dans l'*Éthique* est radicale : le monde est fait d'une substance unique absolument infinie qui peut avoir une infinité d'attributs, toutes les « créatures » étant seulement des modes de ces attributs ou des modifications de cette substance. Or, pour embrasser cette conception on ne pourrait plus holistique de l'univers, Spinoza propose d'« instituer le corps en modèle[19] », dit Deleuze, le corps humain qui « est un certain mode de l'étendue existant en acte et rien d'autre[20] », mais « qui surpasse de bien loin en artifice tout ce que l'art humain peut bâtir », et dont « nous ne savons même pas ce qu'[il] peut[21] ». Spinoza nous propose en quelque sorte de nous concentrer sur un élément de cette mise en abîme du « grand tout » que constitue la Nature, le corps humain avec son infinie complexité, conçu comme une image du monde.

Dans la Proposition 13 de la deuxième partie de l'*Éthique* qu'on désigne souvent comme « La petite physique », Spinoza énonce six « Postulats sur le corps humain » qui précisent ce qu'il entend par « un certain mode de l'étendue en acte » :

1) Le corps humain est composé d'un très grand nombre d'individus (de diverses natures) dont chacun est très composé.
2) Des individus dont le corps humain est composé, certains sont fluides, certains mous, certains enfin sont durs.
3) Les individus composant le corps humain sont affectés, et conséquemment le corps humain lui-même est affecté, d'un très grand nombre de manières par les corps extérieurs.
4) Le corps humain a besoin, pour se conserver, d'un très grand nombre d'autres corps par lesquels il est continuellement comme régénéré.
5) Quand une partie fluide du corps humain est déterminée par un corps extérieur de façon à frapper souvent une partie molle, elle change la surface de celle-ci et lui imprime, pour ainsi dire, certains vestiges du corps extérieur qui la pousse elle-même.
6) Le corps humain peut se mouvoir d'un très grand nombre de manières et disposer en un très grand nombre de manières les corps extérieurs.

Le corps humain, mais également celui de tous les organismes vivants, est donc constitué d'une myriade de plus petits corps, durs, mous et fluides, eux-mêmes constitués d'innombrables corps encore plus petits et ainsi de suite jusqu'à l'infini, et il est entouré d'un très grand nombre d'autres corps constitués de façon semblable. Tous ces corps composent des corps de plus grande taille, et ainsi de suite jusqu'à l'infini car « la Nature entière est un seul individu dont les parties, c'est-à-dire tous les corps varient d'une infinité de manières[22] ». Les corps durs sont des corps dont les parties s'appliquent les unes sur les autres par de grandes surfaces, les corps mous, des corps dont les parties ne s'appliquent les unes sur les autres que par de petites surfaces, et les corps fluides, des corps dont les parties se meuvent les unes parmi les autres[23]. Car tous ces corps sont mobiles. Ils entrent en relation et s'affectent mutuellement d'un très grand nombre de manières, ils se remplacent les uns les autres car, pour persister dans son existence, le corps a besoin de se régénérer en permanence :

> Si d'un corps […] composé de plusieurs corps, on suppose que certains corps se séparent et qu'en même temps, d'autres en nombre égal et de même nature occupent leur place, l'individu retiendra sa nature telle qu'auparavant sans aucun changement dans sa forme[24].
> En dépit d'un continuel changement de corps, la forme [d'un individu] est retenue. L'individu retiendra donc sa nature telle qu'auparavant[25].

Nous ne sommes pas loin de la conception d'un organisme vivant en remaniement permanent, dont la substance ne fait que passer en un flux ininterrompu de matière comme nous l'avons discuté précédemment. Nous reconnaissons le remous d'Edgar Morin. Surtout, nous ne pouvons nous empêcher de faire le rapprochement avec ces méta-organismes dont la composition dynamique et les interactions de tous les membres permettent l'existence et la vie.

Le corps étant ainsi défini, avec sa dynamique et les changements incessants des corps qui le composent, Spinoza en explique la constance par une propriété essentielle qu'il appelle le *conatus*. Le *conatus*, c'est la propriété que possède chaque chose, vivante ou non, mais je m'en tiendrai ici aux choses vivantes, d'être et de persévérer dans son existence. « Chaque chose […] s'efforce de persévérer dans son être[26]. » Chaque chose *s'efforce*, dit Spinoza. Qu'est-ce que cet effort attribué aux choses, y compris aux choses non vivantes ? Spinoza ne tombe-t-il pas dans ce travers qu'il dénonce dans l'Appendice de la première partie de l'*Éthique*, celui des causes finales que les hommes projettent sur les phénomènes naturels, ce préjugé qui « renverse totalement la Nature » en mettant « après ce qui est de nature avant[27] » et qui fait prendre un effet pour une cause et *vice versa* ? Non, répond Spinoza, car « l'effort par lequel une chose s'efforce de persévérer dans son être n'est rien à part l'essence actuelle de cette chose[28] ». Et Atlan met en garde contre le « contresens téléologique » que peut entraîner la traduction de *conatus* par « effort ». Cet effort, dit-il, ne doit pas être compris comme un « effort *pour* », mais comme un « effort *de* ». Il peut être assimilé à une force ou à une différence de potentiel prête à se libérer, et qui est déclenchée par des causes extérieures de telle sorte que ses effets sont différents suivant les circonstances[29]. Au fond, le *conatus* est un exemple de ce que nous avons défini comme une propriété conditionnelle, autrement dit une disposition. Loin d'impliquer une finalité, conclut Atlan, le *conatus* désigne une force ou une puissance dont l'efficacité causale fait exister et agir.

Car l'effort pour persévérer dans son être n'est pas un « désir inertiel de *statu quo* », ajoute Atlan. Le *conatus* fait agir. Et, par cette action, chaque organisme tend à augmenter sa puissance en grandissant, en progressant, en se perfectionnant. Au risque d'être redondant, ne devons-nous pas à nouveau nous tenir sur nos gardes ? Si nous admettons que le *conatus* fait agir les organismes vivants *pour* être et qu'ainsi il leur permet d'augmenter leur puissance, ne retombons-nous pas, au mieux dans l'ornière téléologique, au pire dans l'interprétation vitaliste ? Non, nous rassure la lecture des communications conjointes de Charles Darwin et d'Alfred Wallace que Charles Lyell et Joseph D. Hooker ont communiquées à la Linnean Society of London le 1er juillet 1858 :

> Le nombre de tous les organismes tend à augmenter de façon géométrique et, dans la grande majorité des cas, extrêmement rapidement, dit Darwin. Supposons que huit couples d'oiseaux soient dans un endroit donné, que quatre couples *seulement* donnent naissance à quatre poussins chaque année, et qu'ils gardent le même taux de reproduction annuel moyen. Si l'on exclut les morts par accident, les 16 oiseaux du départ seront 2048 après sept ans[30].

> Rares sont les oiseaux qui engendrent moins de deux poussins par an, dit Wallace. Nombreux sont ceux qui en ont six, huit ou dix, quatre est sans doute un nombre inférieur à la moyenne. Supposons que chaque couple ne se reproduise que quatre fois dans sa vie, ce qui est à nouveau un nombre inférieur à la moyenne, et qu'aucun ne meure de mort par accident ou par manque de nourriture. […] Un calcul simple montre qu'en quinze ans, chaque couple aura donné naissance à presque dix millions d'oiseaux[31].

Et, dans une lettre envoyée à Asa Gray l'année précédente, Darwin disait déjà :

> [...] tous les êtres vivants (y compris les éléphants) se reproduisent à un tel rythme qu'en quelques années ou quelques siècles, la surface de la terre entière ne suffirait pas pour accueillir la descendance d'un seul couple d'entre eux[32].

Ainsi, chaque chose *s'efforce* de persévérer dans son être, les choses non vivantes en existant, les choses vivantes en vivant leur vie et en se reproduisant, et les espèces en se perpétuant et en se perfectionnant. Les organismes vivants ne tendent cependant pas à se reproduire avec une telle frénésie et une telle efficacité *pour* persister dans leur existence. Ils se reproduisent sans se demander pourquoi et sans savoir *pour quoi*, sans savoir même qu'ils se reproduisent, de la même façon qu'*Escherichia coli* se divise toutes les vingt minutes dans son flacon de culture. D'ailleurs, ce ne sont ni les oiseaux, ni les éléphants, nous disent Darwin et Wallace, ni les bactéries, nous dit Pasteur, qui décident du nombre de leurs descendants, c'est le milieu dans lequel ils vivent et, avant tout, la nourriture disponible dans ce milieu. Car, ni les oiseaux, ni les éléphants, ni les bactéries n'atteignent jamais les nombres astronomiques d'individus qu'ils pourraient engendrer : la croissance exponentielle de leurs populations s'arrête lorsque la nourriture s'épuise, et elle se stabilise, alors même que leur taux de fécondité ne diminue pas, ou avant qu'il ne diminue, faute de nourriture. C'est précisément cette observation qui avait conduit Darwin et Wallace à concevoir la notion de « sélection naturelle ».

À ce corps composé dont la persistance est due au *conatus* qui les habite, Spinoza ajoute une dernière propriété fondamentale, ou plus exactement une double propriété : celle d'être affecté et celle d'affecter.

> J'entends par affections les affections du corps par lesquelles la puissance d'agir de ce corps est accrue ou diminuée, secondée ou réduite, et en même temps les idées de ces affections[33].
> Le corps humain peut être affecté en bien des manières qui accroissent ou diminuent sa puissance et aussi en d'autres qui ne rendent sa puissance d'agir ni plus grande, ni moindre[34].

Le terme latin *affectio* qu'utilise Spinoza est traduit tantôt par « affection », tantôt par « affect » par les traducteurs de l'*Éthique*. *Affectio*, semble-t-il, peut en effet désigner aussi bien un agent ou une action (qui affecte) que nous traduirions par « affect », qu'un effet (une conséquence de cette action) que nous traduirions par « affection ». Quoi qu'il en soit, un corps vivant peut être affecté, *i.e.* modifié, par d'autres corps, vivants ou non, et « toutes les manières dont un corps est affecté par un autre suivent de la nature du corps affecté en même temps que celle du corps qui l'affecte[35] ». « Les animaux se définissent moins par des notions arbitraires de genre et d'espèce que par un pouvoir d'être affecté par les affections dont ils sont capables », ajoute Deleuze[36]. Il y a plus de différences entre un cheval de trait et un cheval de course qu'entre un bœuf et un cheval de trait. Le cheval de course et le cheval de trait n'ont ni les mêmes affects ni le même pouvoir d'être affectés[37].

Tout corps peut aussi bien être affecté qu'affecter. Un animal ou une chose n'est pas séparable de ses rapports avec le monde[38]. Ainsi individus, cellules et molécules interagissent-ils les uns avec les autres par des interactions réciproques, et c'est par ces interactions qu'ils peuvent agir. Tous les phénomènes biologiques peuvent finalement se réduire à des interactions, et, nous l'avons vu plus haut, interaction implique fixation en biologie. « *Corpora non agunt nisi fixata* », « les corps ne peuvent agir sans se fixer », disait Paul Ehrlich. Se fixer est l'événement biologique minimal.

Ainsi, les cellules interagissent les unes avec les autres, les molécules avec les cellules et les molécules entre elles. Les spermatozoïdes se fixent aux ovocytes pour les féconder, les cellules se fixent les unes aux autres pour former un métazoaire ou un tissu, pour phagocyter, pour tuer des cellules infectées. Les pathogènes – virus, bactéries, protozoaires ou parasites – se fixent à des cellules pour les infecter. Des interactions entre cellules permettent la transmission de l'influx nerveux, la communication intercellulaire immédiate, la présentation des *antigènes**. Des molécules extracellulaires se fixent à des cellules auxquelles elles délivrent des signaux qui sont transduits à l'intérieur de la cellule au cours de la communication intercellulaire dépendant de médiateurs, ou lorsqu'une toxine tue une cellule. Des molécules intracellulaires se lient les unes aux autres au cours de la locomotion cellulaire, la division cellulaire, la signalisation intracellulaire, le trafic vésiculaire. Les enzymes se fixent à leurs substrats pour catalyser des réactions chimiques. Sans parler de la multitude de réactions chimiques simples impliquées dans tous les processus biologiques. Se fixer est une propriété commune aux cellules et aux molécules, mais, comme l'illustre la synapse immunologique par laquelle une cellule dendritique présente un antigène à une cellule T, les interactions entre cellules dépendent de paires de molécules membranaires, dont la fixation permet le contact et qui le maintiennent.

Un individu composé peut être affecté de beaucoup de manières tout en conservant sa nature. Il peut en être soit augmenté, soit diminué, soit inchangé. Les affections peuvent tout autant nous nuire et nous diminuer que nous régénérer et nous faire grandir. Elles affectent notre « puissance », dit Deleuze. Notre puissance augmente quand une idée ou un corps extérieur s'accorde avec notre nature. Elle diminue quand cette idée ou ce corps n'est pas en harmonie avec notre nature. Deleuze ne dit pas clairement en quoi consiste cette puissance, ni ce que signifie « s'accorder » ou « être en harmonie avec notre nature ». Spinoza n'est pas beaucoup plus explicite dans l'*Éthique*. Il l'est davantage dans une lettre du 20 novembre 1665 à Henry Oldenburg[39], qui lui avait demandé son « opinion sur la façon dont nous pouvons connaître comment chaque partie de la nature s'accorde avec son tout et en quelle manière elle se rattache aux autres parties » :

> Par cohésion [...] des parties, j'entends simplement que les lois de la nature de chaque partie s'ajustent de telle façon aux lois de la nature d'une autre qu'il ne peut y avoir de contrariété entre elles. Pour le rapport du tout et des parties, je considère les choses comme parties d'un certain tout, toutes les fois que leur nature s'ajuste à celle des autres parties, de façon qu'il y ait autant que possible accord entre elles. Toutes les fois en revanche que les choses ne s'ajustent pas les unes aux autres, chacune d'elles forme dans notre esprit une idée distincte et doit être en conséquence considérée comme un tout, non comme une partie.
> [...] Nous pouvons et devons concevoir tous les corps de la nature en même manière [...] ; tous en effet sont entourés d'autres corps qui agissent sur eux et sur lesquels ils agissent tous, de façon, par cette réciprocité d'action, qu'un mode déterminé d'existence et d'action leur soit imposé à tous, le mouvement et le repos soutenant dans l'Univers entier un rapport constant.

Finalement, dit Deleuze, « l'objet qui convient à ma nature me détermine à former une totalité supérieure qui nous comprend, lui-même et moi. Celui qui ne me convient pas compromet ma cohésion », et il ajoute : « Il arrive tantôt que les deux rapports se composent pour former un tout plus puissant, tantôt que l'un décompose l'autre et détruise la cohésion de ses parties[40]. » Une infection virale fournit un bon exemple d'une telle relation. Soient deux corps, un virus et une cellule de mammifère. Ils sont profondément différents : la cellule est vivante, le virus ne l'est pas, ou, s'il l'est, c'est selon des modes différents. Le *conatus* du virus et celui de la cellule les poussent l'un et l'autre à persister dans leur être. Ils persistent tels qu'ils sont dans leur globalité tant qu'ils ne se rencontrent pas. S'ils se rencontrent, ils entrent en interaction l'un avec l'autre. Une protéine de l'enveloppe du virus se fixe à une protéine de la membrane cellulaire, permettant alors à des systèmes enzymatiques complexes de provoquer la fusion de l'enveloppe virale et de la membrane cellulaire. Le matériel génétique du virus est alors introduit dans le cytoplasme de la cellule, il utilise les polymérases de la cellule pour se répliquer, et toute la machinerie qui permet la synthèse protéique de la cellule est utilisée par le virus pour produire les protéines de son enveloppe. Les nouveaux acides nucléiques viraux s'encapsulent dans les nouvelles enveloppes virales, la cellule est détruite, et des milliards de particules virales sont libérées dans le milieu extracellulaire où elles peuvent, à leur tour, infecter d'autres cellules. Il ne fait pas de doute que les affections réciproques de la cellule et du virus résultant de cette interaction ne sont pas symétriques. Le *conatus* du virus lui a permis de se multiplier, ce qu'il ne pouvait faire sans la cellule, et d'augmenter son pouvoir infectieux. Le *conatus* de la cellule n'a pu s'opposer aux effets des affections que lui a infligées le virus. Les rapports constitutifs de l'existence d'une cellule vivante ont été détruits, entraînant ainsi la mort de la cellule. Car, dit Spinoza, « la mort du corps, telle que je l'entends, se produit quand ses parties sont disposées de telle sorte qu'un autre rapport de mouvement et de repos s'établisse entre elles[41] ».

Ainsi, dit Deleuze, sera dit *bon* – nous dirons *non pathogène* – tout objet dont le rapport se compose avec le mien ; sera dit mauvais – nous dirons *pathogène* – tout objet dont le rapport décompose le mien, quitte à se composer avec d'autres[42]. Les exemples sont nombreux d'organismes pathogènes pour l'homme qui ne le sont pas pour d'autres espèces. Par ailleurs, chacun de nos rapports jouit lui-même d'une certaine latitude. Il varie considérablement de l'enfance à la vieillesse, mais également avec notre condition : j'ai déjà mentionné les infections opportunistes qui peuvent tuer les immunodéprimés. N'y a-t-il pas des essences singulières qui sont irréductiblement associées au mauvais ?, s'interroge enfin Deleuze – existe-t-il des pathogènes *par essence* ?, dirons-nous. N'y a-t-il pas des essences singulières auxquelles il *appartient* d'empoisonner ? Ce qui appartient à une essence, c'est toujours un état, c'est-à-dire une réalité, répond-il. Le mauvais, c'est quand des parties extensives qui nous appartenaient sous un rapport sont déterminées du dehors à entrer sous d'autres rapports ; ou bien quand une affection nous arrive qui excède notre pouvoir d'être affecté[43].

Ainsi, les *Postulats sur le corps humain* de « La petite physique », le *conatus* et les *affections* de Spinoza, toutes ces notions semblent « être en harmonie » avec les idées que nous avons discutées dans ce chapitre autour de la constitution du méta-organisme. Nous avons vu comment les micro-organismes s'ajustent aux organes qu'ils ont colonisés, comment les mécanismes en jeu dans les uns s'accordent avec les mécanismes en jeu dans les autres, pourtant profondément différents, comment leurs affections réciproques augmentent le pouvoir des uns et des autres et comment ils vivent en harmonie ou du moins en équilibre les uns avec les autres. De telles relations mutualistes, par lesquelles la nature des uns s'ajuste à celle des autres, et qui augmentent la puissance de chacun des partenaires, sont constitutives d'un tout que nous avons appelé le méta-organisme. Quant aux affections que les corps vivants d'un même méta-organisme ou de méta-organismes différents exercent les uns sur les autres, certaines déplaçant un équilibre préexistant tandis que d'autres détruisent cet équilibre et décomposent irrémédiablement les rapports constitutifs des uns ou des autres, elles nous ramènent au cœur de l'immunologie.

III

Le compromis

« COMPROMIS. *n. m.* (XIIIe). 1° *Dr.* Convention par laquelle les parties, dans un litige, recourent à l'arbitrage d'un tiers. – Convention provisoire par laquelle deux personnes constatent leur accord sur les conditions d'une vente, en attendant l'acte notarié de régularisation. 2° Arrangement dans lequel on se fait des concessions mutuelles. »

A. REY et J. REY-DEBOVE,
Le Petit Robert. Dictionnaire alphabétique et analogique de la langue française (1984)

« L'amitié se nourrit de compromis. Et ces compromis ne sont pas des reniements, ni des trahisons comme tu le penses. Ce sont des preuves d'amour. »

Philippe CLAUDEL, *Compromis* (2019).

Retour à la science. Après avoir recherché les racines de cette science de l'immunité conçue comme un système d'autodéfense fondé sur une discrimination entre le soi et le non-soi, et en avoir vu les limites, après avoir brossé les grands cadres conceptuels qui permettent de comprendre le vivant et avoir pris conscience que nous n'avons d'autre choix que vivre avec une multitude d'autres qui nous constituent, il nous faut imaginer et reconstruire le système immunitaire autrement, un système capable d'accommoder tous ces non-soi dans un même soi.

Nous verrons que, de même que le système nerveux central est un système de relation qui contrôle les interactions de l'organisme avec le monde physique, le système immunitaire peut être conçu comme un système de relation qui contrôle les interactions de l'organisme avec le monde vivant. Un tel système nous permet de vivre non plus contre mais avec les autres, et une réponse immunitaire apparaît comme un moyen de s'adapter aux autres et d'adapter les autres à soi. De cette accommodation réciproque résulte une immunité d'un nouveau type, ni innée ni acquise parce que inaccessible, instable, dynamique et relationnelle, le résultat d'un compromis toujours renégocié par les protagonistes, mais une condition nécessaire d'existence pour les méta-organismes que nous sommes.

CHAPITRE 1

La réaction

L'objectif de ce chapitre est de commencer par faire un état des lieux. Car un bon siècle de recherche a produit une somme considérable de données expérimentales, de faits démontrés, de mécanismes élucidés et de conclusions étayées. Nous tenterons donc d'oublier que, même lorsqu'il nous protège, le système *est* immunitaire, pour essayer de reconstruire un système biologique en sens inverse, *i.e.* en partant de faits avérés et non d'effets escomptés. Un système qui conférerait *aussi* une immunité protectrice, bien entendu. Nous tenterons donc ici de rassembler les bases d'un système physiologique sans *a priori* métaphysique ou idéologique, un système auquel ne serait pas assignée une fonction qui justifierait son existence, un système biologique libéré des causes finales.

Récuser tout *a priori* métaphysique est plus facile à dire qu'à faire. Il n'est évidemment pas question de nous passer de la notion de temps, par exemple, un concept purement métaphysique. La vie se déroule dans le temps, les objets physiques et donc les objets biologiques sont situés dans l'espace et dans le temps, le temps est présent jusque dans les équations différentielles de la forme dx/dt des mathématiques. La science la plus dure est entrelardée de métaphysique incontournable. Nous pouvons néanmoins nous garder de tout *a priori* idéologique et oublier ces guerres dans lesquelles nous avons enrôlé malgré elles les cellules et les molécules immunitaires, où nous avons la lucidité de Fabrice del Dongo à Waterloo. Nous ne pouvons sans doute pas nous passer d'*a priori* théorique. Sans théorie pour lier les faits, nous ne pourrions pas même en dresser un catalogue, puisque nous ne saurions dans quel ordre les ranger. Décider d'un ordre, c'est déjà projeter notre pensée sur les faits. Nous essaierons donc, si cela est possible, d'avoir toujours présente à l'esprit la métaphysique incontournable sans laquelle nous ne pouvons rien dire, d'abandonner les métaphores militaires qui nous égarent sur des champs de bataille imaginés et de nous en tenir à une théorie minimale sans laquelle nous ne pouvons parler de science.

Cette théorie minimale sera la suivante. Une réaction immunitaire est une réponse biologique. « Réponse immunitaire » est d'ailleurs souvent synonyme de « réaction immunitaire ». Une réaction biologique est une façon qu'a l'organisme de répondre à une stimulation. Quand on parle de réaction immunitaire, cependant, « réaction » a un double sens. C'est d'abord une réponse biologique comme les autres : l'organisme agit en réponse à une stimulation. Brunir au soleil est une réponse de l'organisme qui, stimulé par les rayons ultraviolets de la lumière solaire, induit la prolifération des mélanocytes de la peau. Le résultat de cette réponse, le bronzage, protège sans doute l'organisme du soleil, mais elle n'a aucun effet sur le soleil ou ses rayons. De la même façon, dans une réponse immunitaire, l'organisme réagit à une stimulation : quelque chose stimule ce que, faute de mieux, j'appellerai le système immunitaire, et celui-ci agit en réponse à cette stimulation. Mais, dans une réponse immunitaire, cette action s'exerce sur le stimulus à l'origine de la réponse, avec toutes sortes de conséquences. Je ferai donc le postulat qu'une réaction immunitaire est une réaction à la fois *à et sur* un stimulus, c'est doublement une réaction, c'est un aller-retour. J'essaierai de m'en tenir à cette description minimale d'une réponse immunitaire. Elle nous servira de cadre théorique.

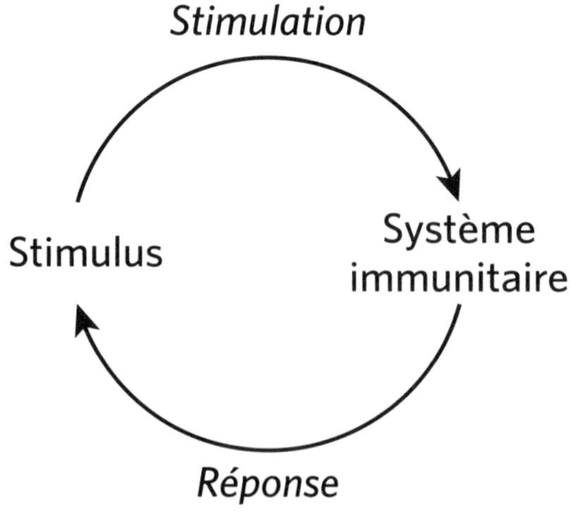

On remarque que, selon ce schéma, le stimulus et le système immunitaire ont les deux mêmes attributs fonctionnels. L'un et l'autre ont la capacité d'agir : le stimulus *stimule* et le système immunitaire *répond*. Et la capacité de subir : le système immunitaire *reçoit* la stimulation et le stimulus est *soumis* à la réponse immunitaire. Ils peuvent aussi bien affecter qu'être affectés[1], ils sont tour à tour sujets et objets. Et, vus sous cet angle, ils n'existent pas l'un sans l'autre.

La stimulation et la réponse sont en effet liées par une double relation causale. Pas de réponse sans stimulation, évidemment, mais pas davantage de stimulation sans réponse, car c'est la capacité d'induire une réponse qui fait la stimulation. Une stimulation sans réponse ne serait pas une stimulation, ce serait une action sur un système immunitaire inerte, un coup de marteau sur un clou, qui l'enfonce. C'est donc une causalité circulaire qui associe stimulation et réponse, mais la relation causale n'est pas la même dans les deux sens. Si la stimulation induit la réponse, l'inverse n'est pas vrai : la réponse n'induit pas la stimulation, elle lui confère la qualité de stimulation. La causalité porte sur des objets dans le sens stimulation ⟶ réponse, elle porte sur des idées dans le sens réponse ⟶ stimulation[2].

Ce qui stimule le système immunitaire et ce sur quoi s'exercent ses réponses sont des molécules biologiques. Par ce terme, je désignerai collectivement toutes ces macromolécules qui caractérisent le vivant : les protéines, en premier lieu, avec leurs variantes (glycoprotéines, lipoprotéines, etc.), mais également les acides nucléiques sous leurs différentes formes (ADN, ARN, double brin, simple brin, etc.). Ces molécules sont grosses[3] – elles ont, pour la plupart, une masse moléculaire allant de plusieurs milliers à quelques millions de daltons ; cette masse moléculaire est bien plus grande que celle des autres molécules organiques – parce que ce sont des polymères de petites molécules, des assemblages linéaires d'acides aminés pour les protéines, de nucléotides pour les acides nucléiques.

Ces grosses molécules ont une forme. Tout le monde connaît la forme en double hélice de l'ADN. Elle est due à l'appariement des quatre types de nucléotides qui constituent chaque brin d'ADN et aux contraintes physico-chimiques qui font tourner les deux brins autour d'un axe. La forme des protéines est beaucoup plus complexe parce que ces molécules sont des assemblages non plus de quatre éléments assez semblables, mais de vingt éléments assez différents les uns des autres, vingt acides aminés qui, en s'accrochant les uns aux autres dans un ordre particulier, peuvent construire une multitude de chaînes polypeptidiques. Elle est plus complexe aussi parce que de nombreuses protéines sont faites non pas d'une seule, mais de plusieurs chaînes polypeptidiques associées en une même molécule. La forme d'une protéine dépend donc des acides aminés dont elle est faite, de l'ordre dans lequel ceux-ci sont assemblés pour former une chaîne polypeptidique, de l'association des chaînes qui constituent cette protéine et de la façon dont cette ou ces chaînes se replient dans l'espace, en raison des forces qui attirent ou qui repoussent les acides aminés, dans une même chaîne et/ou entre différentes chaînes.

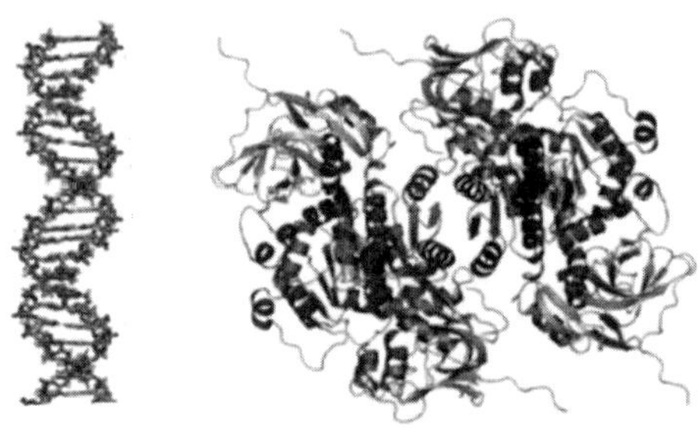

Acide nucléique Protéine

Ce que stimulent les molécules biologiques, ce sont des cellules, les cellules du système immunitaire. Le système immunitaire est constitué par une multitude de cellules mobiles qui communiquent entre elles et avec les autres cellules de l'organisme, de près ou de loin. À la différence d'autres systèmes physiologiques, le système immunitaire n'a pas de structure anatomique visible. Il ne peut être disséqué comme peut l'être, par exemple, le système digestif. Comme les montres de Salvador Dalí, c'est un système fluide.

Les cellules du système immunitaire peuvent être stimulées par les macromolécules biologiques parce qu'elles sont équipées de récepteurs pour ces molécules. Ce sont également des cellules du système immunitaire, les mêmes ou d'autres, qui répondent à cette stimulation en mettant en route des activités qu'elles peuvent exercer sur les molécules à l'origine de la stimulation, à condition qu'elles reçoivent les signaux appropriés.

Certaines réponses sont protectrices : elles protègent contre des organismes pathogènes comme les bactéries responsables de maladies infectieuses ou contre des processus pathologiques comme le développement de cancers. D'autres réactions sont pathogènes. Elles provoquent des maladies lorsqu'elles sont dirigées contre des molécules exogènes comme les allergènes ou contre des molécules endogènes comme les autoantigènes. D'autres réactions, la plupart sans doute, sont silencieuses comme les réactions du système immunitaire de la femme enceinte envers les antigènes paternels de son fœtus. Elles se produisent en absence de manifestation décelable.

Je décrirai donc cet aller-retour entre molécules et cellules, en m'en tenant aux éléments engagés dans ce jeu de ping-pong et aux règles auxquelles ils sont soumis. Je m'efforcerai de réduire cette description à ce que je crois être nécessaire et suffisant pour décrire une réponse immunitaire.

Pour cela, je propose un nombre volontairement réduit d'« énoncés ». Ces énoncés, numérotés de 1 à 20 et écrits en caractères gras, résument en quelques mots l'essentiel. Chaque énoncé est complété par un bref développement en caractères romains et, quand c'est nécessaire et possible, par une figure dont le but est uniquement d'éclairer l'énoncé. Pour certains énoncés, des points sont approfondis par des précisions en italique. Cette présentation offre ainsi plusieurs niveaux de lecture. L'essentiel peut être appréhendé par une lecture des seuls passages en caractères gras qui devraient suffire pour comprendre l'ensemble. Ces notions essentielles peuvent être précisées et consolidées par une lecture des passages en caractères romains. Quant aux passages en italique, ils sont là pour fournir de la matière à penser et poursuivre la réflexion au-delà de l'exposition.

J'examinerai d'abord les cellules impliquées dans les réponses immunitaires, puis les mécanismes par lesquels ces cellules peuvent être stimulées par des molécules biologiques, enfin comment ces cellules répondent à ces stimulations et avec quelles conséquences.

Les cellules

1. Le système immunitaire est constitué par un grand nombre de cellules mobiles, présentes partout dans l'organisme. Considérées dans leur ensemble, ces cellules ont la propriété d'être stimulées par des molécules biologiques et de répondre à cette stimulation.

Les cellules du système immunitaire sont présentes dans tout l'organisme. Certaines circulent dans le sang et dans la lymphe. D'autres sont concentrées dans les organes lymphoïdes primaires (le thymus et la moelle osseuse) où elles sont fabriquées, et dans les organes lymphoïdes secondaires (les ganglions lymphatiques, les amygdales et les plaques de Peyer) où elles s'installent et où sont mises en route les réactions immunitaires. D'autres résident dans les tissus : certaines y ont migré et terminé leur différenciation ; d'autres y ont été attirées pour participer à une réaction immunitaire et elles s'y constituent en organes lymphoïdes tertiaires. Toutes ces cellules seront désignées collectivement par le terme « cellules immunitaires » pour indiquer seulement qu'elles participent aux réponses immunitaires, quelle que soit leur contribution à ces réponses.

Ce qui caractérise les cellules immunitaires est leur capacité d'être stimulées par des macromolécules biologiques. Ces molécules peuvent être de nature différente et elles peuvent stimuler les cellules immunitaires selon des modalités différentes. Ces cellules peuvent alors répondre à cette stimulation soit elles-mêmes, soit en engendrant d'autres cellules capables d'y répondre. Si l'on se réfère au schéma d'une réponse immunitaire minimale utilisé plus haut, on peut remplacer « stimulus » par « molécule biologique » et « système immunitaire » par « cellule immunitaire ». On obtient ainsi une description encore plus minimale d'une réponse immunitaire, réduite à une seule cellule. Et l'on remarque la même symétrie fonctionnelle entre molécule biologique et cellule immunitaire que celle que nous avions notée entre stimulus et système immunitaire. Tour à tour, l'une et l'autre ont la capacité d'agir : la molécule *stimule* la cellule qui *répond* à la stimulation. Et la capacité de subir : la cellule *reçoit* la stimulation de la molécule qui est *soumise* à la réponse de la cellule.

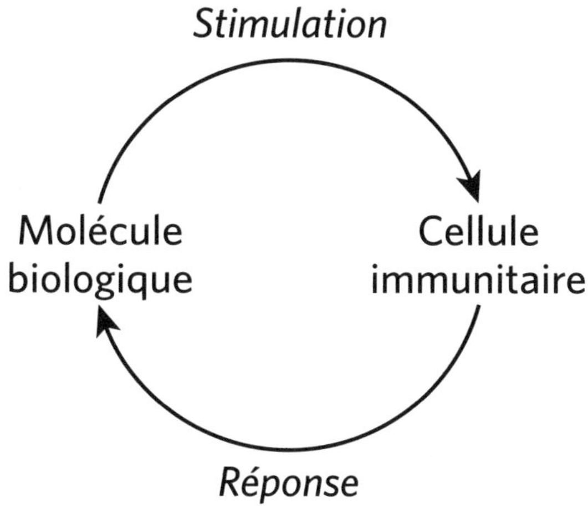

Bien sûr, une réponse immunitaire n'est pas le fait d'une seule cellule. Elle nécessite la coopération d'un grand nombre de cellules de natures différentes, dont les activités, simultanées ou successives, sont complémentaires. Le fonctionnement des cellules immunitaires est coordonné parce que celles-ci communiquent entre elles. Elles sont en effet équipées de récepteurs qui leur permettent de recevoir des « informations » provenant d'autres cellules immunitaires soit par contact direct, de membrane à membrane, soit indirectement, par l'intermédiaire de médiateurs solubles. Ceux-ci peuvent diffuser dans l'environnement immédiat de la cellule qui les a produits ou, emportés dans la circulation sanguine, se répandre dans l'organisme entier et entrer en contact avec les cellules, même lointaines, qui expriment les récepteurs correspondants.

2. Les cellules immunitaires dérivent de la différenciation de *cellules souches hématopoïétiques dans la moelle osseuse. Elles appartiennent à deux grandes lignées cellulaires : la lignée lymphoïde et la lignée myéloïde.**

Les cellules immunitaires sont produites dans la moelle osseuse. Elles résultent de la différenciation de cellules souches hématopoïétiques. Se différencier, pour une cellule, signifie se spécialiser dans une ou plusieurs fonctions. Une différenciation est un double processus : c'est un processus par lequel une cellule, d'une part, acquiert des propriétés spécifiques nouvelles que ne possédait pas la cellule qui l'a engendrée et, d'autre part, perd des propriétés. Elle perd notamment une partie de la pluripotence qui caractérise la cellule souche dont elle s'est différenciée. Elle devient plus adaptée mais moins adaptable. Un exemple de différenciation extrême est celle des cellules souches hématopoïétiques en globules rouges. Ces cellules ont acquis la capacité de synthétiser l'hémoglobine, ce qu'elles sont les seules à savoir faire, mais elles ont perdu leur noyau et donc la capacité de se diviser. La différenciation des cellules hématopoïétiques résulte de l'expression séquentielle de facteurs de transcription qui déterminent l'expression de gènes spécifiques d'une lignée hématopoïétique et la répression d'autres gènes spécifiques d'autres lignées.

Les cellules hématopoïétiques peuvent ainsi s'engager dans deux grandes voies de différenciation, la lignée myéloïde et la lignée lymphoïde. La lignée myéloïde produit toutes sortes de cellules sanguines comme les globules rouges, les plaquettes, les polynucléaires, les monocytes, et des cellules tissulaires comme les mastocytes, les macrophages et les cellules dendritiques. La lignée lymphoïde produit les cellules lymphoïdes innées (*innate lymphoid cells* en anglais ou ILC), comme les *natural killer cells* (les cellules NK), et les lymphocytes[4].

La différenciation des cellules immunitaires dépend en partie de l'organe où elle se produit. Certaines cellules lymphoïdes restent dans la moelle osseuse où elles se différencient, en lymphocytes B par exemple. D'autres cellules lymphoïdes terminent leur différenciation dans le thymus : ce sont les lymphocytes T. Ces deux types de lymphocytes migrent alors et s'installent dans les organes lymphoïdes secondaires. Les cellules myéloïdes qui circulent dans le sang terminent leur différenciation dans la moelle ; celles qui migrent et s'installent dans les tissus y poursuivent leur différenciation et y terminent leur maturation.

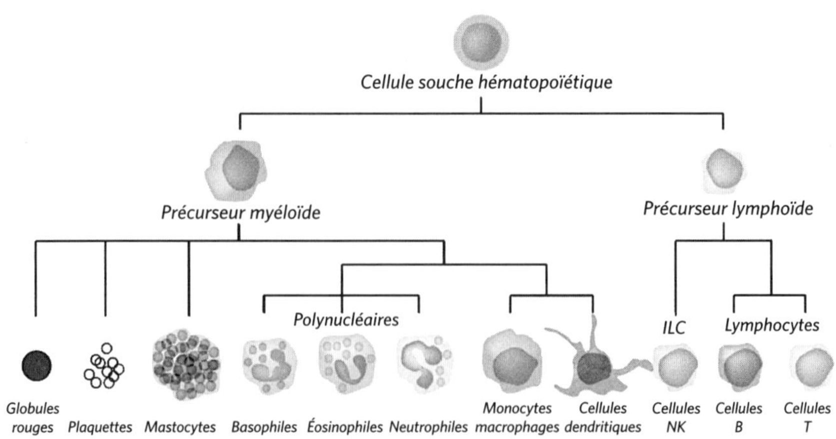

• *La différenciation des cellules hématopoïétiques dépend d'un réseau de facteurs de transcription qui interagissent les uns avec les autres. Ainsi, par exemple, les interactions entre GATA-1 et PU.1 déterminent l'orientation de cellules souches hématopoïétiques vers les lignées myéloïdes et lymphoïdes. Le développement des précurseurs lymphoïdes communs dépend d'Ikaros et d'E2a. La lignée lymphoïde B est ensuite contrôlée par Mef2c, Ets1, Foxo1 Ebf1 et Pax5. La différenciation des précurseurs myéloïdes communs vers les précurseurs de granulocytes et de macrophages dépend de C/EBPα, après quoi Egr et Gfi1 se répriment l'un l'autre pour orienter ces cellules soit vers les macrophages, soit vers les granulocytes.*

• *On a longtemps cru que l'engagement d'une cellule précurseur vers une lignée ou une autre était irréversible. Il apparaît de plus en plus une plasticité qui permet à des cellules d'une lignée de changer d'orientation ou même à des cellules différenciées de retrouver une pluripotence sous l'effet de l'expression de facteurs de transcription. C'est cette plasticité qui permet de fabriquer des « cellules souches pluripotentes induites » en provoquant l'expression de facteurs de transcription appropriés dans des cellules différenciées.*

3. Ayant emprunté des voies de différenciation différentes dans la moelle osseuse et terminé leur maturation dans des organes et des tissus différents, les cellules immunitaires comprennent plusieurs types et sous-types de cellules lymphoïdes et de nombreux types et sous-types de cellules myéloïdes.

La distinction entre les cellules lymphoïdes et les cellules myéloïdes ainsi que la distinction entre les différents types de cellules lymphoïdes et myéloïdes et, dans ces types, la distinction entre les différents sous-types reposent sur trois ordres de critères. Des critères morphologiques permettent de distinguer les grands types de cellules. C'est sur des critères morphologiques que repose la « formule sanguine » utilisée en biologie clinique. Des critères fonctionnels permettent de distinguer les cellules par leurs activités biologiques. C'est sur des critères fonctionnels que repose, par exemple, l'identification de cellules NK capables de tuer des cellules tumorales, ou de sous-types de lymphocytes T auxiliaires (*T helper* en anglais) comme les lymphocytes Th1 et les lymphocytes Th2 selon les cytokines qu'ils sécrètent. Des critères phénotypiques comme l'expression sélective de molécules membranaires utilisés comme des « marqueurs » permettent de distinguer des types et des sous-types cellulaires. C'est sur la détection de tels marqueurs phénotypiques que repose la distinction, par exemple, entre les lymphocytes T auxiliaires qui expriment la molécule CD4 et les lymphocytes T cytotoxiques qui expriment la molécule CD8. Ces deux types de cellules ne peuvent être distingués par leur morphologie. Ils peuvent l'être par des critères fonctionnels. Cependant, la recherche de l'expression de CD4/CD8 à l'aide d'anticorps spécifiques est beaucoup plus rapide et plus facile à mettre en œuvre.

- *Les cellules lymphoïdes comprennent les lymphocytes et les ILC. Les lymphocytes comprennent les lymphocytes T et les lymphocytes B. Les lymphocytes T comprennent des cellules Th, des cellules effectrices, notamment les lymphocytes T cytotoxiques (CTL), des cellules T régulatrices (Treg) et des cellules T « à mémoire » (Tm). Les cellules Th comprennent des cellules de plusieurs sous-types (Th1, Th2, Th17, etc.) qui se distinguent les unes des autres par les cytokines qu'elles sécrètent. De même, les ILC comprennent des cellules de plusieurs sous-types dont les propriétés fonctionnelles ressemblent à celles des sous-populations de lymphocytes T correspondantes. Les cellules NK ont des propriétés semblables à celles des cellules T cytotoxiques, les ILC1, les ILC2 et les ILC3 ont des propriétés semblables à celles des cellules Th1, des cellules Th2 et des cellules Th17 respectivement. Les lymphocytes B comprennent également plusieurs sous-types (B1, B2, Breg, etc.) qui possèdent des propriétés fonctionnelles différentes.*

- *Les cellules myéloïdes comprennent un grand nombre de cellules. Certaines, comme les polynucléaires, les monocytes et les plaquettes sont principalement circulantes (dans le sang), ce qui ne les empêche pas de sortir des vaisseaux pour aller dans les tissus ; d'autres comme les macrophages ou les mastocytes et les cellules dendritiques sont principalement tissulaires, ce qui ne les empêche pas de se déplacer d'un tissu à un autre. Les polynucléaires comprennent les polynucléaires neutrophiles, les polynucléaires éosinophiles et les polynucléaires basophiles. Différents types de macrophages (e.g. M1, M2) ont été décrits avec des propriétés biologiques différentes, ainsi que différents types de cellules dendritiques (e.g. les cellules dendritiques conventionnelles ou myéloïdes, les cellules dendritiques plasmocytoïdes, les cellules de Langerhans). De même, on distingue des mastocytes de type « séreux » et des mastocytes de type « muqueux », qu'on trouve dans différents organes et dont les propriétés biologiques sont différentes.*

Toutes ces cellules contribuent à la mise en œuvre d'une réponse immunitaire et à ses conséquences. Elles jouent des rôles différents parce qu'elles expriment des récepteurs différents qui leur permettent de répondre à des stimuli différents, et parce que leurs répertoires fonctionnels sont différents.

La stimulation

4. **Les cellules immunitaires peuvent être stimulées par des molécules biologiques parce qu'elles possèdent des récepteurs pour ces molécules que ne possèdent pas les autres cellules de l'organisme. Ces récepteurs induisent des réponses rétrogrades envers les molécules à l'origine de la stimulation.**

Les récepteurs des cellules immunitaires appartiennent à plusieurs familles et, dans chaque famille, ils sont de plusieurs types. On peut les distinguer par leurs ligands, par leur structure, par leur localisation dans la cellule, par leur mode de signalisation, par leur distribution cellulaire, etc. Malgré, ou plutôt en raison de cette hétérogénéité, j'appellerai collectivement « récepteurs immunitaires » les récepteurs de macromolécules biologiques à l'origine d'une réaction immunitaire.

Si nous définissons les cellules immunitaires par leur capacité d'être stimulées par des macromolécules biologiques et si nous attribuons cette capacité à l'expression de récepteurs immunitaires capables d'être engagés par ces molécules, nous devons considérer l'expression de récepteurs immunitaires comme une spécificité des cellules immunitaires.

• *Les cellules immunitaires expriment néanmoins d'autres récepteurs. Elles expriment notamment des récepteurs qui leur permettent de communiquer avec les cellules d'autres systèmes biologiques. Elles expriment des récepteurs d'insuline, des récepteurs d'hormones, des récepteurs de facteurs de croissance et bien d'autres. Ces récepteurs sont également exprimés par beaucoup d'autres cellules. Les récepteurs d'insuline, qui contrôlent le métabolisme du glucose, sont exprimés par pratiquement toutes les cellules de l'organisme car toutes utilisent le glucose.*

• *Les cellules immunitaires expriment également des récepteurs qui leur permettent de communiquer entre elles. Lorsqu'elles sont activées, un grand nombre de ces cellules sécrètent des cytokines et/ou des chimiokines. Ces médiateurs diffusent dans le milieu extracellulaire, et ils sont « reconnus » par des récepteurs de cytokines et des récepteurs de chimiokines exprimés par les cellules de l'environnement. Celles-ci sont alors activées par les cytokines et/ou recrutées par les chimiokines au site de la réaction.*

Les récepteurs immunitaires ne sont donc ni les seuls récepteurs de molécules biologiques ni les seuls récepteurs exprimés par les cellules immunitaires. Les récepteurs autres que les récepteurs immunitaires permettent à ces cellules de communiquer entre elles et avec d'autres cellules, et de répondre aux médiateurs qu'elles échangent. Les deux catégories de récepteurs fonctionnent de la même façon, leur interaction avec une molécule biologique induit une réponse cellulaire. Plusieurs différences permettent cependant de les distinguer. D'une part, ils n'ont pas la même distribution cellulaire, comme nous l'avons vu, et, d'autre part, les réponses cellulaires induites par leur engagement n'ont pas les mêmes conséquences car elles ne vont pas dans le même sens.

Les réponses induites par les récepteurs impliqués dans la communication cellulaire sont en effet *antérogrades* : elles s'exercent sur d'autres cellules qui, le cas échéant, répondent à leur tour à l'engagement de leurs récepteurs par des médiateurs. Elles se présentent comme une chaîne de relations causales entre molécules stimulantes et cellules stimulées, entre stimulations et réponses.

À l'inverse, les réponses induites par les récepteurs immunitaires sont *rétrogrades* : directement ou en induisant les réponses d'autres cellules, elles agissent en retour sur la molécule biologique à l'origine de la stimulation. C'est précisément cette propriété que nous avions retenue comme étant caractéristique de la réponse immunitaire : les récepteurs immunitaires induisent une rétroaction. La molécule biologique qui engage les récepteurs immunitaires des cellules immunitaires est à la fois le stimulus et la cible de la cellule stimulée, le point de départ et le point d'arrivée de la *réponse* immunitaire.

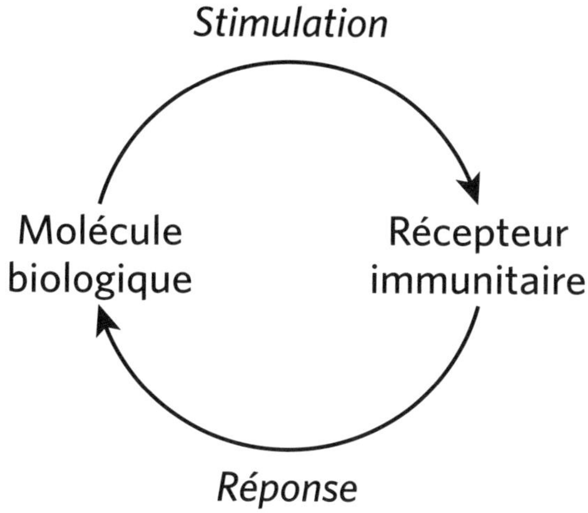

En fin de compte, les récepteurs immunitaires peuvent donc être définis comme des récepteurs pour les macromolécules biologiques, exprimés uniquement par les cellules immunitaires, et dont l'engagement est à l'origine d'une réponse immunitaire qui agit en retour sur les molécules à l'origine de la stimulation.

5. Les molécules biologiques se fixent aux récepteurs dont les formes sont complémentaires des leurs. C'est la complémentarité de leurs formes qui détermine l'affinité et donc la spécificité des interactions entre un récepteur et son ligand. Les récepteurs immunitaires sont des récepteurs de formes moléculaires.

Une stimulation implique d'abord une interaction, une interaction physique entre la molécule stimulante et la cellule stimulée. Cette interaction est réelle, c'est une liaison de la molécule à des récepteurs exprimés par la cellule. On appelle « ligands » les molécules qui se fixent à un récepteur. Un ligand se fixe à un récepteur d'abord parce que les formes de l'un sont complémentaires de celles de l'autre. Cette complémentarité des formes augmente la surface de contact entre les deux molécules, lorsqu'elles se rencontrent, et elle permet ainsi que davantage de forces de liaison s'établissent entre les deux molécules et les maintiennent en contact. Ces forces sont faibles, prises individuellement ; il en faut un grand nombre pour maintenir deux macromolécules proches l'une de l'autre pendant suffisamment longtemps pour qu'une interaction s'établisse. Un contact transitoire, comme il s'en produit en permanence lors des collisions moléculaires dans un liquide biologique comme le sang, ne suffit pas pour avoir un effet. Il faut que s'établisse une liaison, c'est-à-dire un contact prolongé.

- *La liaison d'un ligand à un récepteur est réversible. Elle obéit à la loi d'action de masse. Elle dépend de la concentration du ligand [L], de la concentration du récepteur [R], d'une constante d'association k_a qui rend compte des forces tendant à maintenir l'interaction, et d'une constante de dissociation k_d qui rend compte des forces tendant à dissocier cette interaction. Elle est caractérisée par une constante d'affinité K_A qui est le rapport de la constante d'association divisée par la constante de dissociation.*

$$[L]\ [R] \underset{k_d}{\overset{k_a}{\rightleftharpoons}} [LR] \qquad K_A = \frac{k_a}{k_d}$$

- *Les molécules biologiques se fixent aux récepteurs membranaires avec une affinité plus ou moins grande. Elles s'y fixent aussi de façon plus ou moins spécifique, en général plutôt plus que moins car les « interactions spécifiques » intéressent davantage les biologistes qui les décrivent que les « interactions non spécifiques ».*

On oppose volontiers fixation spécifique et fixation non spécifique, et, pendant longtemps, l'immunologie s'est surtout intéressée aux interactions spécifiques conçues sur le modèle de la clé et de la serrure : une seule clé peut entrer dans une seule serrure et l'ouvrir. Cette opposition est sans doute excessive et cette analogie, inexacte. La spécificité d'une interaction moléculaire est en effet plus quantitative que qualitative. De nombreuses molécules peuvent se fixer à d'autres molécules, mais avec une affinité extrêmement variable (les constantes d'affinité de leurs interactions peuvent varier de 1 à 100 000, voire plus). L'affinité avec laquelle les molécules biologiques se fixent aux récepteurs des cellules immunitaires se présente comme un gradient continu qui va des plus faibles constantes d'affinité aux plus élevées. On considère qu'un récepteur est spécifique pour une molécule lorsque celle-ci s'y fixe avec une affinité notoirement plus grande que l'affinité avec laquelle s'y fixent d'autres molécules. Ce qui n'empêche pas ces autres molécules de s'y fixer avec une affinité bien plus faible – on parle alors de « fixation non spécifique » –, avec parfois des effets biologiques.

Sans doute parce que l'affinité de la liaison serait insuffisante à cause de leur petite taille, les molécules chimiques organiques ou minérales ne se fixent pas aux récepteurs immunitaires. Elles le peuvent néanmoins si elles sont complexées à des grosses molécules biologiques. Le récepteur engagé interagit alors spécifiquement avec la structure moléculaire créée par l'association de la grosse molécule et de la petite. Ainsi, les cellules immunitaires peuvent être stimulées par de très petites molécules couplées à des protéines et induire des réponses immunitaires dirigées contre ces petites molécules. Des protéines modifiées par de très petits groupements chimiques comme le dinitrophényle (DNP) ont été très utilisées par les immunologistes depuis qu'elles ont été produites et décrites au tout début du XXe siècle par Karl Landsteiner sous le nom d'« haptènes » (du grec « attacher »). De même, la pénicilline est perçue par le système immunitaire comme un haptène[5]. Cette petite molécule, d'une masse moléculaire de 334 daltons, a en effet tendance à se lier à une grosse molécule présente en grande quantité dans le sang, l'albumine, dont la masse moléculaire est ± 68 000 daltons. L'engagement d'un récepteur immunitaire spécifique du complexe albumine-pénicilline ainsi formé peut induire une réponse immunitaire pathogène responsable des allergies à la pénicilline.

En résumé, c'est la complémentarité des formes qui détermine l'affinité et donc la spécificité des interactions entre un récepteur et son ligand. C'est donc la forme qui fait le ligand. C'est parce que sa forme lui permet d'établir un contact – plus ou moins étroit, mais suffisamment étroit pour qu'il dure assez longtemps – qu'un ligand se fixe à un récepteur. Ce n'est donc pas la nature d'une molécule, ou ce en quoi elle est faite, ce ne sont pas ses propriétés chimiques ou biologiques qui lui permettent de se fixer à un récepteur, c'est avant tout sa forme. Les récepteurs immunitaires sont des récepteurs de formes moléculaires.

6. Un récepteur est une protéine ou un complexe de protéines capable : 1) d'établir un contact avec d'autres macromolécules ; et 2) ce contact étant établi, de stimuler la cellule qui l'exprime. Les récepteurs des cellules immunitaires peuvent ainsi informer les cellules qui les expriment qu'ils ont perçu la présence d'une molécule biologique en engendrant un signal intracellulaire qui se propage jusqu'au noyau et active la cellule.

Des molécules biologiques peuvent donc se fixer à des récepteurs exprimés par les cellules immunitaires si elles les rencontrent et si leurs formes respectives le permettent. Une fixation est nécessaire, mais elle n'est pas suffisante pour induire une stimulation. Pour cela, il faut que cette fixation soit « perçue » par la cellule. Parler de « perception » est sans doute un abus de langage, mais c'est une façon de faire la différence entre un « site de liaison » et un récepteur. Quand on parle de site de liaison, on ne considère que l'interaction moléculaire ; on en néglige les conséquences éventuelles. Quand on parle de récepteur, on prend en compte, et la liaison, et les conséquences de cette liaison. Car un récepteur ne « reçoit » pas seulement un « signal », il « informe » aussi la cellule qu'il a « reçu » un signal. Ici encore, on retrouve la dualité subir/agir.

Un récepteur est en effet un système moléculaire bifonctionnel. C'est, comme le dieu romain Janus, un système à deux faces. Un récepteur comprend une région, généralement à une extrémité de la molécule, où se fixe le ligand, et une région, généralement à l'autre extrémité, qui interagit alors avec des molécules capables d'engendrer un signal perceptible par la cellule. Ainsi, la cellule est « informée » qu'une molécule est entrée en contact avec le récepteur. Cette molécule a été « perçue » par la cellule.

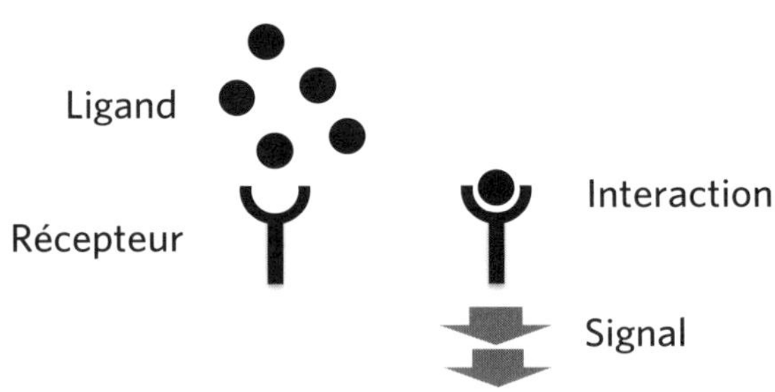

• *Les signaux ainsi engendrés résultent généralement de petites modifications des récepteurs engagés par leur ligand, qui permettent à ces récepteurs de recruter des « molécules de signalisation » intracellulaires. Ces molécules de signalisation sont utilisées par de nombreux récepteurs, dans la même cellule et dans des cellules différentes. Elles ont la propriété de se lier entre elles et autour de « molécules adaptatrices » pour former un « signalosome ».*

• *Une molécule adaptatrice est une protéine constituée soit de « modules d'interaction moléculaire », soit de séquences moléculaires qui ont une affinité pour ces modules d'interaction. Les modules d'interaction moléculaire sont, dans les protéines, des régions qui interagissent spécifiquement avec des séquences moléculaires présentes dans d'autres protéines intracellulaires, et peuvent ainsi les assembler. Un signalosome est un assemblage de molécules intracellulaires qui, dans un lieu donné, à un moment donné et dans des conditions appropriées, peuvent agir les unes sur les autres et sur d'autres molécules. Parmi les molécules recrutées dans un signalosome, beaucoup sont en effet des enzymes. Dans les signalosomes s'élaborent des signaux intracellulaires qui se propagent dans la cellule, jusqu'au noyau où ils mettent en route la transcription de gènes en sommeil.*

Très souvent, les signaux envoyés à l'intérieur de la cellule sont des signaux d'activation. Ils induisent des activités biologiques que la cellule peut exercer, mais qu'elle n'exerce pas en absence de stimulation. La cellule est alors « activée ». Elle peut répondre à la stimulation.

7. **Les récepteurs immunitaires peuvent percevoir des molécules extracellulaires et des molécules intracellulaires parce que certains d'entre eux sont localisés sur la surface des cellules immunitaires, tandis que d'autres sont localisés à l'intérieur.**

Les récepteurs des cellules immunitaires permettent de percevoir des molécules extracellulaires, mais également des molécules intracellulaires. Cette distinction dépend de la localisation des récepteurs et de leur type. On distingue en effet des récepteurs membranaires et des récepteurs intracytoplasmiques.

Si tous les récepteurs cytoplasmiques sont évidemment intracellulaires, certains récepteurs membranaires sont exprimés sur la membrane cytoplasmique, tandis que d'autres sont exprimés sur les membranes de petites vésicules intracellulaires qu'on appelle les endosomes. Les récepteurs membranaires exprimés sur la membrane cytoplasmique ont pour ligands des molécules extracellulaires ; les récepteurs membranaires exprimés sur la membrane des endosomes ont pour ligands des molécules intracellulaires.

• *On notera que les ligands des récepteurs exprimés sur la membrane des endosomes sont bien localisés à l'intérieur de la cellule, mais ils ne sont pas* *intracellulaires à proprement parler : ils sont dans la lumière des endosomes, et non dans le cytoplasme. Or les endosomes sont comme des petites « bulles » de milieu extracellulaire enfermées dans la membrane endosomale. « Milieu extracellulaire » signifie simplement « milieu situé à l'extérieur de la cellule ». Cette expression ne dit rien de l'origine du contenu des endosomes. Celui-ci peut en effet avoir été* endocyté*, i.e. *avoir été internalisé dans la cellule, et provenir de l'extérieur, mais aussi avoir été synthétisé par la cellule elle-même, et provenir de l'intérieur.*

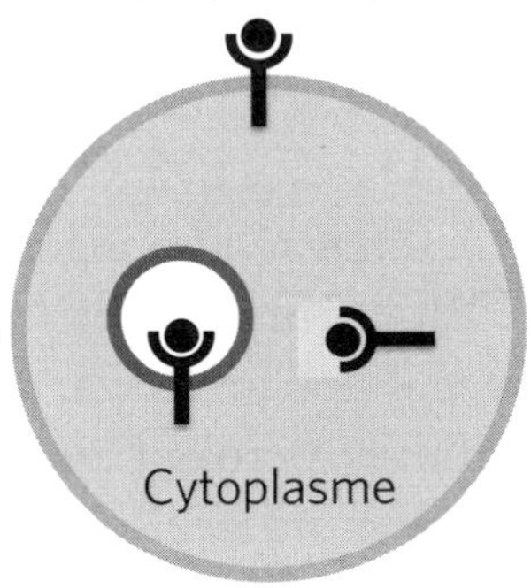

La localisation de ces récepteurs détermine en grande partie la nature des molécules qui s'y fixent. Les molécules biologiques présentes à l'extérieur et à l'intérieur des cellules ne sont en effet pas les mêmes.

8. De très nombreux récepteurs pour les molécules extracellulaires sont exprimés sur la membrane cytoplasmique des cellules immunitaires. Ces récepteurs membranaires appartiennent à deux grandes familles, les immunorécepteurs et les récepteurs de pattern, et leurs ligands sont profondément différents.

Les récepteurs membranaires sont des protéines qui traversent la membrane : ce sont des récepteurs transmembranaires. Ils sont constitués d'une partie extracellulaire sur laquelle se fixe spécifiquement le ligand, d'un segment transmembranaire hydrophobe qui permet l'insertion du récepteur dans la membrane et d'une partie intracytoplasmique qui transmet des signaux à la cellule lorsque le récepteur est engagé par son ligand.

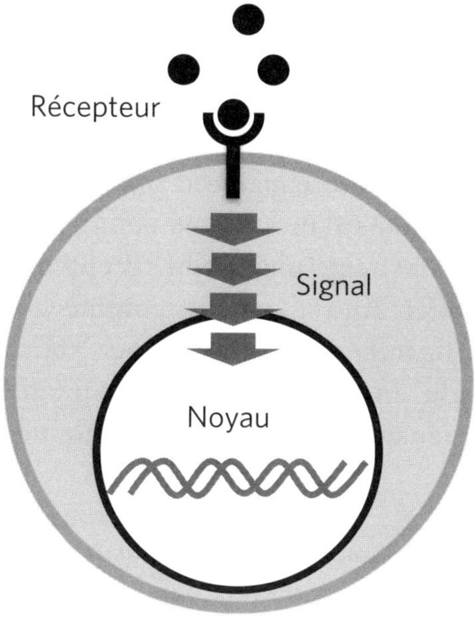

Plusieurs types de récepteurs membranaires pour des molécules extracellulaires peuvent être distingués par leurs ligands et par leur structure moléculaire. Ils appartiennent à deux grandes familles moléculaires, la famille des immunorécepteurs et la famille des récepteurs de patterns.

Les immunorécepteurs

Les immunorécepteurs ne se définissent pas par la nature de leurs ligands, mais par le mode de signalisation qu'ils utilisent pour stimuler les activités biologiques des cellules qui les expriment. Ces récepteurs partagent la caractéristique de posséder, dans leur(s) domaine(s) intracellulaire(s), un ou plusieurs motifs d'activation appelés *immunoreceptor tyrosine-based activation motifs* ou ITAM.

Les ligands des immunorécepteurs sont généralement plurivalents : ils peuvent se fixer à plusieurs récepteurs identiques (et parfois différents) en même temps. Leur liaison impose une contrainte aux récepteurs. Ceux-ci sont en effet mobiles lorsqu'ils ne sont pas occupés. Ils se déplacent librement dans le plan de la membrane cellulaire, fluide[6]. Lorsqu'ils sont engagés par un ligand plurivalent, ils perdent leur liberté de mouvement. Maintenus à proximité les uns des autres par leur ligand, ils deviennent des agrégats de grande taille qui diffusent plus lentement. On dit que les récepteurs sont agrégés.

Or ce n'est pas la liaison d'un ligand à un immunorécepteur qui informe la cellule de la présence d'une macromolécule biologique, c'est l'agrégation des récepteurs que celle-ci provoque. On peut en effet remplacer le ligand spécifique d'un récepteur par n'importe quelle autre molécule plurivalente capable d'agréger plusieurs immunorécepteurs sur la membrane d'une même cellule (des anticorps dirigés contre les domaines extracellulaires du récepteur, par exemple), on obtient le même effet. Autrement dit, comme nous l'avons vu plus haut, la nature du ligand est sans importance pour le récepteur. Pour qu'un ligand simule une cellule, il faut et il suffit qu'il agrège les immunorécepteurs auxquels il se lie. La cellule ne « sait » pas ce qui l'active.

• *L'agrégation des immunorécepteurs permet en effet à des enzymes intracellulaires d'agir sur leurs substrats parce qu'elle rapproche ceux-là de ceux-ci. Les enzymes mis en œuvre sont des tyrosine-kinases. Leurs substrats sont les ITAM présents dans les domaines intracellulaires des immunorécepteurs. Les tyrosine-kinases accrochent un groupement phosphate sur les tyrosines des ITAM. Les ITAM sont des petits motifs moléculaires*[7] *d'une quinzaine d'acides aminés, dont la séquence est : YxxLxxxxxxYxxL (Y étant l'abréviation de « tyrosine », L, l'abréviation de « leucine » et x représentant n'importe quel acide aminé). Une fois phosphorylés, les ITAM recrutent des molécules de signalisation intracellulaires qui possèdent des modules d'interaction moléculaire qui ont une affinité pour les motifs YxxL, à condition que la tyrosine de ces motifs soit phosphorylée.*

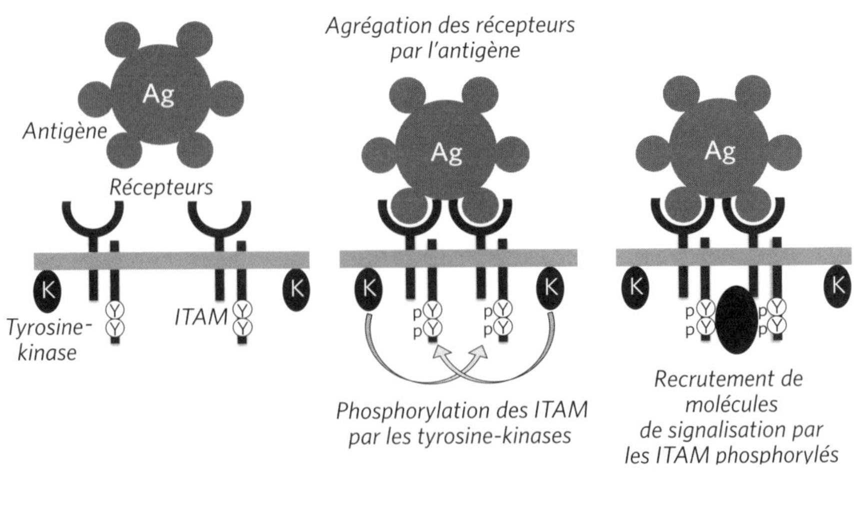

Les molécules ainsi recrutées s'assemblent dans un signalosome d'où sont lancées des voies métaboliques qui conduisent à l'activation cellulaire.

Certains immunorécepteurs sont des récepteurs d'antigène. Faute de mieux, j'utiliserai ce terme « antigène » parce qu'il est omniprésent en immunologie et parce que son imprécision est bien pratique. Un antigène a été initialement défini comme un objet biologique capable d'induire la formation d'anticorps dirigés contre lui (et un anticorps, comme une molécule capable de reconnaître cet antigène). Je définirai un antigène comme une molécule qui possède deux propriétés : une « immunogénicité », *i.e.* la capacité d'induire une réponse immunitaire adaptative, et une « antigénicité », *i.e.* la capacité d'être reconnue spécifiquement par les effecteurs de cette réponse immunitaire. On retrouve ici la double propriété d'agir et de subir que nous avions attribuée aux macromolécules biologiques vis-à-vis du système immunitaire. Ce qui est propre à un antigène est d'induire et de subir une réponse immunitaire *adaptative*.

• *Les récepteurs d'antigène des cellules B (*B cell receptors *ou BCR) peuvent être engagés par des antigènes « natifs »,* i.e. *non modifiés par les cellules associées au système immunitaire. Les BCR sont exprimés exclusivement par les lymphocytes B. Tous les BCR d'un lymphocyte B sont identiques et spécifiques du même antigène ou de la même petite partie d'un antigène.*

• *Les récepteurs d'antigène des cellules T (*T cell receptors *ou TCR) ne peuvent être engagés que par des peptides associés aux molécules d'histocompatibilité de cellules « présentatrices d'antigène » comme les cellules dendritiques. Celles-ci peuvent en effet capter un antigène, l'internaliser, le découper en fragments peptidiques et associer ces peptides aux molécules du complexe d'histocompatibilité majeur (CMH) qu'elles expriment sur leur membrane. Elles peuvent alors « présenter » ces complexes peptide-CMH aux cellules T qui possèdent un TCR spécifique de cette association. Les TCR sont exprimés exclusivement par les lymphocytes T. Tous les TCR d'un lymphocyte T sont identiques et spécifiques de l'association d'un même peptide-CMH.*

• *Les récepteurs pour la partie Fc des anticorps (RFc) constituent une famille d'immunorécepteurs structurellement et fonctionnellement semblables.*

Ces récepteurs peuvent être engagés par un antigène lorsque celui-ci est fixé à des anticorps spécifiques de cet antigène. Un anticorps (Ac) a une forme en « Y » avec deux « bras » identiques qu'on appelle les parties Fab et une « jambe » qu'on appelle la partie Fc. L'antigène (Ag) se fixe aux extrémités Fab d'un ou de plusieurs anticorps spécifiques de « déterminants antigéniques » ou « épitopes ».

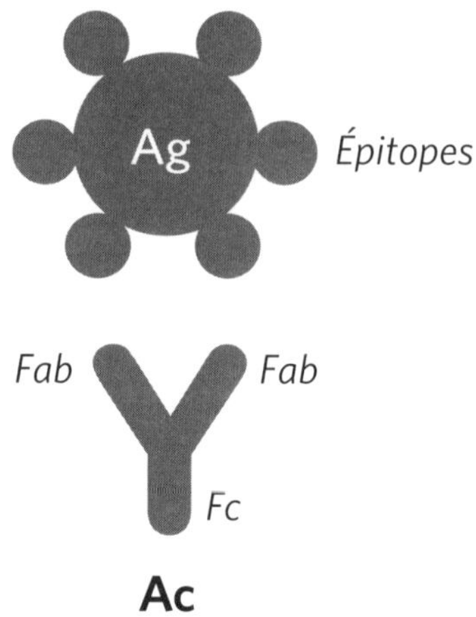

• *Les anticorps peuvent alors interagir avec les RFc par leur partie Fc. Les RFc sont donc des récepteurs pour les antigènes sous forme de « complexes immuns ». Il existe plusieurs RFc pour les grandes classes d'anticorps : les IgA, les IgE et les IgG, dont 10 pour les IgG chez l'homme. Les RFc sont exprimés par toutes les cellules myéloïdes et par quelques cellules lymphoïdes (les lymphocytes B et les cellules NK). Les cellules myéloïdes expriment de nombreux RFc, pour les différentes classes ou sous-classes d'anticorps.*

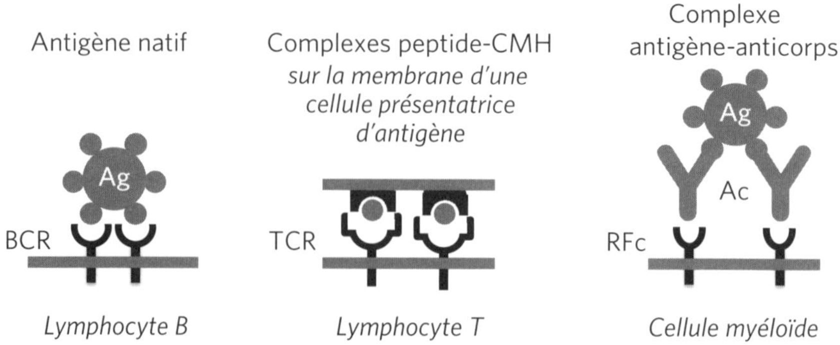

BCR, TCR et RFc sont ainsi trois immunorécepteurs, exprimés par des types cellulaires différents, qui permettent au système immunitaire de « percevoir » un même antigène sous trois formes différentes : sous forme non modifiée, sous forme de complexe peptide-CMH et sous forme de complexes immuns.

Les BCR et les TCR se présentent comme d'innombrables variations sur un thème : à une même structure constante, ils associent une multitude de régions variables qui leur permettent d'interagir respectivement avec une multitude d'antigènes ou d'associations peptide-CMH. En revanche, les RFc sont peu nombreux et assez peu variables : une vingtaine suffit pour fixer les neuf classes et sous-classes d'anticorps.

D'autres immunorécepteurs, exprimés par les ILC, ne fixent pas d'antigène à proprement parler, mais des molécules exprimées par des cellules tumorales, des cellules infectées par des virus ou des organismes unicellulaires comme des mycobactéries (*Mycobacterium tuberculosis*) ou des parasites (*Plasmodium falciparum*).

• *Parce qu'ils ont d'abord été trouvés sur les cellules NK, les récepteurs de ce type sont appelés* natural cytotoxicity recepors *ou NCR. On connaît trois types de NCR : NKp46, NKp44 et NKp30. Les trois NCR sont exprimés par les cellules NK, NKp46 est aussi exprimé par les ILC1 et certaines ILC3, NKp44, par certaines ILC3, et NKp30, par les ILC2 et certaines ILC3.*

Les récepteurs de patterns

Les *pattern recognition receptors* (PRR) forment une famille de récepteurs pour les micro-organismes. Ces récepteurs n'interagissent pas avec des molécules particulières comme les antigènes, mais avec des séquences moléculaires qu'on retrouve avec peu de variations sur la paroi de nombreuses bactéries ou leurs produits solubles, et sur des cellules endommagées ou des produits de ces cellules. Les premiers sont appelés « *pathogen-associated molecular patterns* » ou « *microbe-associated molecular patterns* » (PAMP ou MAMP), les seconds, « *damage-associated molecular patterns* » (DAMP). Je les appellerai collectivement « patterns moléculaires », et les *pattern recognition receptors*, des « récepteurs de patterns ». Les récepteurs de patterns sont exprimés par les cellules myéloïdes, mais également par des cellules lymphoïdes comme les lymphocytes B. Les patterns moléculaires partagent avec les antigènes la double propriété des macromolécules biologiques d'induire et de subir une réponse immunitaire. Ce qui les en distingue est la propriété d'induire et de subir une réponse immunitaire *innée*.

• *Certains récepteurs de patterns sont appelés* « Toll-like receptors » *(TLR) parce qu'ils ressemblent, structurellement et fonctionnellement, aux* Toll receptors *décrits chez les insectes. Les TLR sont constitués d'un domaine extracellulaire fait d'une répétition de segments riches en leucines, d'un domaine transmembranaire et d'un domaine intracytoplasmique contenant un* « death domain » *(domaine de mort) qui engendre des signaux intracellulaires.*

• *Cinq TLR sont exprimés à la surface des cellules immunitaires, TLR1, TLR2, TLR4, TLR5 et TLR6, dont les ligands sont différents. TLR1 et TLR2 s'associent pour former un récepteur complexe pour les lipoprotéines bactériennes. TLR2 est également un récepteur pour les peptidoglycanes des bactéries Gram-positives, TLR4 est un récepteur pour le lipopolysaccharide (LPS), un composant majeur des bactéries Gram-négatives, lorsqu'il est associé à une protéine sérique, la* LPS-binding protein *(LBP), TLR5 est un récepteur pour la flagelline, une protéine exprimée par les bactéries mobiles. Comme TLR1, TLR6 s'associe à TLR2 pour former un récepteur pour les diacyl-lipopeptides.*

• *D'autres récepteurs de patterns transmembranaires ont pour ligands des glycoprotéines exprimées par des micro-organismes extracellulaires. Ces récepteurs se caractérisent par la présence, dans leur domaine extracellulaire, d'un domaine « lectine de type C », d'où leur nom* C-type lectin receptors *en anglais (CRL). Les lectines sont des molécules qui ont une affinité pour les glucides. Les CRL appartiennent à une grande famille constituée par plus de 1 000 membres, subdivisée en de nombreux groupes, sous-groupes, classes et sous-classes. Une partie seulement sont des récepteurs membranaires. Les principaux CRL exprimés par les cellules immunitaires sont DC-SIGN* (dendritic cell-specific intercellular adhesion molecule-grabbing nonintegrin)*, les dectines 1 et 2, Mincle* (macrophage inducible C-type lectin)*, le récepteur de mannose, etc. Ils sont impliqués dans l'internalisation des micro-organismes, notamment les champignons.*

9. Les récepteurs pour les molécules intracellulaires comprennent des récepteurs membranaires et des récepteurs cytoplasmiques. Ces deux types de récepteurs appartiennent à deux familles moléculaires

très différentes, leurs ligands sont très différents et ils fonctionnent selon des modalités très différentes.

Deux grandes catégories de récepteurs immunitaires peuvent interagir avec des molécules biologiques présentes à l'intérieur des cellules. Les uns sont des récepteurs transmembranaires qui ressemblent beaucoup aux récepteurs exprimés sur la membrane cytoplasmique des cellules immunitaires, mais ils sont exprimés sur la membrane de compartiments intracellulaires comme les endosomes. Les autres sont localisés dans le cytoplasme.

Récepteurs exprimés sur la membrane de compartiments intracellulaires

Les récepteurs exprimés sur des membranes endoplasmiques, *e.g.* les membranes des endosomes, permettent de percevoir des molécules contenues dans ces compartiments intracellulaires. Les principaux récepteurs de ce type appartiennent à la famille des TLR.

Ces récepteurs sont les TLR3, TLR7, TLR8 et TLR9. D'une façon générale, ces TLR intracellulaires sont des récepteurs pour les acides nucléiques. Comme les acides nucléiques présents dans les endosomes sont avant tout d'origine virale, ces récepteurs permettent de percevoir les virus, mais pas uniquement.

• *Ainsi, TLR9 perçoit des acides nucléiques provenant de virus, mais également des acides nucléiques provenant de parasites comme* Trypanosoma cruzi. *TLR7 et TLR8 perçoivent des acides nucléiques à un seul brin comme ceux des virus à ARN comme le virus de la grippe ou le VIH, mais également ceux de bactéries comme* Borrelia burgdorferi *et des complexes ribonucléo-protéines. TLR3 est un récepteur pour les ARN à deux brins provenant de virus comme les réovirus, mais il fixe également des ARN à simple brin de virus comme le* West Nile virus *ou des ADN à deux brins comme l'ADN d'*Herpes simplex.

Récepteurs exprimés dans le cytoplasme

Les récepteurs cytoplasmiques des cellules immunitaires appartiennent à la famille des *nucleotide-binding oligomerization domain-like receptors* (NLR). Les deux principaux NLR sont appelés NOD1 et NOD2.

• *NOD1 et NOD2 sont des protéines cytosoliques dont l'extrémité C-terminale est constituée par la répétition de segments riches en leucines où se fixe le ligand cytoplasmique, par un* nucleotide-binding domain central *et, à l'extrémité* N-terminale, *par un ou plusieurs* caspase recruitment domains, *qui interagissent avec des protéines de signalisation intracellulaire.*

Les ligands de ces récepteurs sont vraiment intracellulaires, *i.e.* localisés dans le cytoplasme. Ce sont des glycoprotéines produites par des micro-organismes intracellulaires notamment le peptidoglycane des bactéries GRAM+ ou la flagelline.

10. Les récepteurs immunitaires peuvent être engagés par des molécules exogènes et par des molécules endogènes.

Parce que c'est leur structure tridimensionnelle qui détermine l'affinité des molécules pour les récepteurs immunitaires, ceux-ci n'ont pas en eux-mêmes les moyens de distinguer les molécules provenant de l'extérieur de l'organisme et les molécules provenant de l'intérieur. Ils fixent indistinctement des molécules exogènes et des molécules endogènes : 1) dont la forme est complémentaire de la leur ; 2) s'ils les rencontrent, *i.e.* s'ils sont présents ensemble au même moment au même endroit et peuvent s'y rencontrer. Les récepteurs immunitaires sont néanmoins capables de faire un tri en fonction de ces deux paramètres.

Ainsi, les TLR, les CLR, les NLR et, d'une façon générale, les récepteurs de pattern (PRR) interagissent préférentiellement avec des micro-organismes parce que les patterns et les glycoprotéines qui se fixent aux PRR sont essentiellement exprimés ou produits par des micro-organismes. De même les NCR des ILC. Des récepteurs de pattern peuvent néanmoins fixer des DAMP exprimés par des cellules altérées.

Des immunorécepteurs comme les BCR et les RFc ne peuvent distinguer l'origine, endogène ou exogène, de leurs ligands. Les BCR ne « voient » que la forme des antigènes. Les RFc n'interagissent pas avec les antigènes dans les complexes immuns qui s'y fixent, mais avec les anticorps indépendamment de leur spécificité et donc des antigènes reconnus par les anticorps. De même, les peptides qui stimulent les TCR peuvent provenir indifféremment de molécules exogènes ou de molécules endogènes.

Quelles que soient l'origine des peptides reconnus par les TCR et celle des antigènes complexés à des anticorps reconnus par les RFc, ces deux immunorécepteurs partagent la caractéristique d'être engagés par des complexes moléculaires dont un des constituants est une molécule endogène : une molécule d'histocompatibilité (CMH-I ou II) pour les complexes reconnus par les TCR et un ou des anticorps pour les complexes reconnus par les RFc.

Les récepteurs intracellulaires, enfin, ne peuvent être stimulés que par des ligands intracellulaires. Les TLR intracellulaires, qui fixent des acides nucléiques, interagissent préférentiellement avec des produits d'origine virale non pas tant parce que ces acides nucléiques sont perçus comme étant différents des acides nucléiques des eucaryotes, mais parce que les endosomes contiennent des ARN et les ADN d'origine virale, mais, normalement, pas d'acides nucléiques provenant de la cellule. De même, les NLR NOD1 et NOD2, qui fixent des peptidoglycanes, interagissent avec des bactéries intracellulaires, non pas tant parce qu'ils sont spécifiques des glycoprotéines de ces micro-organismes, mais parce que, comme ces récepteurs, ces micro-organismes sont cytosoliques.

11. Les récepteurs exprimés par les cellules immunitaires préexistent à la rencontre de leurs ligands. On en distingue deux grands types : les uns résultent, comme la plupart des protéines, de l'expression de gènes non modifiés, les autres résultent de l'expression de gènes « en morceaux » qui sont assemblés dans les lymphocytes par un processus de « réarrangement génétique » propre à ces cellules. Cette combinatoire de « gènes variables » peut engendrer un nombre astronomique de gènes codant autant de récepteurs, spécifiques de tous les antigènes possibles.

Comme les autres récepteurs, les récepteurs immunitaires sont synthétisés par la cellule avant qu'ils ne rencontrent leurs ligands. Ces récepteurs permettent aux cellules immunitaires d'interagir spécifiquement avec des molécules qu'elles n'ont jamais rencontrées auparavant, voire des molécules qu'elles ne rencontreront peut-être jamais. On distingue deux grands types de récepteurs immunitaires selon le processus génétique par lequel ils sont exprimés dans les cellules immunitaires.

La plupart des récepteurs sont, comme la plupart des protéines, codés par des gènes qui ont été transmis à la cellule par la cellule précurseur dont elle dérive. On dit que ces gènes sont « en configuration germinale » parce qu'ils sont identiques dans le noyau des cellules immunitaires et dans le noyau des cellules germinales[8], et c'est ainsi qu'ils sont dans le noyau de toutes les cellules somatiques[9]. Chacun de ces gènes code un récepteur ou une des chaînes polypeptidiques qui constituent un récepteur, et un seul gène code chaque chaîne, y compris celle où se fixe le ligand. Les récepteurs ainsi codés par des gènes en configuration germinale comprennent essentiellement tous les récepteurs exprimés par les cellules myéloïdes et par les ILC.

Les récepteurs d'antigène des lymphocytes sont également constitués de plusieurs chaînes polypeptidiques. Celle à laquelle se fixe l'antigène est codée par plusieurs gènes dont chacun code un segment. Des « gènes C » codent les « régions constantes » communes à tous les récepteurs d'antigène d'un type donné, d'autres codent un segment des « régions variables ». Ainsi, les régions variables, auxquelles se lie l'antigène, sont codées par l'assemblage d'un « gène V », d'un « gène D » et d'un « gène J », choisis au hasard parmi une petite centaine de gènes. Ce « réarrangement génétique » propre aux lymphocytes permet la productin d'un nombre astronomique de combinaisons de gènes, qui codent autant de régions variables, spécifiques d'autant d'antigènes. Parce qu'il n'exprime que le produit d'un seul réarrangement, un lymphocyte exprime un récepteur et un seul, spécifique d'un même antigène. Le gène « réarrangé » est transmis par le lymphocyte à ses cellules filles et à toutes les cellules filles de celles-ci qui expriment donc toutes des récepteurs d'une même spécificité. Les récepteurs codés par des gènes résultant d'un tel réarrangement sont les récepteurs pour l'antigène des lymphocytes : les BCR des lymphocytes B et les TCR des lymphocytes T.

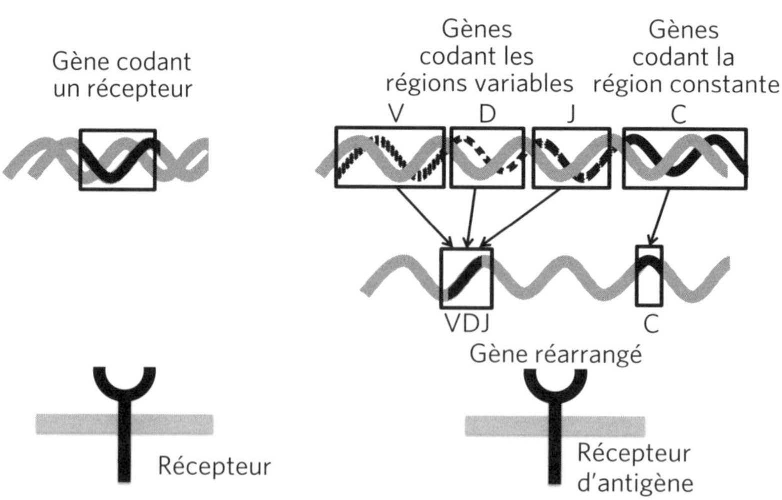

Les réponses

12. En réponse à l'engagement de leurs récepteurs immunitaires, certaines cellules immunitaires peuvent se multiplier, et toutes peuvent mettre en œuvre différentes activités biologiques. Celles-ci dépendent avant tout de la différenciation qu'ont subie ces cellules, et donc de leur type cellulaire.

Comme toutes les cellules de l'organisme, les cellules immunitaires sont en permanence le lieu d'une intense activité : il s'y produit une multitude de réactions biochimiques qui permettent à ces cellules de vivre. Elles absorbent des nutriments du milieu extracellulaire, elles les dégradent en molécules qu'elles peuvent assimiler et les intègrent dans leurs propres molécules, elles excrètent ce qu'elles n'utilisent pas, elles récupèrent l'énergie libérée par la dégradation moléculaire et la « stockent » sous forme de petites molécules[10] capables de restituer cette énergie pour fabriquer de nouvelles molécules, elles remplacent ainsi leurs « vieilles » molécules par des nouvelles, elles se renouvellent en permanence tout en restant elles-mêmes. On regroupe ces activités sous le terme de « métabolisme de base ».

Les cellules immunitaires ne font cependant pas spontanément tout ce qu'elles sont capables de faire. Elles ne mettent en œuvre certaines activités que si elles y sont « poussées », autrement dit si les récepteurs qu'elles expriment leur envoient des signaux qui les y engagent.

Ainsi, les cellules immunitaires ne se multiplient pas spontanément comme le font les bactéries dans un flacon de culture. C'est l'engagement des récepteurs de facteurs de croissance qui leur en donne le signal. Il existe toutes sortes de facteurs de croissance qui font proliférer un spectre plus ou moins large de cellules[11], mais aussi certaines interleukines (IL) comme l'IL-2, l'IL-3, l'IL-4, l'IL-5 ou l'IL-6[12]. Les lymphocytes naïfs prolifèrent également, et se différencient, en réponse à l'engagement de leurs récepteurs d'antigène, le BCR sur les cellules B et le TCR sur les cellules T.

• *Pour se multiplier, les cellules immunitaires doivent passer à travers une série d'étapes qui les conduisent de l'état de « repos » à la division cellulaire. Le plus souvent, en effet, elles sont dans un état où elles ne se divisent pas.*

Elles sont en phase G_0. Pour se diviser, elles doivent entrer dans le « cycle cellulaire ». La première étape consiste à entrer en phase G_1 au cours de laquelle se prépare la réplication du matériel génétique. Les cellules passent ensuite en phase S durant laquelle leur ADN est dupliqué, puis en phase G_2 durant laquelle de nouvelles protéines sont synthétisées. Elles passent enfin en phase M durant laquelle s'accomplit la mitose. Les cellules filles issues de la division cellulaire sortent alors du cycle et se retrouvent à leur tour en phase G_0 durant laquelle elles ne se divisent pas, en attendant d'entrer à nouveau dans le cycle si elles en reçoivent le signal.

• *Le passage d'une phase du cycle cellulaire à la suivante est contrôlé par une famille de protéines intracellulaires appelées « cyclines ». Les cyclines activent des* cyclin-dependent kinases *(Cdk) auxquelles elles se lient. Le complexe cycline-Cdk ainsi formé phosphoryle des facteurs de transcription qui induisent alors l'expression des cyclines qui contrôlent le passage à la phase suivante. L'entrée en cycle elle-même,* i.e., *le passage de phase G_0 à G_1, est déclenchée par des complexes constitués de cyclines de la famille des cyclines D et des Cdk 4 et 6, qui sont synthétisées en réponse aux signaux délivrés par les récepteurs engagés par des facteurs de croissance.*

Les cellules immunitaires « savent » faire bien d'autres choses que se multiplier lorsqu'elles sont activées. Toutes peuvent endocyter, c'cst-à-dire internaliser des grosses molécules solubles, et certaines peuvent phagocyter, c'est-à-dire internaliser des particules. Elles peuvent également externaliser des molécules qu'elles contiennent. Les molécules que libère ou sécrète une cellule sont celles qu'elle sait fabriquer, celles que sa différenciation lui permet de synthétiser. Ces molécules peuvent être stockées dans des granules qui sont libérés lors de l'activation cellulaire, ou nouvellement synthétisées et sécrétées par la cellule en réponse aux signaux d'activation.

Ainsi, les mastocytes contiennent dans leurs granules des médiateurs vaso-actifs comme l'histamine et d'énormes quantités de protéases capables de dégrader toutes sortes de protéines, les granules des éosinophiles contiennent des protéines comme la *major basic protein* (MBP), l'*eosinophil cationic protein* (ECP) ou l'*eosinophil peroxidase*, qui sont toxiques pour des bactéries et des parasites, les cellules T cytotoxiques et les cellules NK contiennent d'autres enzymes qui, comme le granzyme B ou la perforine, peuvent induire la mort d'autres cellules. Lorsqu'elles sont activées, ces cellules libèrent le contenu de leurs granules par un processus d'« exocytose ».

Lorsqu'elles sont activées, toutes ces cellules sécrètent également des molécules qu'elles synthétisent « à la demande ». Ces molécules nouvellement synthétisées comprennent des molécules dérivées de phospholipides intracellulaires, comme des leucotriènes, des prostaglandines, des thromboxanes ou le *platelet activating factor* (PAF), et des protéines comme des cytokines, des chimiokines ou des facteurs de croissance.

Les réponses des cellules dépendent avant tout de leur type cellulaire. Les nombreux types de cellules immunitaires ont donc des répertoires fonctionnels différents, et elles mettent en œuvre des activités biologiques différentes lorsqu'elles sont activées par l'engagement de leurs récepteurs immunitaires.

13. Deux grandes catégories de cellules sont mises en jeu selon des modalités différentes au cours d'une réponse immunitaire. Certaines cellules répondent elles-mêmes à la stimulation induite par l'engagement de leurs récepteurs immunitaires ; d'autres cellules ne le peuvent pas : elles commencent par se multiplier et se différencier lorsqu'elles sont stimulées, pour produire des cellules effectrices capables d'agir sur la molécule à l'origine de leur stimulation.

Une réponse immunitaire résulte de l'intégration de l'ensemble des réponses de l'ensemble des cellules immunitaires engagées dans cette réponse. Deux grands types de réponses immunitaires peuvent être induits selon des modalités différentes.

Dans un premier type de réponse, ce sont les mêmes cellules qui perçoivent la stimulation délivrée par une macromolécule biologique et qui agissent en retour sur cette molécule ou sur la structure qui porte cette molécule. Elles sont à la fois les cellules inductrices et les cellules effectrices de la réponse. Les cellules de ce type sont les cellules myéloïdes et les ILC. Ces cellules partagent deux caractéristiques : elles sont nombreuses et elles sont fonctionnelles immédiatement. Les cellules myéloïdes sont réellement nombreuses et ubiquitaires. Elles sont de nombreux types, elles sont pour la plupart nombreuses dans chaque type et elles sont présentes partout. Celles qui font partie des cellules sanguines circulent dans tout l'organisme ; celles qui résident dans des tissus sont présentes dans pratiquement tous les tissus et elles se déplacent d'un tissu à un autre. Elles sont nombreuses aussi parce que, à la différence des lymphocytes, elles ne sont pas spécifiques d'antigène : elles peuvent toutes agir sur n'importe quelle molécule biologique, et elles peuvent agir ensemble. Les cellules myéloïdes et les ILC peuvent enfin agir sans délai car elles sont déjà différenciées et, pour la plupart, matures. Elles sont donc prêtes à exercer les activités biologiques qu'elles savent exercer partout et à tout moment. Ces cellules agissent soit directement, comme les macrophages qui phagocytent ou comme les cellules NK qui tuent d'autres cellules, soit par l'intermédiaire d'effecteurs solubles, comme les ILC ou les mastocytes qui sécrètent des cytokines et d'autres médiateurs. On appelle ce type de réponse la réponse immunitaire innée.

Dans un second type de réponse, les cellules immunitaires qui perçoivent la stimulation délivrée par une molécule biologique et les cellules qui agissent en retour sur cette molécule ou sur la structure qui porte cette molécule ne sont pas les mêmes. Les cellules effectrices ne sont pas disponibles au moment de la stimulation. Elles doivent se différencier à partir des cellules inductrices. Ces réponses sont celles des cellules lymphoïdes. À la différence des cellules myéloïdes et des ILC, les cellules lymphoïdes capables de répondre à la stimulation délivrée par un antigène ne sont ni nombreuses ni fonctionnelles immédiatement. Si l'on en juge par une numération-formule sanguine, les lymphocytes ne sont pas tellement moins nombreux que les cellules myéloïdes, mais ils sont spécifiques d'un antigène et d'un seul. Tous les BCR d'un lymphocyte B et tous les TCR d'un lymphocyte T sont identiques et spécifiques du même antigène. Ils sont donc peu nombreux à être spécifiques d'un antigène donné. Le répertoire des lymphocytes est en effet immense, et sans doute cet immense répertoire a-t-il permis à nos ancêtres phylogénétiques de répondre aux innombrables pathogènes qu'ils ont rencontrés, et à nous d'être là aujourd'hui pour en parler. Le nombre de lymphocytes étant fini et le répertoire antigénique de l'ensemble des lymphocytes étant immense, les lymphocytes spécifiques d'un antigène donné sont peu nombreux, trop peu nombreux, sans doute, pour être efficaces. Il va donc leur falloir d'abord se multiplier pour le devenir. Une autre différence avec les cellules myéloïdes et les ILC est que, lorsqu'ils rencontrent un antigène, les lymphocytes sont immatures. Ces lymphocytes « naïfs » sont dépourvus de propriétés effectrices. Ils doivent se différencier pour pouvoir agir. C'est l'engagement de leurs récepteurs d'antigène qui induit, et la multiplication, et la différenciation des lymphocytes. Ceux-ci se différencient soit en cellules effectrices spécifiques de la macromolécule à l'origine de la réponse, soit en cellules productrices de molécules effectrices. On appelle ce type de réponse la réponse immunitaire adaptative.

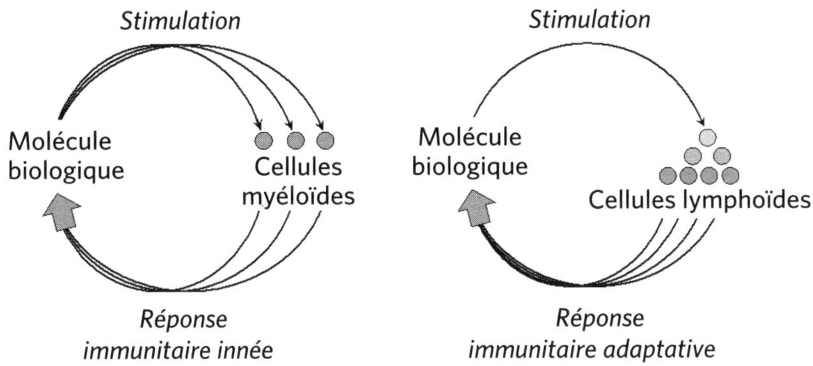

En conclusion, les cellules de l'immunité innée agissent sur les structures biologiques qu'elles « connaissent » tandis que les cellules de l'immunité adaptative agissent sur les structures biologiques qu'elles « reconnaissent ». Ce sont les mêmes cellules qui « connaissent » la structure biologique qui déclenche la réponse immunitaire innée et qui l'exercent sur les molécules qu'elles « connaissent ». « Connaissance » et « action » sont liées dans la réponse immunitaire innée. En revanche, les cellules qui « connaissent » la structure biologique qui déclenche la réponse immunitaire ne sont pas les mêmes que celles qui l'exercent sur les molécules qu'elles « reconnaissent ». L'action n'est pas liée à la « connaissance » mais à la « reconnaissance » dans la réponse immunitaire adaptative.

14. Les cellules effectrices des réponses immunitaires peuvent agir directement ou par l'intermédiaire de deux grands groupes de molécules : des anticorps et des cytokines. Ces molécules n'ont, à elles seules, pas ou peu d'effet sur la molécule biologique à l'origine de la réponse. Pour agir, elles utilisent des cellules qui expriment des récepteurs pour les anticorps et/ou des récepteurs pour les cytokines.

Les cellules effectrices des deux types de réponse immunitaire peuvent agir directement ou indirectement sur les molécules qui les ont induites ou sur les cellules qui expriment ces molécules. Des cellules myéloïdes comme les monocytes, les macrophages ou les polynucléaires, des cellules lymphoïdes comme les cellules T cytotoxiques et des ILC comme les cellules NK agissent directement. Des cellules myéloïdes, des cellules lymphoïdes et des ILC (d'autres cellules ou les mêmes) peuvent également agir par l'intermédiaire de molécules qu'elles produisent et qu'elles sécrètent.

Ces molécules comprennent des molécules capables de reconnaître spécifiquement l'antigène à l'origine de la réponse immunitaire, et des molécules qui en sont incapables. Les premières sont les anticorps, les secondes, des cytokines. Les anticorps sont produits par les plasmocytes qui se sont différenciés à partir des lymphocytes B activés par l'antigène qui a induit la réponse immunitaire. Ils ont la même spécificité que le BCR de ces lymphocytes. Les cytokines sont produites par des cellules qui se sont différenciées à partir des lymphocytes T activés par la reconnaissance de l'antigène à l'origine de la réponse immunitaire, ou par des cellules déjà différenciées, activées par leurs récepteurs immunitaires.

Les anticorps reconnaissent donc l'antigène qui a induit leur production. Ils peuvent s'y fixer avec une forte affinité. À elle seule, cette liaison n'a cependant pas ou peu de conséquences. On a longtemps pensé que les anticorps pouvaient « bloquer » les éventuels effets biologiques de l'antigène. Les anticorps peuvent effectivement inhiber les propriétés cytotoxiques de toxines bactériennes ou le pouvoir infectieux de virus *in vitro*. On sait aujourd'hui que cette propriété ne rend pas compte de la protection conférée par des anticorps *in vivo* car celle-ci est abolie chez des animaux dépourvus de récepteurs pour les anticorps.

Pour être protecteurs, et d'une façon générale pour agir sur un antigène, les anticorps ont besoin de cellules qui expriment des RFc et qui peuvent répondre à l'engagement de ces récepteurs. Ces cellules sont essentiellement les cellules myéloïdes. Ainsi, les anticorps ne sont pas à proprement parler des molécules effectrices. Ce sont des molécules qui amènent l'antigène à proximité de cellules effectrices. En se fixant simultanément à l'antigène par leurs parties Fab, et aux RFc des cellules myéloïdes par leur partie Fc, les anticorps permettent à des cellules dépourvues de récepteur d'antigène d'agir spécifiquement sur l'antigène.

Les cytokines n'ont aucune affinité pour les antigènes, mais leur sécrétion est induite par l'activation des cellules qui les sécrètent.

Si ces cellules sont des lymphocytes, leur activation est induite par l'engagement de leurs récepteurs d'antigène par l'antigène spécifique. Si ce sont d'autres cellules, leur activation peut être induite par un autre récepteur immunitaire. Les cytokines sécrétées dépendent du type cellulaire. Ainsi, les lymphocytes Th1 sécrètent un cocktail de cytokines, parmi lesquelles l'IL-2 et l'interféron gamma (IFNγ) sont caractéristiques des réponses de ces cellules, tandis que les lymphocytes Th2 sécrètent un autre cocktail de cytokines, parmi lesquelles l'IL-4 l'IL-5 et l'IL-13 sont caractéristiques des réponses de ces cellules. Les ILC des différents types sécrètent leur propre cocktail de cytokines, de même que les cellules myéloïdes activées. Une fois sécrétées, les cytokines agissent sur les cellules de l'environnement qui expriment des récepteurs de cytokines.

- *Les récepteurs de cytokines appartiennent à une famille de molécules transmembranaires constituées de deux sous-unités : une sous-unité qui fixe la cytokine et une sous-unité qui délivre des signaux intracellulaires. Cette sous-unité de signalisation peut être partagée avec d'autres récepteurs de cytokines. Ainsi, les récepteurs pour l'IL-3 et pour l'IL-5 partagent la même sous-unité β, les récepteurs pour l'IL-2, pour l'IL-4, pour l'IL-7, pour l'IL-9, pour l'IL-13, pour l'IL-15 et pour l'IL-21 partagent la même sous-unité γ, les récepteurs pour l'IL-6, pour l'IL-11, pour l'IL-12 et pour l'IL-27 partagent la même sous-unité gp130.*

Les chimiokines sont une famille de molécules apparentées aux cytokines qui possèdent la propriété d'attirer les cellules. Elles contrôlent ainsi les mouvements de cellules, leur passage du sang dans les tissus, leur migration dans d'autres tissus, et en conséquence la différenciation des cellules hématopoïétiques, l'angiogenèse et la formation de métastases par les cellules cancéreuses. Certaines chimiokines sont produites de façon basale, d'autres sont induites au cours de réactions inflammatoires. Les chimiokines mobilisent les cellules qui expriment des récepteurs de chimiokines. Ces récepteurs font partie des récepteurs à 7 domaines transmembranaires associés à des *protéines* G*. Exprimés par de nombreuses cellules de la lignée hématopoïétique, les récepteurs de chimiokines permettent à ces cellules de migrer vers les foyers inflammatoires et de contribuer aux réponses immunitaires.

• *On distingue trois grandes classes de chimiokines par les motifs contenant des cystéines (C) qu'elles possèdent. Les deux principales sont la classe des chimiokines CCL qui comprend 24 représentants, et la classe des chimiokines CXCL qui comprend 15 représentants. La troisième classe comprend les chimiokines CX3CL1, XCL1 et XCL2. Les chimiokines CCL se fixent à des récepteurs CCR, et les chimiokines CXCL, à des récepteurs CXCR. On connaît 10 récepteurs CCR et 7 récepteurs CXCR. CX3CL1 se fixe au récepteur CX3CR1 ; XCL2 et XCL2 se fixent au récepteur XCR1.*

En conclusion, la plupart des cellules utilisées par les effecteurs moléculaires de l'immunité adaptatrice sont les cellules myéloïdes, *i.e.* les cellules effectrices de l'immunité innée. Ainsi, les molécules effectrices de l'immunité adaptative enrôlent-elles les cellules de l'immunité innée, pourtant dépourvues de récepteurs pour l'antigène, dans la réponse immunitaire adaptative spécifique de l'antigène à l'origine de la réponse.

15. Les réponses immunitaires s'exercent sur des organismes vivants ou sur les molécules qui en dérivent. Lorsqu'elles s'exercent sur des produits solubles, elles induisent des réactions inflammatoires. Lorsqu'elles s'exercent sur des cellules, le plus souvent elles les phagocytent ou elles les tuent. Les réponses immunitaires sont à la fois protectrices et pathogènes.

Quel que soit le type de réponse immunitaire, ses conséquences dépendent principalement des cellules effectrices et des structures sur lesquelles celles-ci agissent. Parce que ce sont des molécules biologiques que « connaissent » ou « reconnaissent » les cellules effectrices, l'action de ces cellules est ciblée sur ces molécules. Celles-ci peuvent être soit des molécules en solution dans le milieu extracellulaire, soit des molécules portées par ou contenues dans des cellules ou des organismes vivants.

Lorsqu'ils agissent sur des molécules solubles, les effecteurs immunitaires engendrent principalement une réaction inflammatoire. Lorsqu'ils agissent sur des molécules associées à des cellules ou à des organismes vivants, les effecteurs immunitaires affectent principalement ces cellules ou ces organismes. Ces cellules peuvent être endogènes ou exogènes. Les cellules endogènes peuvent être normales ou altérées. Les réactions immunitaires envers les cellules normales de l'organisme sont des réactions « auto-immunitaires ». Beaucoup de celles qu'on connaît sont pathogènes ; d'autres sont apparemment physiologiques. Les réactions envers des cellules infectées par des virus sont pour la plupart des réactions anti-infectieuses protectrices, mais certaines peuvent au contraire faciliter l'infection virale. Elles s'accompagnent également de réactions inflammatoires qui peuvent être pathogènes. Les réactions envers des cellules transformées peuvent protéger contre le cancer ou, au contraire, protéger le cancer. Les réactions envers des bactéries peuvent soit protéger contre les infections, soit protéger les commensaux. Là encore, des réactions inflammatoires associées peuvent être pathogènes. Les réactions envers les parasites existent indiscutablement, mais elles n'empêchent pas l'infestation puisque vivre chez un hôte malgré les réactions immunitaires qu'il induit est précisément le propre d'un parasite.

Les réponses induites par une même molécule biologique peuvent aussi être différentes selon qu'elles sont systémiques ou locales et, dans ce cas, selon la localisation, parce que les cellules immunitaires sont différentes, ou que ce sont les mêmes cellules, mais en proportions différentes dans différents tissus. Dans tous les cas, plusieurs types de cellules effectrices, capables d'exercer des effets différents, sont mis en jeu.

Certaines cellules, *e.g.* les lymphocytes T cytotoxiques et les cellules NK, peuvent tuer d'autres cellules. Certaines cellules, *e.g.* les polynucléaires basophiles et les mastocytes, peuvent libérer des substances toxiques, des substances pro-inflammatoires, des substances vaso-actives (qui modifient la perméabilité vasculaire), des substances qui induisent la contraction des muscles lisses, des substances qui stimulent la sécrétion de cellules productrices de mucus, etc. De nombreuses cellules, *e.g.* les ILC et divers types de lymphocytes, peuvent sécréter à leur tour des cytokines qui activent d'autres cellules et/ou de chimiokines qui les attirent. Certaines cellules, *e.g.* les polynucléaires neutrophiles et les macrophages, peuvent internaliser des particules, cellules ou micro-organismes : elles peuvent phagocyter. La plupart des cellules peuvent internaliser des molécules solubles : elles peuvent endocyter. Toutes peuvent se mobiliser, migrer vers la structure reconnue et s'activer à son contact.

Ensemble, les médiateurs pro-inflammatoires, les substances vaso-actives qui facilitent la sortie de cellules et de molécules hors des vaisseaux sanguins, les chimiokines qui attirent des cellules et les cytokines qui les activent contribuent à la mise en place d'une réaction inflammatoire autour de la structure biologique à l'origine de la réponse immunitaire. Ainsi, des effecteurs cellulaires et moléculaires sont réunis dans des conditions favorables pour que ceux-ci exercent leurs activités sur cette structure biologique.

La réaction inflammatoire ainsi induite contribue également à la réparation de lésions tissulaires éventuelles. Cette réparation peut être la reconstitution de tissu lésé ou la production d'une fibrose qui remplace le tissu lésé. Dans des conditions normales, la réaction inflammatoire est modérée et transitoire. Si elle se prolonge, ou si elle est trop intense, elle peut elle-même être à l'origine de lésions. Si elle est trop importante, la reconstitution peut provoquer un « remodelage » du tissu réparé qui ne fonctionne plus de la même façon. Le tissu fibreux ne possède pas les propriétés du tissu qu'il remplace. Une réaction immunitaire peut être pathogène.

En conclusion, les réponses immunitaires peuvent être aussi bien protectrices que pathogènes, et peut-être autant pathogènes que protectrices. Elles sont à la fois remarquablement efficaces et potentiellement dangereuses. C'est sans doute une raison qui explique que les réponses immunitaires sont contrôlées par de nombreux et puissants systèmes de régulation. Certains de ces systèmes sont cellulaires, d'autres sont moléculaires.

16. Les réponses immunitaires sont contrôlées par des cellules régulatrices. Ces cellules comprennent des lymphocytes T, des lymphocytes B, des macrophages et des cellules dendritiques.

Les réponses immunitaires sont contrôlées par des cellules. Ces cellules régulatrices sont de différents types : elles comprennent des cellules lymphoïdes et des cellules myéloïdes. Les cellules régulatrices peuvent agir sur la phase d'induction et/ou sur la phase effectrice de la réponse immunitaire. Comme les cellules effectrices, les cellules régulatrices peuvent exercer leurs effets directement, par contact intercellulaire, et/ou indirectement, par l'intermédiaire de médiateurs solubles.

- *Dès leur description, les cellules Th1 et les cellules Th2 se sont révélées exercer des effets antagonistes. Ainsi, les cellules Th1 produisent des cytokines Th1 qui inhibent la différenciation et l'activation des cellules Th2. Inversement, les cellules Th2 produisent des cytokines Th2 qui inhibent la différenciation et l'activation des cellules Th1.*

D'autres cellules Th sont essentiellement sinon uniquement suppressives. Ces cellules T régulatrices (Treg) sont une sous-population de cellules T CD4+ qui se différencient sous l'effet du facteur de transcription FoxP3. Elles expriment CD25, le récepteur pour l'IL-2. Elles inhibent la différenciation et la prolifération des cellules T effectrices. Elles sont impliquées dans l'arrêt des réponses immunitaires et dans la prévention des maladies auto-immunitaires. L'importance de cette prévention est démontrée par le syndrome auto-immunitaire sévère appelé IPEX (*immunodysregulation polyendocrinopathy enteropathy X-linked syndrome*) induit par une dysfonction de FoxP3. Les cellules Treg peuvent agir soit par contact direct, soit par l'intermédiaire de cytokines suppressives comme le TGF-β, l'IL-10 ou l'IL-35. On distingue des cellules Treg naturelles (nTreg) et des cellules Treg induites (iTreg) qui possèdent des propriétés suppressives comparables, mais pas strictement redondantes.

- *Les cellules B régulatrices (Breg) représentent une minorité de cellules B qui, lorsqu'elles sont activées, sécrètent des cytokines qui, comme l'IL-10 ou le TGF-β, sont capables d'inhiber les réponses immunitaires dépendant des cellules T. L'IL-10 inhibe les réponses Th1. Les cellules Breg contribuent à prévenir la survenue de maladies auto-immunitaires. De même que les cellules Breg, les macrophages régulateurs (Mreg) produisent de grandes quantités d'IL-10 lorsqu'ils sont activés. Cette cytokine exerce un effet anti-inflammatoire en inhibant la production d'IL-12. La différenciation des cellules dendritiques peut conduire soit à la formation de cellules dendritiques stimulatrices, qui activent les cellules T et orientent leur différenciation en cellules Th1, Th2 ou Th17, soit de cellules dendritiques régulatrices (DCreg) qui inhibent l'activation des cellules T et/ou orientent leur différenciation en celllules Treg. Les DCreg sécrètent l'IL-10, du TGF-β et de l'indoleamine 2,3 déoxygénase (IDO).*

17. Les réponses immunitaires sont contrôlées par des récepteurs inhibiteurs. Ces récepteurs possèdent des motifs d'inhibition et, lorsqu'ils sont coengagés avec des récepteurs activateurs, ils recrutent des phosphatases qui inhibent les signaux d'activation dépendant des kinases. Les réponses des cellules immunitaires résultent de l'intégration des signaux positifs et des signaux négatifs engendrés

respectivement par les récepteurs activateurs et les récepteurs inhibiteurs qui sont coengagés sur une même cellule.

Des réactions de phosphorylation catalysées par des kinases et des réactions de déphosphorylation catalysées par des phosphatases se produisent dans les cellules immunitaires en absence de toute stimulation, et exercent des effets antagonistes les unes sur les autres. Cela peut être révélé par une expérience très simple.

• *Si l'on incube des cellules animales, quel qu'en soit le type, pendant une quinzaine de minutes avec du pervanadate de sodium, on observe une phosphorylation massive des protéines dans ces cellules. Le pervanadate est un inhibiteur des* tyrosine-phosphatases*. *Ces enzymes déphosphorylent les tyrosines des protéines intracellulaires dont nous avons vu précédemment qu'elles sont phosphorylées par d'autres enzymes, les tyrosine-kinases. Cette expérience révèle que, en permanence, des tyrosine-kinases phosphorylent massivement les protéines intracellulaires et que celles-ci sont immédiatement déphosphorylées par des tyrosine-phosphatases dans les cellules « au repos ».*

Nous comprenons maintenant que, lorsque des immunorécepteurs stimulent ces cellules en activant des tyrosine-kinases, ils ne font que déplacer l'équilibre en faveur de celles-ci. Ils modifient seulement un état fonctionnel préexistant. Mais les immunorécepteurs n'engendrent pas seulement des signaux d'activation. Certains engendrent à la fois des signaux d'activation et des signaux d'inhibition, d'autres n'engendrent que des signaux d'inhibition.

Les récepteurs activateurs, en effet, s'autocontrôlent : ils limitent leurs propres signaux d'activation car, en réalité, ils engendrent un mélange de signaux d'activation et de signaux d'inhibition. Ces récepteurs sont dits « activateurs » car, dans les conditions habituelles, les signaux d'activation sont dominants sur les signaux d'inhibition. Ce rapport signaux d'activation/signaux d'inhibition, en effet, n'est pas constant. En règle générale, il varie avec le degré d'agrégation des immunorécepteurs.

• *L'engagement d'immunorécepteurs par des concentrations croissantes de ligand commence par activer la cellule qui les exprime. L'intensité de la réponse ainsi induite augmente avec la concentration du ligand. Elle atteint un maximum puis, si l'on continue d'augmenter la concentration du ligand, elle diminue pour retomber au niveau des réponses des cellules non stimulées. La raison en est que, jusqu'à un certain degré d'agrégation, plus de signaux activateurs que de signaux inhibiteurs sont produits par les immunorécepteurs, après quoi les signaux s'équilibrent, avant qu'un excès de signaux inhibiteurs ne soit produit, qui finit par éteindre la réponse. L'inhibition ainsi induite est due au recrutement de phosphatases qui s'opposent aux effets des kinases.*

D'autres récepteurs n'engendrent pas de signaux d'activation, mais seulement des signaux d'inhibition. Ceux-ci s'opposent aux signaux d'activation engendrés par des récepteurs activateurs dans la même cellule. Ces récepteurs inhibiteurs portent dans leur(s) domaine(s) intracytoplasmique(s) un ou plusieurs motifs d'inhibition. Les motifs d'inhibition sont, comme les motifs d'activation, des petites séquences d'acides aminés dans lesquelles certains acides aminés sont conservés à des positions clés. Parmi plusieurs motifs inhibiteurs, les premiers décrits et les mieux connus sont les *immunoreceptor tyrosine-based inhibition motifs* ou ITIM[13]. Lorsque leur tyrosine est phosphorylée, les ITIM acquièrent une affinité pour des phosphatases qui sont alors recrutées dans le signalosome où elles inhibent les signaux d'activation engendrés par les kinases.

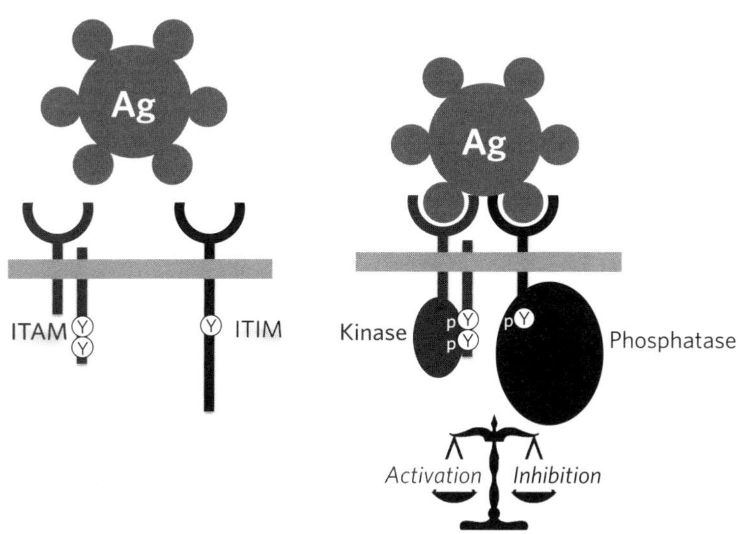

• Il existe deux principaux types de récepteurs inhibiteurs à ITIM. Le premier type n'est représenté que par un seul récepteur. C'est un RFc, ou plutôt une petite famille de RFc appelés RFcγIIB qui fixent les IgG. Les RFcγIIB sont exprimés par de nombreuses cellules myéloïdes et par les lymphocytes B. Ces récepteurs possèdent un seul ITIM dans leur domaine intracytoplasmique. Lorsque celui-ci est phosphorylé, les RFcγIIB recrutent des phosphatidylinositol phosphatases appelées SHIP. Le substrat des SHIP est le phosphatidylinositol 3,4,5-triphosphate ou PIP3, un phospholipide synthétisé au cours de l'activation cellulaire, qui contribue à la constitution du signalosome induite par de très nombreux récepteurs activateurs. Lorsque le PIP3 est déphosphorylé par SHIP, il ne peut plus recruter de molécules de signalisation, et l'activation cellulaire est inhibée.

• Le second type de récepteurs inhibiteurs à ITIM comprend au contraire de très nombreux représentants. Ces récepteurs possèdent plusieurs ITIM. Lorsque ceux-ci sont phosphorylés, les récepteurs qui les possèdent recrutent des tyrosine-phosphatases appelées SHP. Les substrats de SHP sont les protéines qui ont été phosphorylées au cours de l'activation cellulaire. Lorsque celles-ci sont déphosphorylées par les SHP, l'équilibre déplacé par des tyrosine-kinases recrutées par les récepteurs activateurs est rétabli, et l'activation cellulaire est inhibée.

Les récepteurs à ITIM utilisent donc deux mécanismes pour inhiber l'activation des cellules immunitaires. Le premier utilise des enzymes qui agissent tardivement sur un phospholipide synthétisé au cours de la cascade de signalisation, l'autre utilise des enzymes qui agissent sur des protéines dès les tout premiers événements du processus de signalisation.

Les cellules immunitaires coexpriment des récepteurs activateurs et des récepteurs inhibiteurs. Le coengagement des deux types de récepteurs par un même ligand engendre un mélange de signaux d'activation et de signaux d'inhibition. L'effet sur la réponse cellulaire dépend du rapport entre ces signaux qui, lui-même, dépend de l'expression relative et/ou de la proportion des deux types de récepteurs coengagés sur la cellule.

Il existe une multitude de récepteurs inhibiteurs, et les cellules immunitaires en expriment un grand nombre. Les ligands de ces récepteurs sont soit solubles, soit membranaires. Dans le premier cas, les récepteurs inhibiteurs contrôlent les réponses induites par des molécules présentes dans le milieu extracellulaire. Dans le second cas, les récepteurs inhibiteurs contrôlent les processus découlant d'un contact entre les membranes de deux cellules qu'on appelle des « synapses immunologiques ».

• *Un exemple du premier cas est fourni par les récepteurs pour les IgG (RFcγ) exprimés par les cellules myéloïdes. La plupart de ces cellules expriment en effet des RFcγ activateurs (des RFcγIIA et/ou des RFcγIIIA) qui possèdent des ITAM, mais également des RFcγ inhibiteurs (les RFcγIIB) qui possèdent un ITIM. Lorsque des complexes antigène-IgG coagrègent les RFcγIIA/IIIA et les RFcγIIB sur la membrane de la même cellule, la réponse résulte de l'intégration des signaux activateurs et des signaux inhibiteurs engendrés par les deux types de récepteurs.*

• *Un exemple du second cas est fourni par les récepteurs exprimés par les cellules NK. Ces cellules expriment plusieurs types de* natural cytotoxicity receptors. *Ces NCR sont des récepteurs activateurs à ITAM qui interagissent avec des molécules exprimées par les cellules tumorales. Les cellules NK expriment également plusieurs récepteurs inhibiteurs à ITIM qui interagissent avec des molécules du complexe majeur d'histocompatibilité (CMH) exprimées également par les cellules cibles. Certains appartiennent à la famille des* killer cell immunoglobulin-like receptors *(KIR). Lorsqu'une cellule NK entre en contact avec une cellule tumorale, les NCR et les KIR qu'elle exprime sont coengagés par leurs ligands respectifs, et la réponse cytotoxique résulte de l'intégration des signaux activateurs et des signaux inhibiteurs engendrés par les uns et par les autres.*

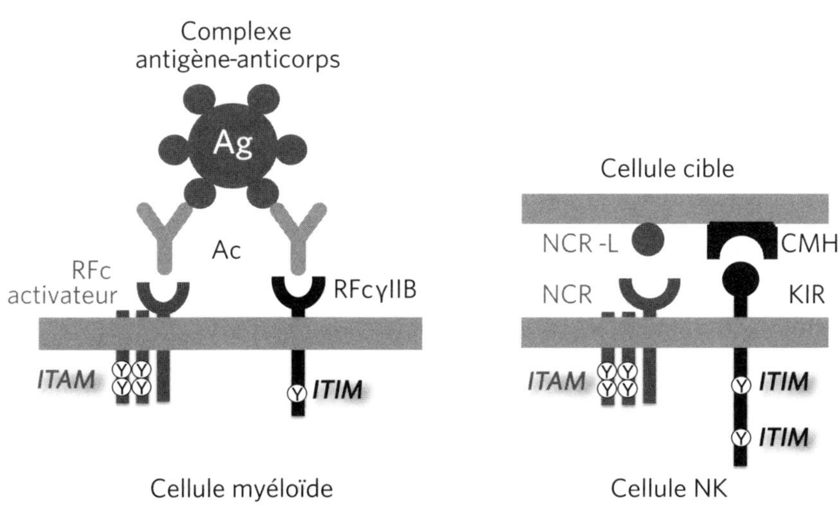

Il existe différents motifs d'inhibition, qui sont des variations sur le thème des ITIM, et on peut trouver des motifs de ce type dans les domaines intracellulaires d'une multitude de molécules transmembranaires exprimées par toutes sortes de cellules dont la plupart n'ont pas de rôle connu dans l'immunité. Des motifs répondant à la définition des ITIM sont en effet retrouvés dans toute l'échelle phylogénétique. Certains sont même portés par des protéines bactériennes ou virales, et l'on peut imaginer que, lorsqu'ils sont phosphorylés par des kinases intracellulaires, ils puissent interférer avec la signalisation intracellulaire dans les cellules infectées par les micro-organismes qui les expriment.

18. **Les anticorps peuvent être aussi bien protecteurs que pathogènes, ils peuvent activer et inhiber, ils n'ont pas de propriétés biologiques propres. Les anticorps ont un large répertoire fonctionnel qui dépend des récepteurs qu'ils engagent, des cellules qui expriment ces récepteurs et des activités biologiques que peuvent exercer ces cellules.**

Les anticorps sont des molécules solubles structurellement symétriques – ils sont composés de deux chaînes lourdes et de deux chaînes légères associées par des ponts disulfure – mais fonctionnellement asymétriques – ils reconnaissent un antigène par leurs deux parties Fab, tandis que leur partie Fc active soit des molécules effectrices comme le complément, soit des cellules effectrices qui expriment des RFc. Les anticorps rapprochent ainsi des molécules ou des cellules qui expriment un antigène donné et des systèmes effecteurs capables d'agir sur celles-ci. En ce sens, les anticorps fonctionnent comme des molécules adaptatrices extracellulaires.

Les activités biologiques mises en jeu par les anticorps dépendent principalement du répertoire fonctionnel des cellules dont ils engagent les RFc. Elles dépendent donc en premier lieu de la distribution cellulaire des RFc. Ces récepteurs sont exprimés essentiellement par les cellules myéloïdes. Les cellules myéloïdes expriment un grand nombre de RFc pour plusieurs classes d'anticorps. Elles peuvent donc être activées par différentes classes d'anticorps, qui reconnaissent différents antigènes.

Les cellules myéloïdes expriment, pour la plupart d'entre elles, des RFc activateurs et des RFc inhibiteurs. Les réponses de ces cellules dépendent des récepteurs qu'elles expriment et qui sont engagés par un même complexe antigène-anticorps. Deux expériences établissent ce point.

• *Dans une première expérience, un choc anaphylactique est induit par une injection intraveineuse à une souris d'anticorps monoclonaux complexés à l'antigène reconnu par ces anticorps. Les cellules responsables de ce choc expriment des RFc activateurs et des RFc inhibiteurs. Les anticorps induisent un choc modéré chez des souris normales. Les mêmes anticorps n'induisent pas de choc chez des souris génétiquement modifiées de façon qu'elles n'expriment pas de RFc activateurs. Les mêmes anticorps induisent un choc sévère chez des souris génétiquement modifiées de façon qu'elles n'expriment pas de RFc inhibiteurs. Les mêmes anticorps peuvent donc à la fois induire et inhiber un choc anaphylactique, et c'est de l'intégration des deux effets que résulte la réponse biologique. On remarque que, dans ces conditions, les récepteurs inhibiteurs exercent un effet bénéfique en limitant l'intensité du choc induit par les récepteurs activateurs.*

• *L'autre expérience porte sur les propriétés thérapeutiques d'un anticorps anti-tumeur dans un modèle murin de mélanome métastatique. Dans ce modèle, des cellules de mélanome injectées par voie intraveineuse forment, deux semaines plus tard, des métastases pulmonaires qui peuvent être comptées. Si l'on injecte à des souris normales un anticorps monoclonal spécifique d'un antigène exprimé par les cellules de mélanome, le nombre de métastases pulmonaires est diminué. Le nombre de métastases n'est pas diminué par l'injection du même anticorps à des souris génétiquement modifiées de façon qu'elles n'expriment pas de RFc activateurs. Les métastases ont complètement disparu si l'on injecte le même anticorps à des souris génétiquement modifiées de façon qu'elles n'expriment pas de RFc inhibiteurs. Le même anticorps peut donc à la fois produire et inhiber un effet thérapeutique. On remarque que, dans ces conditions, les récepteurs inhibiteurs ont un effet néfaste en limitant l'efficacité de l'immunothérapie induite par les récepteurs activateurs.*

En conclusion, les anticorps ne sont pas, eux-mêmes, des molécules effectrices. Ils stimulent néanmoins les nombreuses activités biologiques des cellules myéloïdes. Selon les types cellulaires et selon les RFc qu'ils engagent sur ces cellules, les anticorps peuvent être aussi bien protecteurs que pathogènes. Les propriétés biologiques des anticorps dépendent du contexte.

19. Les réponses immunitaires sont transitoires parce que des mécanismes régulateurs les arrêtent et parce que la stimulation qui les a engendrées cesse.

Les réponses immunitaires cessent quand un équilibre est atteint entre les systèmes effecteurs et les systèmes régulateurs, d'une part, et entre les réponses immunitaires et les réactions des organismes vivants qui les ont déclenchées, d'autre part. Le résultat peut être un retour à l'équilibre antérieur ou l'établissement d'un nouvel équilibre.

Une activation des cellules immunitaires, induite par l'engagement de récepteurs immunitaires, résulte du déplacement d'un équilibre préexistant entre kinases et phosphatases intracellulaires en faveur des kinases. Rapidement, cependant, les mécanismes de régulation s'opposent à ce déplacement en recrutant et/ou en activant des phosphatases qui rétablissent l'équilibre initial.

De même, le nombre et donc les proportions des différentes cellules immunitaires sont relativement constants comme le montre la numération formule sanguine d'individus en bonne santé. Ce sont des « constantes biologiques ». Une réponse immunitaire se traduit par une augmentation du nombre de cellules engagées dans cette réponse, comme le montre la numération formule sanguine de patients atteints par une infection. L'équilibre s'est déplacé entre les cellules du sang. Plus ou moins rapidement, cependant, on observe un retour à la « normale » du nombre et des proportions de cellules dans le sang, sous l'effet des systèmes d'homéostasie qui les contrôlent.

L'évolution de la réponse immunitaire peut dépendre également de la réaction des structures biologiques reconnues par les cellules immunitaires. En absence de réaction (*e.g.* molécules endogènes et allergènes chez les individus non allergiques), la réponse s'éteint parce que la régulation négative contrôle efficacement les effecteurs immunitaires. De même si les structures reconnues sont d'origine microbienne et si la réponse immunitaire contrôle l'infection. La réponse s'éteint faute de stimulation et sous l'effet de la régulation négative. Si au contraire l'infection n'est pas contrôlée, la stimulation persiste, la réponse immunitaire s'amplifie, et la régulation négative peut être insuffisante pour empêcher la survenue d'un choc inflammatoire comme dans les formes graves de Covid-19.

20. Le système immunitaire garde en mémoire ses réponses antérieures. Cette mémoire immunitaire n'est pas le propre des réponses adaptatives des lymphocytes comme on l'a cru longtemps.

Elle concerne également les réponses innées des cellules NK et des macrophages.

Les réponses immunitaires étant terminées, elles laissent un système immunitaire modifié. Le système immunitaire garde une trace de ses expériences passées. Longtemps, cette mémoire immunitaire a été une caractéristique des réponses adaptatives. On sait maintenant qu'elle s'applique également aux réponses innées.

On sait depuis longtemps que l'immunité protectrice acquise après une maladie infectieuse ou une vaccination dure plus ou moins longtemps. Elle peut être transitoire ou persister toute la vie. La durée dépend du micro-organisme. L'immunité vaccinale peut être restaurée après qu'elle s'est estompée et être augmentée par des injections de rappel. Une seconde immunisation d'un animal de laboratoire par un même antigène provoque une réponse plus précoce et un titre sérique d'anticorps spécifiques plus élevé qui se maintient plus longtemps. De la même façon, une seconde greffe de peau chez un animal qui a déjà rejeté une greffe de la même peau est rejetée de façon accélérée. Ces expériences montrent que les phénomènes de mémoire s'appliquent aussi bien aux réponses des lymphocytes B qu'aux réponses des lymphocytes T. La mémoire immunitaire est spécifique de l'antigène.

La mémoire de l'immunité adaptative repose sur la persistance, après la réponse immunitaire, de lymphocytes qui ont été sélectionnés et qui ont subi une expansion clonale. On appelle ces cellules des « lymphocytes mémoire ». Les lymphocytes T mémoire se caractérisent par leur capacité d'autorenouvellement en absence de stimulation, ce qui explique leur longue durée de vie. On peut les trouver dans les tissus proches des portes d'entrée des agents infectieux, où ils peuvent répondre rapidement à une nouvelle infection. On distingue des « cellules T mémoire centrales » qui expriment le récepteur de chimiokine CCR7 et des « cellules T mémoire effectrices » qui ne l'expriment pas.

Il existe de même des lymphocytes B mémoire, ainsi que des plasmocytes à longue durée de vie. Comme les lymphocytes T mémoire, les lymphocytes B mémoire ont déjà subi une expansion clonale, mais également une maturation d'affinité, ce qui leur permet de répondre plus rapidement que les lymphocytes B naïfs. Les plasmocytes à longue durée de vie se trouvent dans la moelle osseuse. Ce sont eux qui rendent compte de la persistance d'anticorps après la réponse immunitaire.

Il est apparu que les cellules NK peuvent être « éduquées » au cours de leur différenciation, qu'elles peuvent subir une expansion au cours d'une infection virale, qu'elles peuvent engendrer des cellules NK à longue durée de vie, et qu'elles peuvent répondre plus efficacement à des pathogènes qu'elles ont déjà rencontrés comme des cellules infectées par le cytomégalovirus. Chez la souris, des cellules NK à longue durée de vie peuvent être induites par une vaccination par le BCG et protéger contre une infection par le bacille de Koch ultérieure, mais non contre d'autres bactéries pathogènes.

• *Des cellules* « NK memory-like » *à longue vie ont été décrites chez des patients infectés par le cytomégalovirus ou le VIH. Ces cellules expriment de grandes quantités de RFc pour les IgG, mais ces récepteurs sont dépourvus de FcRγ, la sous-unité activatrice commune aux RFc activateurs qui contient des ITAM. Elles répondent néanmoins fortement à des cellules infectées en présence d'anticorps antivirus.*

De même, des travaux récents ont montré que les monocytes et les macrophages peuvent acquérir une mémoire envers une greffe de tissu par exemple et produire de plus grandes quantités de cytokines lorsqu'ils sont restimulés. Cette mémoire dépend de PIR-A, des récepteurs pour les molécules de classe I du CMH qu'expriment ces cellules. Les macrophages ont une longue durée de vie et se renouvellent spontanément.

CHAPITRE 2

La relation

Nous verrons dans ce chapitre que, si l'on s'interroge sur la place du système immunitaire parmi les autres grands systèmes physiologiques des mammifères, il apparaît comme un second *système de relation*, aux côtés du système nerveux central. Le système nerveux central perçoit le monde physique tandis que le système immunitaire perçoit le monde vivant. Les deux systèmes modifient l'organisme en conséquence, mais seul le système immunitaire peut modifier ce qu'il perçoit. Mettre en route une réponse immunitaire, c'est donc d'une part s'adapter aux autres et d'autre part adapter les autres à soi. Le système immunitaire permet et ceci et cela parce qu'il dispose d'un répertoire cognitif et d'un répertoire fonctionnel virtuellement infinis qui lui permettent d'anticiper l'inconnu et de répondre à l'infinie diversité du monde vivant.

Biologie de systèmes

Je ne parlerai pas ici de biologie *des* systèmes, mais de biologie *de* systèmes. La biologie des systèmes (traduction littérale de *systems biology*) ou biologie systémique, ou encore biologie intégrative, est une discipline récente fondée sur une approche holistique des organismes vivants. Elle a pour postulat la vieille proposition aristotélicienne que le tout que forme un organisme vivant est plus que la somme des parties qui le constituent. Elle repose sur des approches « omiques[1] », dont elle analyse les données à l'aide de modèles mathématiques et d'outils informatiques pour tenter de comprendre l'extrême complexité des systèmes biologiques et l'éventuelle « émergence » de propriétés singulières qui caractérisent le vivant. Par biologie de systèmes j'entends simplement la biologie fonctionnelle. Depuis qu'on s'efforce de décrire et de comprendre le fonctionnement des êtres vivants, on les découpe en « appareils » ou en « systèmes » qui, chacun, remplissent une ou des « fonctions » particulières et qui, ensemble, permettent aux organismes qu'ils constituent d'être vivants. L'étude de ces systèmes et de leur fonctionnement normal est une des tâches que s'est assignées la physiologie.

Le statut ambigu des systèmes biologiques

Les « grands systèmes physiologiques » ont un statut scientifique ambigu. Conçus comme des ensembles d'*organes* qui concourent à assurer une même *fonction*, ils sont bien pratiques pour ranger les objets biologiques dans les hiérarchies de structures qui nous sont nécessaires pour comprendre le vivant. Or, au risque de le répéter, « organe » signifie « outil ». De ce fait, la fonction que remplit un organe est irréductiblement téléologique. C'est en effet *pour* assurer une fonction qu'un outil est conçu et fabriqué. Expliquer l'existence et le fonctionnement des objets biologiques par *leur* fonction, les appeler des « organes », c'est les assimiler à des artefacts et s'en remettre à un raisonnement analogique. Les regrouper en appareils ou en systèmes (*e.g.* l'« appareil digestif »), c'est les agencer comme une chaîne de production industrielle. Faire appel à des systèmes physiologiques, c'est donc recourir à des explications téléologiques, c'est faire appel à des causes finales. Ce n'est pas sans poser problème. En effet, les causes finales ne sont pas acceptables dans un raisonnement scientifique car elles reposent sur une inversion temporelle de la causalité : ce sont les causes qui précèdent les effets, et non l'inverse. Pourtant, qui nierait que « les yeux sont faits pour voir » ?

En réalité, dire que « les yeux sont faits pour voir », c'est dire deux choses en même temps. La première est que, ainsi faits, les yeux, avec leurs composants, leurs propriétés optiques et leurs connexions neurologiques, *permettent* de voir. La seconde est que c'est *pour voir* que sont faits les yeux. Dans le premier cas, on s'en tient à la description d'un *fonctionnement*, dans lequel on peut identifier les activités d'organes, de cellules et de molécules. Dans le second cas, on assigne aux yeux la *fonction* de voir et on en explique l'existence par cette fonction comme on le ferait pour un artefact. Dans le premier cas, on fait de la science, dans le second cas, on en appelle à la métaphysique. À la différence des artefacts, préconçus pour remplir une fonction, les objets biologiques n'ont été ni faits pour quelque chose ni conçus par un « Grand Ingénieur » ou pour répondre à un « dessein intelligent ». Ils *se sont faits* tout seuls. Néanmoins, on leur assigne des fonctions comme on en assigne aux outils *faits pour* remplir leurs fonctions. Et on se laisse aller à dire que, comme les lunettes, les yeux sont *faits pour* voir. On oublie alors très vite que ce n'est qu'une façon de parler, et on finit, sans y penser, par le penser.

Si l'on ne se préoccupe pas de *ce pour quoi* sont faits les yeux, mais qu'on examine *ce qu'ils permettent et comment*, si l'on oublie leur *fonction* pour se concentrer sur leur *fonctionnement*, on s'affranchit raisonnablement des causes finales et de l'inversion de la causalité qu'elles impliquent. On reste dans le domaine de la science. De même, les grands systèmes physiologiques peuvent être considérés pour ce qu'ils sont et ce qu'ils *permettent* de ce fait, à condition d'oublier ce qu'ils sont censés faire. À condition, aussi, de garder en mémoire que, même si certains se présentent avec l'apparence de structures anatomiques où l'on peut « voir » la fonction comme si elle y était inscrite (*e.g.* le système circulatoire), les grands systèmes physiologiques n'existent pas, sinon dans notre esprit. Ce sont des produits de notre imagination. Ce sont des représentations qui nous permettent d'imaginer comment fonctionne un organisme vivant.

Douze grands systèmes

Ainsi la Société américaine de physiologie[2] décrit-elle dix grands systèmes physiologiques qu'elle définit ainsi :

> Le système cardio-vasculaire est constitué par le cœur et les vaisseaux sanguins. Le travail du système cardio-vasculaire est de propulser le sang dans le corps entier, permettant ainsi d'apporter de l'oxygène et des nutriments à toutes les cellules et de les débarrasser de leurs déchets.
>
> Le système digestif est constitué par les nombreux organes qui, comme l'estomac et l'intestin, transforment la nourriture en nutriments assimilables par l'organisme.

Le système endocrinien est constitué par les nombreuses glandes endocrines qui sécrètent des hormones. Le travail du système endocrine est de réguler l'environnement interne de l'organisme, y compris la croissance et le métabolisme.

Le système immunitaire est constitué par un ensemble de mécanismes de défense qui protègent l'organisme contre les envahisseurs de l'extérieur et le défendent contre les maladies.

Le système musculaire est constitué par les muscles qui permettent les mouvements, les positions et qui permettent les processus vitaux.

Le système nerveux est constitué par le cerveau, la moelle épinière et un système de nerfs qui s'étend à travers tout le corps. Le système nerveux se comporte comme un centre de contrôle pour les autres systèmes physiologiques ; il permet également la communication entre les différents systèmes.

Le système urinaire est constitué essentiellement par les reins et des organes accessoires. Le travail du système urinaire est de réguler la composition des liquides corporels et d'en excréter les composants inutiles.

Le système reproducteur est constitué par les gonades ou organes sexuels, ainsi que de nombreux organes secondaires. Le but ultime du système reproducteur est la production de descendants et la survie de l'espèce. Les systèmes reproducteurs mâle et femelle sont très différents, mais ils sont tous les deux nécessaires à la reproduction.

Le système respiratoire est constitué par les poumons et un système de voies aériennes qui connectent les poumons avec l'air extérieur. Le travail du système respiratoire est de permettre l'entrée de l'oxygène et l'élimination du gaz carbonique de l'organisme.

Le système squelettique est constitué par les os, les articulations, le cartilage et des tissus conjonctifs.

À quelques exceptions près, chaque système est défini : 1) par les organes qui le constituent ; et 2) par le travail (*the job*) qu'il fait ou qu'il est censé faire. Ces systèmes sont bien conçus comme des chaînes de production où chaque processus est réalisé à l'aide des outils ou des machines appropriés, ordonnés en fonction de la succession des tâches à accomplir pour atteindre l'objectif final au bout de la chaîne. La téléologie implicite de ces descriptions est explicite quand il s'agit du système reproducteur dont « le *but ultime* est [...] la survie de l'espèce ». Le système immunitaire est le seul qui ne soit pas défini par des organes, mais par des « mécanismes ». Il est censé « protéger l'organisme [...] contre les envahisseurs » et, de façon surprenante, « défendre contre *les maladies* ». On remarque que le système nerveux est principalement conçu comme un centre de contrôle des systèmes et de communication interne à l'organisme. Cette présentation convient au système nerveux autonome ; elle néglige la réception et l'acheminement des informations recueillies par les organes sensoriels périphériques et intégrées par le système nerveux central.

À ces dix systèmes on pourrait volontiers ajouter deux autres, le système hématopoïétique et le système cutané, qui ont des activités propres. Nous remarquons que le fait qu'on puisse ajouter deux systèmes aux dix que retient la Société américaine de physiologie souligne le caractère arbitraire des systèmes biologiques : c'est le scientifique qui décide de leur « existence ». Pour utiliser le même mode de description que pour les autres systèmes, je dirai que le système hématopoïétique est constitué par des organes, comme la moelle osseuse ou la rate, où sont respectivement produites et détruites les cellules sanguines. Le système cutané est constitué par la peau et les phanères, ongles, poils et cheveux, et par des glandes exocrines associées comme les glandes sébacées et les glandes sudoripares. Il sépare l'organisme du milieu extérieur, protège les organes qu'il recouvre des agressions physiques, contribue au maintien de la température corporelle.

Ces systèmes sont en partie intriqués avec d'autres, ce qui souligne l'imperfection de ce découpage fonctionnel. Un grand nombre des cellules produites par le système hématopoïétique contribuent au système immunitaire, mais pas les globules rouges ; inversement, les globules rouges contribuent au système respiratoire, mais pas les autres cellules du système hématopoïétique ; les plaquettes ne contribuent pas au système respiratoire, mais au système immunitaire et au système de coagulation qui est lui-même un sous-système du système circulatoire. Toutes ces cellules, globules rouges, plaquettes, lymphocytes, polynucléaires, monocytes, et autres cellules myéloïdes dérivent néanmoins de précurseurs hématopoïétiques communs et sont fabriquées dans la moelle osseuse. De même, la peau est un organe d'interface. On peut donc considérer qu'elle est également impliquée dans les relations que l'organisme entretient avec le milieu extérieur. Ces relations sont cependant en grande partie le fait des terminaisons nerveuses et des cellules du système immunitaire qu'elle contient.

Trois grands types de systèmes

Douze grands systèmes physiologiques, donc, permettent de décrire le fonctionnement normal, disons d'un mammifère comme l'homme. On peut regrouper ces douze systèmes en trois grands types : des systèmes qui permettent l'existence matérielle de l'organisme vivant, des systèmes qui sont impliqués dans la gestion du flux de matière qui le traverse, et des systèmes qui lui permettent d'interagir avec le monde extérieur. Je distinguerai donc des « systèmes de structure », des « systèmes de maintenance » et des « systèmes de relation ».

Les systèmes de structure permettent l'existence dans l'espace et les mouvements des animaux. Ils comprennent le système cutané, le système squelettique et le système musculaire. Le système cutané enveloppe et protège la totalité de l'organisme. La peau, à laquelle sont associés un « système pileux » (encore un autre système ?) et des ongles, sépare le milieu intérieur de Claude Bernard du monde extérieur. Elle contient les liquides corporels : un homme adulte de 75 kilos « contient » 45 litres d'eau (60 % de son poids). Avec une superficie de 2 mètres carrés et un poids de 3 à 5 kilos, la peau est le plus grand et le plus gros organe de l'homme. Le squelette interne, avec ses quelque 200 os, soutient l'ensemble et s'oppose à la gravité. La boîte crânienne et la colonne vertébrale contiennent et protègent respectivement le cerveau et la moelle épinière. Le gril costal, constitué du sternum et des côtes articulées à la colonne vertébrale dorsale, contient les poumons. Il les comprime lors de l'expiration et provoque leur expansion lors de l'inspiration. Les articulations permettent à l'organisme d'occuper l'espace de différentes façons, *i.e.* de prendre différentes positions. Les muscles et les tendons qui les attachent au squelette permettent à l'organisme de passer d'une position à une autre, d'agir sur les objets matériels, de se déplacer dans l'espace, de respirer. Ces trois systèmes de structure permettent l'existence de l'organisme en tant qu'objet matériel dans l'espace du monde physique.

Les systèmes de maintenance sont impliqués dans la production de l'organisme en tant que substance, dans sa dégradation et dans sa reproduction à tous les instants de sa vie, ainsi que dans sa reproduction à travers les générations. Le système digestif transforme les nutriments en constituants de l'organisme et en permet l'assimilation par celui-ci. Le système respiratoire permet l'échange d'oxygène et de gaz carbonique dans tous les tissus. Le système excrétoire contrôle le volume des liquides biologiques, maintient l'équilibre ionique, élimine les « déchets » solubles. Le système endocrinien contrôle l'activité métabolique des différents tissus et assure une communication à grande distance entre les organes. Le système circulatoire permet le mouvement des cellules et la distribution de nutriments et de molécules biologiques à tous les tissus. Le système reproducteur permet la reproduction de l'organisme de génération en génération. Le système hématopoïétique entretient les cellules souches dans des niches de la moelle osseuse où elles peuvent survivre pendant longtemps. Il permet leur différenciation et la production des globules rouges, des plaquettes et des leucocytes des différents types. Les systèmes de maintenance s'occupent donc de la production de molécules, de cellules, de tissus et, pour le système reproducteur, de nouveaux individus. Ils leur assurent les conditions qui leur permettent de fonctionner normalement et ils fournissent à l'organisme les moyens qui lui permettent de vivre. Ce sont ces systèmes qui maintiennent l'organisme vivant durant sa vie entière, et au-delà, qui assurent la continuation de l'espèce à travers ses descendants, génération après génération.

Les systèmes de relation sont impliqués dans les interactions de l'organisme avec le monde extérieur, et les contrôlent. Qu'entendons-nous par « relation » ? Nous avons vu qu'un organisme ne peut vivre sans interagir avec l'extérieur. Il se nourrit d'aliments venant de l'extérieur et il y excrète les déchets. Il respire l'air extérieur duquel il prélève de l'oxygène et dans lequel il rejette du gaz carbonique. Il s'accouple à d'autres individus pour se reproduire. Par ses activités, il modifie le monde dans lequel il vit. À l'évidence, il vit *en relation* avec le monde extérieur et les autres vivants qui y habitent, mais ni le système digestif, ni le système respiratoire, ni le système reproducteur ne sont des systèmes *de relation*. Ils ne font qu'interagir avec le monde extérieur lorsqu'ils exercent les activités qui sont les leurs. Pour d'autres systèmes, c'est la relation elle-même qui est l'objet de leur activité. Ces systèmes possèdent en effet les moyens de « percevoir » le monde extérieur et d'y répondre en fonction de la perception qu'ils en ont. Deux systèmes possèdent ces moyens dont sont dépourvus les autres systèmes : le système nerveux et le système immunitaire.

Dire que le système nerveux et le système immunitaire ont les moyens de « percevoir » le monde pose problème. « Percevoir » ne signifie en effet pas la même chose pour les deux systèmes. Jusqu'à présent, j'ai attribué au système immunitaire la capacité de « percevoir » les molécules biologiques, et j'ai fait de cette « perception » une propriété des récepteurs immunitaires qui non seulement fixent des ligands, mais qui, lorsque ceux-ci les engagent, engendrent des signaux « perceptibles » par les cellules immunitaires. J'ai donc appliqué le même terme au système immunitaire, aux cellules immunitaires et aux récepteurs immunitaires. Cet usage est-il légitime ? Si, comme le propose André Lalande[3], « le sens le plus général [de] perception [est] le fait de subir une action et d'y réagir d'une manière adaptée », cette définition est conforme à celle que j'ai donnée plus haut d'une réponse immunitaire et, comme je l'ai montré, elle peut s'appliquer au système, mais également aux cellules et aux molécules immunitaires. Elle inclut même les deux propriétés que j'ai soulignées, celle de subir et celle d'agir en conséquence. Percevoir, c'est être stimulé et stimuler.

Dire que le système immunitaire « perçoit » les antigènes auxquels il est exposé, c'est cependant faire appel à une analogie, trompeuse comme le sont souvent les analogies. Car le sens moderne de « perception » est cette « fonction par laquelle l'esprit se représente les objets », dit *Le Petit Robert*[4], et « percevoir », précise le *Trésor de la langue française*, signifie « prendre connaissance par les sens, par l'intuition ou par l'entendement ». Nous reconnaissons ici l'opposition entre perception et sensation des cours de philosophie, qui nous a fait, adolescents, éprouver le frisson de douter un instant de « la réalité du monde sensible ». À l'évidence, le système immunitaire n'a ni esprit, ni sens, ni intuition, ni entendement. Il ne produit pas une représentation du stimulus qui l'affecte, même s'il peut le distinguer d'un autre, et le plus souvent avec une exquise spécificité. Il y répond parce qu'il possède des récepteurs sur des cellules et parce que ces récepteurs peuvent stimuler les réponses des cellules, et parce que l'ensemble de ces réponses constitue ce qu'on appelle une réponse immunitaire.

Or, dans le langage courant, « percevoir » n'est pas une affaire de molécules ou de cellules. La perception relève de la psychologie plus que de la biologie, et la conscience est un objet d'étude de la philosophie de l'esprit plus que des neurosciences : identifier les circuits neuronaux qui transforment une sensation en une perception est aujourd'hui encore un défi pour la neurobiologie. Quel qu'en soit le mécanisme, « percevoir » est en ce sens une propriété du système nerveux central, ce n'est pas une propriété du système immunitaire. Une raison est que le système immunitaire est dépourvu de l'équivalent d'un cerveau qui intégrerait les « informations » immunitaires.

Cette différence étant établie, la notion de perception ainsi définie s'applique au système nerveux central, mais pas vraiment au système nerveux autonome. Lorsqu'ils enregistrent une pression artérielle trop élevée, les barorécepteurs de la crosse aortique induisent une diminution de la fréquence cardiaque, une réduction de force de la contraction systolique et une vasodilatation périphérique. Ces réponses ont pour conséquence de diminuer la pression dans la circulation sans que l'information qui en est à l'origine ait été « perçue » par le système nerveux autonome au sens où le système nerveux central perçoit une information visuelle ou même la pression d'une main. Les barorécepteurs du système nerveux autonome perçoivent une élévation de la pression artérielle de la même façon que les récepteurs immunitaires perçoivent la présence d'un antigène.

C'est donc avec les « informations » recueillies par ses organes des sens, ce que nous appelons des sensations, que le système nerveux central construit cette représentation que nous appelons une perception. C'est avec les réponses des cônes de la rétine à une stimulation lumineuse d'une longueur d'onde d'environ 700 nanomètres que le cerveau « voit » du rouge. Le processus par lequel les organes des sens reçoivent ces informations n'est cependant pas très différent du processus par lequel le système immunitaire est « informé » de la présence d'un antigène. Dans un cas comme dans l'autre, des récepteurs engendrent des signaux qui affectent les cellules exposées à un stimulus et qui induisent une réponse de ces cellules.

On peut donc distinguer deux niveaux de perception : une perception minimale, primaire, périphérique, commune aux *cellules* immunitaires et aux *cellules* nerveuses, qui n'engage que des récepteurs et des molécules de signalisation intracellulaire dans une cellule, et une perception élaborée, secondaire, centrale, propre au *système* nerveux central, qui nécessite une intégration des perceptions primaires produites par de nombreuses cellules, et qui conduit à une représentation accessible pour la conscience par des mécanismes non élucidés. Dans ce qui suit, je continuerai à parler de perception, nerveuse ou immunitaire, mais j'utiliserai « percevoir » de façon réductrice, pour signifier simplement « être stimulé et répondre en conséquence ». Je m'en tiendrai donc au niveau minimal de la perception, au niveau de ce que j'ai appelé les « perceptions primaires » par les cellules immunitaires et les cellules sensorielles.

Les deux systèmes de relation

Deux grands systèmes biologiques permettent donc à l'organisme de percevoir le monde, extérieur et intérieur, et d'y répondre. Leurs perceptions, leur mode de fonctionnement, leur organisation et leurs réponses ne sont pas les mêmes, mais ils fonctionnent de façon coordonnée. Avec la « découverte » du microbiote, la « découverte » des interactions entre le système immunitaire et le système nerveux, et leur étude qu'on nomme la « neuro-immunologie » nous interrogent sur le système immunitaire.

Ce qui est commun aux deux systèmes de relation

Même si, à première vue, le système nerveux et le système immunitaire ne se ressemblent pas beaucoup, ils ont de nombreux caractères communs. D'abord, ils sont constitués, chacun, de deux systèmes : un système nerveux autonome et un système nerveux central, d'une part, et un système immunitaire inné et un système immunitaire adaptatif, d'autre part, qui ne répondent pas aux mêmes choses et de façons différentes. Surtout, les cellules des deux systèmes utilisent des moyens de communication semblables et parfois les mêmes médiateurs, leur développement repose sur des mécanismes de sélection comparables et ils gardent en mémoire une trace de leurs expériences passées.

Le système nerveux perçoit les informations recueillies par ses organes des sens. Ceux-ci transforment les sensations qu'ils recueillent en signaux électriques que les nerfs transportent sous forme d'influx nerveux jusqu'aux centres nerveux, le cerveau ou la moelle épinière. Ceux-ci traitent les informations et envoient d'autres signaux électriques *via* des nerfs moteurs vers des organes périphériques effecteurs, les muscles par exemple, qui y répondent. De même, le système immunitaire perçoit les informations recueillies par les récepteurs qu'expriment les cellules immunitaires. Ces stimulations activent des populations de cellules mobiles. Certaines agissent immédiatement. D'autres sont envoyées vers des centres immunitaires dispersés dans l'organisme où s'élaborent les réponses adaptées au stimulus. Des cellules et des molécules effectrices sont envoyées dans tout l'organisme *via* les vaisseaux sanguins et les vaisseaux lymphatiques.

Le système nerveux peut percevoir le monde extérieur et le monde intérieur grâce à deux types de récepteurs exprimés par des organes des sens différents. Le premier type comprend des récepteurs qui, comme les photorécepteurs, les cils de cellules ciliées, les récepteurs olfactifs, les récepteurs d'équilibre et les récepteurs gustatifs, sont exprimés par une paire d'organes sensoriels portés par la tête : deux yeux, deux oreilles, deux fosses nasales et deux oreilles internes, ou par un organe symétrique : la langue. Ces récepteurs permettent de percevoir spécifiquement la lumière, les sons, les odeurs, les accélérations et les goûts. Le second type comprend les thermorécepteurs, les mécanorécepteurs, les barorécepteurs et les nocicepteurs. Ces récepteurs sont exprimés par différents tissus ou organes, exposés à l'extérieur comme la peau, ou internes comme les muscles, les os, les vaisseaux et les organes viscéraux. Ils permettent de percevoir la chaleur, le contact, la pression et la douleur. Les organes sensoriels de la tête et de la peau perçoivent les stimuli provenant de l'extérieur, tandis que les organes sensoriels des tissus internes perçoivent les stimuli provenant de l'intérieur.

De même, le système immunitaire perçoit les stimuli provenant du monde extérieur et du monde intérieur grâce à différents types de récepteurs exprimés par différentes cellules immunitaires. Les immunorécepteurs et certains récepteurs de patterns sont exprimés à la surface des cellules. D'autres récepteurs de patterns sont exprimés à la surface de vésicules intracellulaires. Les *NOD-like receptors* sont exprimés dans le cytoplasme. Les récepteurs membranaires perçoivent des molécules extracellulaires tandis que les récepteurs cytosoliques perçoivent des molécules intracellulaires. Qu'elles soient extracellulaires ou intracellulaires, les molécules perçues par les récepteurs immunitaires peuvent être d'origine exogène ou d'origine endogène. Les antigènes étrangers classiques sont des exemples de molécules extracellulaires exogènes. Les autoantigènes sont des exemples de molécules extracellulaires endogènes. Les molécules microbiennes produites par des micro-organismes intracellulaires sont des exemples de molécules intracellulaires exogènes.

Ni les récepteurs exprimés par les cellules des organes sensoriels du système nerveux ni les récepteurs exprimés par les cellules du système immunitaire ne peuvent, par eux-mêmes, distinguer les stimuli provenant de l'extérieur des stimuli provenant de l'intérieur. Ils ne font qu'engendrer des signaux indiquant qu'ils sont entrés en contact avec les stimuli qu'ils peuvent percevoir. Leur type et leur localisation sélectionnent cependant et, donc, d'une certaine façon, font la différence entre les informations provenant du monde extérieur et les informations provenant du monde intérieur.

Les cellules nerveuses et les cellules immunitaires communiquent entre elles et avec d'autres cellules par l'intermédiaire de *synapses*. Les synapses nerveuses sont des structures plus ou moins stables qui permettent un contact physique entre deux neurones ou entre un neurone moteur et un muscle effecteur. Les deux cellules engagées dans une synapse sont néanmoins séparées par une « fente synaptique », un espace dans lequel le neurone présynaptique sécrète des médiateurs qui sont reçus par le neurone postsynaptique. Parce qu'ils transmettent une information neuronale, ces médiateurs solubles sont appelés des neurotransmetteurs. Les « synapses immunologiques » sont, par analogie, des structures temporaires qui permettent un contact physique entre cellules immunitaires ou entre une cellule immunitaire et une autre cellule. Ainsi, c'est par des synapses que les cellules dendritiques présentent aux lymphocytes Th le complexe peptide-molécule du CMH qu'elles expriment sur leur membrane. C'est également par des synapses que les cellules cytotoxiques entrent en contact avec les cellules qu'elles s'apprêtent à détruire, et c'est dans l'espace synaptique qui les sépare qu'elles sécrètent des médiateurs cytotoxiques qui tuent les cellules cibles. Les cellules des deux systèmes utilisent donc des systèmes de communication semblables, qui mettent en jeu des médiateurs solubles à court rayon d'action. Certains médiateurs sont propres à un des deux systèmes : la perforine, par exemple, est propre au système immunitaire, l'acétylcholine est propre au système nerveux. D'autres sont utilisés par les deux systèmes : l'histamine et la sérotonine, par exemple, sont à la fois des médiateurs de l'allergie et des neurotransmetteurs.

Une autre similarité remarquable des deux systèmes porte sur leur ontogénie. Un processus de sélection comparable détermine en effet la construction et le comportement du système immunitaire et du système nerveux central : la « sélection clonale » pour le système immunitaire et la « sélection des groupes neuronaux » pour le système nerveux. La sélection naturelle, en effet, n'opère pas seulement sur des lignées d'individus dans une même espèce, elle opère également sur des lignées cellulaires chez un même individu.

La sélection clonale, proposée Frank Macfarlane Burnet vers la fin des années 1950, est en effet une variante de la sélection darwinienne, appliquée aux cellules immunitaires. Elle permet de rendre compte de l'extraordinaire étendue du répertoire immunitaire. Comme nous l'avons vu précédemment, la spécificité des récepteurs pour l'antigène des lymphocytes T et B est déterminée par un processus de réarrangement génétique somatique stochastique qui engendre un très grand nombre de récepteurs ayant chacun une spécificité particulière. Tous les récepteurs d'un lymphocyte étant identiques et le nombre de lymphocyte d'un individu étant fini, le répertoire de cet individu est limité par le nombre de ses lymphocytes. En conséquence, un individu peut répondre à un grand nombre d'antigènes, mais il ne dispose que de très peu de lymphocytes pour répondre à chaque antigène. La sélection clonale stipule que l'antigène sélectionne la ou les cellules qui possèdent des récepteurs pour cet antigène et qu'il induit leur prolifération. Ainsi se forme un clone dont toutes les cellules dérivent de la même cellule et possèdent les mêmes récepteurs qui reconnaissent le même antigène ; ainsi, le répertoire immunitaire s'affine en fonction des rencontres antigéniques ; et dans ce répertoire s'inscrit l'histoire immunitaire de l'individu.

C'est inspiré par la sélection clonale de Burnet que Gerald Edelman a conçu l'idée de la sélection des groupes neuronaux à la fin des années 1980. Le problème était de déterminer comment se constituent les réseaux de neurones. Il était en effet clair que la multiplicité des connexions interneuronales ne pouvait être expliquée uniquement par un déterminisme génétique, et qu'elle nécessitait des mécanismes épigénétiques. La sélection des groupes neuronaux qu'Edelman propose pour résoudre ce problème est explicitement conçue comme un « darwinisme neuronal ». Elle stipule que le génome code, par défaut, des réseaux neuronaux « standards », caractéristiques de l'espèce. Certains de ces réseaux sont ensuite sélectionnés par les informations qui les stimulent et stabilisés par les influx qui y transitent. Ainsi se constituent des groupes neuronaux propres à l'individu, qui rassemblent quelques centaines ou quelques milliers de neurones interconnectés. La sélection des groupes neuronaux prend place durant le développement mais elle se poursuit tout au long de la vie. Elle dépend de la qualité et de la quantité des informations conduites à travers les synapses qui connectent les neurones du groupe. Elle a pour résultat un renforcement ou un affaiblissement des connexions entre ces neurones, les connexions les plus utilisées étant favorisées aux dépens des connexions les moins utilisées qui finissent par disparaître. Les circuits sélectionnés forment ainsi des « cartes neuronales » massivement interconnectées, dont les combinaisons constituent la base de nos capacités cognitives.

Une dernière propriété remarquable des deux systèmes : ils gardent une trace du passé, ils possèdent une « mémoire ». La mémoire neurologique résulte de variations d'activité dans des réseaux neuronaux. Chaque souvenir est déterminé par l'activité spatio-temporelle de neurones interconnectés dans une configuration particulière. Les expériences sensorielles laissent en effet des traces mnésiques : elles augmentent l'efficacité de la transmission synaptique, notamment celle qui utilise le glutamate comme neurotransmetteur. Ces modifications synaptiques sont ensuite consolidées par l'expression de protéines qui stabilisent la synapse dans sa configuration nouvelle. Ainsi, ce sont des remaniements de la structure des réseaux neuronaux dont l'activité est ainsi facilitée qui fournissent les bases du processus de mémorisation dans le système nerveux.

Dire que, comme le système nerveux, le système immunitaire possède une mémoire n'est pas un abus de langage. Le système immunitaire garde en effet également une trace de ses expériences passées. Et, de même que la mémoire neurologique s'inscrit dans les réseaux neuronaux, la mémoire immunologique s'inscrit dans les populations lymphocytaires. Ainsi, si le système immunitaire d'un individu est à nouveau confronté au même virus auquel il a répondu auparavant, la réponse contre ce virus est plus précoce et plus intense. Des anticorps spécifiques apparaissent plus rapidement, leur concentration sérique est plus élevée et ils persistent plus longtemps dans le sang. La raison en est qu'une expansion clonale s'est produite lors de la première réponse : les clones de lymphocytes qui expriment des récepteurs spécifiques des antigènes de ce virus se sont multipliés avant de se différencier en cellules effectrices et en cellules productrices d'anticorps. La réponse terminée, la plupart de ces cellules ont disparu. Il en subsiste cependant davantage qu'avant la réponse, et certaines ont une durée de vie longue. Ce sont les « lymphocytes mémoire[5] ». Une seconde réponse au même virus ne part donc plus de quelques lymphocytes naïfs qui, par hasard, expriment des récepteurs spécifiques des antigènes de ce virus, mais d'une population de cellules qui ont déjà subi une expansion clonale, qui expriment toutes des récepteurs spécifiques de ce virus et qui se sont déjà engagées dans un processus de différenciation. Ainsi, la mémoire immunitaire fournit une référence à un état passé. En ce sens, elle s'oppose aux flux de temps et de matière qui traversent l'organisme et tendent à le modifier. Si la notion de soi a un sens, c'est peut-être dans les strates mémorielles accumulées par l'expérience qu'on peut la chercher. Non pas un soi génétiquement prédéfini, mais un soi toujours remanié, les traces mnésiques s'ajoutant aux traces antérieures, un soi qui garderait le souvenir d'une histoire immunitaire propre à chacun.

Dialogues entre les deux grands systèmes de relation

Comparer le système immunitaire et le système nerveux pour en faire deux grands systèmes de relation en se fondant sur des ressemblances est intéressant, mais relève d'un raisonnement analogique. Ces rapprochements sont néanmoins justifiés par les nombreuses observations qui montrent que le fonctionnement des deux systèmes est étroitement coordonné. Au point de les concevoir comme un seul et même grand système neuro-immunologique ?

Les cellules neuronales peuvent être stimulées par des produits microbiens, elles peuvent recevoir des signaux en provenance des cellules immunitaires et elles peuvent envoyer des signaux aux cellules immunitaires. Ainsi, lorsqu'ils sont activés par une toxine de *Streptococcus pyogenes*, les neurones sensoriels de la peau sécrètent des peptides qui inhibent le recrutement de neutrophiles. Lors d'une infection par *Candida albicans*, ils produisent des peptides qui régulent l'activité des cellules dendritiques. Les neurones nociceptifs de la peau peuvent induire les cellules dendritiques à produire de l'IL-23 qui induit la production d'IL-17 et d'IL-22 par des lymphocytes T. Dans le poumon, des neurones produisent des peptides vaso-actifs qui induisent la production d'IL-5 par les ILC2. L'IL-5 agit en retour sur les neurones, établissant ainsi une boucle d'amplification de la réponse inflammatoire. Dans l'intestin, les produits bactériens du microbiote modulent la production de facteurs de croissance par les neurones entériques. Ils induisent également la production de molécules de la famille des facteurs neurotrophiques par les cellules gliales. Ces facteurs activent les ILC3.

Un exemple éclairant de contrôle réciproque est la relation qu'établissent différents types de neurones avec les ILC2, une sous-population d'*innate lymphoid cells* impliquée dans les allergies. Lorsqu'elles sont activées, les ILC2 sécrètent de l'IL-4, de l'IL-5 et de l'IL-13. Ces cytokines agissent sur de nombreuses cellules, immunitaires et non immunitaires, et elles engendrent une réaction inflammatoire. Elles agissent également sur les neurones. Les neurones sensitifs expriment en effet des récepteurs pour l'IL-4 et pour l'IL-13. Lorsqu'ils sont activés par ces cytokines, ces neurones provoquent le prurit qui accompagne une inflammation chronique. Inversement, les neurones *cholinergiques** sécrètent un neuropeptide, la neuromédine U. Les ILC2 expriment des récepteurs de neuromédine, notamment dans l'intestin. En se fixant à ces récepteurs, la neuromédine active les ILC2 intestinales qui libèrent alors de l'IL-5 et de l'IL-13. Finalement, les neurones *adrénergiques**, dont l'effet est antagoniste de celui des neurones cholinergiques, sécrètent d'autres neuropeptides qui fonctionnent comme des agonistes des récepteurs β2-adrénergiques. Or les ILC2 expriment des récepteurs β2-adrénergiques, et on peut les observer à proximité des neurones adrénergiques dans le côlon. L'engagement de ces récepteurs inhibe l'inflammation dépendant des ILC2 dans les réactions allergiques. Les cytokines pro-inflammatoires sécrétées par les ILC2 peuvent donc induire la sécrétion de neuropeptides par des neurones de différents types, et, selon qu'ils proviennent de neurones cholinergiques ou adrénergiques, ces neuropeptides activent ou inhibent l'activation des ILC2.

Ainsi, malgré tout ce qui semble les séparer, les cellules neuronales et les cellules immunitaires n'appartiennent pas à deux systèmes indépendants. Elles communiquent les unes avec les autres, elles se contrôlent mutuellement, et de façon subtile. Les médecins considèrent volontiers les allergies comme des « maladies psychosomatiques », et les patients savent bien que les allergies dont ils souffrent varient avec leur état psychologique.

Si le système nerveux et le système immunitaire partagent des propriétés et des mécanismes, s'ils participent à des aventures communes, s'ils fonctionnent de façon coordonnée, s'ils se régulent l'un l'autre, devons-nous en conclure qu'ils contribuent à une même grande fonction homéostatique ? Devrait-on faire du système immunitaire un autre « organe des sens » du système nerveux[6] ou même un « septième sens » qui informe le système nerveux de la présence de micro-organismes[7] comme cela a été proposé ? Devrait-on, à l'inverse, voir les neurones sensoriels comme des « médiateurs critiques de l'immunité[8] » capables d'induire une « immunité anticipatrice[9] » ? Devrait-on regrouper le système nerveux et le système immunitaire dans un unique système qui protégerait l'organisme contre les agressions ?

Bien sûr, on peut reconnaître un rôle protecteur au système nerveux lorsqu'il nous fait vivement retirer la main d'une flamme, lorsque la vue d'un précipice nous fait changer de direction ou lorsqu'il nous permet de conduire prudemment. Nous ne définirions pas pour autant le système nerveux comme un système de protection contre les incendies, les chutes mortelles et les accidents de voiture. Ce serait une conception réductrice d'un système impliqué dans une multitude de situations sans dangerosité particulière. De la même façon, on peut reconnaître un rôle protecteur au système immunitaire lorsqu'il contrôle efficacement une infection microbienne ou lorsqu'il détruit des cellules cancéreuses. Devons-nous pour autant définir le système immunitaire comme un système de défense ? Ce serait une conception réductrice d'un système impliqué dans une multitude de situations sans dangerosité particulière.

Souligner leurs ressemblances et leur fonctionnement coordonné, voire intégré, dire qu'ils sont tous deux des systèmes de relation ne doit pas faire oublier que le système nerveux et le système immunitaire sont, par ailleurs, profondément différents. En même temps que leurs similitudes, il nous faut prendre en compte les différences entre les deux systèmes. C'est en effet lorsqu'on examine ces différences qu'apparaît une particularité du système immunitaire, qui lui confère une spécificité fonctionnelle.

Ce qui différencie les deux systèmes de relation

Trois différences distinguent le système nerveux et le système immunitaire, qui ont des conséquences fonctionnelles décisives : leur anatomie, ce qu'ils perçoivent et ce sur quoi ils agissent.

Une première différence, objective, entre les deux systèmes est que le système nerveux possède une structure anatomique visible à l'œil nu : des organes centraux reliés entre eux, avec la périphérie et avec les organes viscéraux par une riche arborescence de nerfs, tandis que le système immunitaire est fait d'organes disséminés dans l'organisme et d'un grand nombre de cellules mobiles qui empruntent le réseau sanguin et les vaisseaux lymphatiques pour se déplacer et se nicher dans les tissus. Le système nerveux existe physiquement en tant que système, alors que le système immunitaire « n'existe » pas en tant que tel, on ne peut pas le voir, on ne peut pas le disséquer. Ainsi « organisé », le système nerveux est contraint par son anatomie : l'influx nerveux ne peut voyager qu'en suivant les nerfs et se propager dans les réseaux de neurones déjà constitués par des chemins déjà frayés. En revanche, les cellules et les molécules immunitaires peuvent diffuser librement dans les tissus, voyager sans emprunter de routes déjà tracées. En conséquence, l'influx nerveux passe de neurone en neurone par des synapses préexistantes tandis que l'information immunitaire passe de cellule en cellule par des synapses transitoires formées au hasard des rencontres. Le système immunitaire possède une plus grande plasticité que le système nerveux, un plus grand pouvoir d'adaptation.

Une autre différence distingue les deux systèmes, et elle est essentielle : le système nerveux et le système immunitaire reçoivent, perçoivent et répondent à des stimulations de natures fondamentalement différentes. Le système nerveux est stimulé par des phénomènes physiques ou physico-chimiques, tandis que le système immunitaire est stimulé par des molécules biologiques. Le plus souvent, le système nerveux répond à des manifestations physiques comme des ondes ou une variation de pression. Les cellules photosensibles de la rétine sont stimulées par les ondes lumineuses, les cellules ciliées de l'oreille interne, par les ondes sonores, les barorécepteurs de l'aorte et des carotides, par la pression artérielle, les cellules des corpuscules de Pacini, des corpuscules de Meissner, des disques de Merkel ou des corpuscules de Ruffini, par la pression, les vibrations et/ou la température, *i.e.* une agitation moléculaire. Dans certains cas, comme la perception gustative, le système nerveux est stimulé par des mouvements d'ions. Les bourgeons du goût peuvent être stimulés par un large spectre de substances qui ouvrent ou ferment des canaux ioniques sur la membrane des cellules gustatives. Les substances salées libèrent des ions Na^+ qui provoquent l'ouverture des canaux sodiques, les substances acides libèrent des ions H^+ qui provoquent l'ouverture des pompes à protons, induisant ainsi une dépolarisation des cellules sensorielles. De même, l'acide glutamique se fixe directement à des canaux calciques, les molécules amères se fixent à des canaux potassiques. Les substances sucrées se fixent à des récepteurs de glucides qui induisent également une dépolarisation de la cellule gustative. Ainsi sont perçues les cinq saveurs fondamentales : le salé, l'acide, l'umami, l'amer et le sucré. Dans d'autres cas, comme la perception olfactive, le système nerveux répond à des substances volatiles dont la caractéristique commune est leur hydrophobicité. Ces substances sont perçues par des cils présents sur les dendrites des neurones olfactifs. Contenues dans le mucus qui baigne l'épithélium olfactif, elles interagissent avec des récepteurs ciliaires. Il existe plusieurs centaines de récepteurs olfactifs, et une substance volatile donnée interagit avec un grand nombre de ces récepteurs. Les signaux émanant de ces récepteurs sont intégrés dans le bulbe olfactif et c'est l'intégration de ces signaux engendrés par une même substance qui définit l'odeur.

Ondes, pression, vibrations, agitation moléculaire, mouvements ioniques, hydrophobicité, le système nerveux est stimulé par des *phénomènes physiques* ou physico-chimiques. Le système immunitaire n'est pas stimulé par des phénomènes, mais par des *objets matériels* qu'il identifie comme tels. Pas n'importe quels objets matériels, des objets biologiques uniquement. Le système immunitaire est stimulé par des substances biologiques, *i.e.* produites uniquement par des systèmes vivants. Il ne répond pas à des substances minérales ou à des molécules organiques, mais à des macromolécules biologiques. Celles-ci sont principalement, mais pas uniquement, des protéines que le système immunitaire reconnaît en totalité ou en partie. Les récepteurs des cellules de l'immunité innée perçoivent des patterns, *i.e.* des structures conservées sur des macromolécules présentes sur ou produites par toutes sortes de micro-organismes. Les récepteurs pour l'antigène des lymphocytes B perçoivent des petites structures spatiales, portées par des macromolécules biologiques « natives » *i.e.* telles qu'elles existent dans des systèmes vivants. Les récepteurs pour l'antigène des lymphocytes T perçoivent l'association d'un peptide provenant de la dégradation de macromolécules biologiques et d'une molécule d'histocompatibilité. Les récepteurs immunitaires distinguent les molécules biologiques par leur forme. D'autres récepteurs perçoivent les molécules effectrices de la réponse immunitaire : ce sont les récepteurs pour les anticorps, les récepteurs pour les cytokines, les récepteurs pour les chimiokines, etc., *i.e.* des récepteurs pour des macromolécules biologiques endogènes. À la différence du système nerveux qui perçoit et répond aux stimulations du monde physique, le système immunitaire perçoit et répond aux stimulations du monde vivant.

Ainsi énoncée, cette conclusion soulève une objection : à l'évidence, le système nerveux central nous permet de percevoir les autres vivants, et particulièrement nos semblables avec lesquels nous vivons en société. C'est ce qui nous permet de les voir, de les entendre, de leur parler, de les toucher, de les sentir, et c'est parce que nous avons un cerveau que ce qu'ils nous disent ou nous écrivent peut nous affecter profondément. Ce ne sont cependant pas les autres vivants que perçoivent les organes des sens de notre système nerveux, ce sont les ondes lumineuses, les ondes sonores et les odeurs qu'ils émettent, la pression et le contact de leur peau ; ce sont les sons qu'ils nous envoient que nous entendons, c'est la lumière que réfléchit l'encre sur le papier des lettres qu'ils nous ont écrites ou la lumière des messages qu'ils ont envoyés sur nos téléphones que nous voyons. Ce sont leurs manifestations physiques que nous percevons. D'ailleurs, notre système nerveux nous permet de percevoir les vivants même en leur absence : nous les entendons parler à la radio comme s'ils étaient près de nous, nous les voyons agir dans les films comme s'ils étaient devant nous, nous lisons leurs livres, nous écoutons leur musique, le plus souvent écrits ou composée il y a longtemps, parce que les phénomènes physiques produits par des vivants peuvent être reproduits par des machines, et ceux qu'ils ont produits peuvent être conservés. Ainsi le système nerveux nous permet-il de percevoir les vivants par ce qu'ils ont produit, même longtemps après leur mort, et la trace qu'ils ont laissée, un jour de grand soleil, dans les grains d'argent d'une photo de vacances suffit pour les rappeler à nous et pour nous émouvoir.

Si le système nerveux central nous rend les autres accessibles, vivants ou morts, c'est donc par l'intermédiaire des stimuli physiques ou physico-chimiques qu'ils produisent ou qu'ils ont produits, c'est par l'intermédiaire de *phénomènes* capables d'affecter les organes des sens associés au système nerveux. La perception des vivants que permet le système nerveux est indirecte. Interprétées par le cerveau, ces stimulations prennent alors un sens, et nous pouvons avoir l'illusion que c'est la signification que nous leur donnons que perçoit le système nerveux. Nous pouvons prendre cette perception secondaire pour une perception primaire. Or ce n'est pas le chien qui m'attaque que perçoit mon système nerveux, ce sont des mouvements, une odeur, des aboiements et la douleur d'une morsure. Instruit de ces informations, mon cerveau construit une représentation de ce qui m'arrive. Il conçoit un chien qu'il ne peut pas connaître directement. Ce sont donc bien les phénomènes physico-chimiques que perçoit le système nerveux central, auxquels il donne une signification. Le système nerveux central peut percevoir leurs manifestations, mais il est aveugle aux vivants.

Ce sont au contraire les êtres vivants eux-mêmes que perçoit le système immunitaire. Il perçoit les molécules qui les constituent ou qu'ils libèrent, à condition d'entrer en contact avec ces molécules et qu'elles trouvent des récepteurs capables de les fixer. Le système immunitaire identifie comme tels les fragments des êtres vivants qu'il rencontre sans leur donner d'autre signification que celle de leur présence. Il reconnaît des allergènes de poils de chien qu'il distingue des allergènes de chat, des protéines de salive de chien et les micro-organismes que celle-ci introduit dans la morsure. À tous ces stimuli, le système immunitaire répond, mais il n'a pas les moyens de les intégrer et de leur donner une signification comme le ferait le système nerveux s'il pouvait percevoir ces stimuli. Il reconnaît des molécules de chien, mais il ignore ce qu'est un chien. Il ne « voit » que des fragments du monde vivant. Cette perception fragmentaire lui permet cependant de détecter la présence de tous les êtres vivants qu'il rencontre : ceux avec lesquels nous partageons l'espace et les ressources de l'écosystème dans lequel nous vivons, mais également ceux qui nous habitent et qui partagent avec nous l'espace et les ressources de l'écosystème dans lequel ils vivent et que nous leur offrons. Il perçoit donc aussi les êtres vivants que nous sommes nous-mêmes.

Une troisième différence concerne ce sur quoi s'exercent les réponses du système nerveux central et celles du système immunitaire. Les réponses du système nerveux central, en effet, n'affectent pas directement le stimulus. Ainsi, la stimulation d'une fibre sensitive ou d'un organe des sens, la perception d'une source de chaleur par exemple, engendre un influx nerveux qui parcourt le nerf sensitif correspondant jusqu'au neurone sensitif dans la racine postérieure de la moelle épinière. La réponse du neurone moteur, dans la racine antérieure de la moelle épinière, engendre un influx nerveux qui parcourt le nerf moteur jusqu'à la synapse avec un muscle strié dont la contraction est stimulée. Le mouvement qui en résulte est une réponse *à la* chaleur, un recul ou au contraire un rapprochement, et non *sur la* chaleur. Ce mouvement modifie la perception de la chaleur, mais pas la température à l'origine de cette perception. Le système nerveux central agit sur l'organisme mais pas sur le stimulus. Bien sûr, pourrait-on objecter, nous pouvons également décider d'agir sur la source de chaleur, nous pouvons tourner le bouton du radiateur dans un sens ou dans l'autre, nous pouvons éteindre ou, au contraire, souffler sur le feu. Une telle réponse nécessite autre chose qu'une perception primaire, elle passe par une prise de conscience, une analyse de la situation, une prise de décision suivie de la mise en œuvre d'une action, et celle-ci dépend souvent des moyens techniques que notre cerveau nous a permis de concevoir et de fabriquer pour agir. Nous pouvons difficilement éteindre un feu à mains nues. Il nous est impossible de modifier les rayons émis par le soleil, nous ne pouvons que nous en protéger.

En revanche, les réponses du système nerveux autonome peuvent affecter le stimulus lui-même. Ainsi, comme nous l'avons déjà vu, la stimulation des barorécepteurs de la crosse aortique ou de la carotide engendre un influx nerveux qui parcourt les nerfs de Hering (sympathique) et pneumogastrique (parasympathique) jusqu'à un centre cardiovasculaire situé dans le bulbe rachidien. Celui-ci engendre des influx efférents sympathiques et parasympathiques qui agissent sur les systèmes qui contrôlent la fréquence cardiaque et la contraction des muscles lisses des vaisseaux. Les réponses du cœur et des vaisseaux modifient alors la pression artérielle.

De même, une molécule susceptible d'engendrer une réponse immunitaire innée active des cellules myéloïdes ou des ILC, qui répondent en agissant directement sur cette molécule. Selon des modalités différentes, mais avec un résultat comparable, une molécule susceptible d'induire une réponse immunitaire adaptative est prise en charge par une cellule dendritique et transportée jusqu'au ganglion drainant, où les lymphocytes spécifiques de cette molécule sont activés et engendrent une réponse immunitaire. Celle-ci est constituée de cellules et de molécules qui sont renvoyées vers la périphérie où se trouve la molécule immunogène, sur laquelle elles agissent. Comme celles du système nerveux autonome, les réponses immunitaires sont rétrogrades. Elles modifient le stimulus à l'origine de la réponse.

Trois différences majeures distinguent donc le système nerveux central et le système immunitaire : une structure anatomique qui contraint le système nerveux mais pas le système immunitaire, le monde qu'ils perçoivent, des phénomènes physiques pour le système nerveux central et des objets biologiques pour le système immunitaire, et ce sur quoi ils agissent, l'organisme pour le système nerveux central, le stimulus pour le système immunitaire et le système nerveux autonome. Ces trois différences confèrent au système immunitaire une capacité d'adaptation réciproque que ne possède pas le système nerveux central.

L'adaptation

Une réaction immunitaire commence par une interaction moléculaire entre une molécule biologique et un récepteur immunitaire ; elle se termine par une interaction moléculaire entre un récepteur ou des anticorps et la même molécule biologique. La première interaction est à l'origine de la perception d'un stimulus qui induit une réponse immunitaire ; la seconde met en œuvre et constitue la réponse proprement dite. La première interaction permet à l'organisme de percevoir les autres vivants et de s'y adapter ; la seconde permet d'agir sur eux et de les adapter à l'organisme. Le résultat est une coadaptation des organismes qui vivent ensemble.

Adapter l'organisme aux autres

Si le système nerveux central et le système immunitaire gèrent les relations de l'organisme avec le monde, et si ce qu'ils perçoivent du monde est différent, la façon dont ils le perçoivent est également profondément différente.

Percevoir des variations de pression, des ondes lumineuses, des charges ioniques ou des propriétés hydrophobes nécessite des appareils sensoriels capables de transformer ces phénomènes physico-chimiques en influx nerveux. Ainsi, par exemple, l'appareil auditif, qui perçoit des variations de la pression exercée par l'air et les transforme en vibrations mécaniques puis en signal électrique sous forme de potentiel d'action, est un appareil complexe. L'oreille externe collecte les vibrations sonores, les concentre dans le conduit auditif et les transmet au tympan qui vibre à son tour. Les osselets de l'oreille moyenne amplifient les vibrations du tympan et les transmettent au liquide dont est remplie l'oreille interne. Dans la cochlée, les cellules sensorielles ciliées de l'organe de Corti reçoivent et transforment les vibrations liquidiennes en influx nerveux que le nerf auditif conduit au cerveau. Ainsi pouvons-nous percevoir des sons de différentes fréquences, *i.e.* des sons plus ou moins graves ou plus ou moins aigus, de différentes amplitudes, *i.e.* d'intensité plus ou moins forte, et, pour une même fréquence et une même amplitude, de timbres différents. Le cerveau analyse toutes ces informations et les intègre, ce qui nous permet d'écouter une symphonie tout en entendant les sons produits par chaque instrument de l'orchestre, mais c'est le même appareil sensoriel qui les recueille. Si sophistiquée soit-elle, l'oreille ne distingue ni l'acuité ni le timbre des sons produits par le premier violon, elle ne fait pas la différence avec les sons du violoncelle, elle les recueille. Elle ne recueille même qu'une partie des ondes sonores, celles dont la fréquence est comprise entre 20 et 20 000 hertz et dont l'amplitude est comprise entre 1 et 120 décibels. Il en va de même pour les autres organes des sens qui sont sensibles à des phénomènes situés dans une gamme de variations. Finalement, les phénomènes du monde physique que nous pouvons percevoir ne sont pas si nombreux, ou, s'ils le sont, disons que leur nombre est fini. Il suffit donc d'un nombre limité de récepteurs sensoriels pour les recueillir, mais il faut un gros cerveau pour les percevoir.

La tâche est tout autre pour un système qui perçoit des objets biologiques. Il en existe une multitude que le système immunitaire peut distinguer les uns des autres, y compris certains qui n'existent pas encore mais que l'industrie humaine produira peut-être un jour. Le système immunitaire les perçoit et les distingue parce qu'il possède une multitude de récepteurs. Certains sont spécifiques d'une seule molécule, voire d'une configuration spatiale particulière adoptée par une molécule. D'autres sont spécifiques d'une infime portion moléculaire qui peut être propre à une molécule ou au contraire partagée par plusieurs molécules[10]. D'autres sont spécifiques de l'association d'un peptide et d'une molécule du CMH. D'autres sont spécifiques de patterns moléculaires partagés par un grand nombre de molécules. Le répertoire cognitif du système immunitaire est gigantesque. Cela implique que le nombre de récepteurs immunitaires soit aussi gigantesque.

Le répertoire cognitif du système immunitaire peut être défini comme l'ensemble des molécules, des portions de molécules et des associations de molécules qui peuvent être reconnues par l'ensemble des récepteurs exprimés par l'ensemble des cellules immunitaires. Ces récepteurs sont exprimés par des cellules de types différents et selon des modalités différentes. Les lymphocytes T et B n'expriment qu'un seul type de TCR ou de BCR, tandis que les cellules myéloïdes et les ILC expriment plusieurs types de récepteurs. Les cellules lymphoïdes, les cellules myéloïdes et les ILC acquièrent leurs récepteurs par des processus différents. Pour ces raisons, le répertoire cognitif du système immunitaire dépend non seulement des récepteurs immunitaires, mais également de la physiologie des cellules qui les expriment.

La notion de répertoire immunitaire s'applique principalement aux récepteurs immunitaires par excellence, les récepteurs pour l'antigène des lymphocytes T et B qui sont l'objet de profonds remaniements au cours de la différenciation de ces cellules. Nous avons vu que ces récepteurs résultent d'un réarrangement génétique capable d'engendrer une multitude de récepteurs par une combinatoire de gènes variables. Nous avons vu aussi qu'une partie seulement de ces récepteurs sont exprimés par l'ensemble des lymphocytes parce qu'un lymphocyte n'exprime qu'une seule combinaison parmi toutes celles qui sont possibles, et parce que le nombre des lymphocytes est fini. Nous avons vu enfin qu'une fraction seulement de ces cellules sont sélectionnées par l'antigène lorsque celui-ci survient et induit une expansion clonale des cellules sélectionnées.

Dans les années 1980, António Coutinho avait proposé de distinguer trois répertoires immunitaires, correspondant chacun à une des situations décrites ci-dessus[11]. Un *répertoire potentiel*, disait-il, peut être défini par toutes les combinaisons de gènes variables possibles. Un tel répertoire est purement conceptuel, c'est un répertoire possible, mais virtuel. Un *répertoire disponible* peut être défini par tous les récepteurs d'antigène exprimés par les lymphocytes d'un individu avant qu'ils ne soient sélectionnés par l'antigène. Un *répertoire réel* peut être défini par les récepteurs de toutes les cellules après qu'elles ont été sélectionnées par l'antigène.

Après leur sélection, les lymphocytes B continuent à se modifier. Ils présentent des peptides dérivés de l'antigène que reconnaît leur BCR à des lymphocytes Th comme le ferait une cellule dendritique, et ils s'installent dans un follicule lymphoïde où ils se mettent à proliférer. Ils forment des clones de cellules dont les récepteurs ont tous la même spécificité. Le répertoire réel se consolide et se dessine à grands traits. Les cellules B entament alors un processus de maturation. Les régions variables de leurs BCR sont l'objet d'une « hypermutation somatique » qui engendre des récepteurs dont l'affinité pour l'antigène est plus ou moins grande. Certains lymphocytes meurent par apoptose parce que leurs récepteurs, mutés au hasard, ne sont plus fonctionnels. Les survivants sont alors sélectionnés à nouveau par des « cellules dendritiques folliculaires » qui leur présentent l'antigène. Ceux dont les récepteurs ont une affinité suffisante reçoivent un « signal de survie ». Ces lymphocytes peuvent alors se différencier en plasmocytes sécréteurs d'anticorps.

Ainsi, un processus de « maturation d'affinité » affine le répertoire cognitif réel et sélectionne les cellules capables de produire les anticorps les plus « efficaces » pour reconnaître l'antigène. La biologie moléculaire avait disqualifié les théories instructives de la formation des anticorps en excluant la possibilité qu'une protéine puisse acquérir sa conformation tridimensionnelle en se « moulant » sur une autre molécule, et elle avait laissé place à la théorie sélective. Les antigènes du monde vivant ne façonnent pas les molécules d'anticorps à leur image, mais ils façonnent le répertoire immunitaire.

La réponse terminée, la plupart des cellules qui ont été amplifiées et se sont différenciées disparaissent, et le système immunitaire évolue vers un nouvel équilibre. Dans ce nouvel équilibre, des cellules spécifiques de l'antigène persistent, qui gardent une mémoire de la réponse. Le système immunitaire adaptatif n'est plus tout à fait le même qu'avant la réponse, et, dans ce système modifié, celle-ci a laissé des traces. Il est prêt à répondre à nouveau au même antigène, plus vite et plus fort. Il s'est *adapté*.

À l'étendue presque sans limites du répertoire immunitaire cognitif s'ajoute une extrême flexibilité du système immunitaire qui lui permet de s'adapter encore un peu plus au monde vivant auquel il est confronté. L'absence de structure anatomique du système immunitaire, le caractère stochastique des réarrangements somatiques qui façonnent le répertoire immunitaire, la contingence des rencontres entre cellules et molécules immunitaires, sa fluidité – les cellules et les molécules immunitaires sont portées par le flux sanguin ou la lymphe ; elles passent des tissus à la circulation et de la circulation aux tissus – conférant au système immunitaire une flexibilité bien plus grande que celle du système nerveux. Il peut ainsi s'adapter aux variations incessantes et à l'infinie diversité du monde vivant.

Adapter les autres à l'organisme

Le système nerveux central et le système immunitaire ne diffèrent pas seulement par *ce à quoi* ils répondent et comment, ils diffèrent également par *ce sur quoi* s'exercent leurs réponses. Les réponses du système immunitaire, mais pas celles du système nerveux central, agissent sur le stimulus qui les a induites. Je les ai qualifiées de « rétrogrades ». La différence porte sur les appareils effecteurs des deux systèmes. Le système immunitaire dispose en effet d'une panoplie de cellules et de molécules capables d'agir sur les objets biologiques qu'il reconnaît et de les modifier. Ce sont souvent des êtres vivants, et les effecteurs immunitaires peuvent les affecter gravement, parfois de façon radicale, d'où les analogies guerrières et l'imagerie militaire utilisées par l'immunologie.

Sur quoi sont dirigées les réponses immunitaires ? En d'autres termes, quel est le répertoire cognitif des cellules et des molécules effectrices du système immunitaire ? Ce répertoire peut être défini par l'ensemble des molécules sur lesquelles les réponses du système immunitaire peuvent s'exercer. Le répertoire de ses cellules effectrices et des anticorps est celui des récepteurs d'antigène des lymphocytes qui ont été sélectionnés par l'antigène. Le système immunitaire adaptatif « sait » en effet déjà ce sur quoi il agit, puisque c'est ce qui a induit la réponse. Quant au répertoire des cellules du système immunitaire inné, il reste le même puisque ni les cellules myéloïdes ni les ILC ne subissent de sélection clonale.

Quel est, maintenant, le *répertoire fonctionnel* du système immunitaire ? Ce répertoire peut être défini comme l'ensemble des mécanismes, cellulaires et moléculaires, qui permettent au système immunitaire d'agir sur ce qu'il a reconnu. Ce répertoire fonctionnel est celui des réponses immunitaires proprement dites. Nous avons vu dans le chapitre précédent que ces réponses peuvent éliminer le stimulus à l'origine de la réponse par différents moyens et/ou produire une réaction inflammatoire qui modifie l'environnement du stimulus.

La structure qui porte la ou les molécules reconnues peut être éliminée par un processus d'internalisation qui rappelle les « cellules dévorantes » de Metchnikoff, elle peut être détruite par des cellules cytotoxiques qui libèrent des substances toxiques à son contact et/ou induisent son apoptose. Elle peut être « neutralisée » par des anticorps qui la recouvrent et l'empêchent d'interagir avec des cellules, comme les anticorps qui empêchent un virus d'infecter une cellule. Elle peut activer des cellules de toutes sortes, cellules lymphoïdes, cellules myéloïdes et ILC, qui sécrètent des chimiokines qui attirent d'autres cellules et des cytokines qui les activent à leur tour. Les chimiokines et les cytokines sont nombreuses, ainsi que leurs récepteurs. Ainsi, un grand répertoire proprement cellulaire peut être mobilisé.

Toutes ces cellules peuvent sécréter de nombreuses autres molécules biologiquement actives : des facteurs de croissance qui font proliférer des cellules, des substances vaso-actives qui modifient la perméabilité vasculaire, d'autres qui agissent sur les muscles lisses des vaisseaux et provoquent une vasoconstriction ou au contraire une vasodilatation, sur les muscles lisses des bronches dont ils rétrécissent la lumière, ou sur les muscles lisses de l'intestin dont ils stimulent les mouvements péristaltiques, d'autres qui agissent sur les cellules caliciformes des mêmes organes et induisent une sécrétion de mucus dans les bronches ou dans l'intestin. Ce sont les réponses de ces cellules qui provoquent le syndrome de détresse respiratoire aigu qui tue les patients âgés atteints du Covid-19. Le répertoire immunitaire fonctionnel est large et ses effets sont multiples.

La versatilité des effecteurs immunitaires apparaît plus grande encore si l'on prend le temps d'examiner comment fonctionnent les anticorps. Les anticorps sont les molécules effectrices de la réponse immunitaire adaptative les plus abondantes. Pour le meilleur et pour le pire. Les anticorps en effet protègent contre les maladies infectieuses, ce sont eux qui confèrent la protection vaccinale et ils sont de plus en plus utilisés pour l'immunothérapie anticancéreuse. Les anticorps sont aussi responsables de maladies comme les allergies, la maladie hémolytique du nouveau-né ou des maladies auto-immunitaires. Comment des anticorps produits par le système immunitaire peuvent-ils être à la fois protecteurs et pathogènes ?

La raison en est que les anticorps n'ont en réalité pas d'activité biologique par eux-mêmes. Leurs deux parties Fab, constituées par la réunion des régions variables d'une chaîne lourde et d'une chaîne légère, leur permettent de se fixer spécifiquement aux antigènes, mais, à de rares exceptions près, cette liaison n'a pas de conséquences biologiques. Pour agir sur l'antigène, les anticorps doivent en même temps se coupler par leur partie Fc, constituée par l'autre extrémité des deux chaînes lourdes, à des systèmes effecteurs. Ceux-ci sont des molécules comme des composants du complément et, surtout, des cellules qui expriment des récepteurs pour la partie Fc des anticorps (RFc)[12].

Les RFc sont principalement, mais non exclusivement, exprimés par les cellules myéloïdes. Ces cellules n'expriment pas de récepteurs pour l'antigène. En se fixant aux RFc des cellules myéloïdes, les anticorps donnent à ces cellules un récepteur d'antigène semblable à celui des lymphocytes B. Ils peuvent conférer aux cellules myéloïdes l'ensemble du répertoire cognitif des cellules B. Alors que la spécificité des BCR et des TCR est sélectionnée *a priori* dans la diversité combinatoire potentielle de gènes variables, celle des RFc est sélectionnée *a posteriori* dans une diversité de protéines réelles. Les anticorps se fixant aux RFc indépendamment de leur spécificité antigénique et les cellules myéloïdes exprimant de nombreux RFc, chaque cellule peut répondre à une multitude d'antigènes.

On remarquera qu'à la différence des lymphocytes T qui, une fois activés par l'antigène, prolifèrent et se différencient en cellules effectrices les lymphocytes B prolifèrent et se différencient en cellules productrices d'anticorps. Il n'existe pas de cellules B effectrices qui seraient les équivalents des cellules T effectrices, alors qu'il existe des cellules B régulatrices qui sont les équivalents des cellules T régulatrices. Les cellules myéloïdes sont des cellules effectrices déjà différenciées, et elles expriment des RFc. En se fixant à leurs RFc, les anticorps confèrent aux cellules myéloïdes le répertoire cognitif des lymphocytes B. Ils *enrôlent* les cellules de l'immunité innée dans l'immunité adaptative. Ce système de découplage entre le répertoire cognitif des cellules B et le répertoire fonctionnel des cellules myéloïdes a pour conséquence d'augmenter considérablement le nombre des cellules effectrices et la diversité fonctionnelle de la réponse B.

Les ligands des RFc sont des complexes antigène-anticorps. Si l'antigène est plurivalent, ces complexes agrègent les RFc sur la membrane cellulaire. Contrairement aux BCR et aux TCR qui, sur une cellule, ne fixent qu'un seul antigène, les RFc fixent un mélange hétérogène d'anticorps complexés à un antigène. Par ailleurs, les cellules myéloïdes expriment plusieurs types de RFc. Les complexes immuns forment donc des « hétéro-agrégats » constitués par plusieurs types de RFc sur la membrane cellulaire. Ces superstructures sont la forme fonctionnelle des RFc. La structure fonctionnelle des RFc est donc variable et non prédéterminée. Elle est induite par les complexes antigène-anticorps.

C'est en effet l'agrégation des RFc sur la membrane par les complexes immuns qui engendre des signaux intracellulaires. Comme les BCR et les TCR, la plupart des RFc sont des molécules pluricaténaires. Ils sont constitués d'une sous-unité propre à chaque RFc, qui fixe les anticorps avec une affinité variable, et d'une ou deux sous-unités communes à plusieurs RFc qui engendrent des signaux intracellulaires. Une minorité des RFc sont monocaténaires. Deux catégories de RFc délivrent deux types de signaux : des signaux d'activation cellulaire et des signaux d'inhibition. Lorsque des RFc des deux catégories son coagrégés par des complexes immuns, les deux types de signaux se modulent mutuellement. La nature des signaux dépend de motifs moléculaires présents dans les domaines intracytoplasmiques des RFc et de leurs sous-unités. Les ITAM engendrent des signaux d'activation[13], tandis que les ITIM engendrent des signaux d'inhibition[14]. La réponse cellulaire dépend du rapport entre récepteurs à ITAM et récepteurs à ITIM dans les hétéro-agrégats de RFc formés par les complexes immuns.

La nature des réponses biologiques mises en route par les RFc ne dépend pas du type de récepteurs engagés mais du type cellulaire. Les réponses biologiques induites par les anticorps dépendent donc en premier lieu de la distribution cellulaire des RFc. Des RFc sont exprimées par toutes les cellules myéloïdes, par certaines ILC et par quelques cellules lymphoïdes. Cette large expression cellulaire des RFc confère aux anticorps un large répertoire fonctionnel. Celui-ci dépend en effet du répertoire fonctionnel des cellules qui expriment des RFc. Toutes les cellules endocytent, certaines phagocytent, quelques-unes sont capables de *transcytose**. Les cellules qui contiennent des granules peuvent les libérer par *exocytose**. De nombreuses cellules peuvent synthétiser et sécréter des cytokines, des chimiokines, des facteurs de croissance. Les RFc contribuent ainsi à l'élimination des pathogènes, à la neutralisation de toxines, à la capture des antigènes, et leur présentation aux cellules T, à diverses formes de cytotoxicité, aux réponses inflammatoires, etc.

Ce sont les anticorps qui, en se fixant sur leurs récepteurs, sélectionnent les cellules impliquées dans une réponse ou une autre. Ils sélectionnent ainsi des populations cellulaires hétérogènes, donc capables d'exercer différents effets biologiques, déjà présentes ou attirées sur le lieu de la réaction. Leurs effets biologiques dépendent donc beaucoup du contexte tissulaire. La pluralité des RFc qui peuvent être engagés par les anticorps, la combinaison de RFc exprimés par un type cellulaire et la population de cellules impliquées dans une réaction expliquent la multiplicité des effets biologiques des anticorps.

Les anticorps peuvent protéger efficacement contre une infection virale. Ainsi, des IgG anti-*Spike*, une protéine virale qui permet au virus du SRAS d'infecter les cellules épithéliales bronchiques, inhibent l'infection de ces cellules. Les mêmes anticorps facilitent cependant l'infection des monocytes et des macrophages *via* les RFc exprimés par ces cellules[15]. La dengue est un autre exemple dans lequel des anticorps peuvent soit protéger contre une infection virale, soit la favoriser. L'effet différentiel dépend des RFc engagés par ces anticorps[16].

Classiquement, les réactions allergiques sont dues à des anticorps de la classe des IgE. On peut cependant induire un choc anaphylactique en injectant des complexes antigène-IgG à des souris normales non immunisées. Nous avons vu que les mêmes anticorps n'induisent plus de choc chez des souris génétiquement modifiées dont le gène codant les RFc activateurs pour les IgG a été inactivé, et qu'ils induisent un choc beaucoup plus sévère que chez les souris normales chez des souris dont le gène codant les RFc inhibiteurs a été inactivé. Nous en avons conclu que les mêmes anticorps peuvent aussi bien induire qu'inhiber un choc anaphylactique. Les anticorps de la classe des IgG sont également responsables de maladies auto-immunitaires comme la polyarthrite rhumatoïde ou le purpura thrombopénique idiopathique. De même que dans les réactions anaphylactiques, l'effet pathogène des anticorps dépend de l'engagement de RFc activateurs et il est contrebalancé par leur effet protecteur qui dépend des RFc inhibiteurs[17]. Nous avons vu enfin que l'effet thérapeutique d'anticorps dirigés contre les cellules de mélanome est abrogé chez des souris dépourvues de récepteurs activateurs et renforcé chez des souris dépourvues de récepteurs inhibiteurs[18].

Si j'ai pris le temps d'examiner un peu plus en détail comment fonctionnent les anticorps, c'est parce qu'ils sont un bon exemple de l'extraordinaire versatilité du répertoire fonctionnel du système immunitaire. Cette versatilité est due essentiellement au découplage entre reconnaissance et capacité d'agir. Ce découplage, les anticorps le portent inscrit dans leur structure : deux extrémités Fab qui permettent de reconnaître et une extrémité Fc qui permet de faire. Deux extrémités qui permettent de reconnaître et de faire, ou plutôt de faire faire en se fixant. Un anticorps ne fait rien d'autre que se fixer. N'est-ce pas ce que disait déjà Ehrlich ?

Ce découplage démultiplie les propriétés biologiques des anticorps. En réalité, nous devons considérer non pas un, mais une série de découplages qui permettent un nombre exponentiel de combinaisons :

- une combinatoire de segments de gènes variables confère aux anticorps un répertoire potentiel de spécificités permettant de reconnaître des myriades d'antigènes ;
- une combinatoire de régions variables (Fab) et de régions constantes (Fc) détermine une panoplie d'anticorps de spécificités et de classes et sous-classes différentes ;
- une combinatoire de classes et sous-classes d'anticorps et de RFc différents permet la construction, sur la membrane d'une même cellule, d'une collection de superstructures fonctionnelles ;
- une combinatoire de RFc activateurs et de RFc inhibiteurs coengagés dans ces superstructures engendre de multiples signaux intracellulaires mutuellement régulés ;
- une combinatoire de molécules de signalisation partagées par les différents RFc (et par les autres récepteurs membranaires) détermine un répertoire de réponses biologiques dans une même cellule ;
- une combinatoire de types cellulaires capables d'exercer différentes activités biologiques engendre un répertoire fonctionnel diversifié dans une population cellulaire ;
- une combinatoire de populations cellulaires, d'antigène et d'anticorps en concentrations locales variables permet des réponses systémiques finement adaptées aux conditions.

Leurs propriétés biologiques ainsi analysées, on comprend que les anticorps puissent être aussi bien protecteurs que pathogènes. Ils ne sont ni l'un ni l'autre, mais les deux à la fois. Ils peuvent faire tout et le contraire parce qu'ils ne font rien eux-mêmes. L'effet qu'ils exercent ne dépend pas d'eux mais du contexte moléculaire et cellulaire : leurs activités biologiques sont mises en route par les anticorps, mais ce sont les RFc qu'ils engagent et les cellules qui expriment ces RFc qui en déterminent le résultat[19].

À la lumière de cette étude des répertoires immunitaires cognitif et fonctionnel, le système immunitaire apparaît sous un jour un peu différent. D'abord, il peut reconnaître tout ce qui est vivant. Son répertoire cognitif est virtuellement illimité, ce qui lui permet d'être prêt à tout. Nos cellules myéloïdes sont déjà prêtes à répondre à tout ce qui porte PAMP, MAMP, DAMP ou autres patterns perceptibles par leurs TLR, de même que les ILC sont prêtes à répondre aux virus, aux parasites ou aux cellules tumorales. Nous possédons déjà quelques lymphocytes qui expriment ou qui exprimeront des récepteurs pour le SARS-CoV-3 et les autres coronavirus qui suivront. Bien sûr, nous ne nous en servons pas, et c'est une bonne chose parce que nous sommes occupés avec le SARS-CoV-2 en ce moment, et les clones spécifiques qui, espérons-le, se sont développés ont pris leur place parmi les populations de lymphocytes de nos systèmes immunitaires. Le répertoire cognitif du système immunitaire inné lui permet d'agir sur ce qui survient ; celui du système immunitaire adaptatif lui permet d'anticiper l'inconnu. L'inconnu, quel qu'il soit, pas plus le non-soi que le soi, pas plus les organismes pathogènes que les organismes commensaux.

De même, le répertoire fonctionnel du système immunitaire lui permet d'adapter ses réponses à toutes les situations. Il n'est programmé pour rien ou, plutôt, il n'est pas programmé. Il peut activer ou inhiber des réponses cellulaires, tuer ou protéger des cellules cancéreuses, empêcher ou faciliter une infection virale, tolérer ou rejeter une greffe, faire du Covid-19 une infection bénigne ou un syndrome de détresse respiratoire aigu mortel. Tout dépend du contexte. C'est en effet le contexte qui sélectionne la réponse. Or, s'il sélectionne la réponse, il laisse disponible tout le répertoire des autres réponses possibles. L'exemple des anticorps nous a montré qu'elles peuvent être nombreuses. Un large répertoire fonctionnel non sélectionné mais toujours disponible peut être bien plus utile qu'une réponse particulière pour faire face à l'imprévisible. De même que son répertoire cognitif, le répertoire fonctionnel du système immunitaire lui permet d'anticiper l'inconnu.

Anticiper l'inconnu semble donc une faculté du système immunitaire. On peut penser qu'une telle faculté confère un avantage sélectif aux êtres vivants qui la possèdent, et donc qu'un tel système ait été sélectionné au cours de l'évolution. On peut remarquer en même temps que ce qui permet d'anticiper, c'est précisément ce qui n'est pas sélectionné dans les répertoires cognitif et fonctionnel, mais qui est là en réserve et qu'il est toujours possible de mobiliser. Comme si l'important n'était pas tant ce qui a été sélectionné que tout ce réservoir de ce qui ne l'a pas encore été et qui peut l'être. Plus que mettre en œuvre une réponse immunitaire particulière, le système immunitaire est en mesure de répondre à tout, et d'un grand nombre de façons. Ici, maintenant et déjà demain.

L'adaptation réciproque

Ainsi, comme le système nerveux central permet d'adapter l'organisme au monde physique dans lequel il vit, le système immunitaire permet d'adapter l'organisme au monde vivant avec lequel il vit. Mais, à la différence du système nerveux central qui ne peut, lui-même, modifier le monde physique, le système immunitaire peut modifier le monde vivant car il dispose de puissants effecteurs. Mettre en route une réponse immunitaire, c'est donc, d'une part, se modifier soi-même et, d'autre part, modifier les autres, c'est s'adapter aux autres et adapter les autres à soi.

Rappelons-nous Spinoza : « Le corps humain [...] est affecté par les corps extérieurs d'un très grand nombre de manières et est disposé de façon à affecter les corps extérieurs d'un très grand nombre de manières[20] » et « toutes les manières [...] dont un corps est affecté suivent de la nature du corps affecté et en même temps de celle du corps qui l'affecte[21] ». C'est par la double propriété d'affecter et d'être affecté que Spinoza caractérise le corps humain et par là celui de tous les êtres vivants. Et il ajoute : « Tous [les corps de la nature] sont entourés d'autres corps qui agissent sur eux et sur lesquels ils agissent tous, de façon, par cette réciprocité d'action, qu'un mode déterminé d'existence et d'action leur soit imposé à tous[22]. » L'affection réciproque que décrit Spinoza est précisément le propre du système immunitaire. Il est affecté par les organismes vivants et il les affecte.

« Réciprocité d'action », dit Spinoza ; « coadaptation », dit Darwin. Ils ne parlent évidemment pas de la même chose à deux siècles de distance, mais l'idée est la même d'une affection mutuelle qui s'applique aux organismes vivants qui vivent ensemble[23]. Car la lutte pour la vie qui sélectionne le mieux adapté à vivre dans un monde darwinien ne résulte pas d'une simple adaptation. Ce n'est pas la lutte d'un individu contre les éléments physiques pour survivre dans un monde devenu hostile à la suite d'un réchauffement climatique, par exemple, dans lequel il survivra s'il peut supporter la chaleur. C'est la lutte simultanée de tous les individus confrontés ensemble à ce monde devenu hostile parce que caniculaire. C'est une « coadaptation des êtres vivants entre eux et par rapport à leurs conditions de vie », dit Darwin dans l'Introduction de *L'Origine des espèces*.

La lutte pour la vie n'est donc pas une lutte des individus qui s'exterminent les uns les autres, de laquelle ne survivent que les plus forts ou les plus durs au mal. Elle l'est parfois, dans la compétition sexuelle par exemple, encore que le perdant ne meure pas nécessairement. Il a juste moins de chance de disséminer ses gènes en se reproduisant avec le partenaire convoité. Le plus souvent, les individus en lutte ne s'affrontent pas directement. Darwin nous a parlé de « la conformation du pic [...] dont les pattes, la queue, le bec et la langue sont si admirablement adaptés pour aller saisir les insectes sous l'écorce des arbres » et de la conformation du gui qui dépend du pommier qu'il parasite, le gui dont les graines doivent être transportées par des oiseaux, et dont les fleurs unisexuées doivent être pollinisées par des insectes. La lutte pour l'existence du pic et du gui est indissociable de celle de tous les protagonistes dont ils dépendent, parce qu'ils existent ensemble au même endroit et au même moment, et parce que les ressources dont tous dépendent ne sont pas illimitées. Darwin conclut :

> [...] la coadaptation n'existe pas moins entre le plus humble parasite et le quadrupède ou l'oiseau aux poils ou aux plumes desquels il s'attache : dans la structure du scarabée qui plonge dans l'eau ; dans la graine garnie de plumes que transporte la brise la plus légère ; en un mot nous pouvons remarquer d'admirables adaptations partout et dans toutes les parties du monde organisé[24].

Aujourd'hui, les méta-organismes que nous sommes offrent de nombreux exemples de coadaptations, dont certains sont saisissants. Ainsi, si la vache est herbivore et fait partie des ruminants, c'est le résultat d'une symbiose entre *Bos taurus taurus* et son microbiote. En réalité, ce n'est pas la vache qui est herbivore, c'est l'holobionte qu'elle forme avec les micro-organismes qui l'habitent et qu'elle transmet verticalement à sa descendance, de génération en génération. La vache, qui passe le plus clair de son temps à brouter et à ruminer, est en effet parfaitement incapable de digérer les fibres de cellulose de l'herbe qu'elle ingère. Elle le devient parce que trois mécanismes symbiotiques, trois adaptations réciproques se mettent en place l'une après l'autre chez le veau[25].

La première coadaptation porte sur le développement des protagonistes. Comme celui du nouveau-né chez l'homme, le tube digestif du veau est colonisé par des bactéries au cours de la mise bas normale. Des bactéries s'installent dans le *rumen*, une des quatre poches dont est fait l'estomac des ruminants et qui leur donne leur nom. Le *rumen* est alors non fonctionnel, et le lait dont le veau est nourri court-circuite cette poche : il passe directement de l'œsophage à la poche principale de l'estomac où il est digéré. Pendant ce temps, les bactéries se développent dans le *rumen*. Au sevrage, le court-circuit œsophagien se ferme, et le grain qui remplace le lait tombe dans le *rumen* où les bactéries possèdent des enzymes capables d'en dégrader l'enveloppe et se nourrissent du contenu. Les bactéries prolifèrent et produisent du butyrate. Cet acide gras à courte chaîne induit l'expression de facteurs de transcription qui stimulent la prolifération des cellules épithéliales et provoquent la maturation du *rumen*. Celui-ci agit alors en retour sur les bactéries qu'il contient. Il leur offre le gîte et le couvert, et un microbiote s'y constitue et s'y installe durablement. Ainsi, les micro-organismes affectent le développement de l'estomac du veau en y créant une niche qui leur convient, tandis que l'estomac du veau affecte le développement des micro-organismes qui y vivent et s'y trouvent bien.

La deuxième coadaptation est nutritionnelle. Une autre symbiose se met en place au moment où le veau commence à manger de l'herbe. Celle-ci est dégradée par les enzymes fournies par les microbes du *rumen*. Certains d'entre eux fournissent des cellulases, d'autres, des hémicellulases. Les deux types d'enzymes étant nécessaires pour digérer les fibres végétales, les deux types de bactéries entrent en compétition et se stabilisent mutuellement. Elles se nourrissent en effet des produits de dégradation. Ce faisant, elles produisent des acides gras à courte chaîne dont le veau se nourrit. Par cette relation symbiotique, la vache fournit de la nourriture aux microbes et ceux-ci fournissent de la nourriture à la vache dont 70 % de l'énergie provient de la dégradation des fibres végétales.

La troisième coadaptation est protectrice. Les plantes se protègent des herbivores en produisant des toxines ou en bénéficiant de toxines produites par les micro-organismes de leur propre microbiote. Les bactéries installées dans le *rumen* dégradent les alcaloïdes toxiques et détoxiquent ainsi les végétaux ingérés par la vache. Celle-ci est donc protégée par celles-là qui bénéficient en retour de conditions favorables. L'holobionte vache-micro-organismes est devenu herbivore. Il créera à son tour une niche écologique riche en végétaux comestibles, et son élevage intensif ne manquera pas d'altérer la planète.

Ce détour par l'estomac des ruminants, dont on peut penser qu'il aurait plu à Darwin, nous a en apparence éloignés de l'immunité.

En apparence seulement, car, de même que le corps de Spinoza ne peut qu'affecter et être affecté de façon réciproque, de même que la sélection naturelle de Darwin passe par une adaptation réciproque induite par une lutte pour la vie, une réponse immunitaire qui permet de s'adapter aux autres et d'adapter les autres à soi est une relation réciproque. Et un système qui permet de s'adapter aux autres et d'adapter les autres à soi est un système de « coadaptation ». Un système de coadaptation englobe le système immunitaire adaptatif qui adapte ses réponses au stimulus, mais également le système immunitaire inné car l'un et l'autre adaptent le stimulus. L'accommodation réciproque produite par un système de coadaptation n'est plus l'immunité telle qu'elle a été conçue par les immunologistes. Ce n'est plus une réaction à sens unique dirigée « contre » quelque chose, comme elle l'est devenue, avec ses anticorps et ses cellules tueuses, ce n'est plus l'immunité du soi à l'assaut du non-soi, ce n'est plus la guerre, ce n'est plus la surveillance, ce n'est plus vraiment une immunité protectrice. N'est-ce pas ce que disaient déjà les pionniers de l'immunité au tout début de l'histoire ?

Bien sûr, Pasteur nous a laissé un procédé qui ouvre la voie aux « grands » vaccins à venir. Derrière l'atténuation des germes, on tend à oublier sa vision dynamique des relations entre l'organisme et les vivants microscopiques qui l'entourent et qu'il lui arrive de rencontrer. Ces relations relèvent bien d'une lutte pour la vie darwinienne dans laquelle l'hôte et le pathogène se modifient mutuellement. Bien sûr, Metchnikoff nous a laissé les vestiges d'une immunité cellulaire qui sera ressuscitée un siècle plus tard pour concevoir l'immunité innée. Derrière la phagocytose, on tend à oublier sa vision synthétique des relations entre les cellules différenciées dans un organisme. Ces relations relèvent également d'une lutte pour la vie darwinienne, dans laquelle les phagocytes sont les ordonnateurs d'une grande harmonie néguentropique. Bien sûr, Ehrlich laisse une immunité humorale dont les anticorps suffiront longtemps pour rendre compte de l'immunité protectrice conférée par les vaccinations pasteuriennes. Derrière les balles magiques de l'immunité, on tend à oublier que les chaînes latérales et les anticorps qui en dérivent neutralisent les antigènes comme un acide neutralise une base, et qu'ainsi réduite à des réactions chimiques l'immunité d'Ehrlich n'est pas à sens unique. Aucun des trois pionniers ne réduisait l'immunité à une réaction unilatérale de l'organisme.

CHAPITRE 3

Par-delà le bien et le mal

Nous verrons dans ce chapitre que reconnaître et répondre aux myriades d'êtres vivants qui nous entourent n'est pas nécessairement s'en défendre en les éliminant, mais négocier avec eux un compromis. De sorte que les interactions obligées de l'organisme avec le monde des vivants se produisent, le plus souvent mais pas toujours, sans entraîner de pathologie, sans même se manifester de façon perceptible. De cette accommodation réciproque résultent une immunité d'un nouveau type, dynamique, relationnelle, jamais acquise, et un autre regard sur les pathogènes et sur la maladie.

Le compromis

Arrivés à ce point, nous voilà au pied du mur, avec un cahier des charges à respecter. Il nous faut concevoir un système immunitaire sans cause finale, un système qui n'aurait pas de « mission » à remplir, pas de « surveillance » à assurer, pas de « non-soi » à « neutraliser », un système qui ne serait ni protecteur ni pathogène *a priori*, un système de relation, comme le système nerveux, mais spécialisé dans les relations avec les êtres vivants.

Ce système percevrait les macromolécules du monde vivant, que celles-ci viennent du dehors ou du dedans, du « non-soi » ou du « soi », de pathogènes ou de commensaux. Il répondrait à toutes ces choses vivantes avec lesquelles nous vivons et qui nous constituent, à nous-mêmes donc, sans nous mettre en péril pour autant. Il nous permettrait de nous adapter aux autres et de les adapter à nous. Il saurait même anticiper l'inconnu et serait déjà prêt à y répondre.

Je m'en tiendrai au schéma minimal que j'ai proposé au tout début de cette troisième partie : une réaction immunitaire est une réponse *à* un stimulus et *sur* ce stimulus. La réponse au stimulus est conditionnée par le répertoire immunitaire cognitif de l'ensemble des récepteurs immunitaires exprimés par les cellules immunitaires. La réponse sur le stimulus dépend du répertoire immunitaire fonctionnel de l'ensemble des cellules et des molécules effectrices du système immunitaire.

Connais-toi toi-même

Je ne reviendrai pas ici sur la question de la définition d'un soi et d'un non-soi élusifs. Je partirai néanmoins du fait que nous existons en tant qu'individus vivants, en relation les uns avec les autres, parfois même en relation très étroite, mais distincts les uns des autres. Même entourés par nos proches et par d'autres moins proches, *nous* naissons, *nous* vivons, *nous* souffrons, *nous* mourons. Les autres ne naissent pas à notre place, ils ne vivent pas notre vie mais la leur, ils ne souffrent pas dans leur chair quand nous souffrons dans la nôtre, et nous ne les entraînons pas dans la mort avec nous. Nous sommes nous ; ils sont eux.

Cette distinction n'est pas seulement le fait d'une intuition ou le résultat d'une réflexion sur notre condition de sujets, acteurs de nos propres vies à la première personne comme nous l'avons examiné dans la deuxième partie de ce livre. Le système immunitaire, qui ne pense pas beaucoup, fait également cette distinction : il rejette une greffe de cellules ou un organe provenant d'un autre que nous mais pas des cellules ou un organe prélevés sur nous-mêmes. Nous savons que c'est le système immunitaire qui est responsable du rejet de la greffe « incompatible » car ce rejet est aboli chez des patients qui ont reçu un traitement immunosuppresseur, chez des animaux qui ont été irradiés ou thymectomisés et chez des animaux modifiés génétiquement de façon qu'ils soient dépourvus de système immunitaire. Nous savons également que la greffe est rejetée parce que, comme toutes les cellules nucléées, ses cellules expriment sur leur membrane une combinaison de molécules du CMH de classe I propre à chaque individu. Nous savons enfin que ces molécules sont reconnues par les lymphocytes. Le système immunitaire ne répond donc pas de la même façon à une allogreffe et à une autogreffe.

Nous avons vu qu'une réponse immunitaire comprend une phase afférente qui instruit le système immunitaire de la présence d'une molécule biologique, et une phase efférente par laquelle les effecteurs immunitaires agissent sur cette molécule. Pour expliquer la différence que fait le système immunitaire entre une allogreffe et une autogreffe, on peut imaginer deux possibilités. L'une est que le système immunitaire *perçoit* les cellules allogéniques mais pas les cellules autologues. L'autre est que le système immunitaire *agit sur* les cellules allogéniques mais pas sur les cellules autologues. Intrigués, et peut-être éblouis par la capacité du système immunitaire de distinguer la multitude de molécules biologiques qu'il est susceptible de percevoir, les immunologistes ont concentré leur attention sur la reconnaissance immunitaire. Ils ont cherché comment fait le système immunitaire pour ne pas se « voir » lui-même, et ignorer ainsi une greffe autologue.

C'est bien sûr Burnet qui, en se fondant sur l'expérience de Medawar qui avait montré qu'une greffe allogénique n'est pas rejetée par un animal auquel ont été injectées des cellules du donneur à la naissance, propose que le système immunitaire apprend à ignorer ce qu'il a « vu » chez l'embryon ou le nouveau-né. La « tolérance néonatale » de Burnet repose sur l'élimination des lymphocytes autoréactifs, *i.e.* ceux dont le récepteur pour l'antigène reconnaît les cellules et les molécules autologues. Cet oubli de soi-même se met en place avant et à la naissance. Vingt ans plus tard, Zinkernagel et Doherty nous ont appris que, pour que le système immunitaire puisse répondre à un antigène, il faut que des lymphocytes T puissent reconnaître un peptide dérivé de cet antigène associé à une molécule du CMH *autologue*. Pas de reconnaissance du non-soi sans connaissance du soi. La sélection du répertoire cognitif doit alors se complexifier. Il faut qu'une « sélection positive » des lymphocytes T dont le TCR peut reconnaître le CMH autologue précède une « sélection négative » des lymphocytes T dont le TCR reconnaît des peptides dérivés de protéines autologues associés à des molécules du CMH autologues. Après cette purge ne subsistent en principe que des lymphocytes dont le TCR est capable de reconnaître des peptides exogènes associés à des molécules du CMH autologue. En principe seulement, car les maladies auto-immunitaires démontrent que toutes les cellules autoréactives n'ont pas été éliminées.

On a donc continué à s'interroger sur les mécanismes de discrimination entre le soi et le non-soi, sur ce qui pouvait être à l'origine de ces « erreurs » de perception que ferait le système immunitaire lorsqu'il s'attaque au soi, sur la définition du non-soi par rapport au soi. Il fallait bien trouver des différences perceptibles par le système immunitaire pour qu'il puisse faire la différence. Les cellules transformées qui prolifèrent dans les cancers ont suggéré l'existence de différences plus subtiles qu'un non-soi radicalement différent du soi, un continuum entre soi et non-soi. La prise en compte des variations et des remaniements de l'organisme au cours du temps a déplacé l'attention sur le changement lui-même, plutôt que sur le résultat de ce changement, sa soudaineté ou sa rapidité ; et l'on a suggéré que la vitesse de variation (dv/dt) plus que la variation (dv) serait perceptible par le système immunitaire.

Percevoir une discontinuité qualitative, qu'elle soit discrète ou progressive, ou une discontinuité temporelle, qu'elle soit rapide ou lente, implique la possibilité de comparer. Comparer un non-soi à un soi de référence, ou comparer un soi actuel à un soi passé nécessite une mémoire. Il existe bien une mémoire immunitaire, mais celle-ci ne porte pas sur le soi. Elle porte au contraire sur ce contre quoi une réponse immunitaire s'est développée, *i.e.* sur du non-soi. Elle est la trace laissée par une réponse à un non-soi, pas d'une non-réponse au soi. Tels qu'ils se présentent sur la membrane, les récepteurs immunitaires n'ont aucun moyen de « savoir » ce qu'ils perçoivent, ni les cellules immunitaires qui ne font que recevoir les signaux intracellulaires engendrés par les récepteurs engagés, et mettre en route la ou les réponses dont elles sont capables. Les cellules des organes sensoriels du système nerveux central ne « savent » pas davantage ce qu'elles perçoivent. Elles engendrent un influx nerveux qui fait savoir qu'elles ont perçu quelque chose. C'est le cerveau qui intègre les influx qu'il reçoit dans ses réseaux neuronaux et qui peut comparer. Rien de tel pour le système immunitaire. Pas de véritable organe central vers lequel convergeraient les cellules activées par une stimulation antigénique, et où résiderait un soi de référence auquel serait confronté ce qui a été perçu par les récepteurs immunitaires. Les molécules du CMH qui pourraient en tenir lieu sont dispersées sur toutes les cellules de l'organisme[1]. Ce n'est apparemment pas dans le répertoire immunitaire cognitif que nous pouvons trouver comment le système immunitaire épargne une autogreffe. Peut-être celui-ci ne méconnaît-il pas le soi. Peut-être le perçoit-il comme n'importe quel non-soi, auquel cas la distinction entre soi et non-soi n'aurait pas lieu d'être. Il n'empêche qu'il ne le traite pas de la même façon. Si ce n'est dans le répertoire cognitif, serait-ce alors dans le répertoire fonctionnel qu'il faut chercher la différence entre auto- et allogreffe ?

Rappelons-nous : l'*horror autotoxicus* d'Ehrlich n'interdisait pas l'autoreconnaissance mais l'« autotoxicité ». Ehrlich faisait-il la différence entre les deux ? On peut le penser puisqu'il distinguait, dans une toxine, le site « toxophore » responsable de l'effet toxique du site « haptophore » reconnu par le système immunitaire. Quoi qu'il en soit, *nous* pouvons faire la différence. Nous le pouvons parce que nous avons beaucoup appris depuis Ehrlich. Nous avons appris notamment que le répertoire immunitaire fonctionnel n'est pas univoque, qu'il comporte des mécanismes activateurs et des mécanismes inhibiteurs. Le fonctionnement des cellules immunitaires est placé sous le contrôle de puissants mécanismes régulateurs. Ces mécanismes sont mis en route par des récepteurs inhibiteurs. La plupart de ces récepteurs inhibent l'activation cellulaire parce qu'ils possèdent des ITIM dans leur domaine intracytoplasmique ; d'autres récepteurs inhibiteurs possèdent d'autres motifs d'inhibition, mais, comme les récepteurs à ITIM, ils contrôlent les récepteurs activateurs lorsqu'ils sont coengagés avec eux sur une même cellule. Or ce que reconnaissent un grand nombre de ces récepteurs inhibiteurs, ce sont les molécules de classe I du CMH autologue. Des récepteurs inhibiteurs qui, si les molécules qu'ils reconnaissent sont celles qui sont propres à l'individu, inhibent donc les réponses immunitaires de cet individu. Ces récepteurs préviennent non pas la reconnaissance des cellules autologues, mais l'action que pourraient exercer des cellules effectrices sur ces cellules.

L'idée n'est pas nouvelle : elle a été proposée par Klas Kärre au début des années 1990 pour expliquer que les cellules NK qui tuent des cellules de l'organisme infectées par un virus ou devenues cancéreuses épargnent les cellules normales. C'est l'hypothèse du « soi manquant ». On ignorait alors ce que reconnaissent les récepteurs activateurs des cellules NK sur les cellules qu'elles détruisent, mais on était en train de découvrir que les récepteurs inhibiteurs des cellules NK reconnaissent les molécules de classe I du CMH. La proposition de Klas Kärre est que, au lieu de reconnaître les cellules infectées ou les cellules cancéreuses *parce que* leurs molécules de classe I du CMH sont associées à des peptides viraux ou tumoraux et de les tuer comme le font les lymphocytes T cytotoxiques, les cellules NK tuent n'importe quelle cellule *sauf si* elles reconnaissent sur ces cellules leurs propres molécules de classe I du CMH. Il se trouve qu'une infection virale ou une transformation cancéreuse s'accompagne généralement d'une diminution de l'expression des molécules de classe I du CMH. En conséquence, l'activation des cellules NK est inhibée par les récepteurs inhibiteurs lorsque ceux-ci reconnaissent les molécules du CMH sur des cellules normales, mais elle ne l'est pas lorsque ces molécules manquent sur des cellules infectées ou tumorales et ne peuvent engager les récepteurs inhibiteurs de la cellule NK. Ce n'est donc pas la reconnaissance des cellules cibles qui est prévenue, mais l'effet cytotoxique exercé sur celles-ci par les cellules NK.

Le principe peut être étendu à de nombreuses autres cellules immunitaires qui expriment les mêmes ou d'autres récepteurs inhibiteurs qui reconnaissent les molécules du CMH. Le génome humain contient plus de 300 gènes codant des récepteurs à ITIM potentiels, parmi lesquels une soixantaine ont été caractérisés[2]. Plusieurs d'entre eux reconnaissent des molécules du CMH. D'autres reconnaissent des molécules exprimées par de nombreuses cellules normales. Les récepteurs qui reconnaissent des molécules de classe I du CMH sont exprimés non seulement par les cellules NK, mais également par des sous-populations de lymphocytes T et par la plupart des cellules myéloïdes. Ainsi, les cellules NK expriment plusieurs KIR-L et Ly-49 qui reconnaissent les molécules de classe I du CMH HLA-A, HLA-B et HLA-C, mais également KLRG1 qui reconnaît des cadhérines (les cadhérines sont des molécules d'adhérence exprimées par les cellules épithéliales, les leucocytes sanguins et des cellules du système nerveux central). Les cellules NK expriment aussi TIM3 qui reconnaît d'autres molécules d'adhérence, les nectines, dont l'expression est ubiquitaire, PD-1 dont les ligands PD-L1 et PD-L2 sont exprimés par des cellules immunitaires, NKR-P1 dont les ligands sont les *lectin-like transcripts* exprimés par les cellules B, etc. Les ILC1 expriment TIM3, NKR-P1, mais également LAG-3 qui reconnaît des molécules de classe II du CMH. Les ILC2 expriment PD-1, KLRG1 et NKR-P1. Les ILC3 expriment TIM3 et NKR-P1. Les activités de toutes ces cellules sont donc susceptibles d'être inhibées lorsqu'elles agissent sur n'importe quelle cellule de l'organisme qui exprime normalement des molécules d'histocompatibilité et/ou d'autres molécules impliquées dans le fonctionnement des cellules normales.

Dans ces conditions, ce n'est pas une ignorance mais une connaissance de soi qui prévient les manifestations auto-immunitaires, ce n'est pas une absence de perception mais au contraire la perception d'un ensemble des molécules normales, par toutes sortes de récepteurs inhibiteurs, qui empêche les cellules effectrices d'agir. La notion d'un soi défini par une ou quelques marques propres à un individu, reconnaissables par des cellules immunitaires spécifiques, mais dont la reconnaissance serait interdite, s'efface derrière celle d'une multiplicité de molécules partagées par les cellules normales de l'organisme, reconnues par un ensemble de récepteurs inhibiteurs exprimés par les cellules effectrices de la réponse immunitaire. Ainsi, le système immunitaire d'un individu s'abstient de tuer les cellules de cet individu parce que l'éventail de ses cellules cytotoxiques interagit avec la combinaison de molécules de classe I du CMH qu'elles-mêmes expriment. Il détruit l'allogreffe, mais épargne l'autogreffe. Le système immunitaire se protège contre ses propres effets délétères en se reconnaissant lui-même.

Pour s'en convaincre, il suffit de prévenir une telle autoreconnaissance par les cellules effectrices de l'immunité. C'est précisément ce que font les nouvelles immunothérapies des cancers. Ces approches thérapeutiques reposent en effet sur l'utilisation d'anticorps qui empêchent les récepteurs inhibiteurs exprimés par les cellules cytotoxiques d'interagir avec leurs ligands exprimés par les cellules tumorales. Ces anticorps lèvent ainsi l'inhibition qui s'oppose à la destruction des cellules tumorales par les cellules effectrices du système immunitaire. Les cibles de ces « inhibiteurs de contrôle immunitaire » sont principalement le récepteur à ITIM PD-1 et son ligand PD-L1. Les anticorps thérapeutiques anti-PD-1 ou anti-PD-L1 se sont révélés remarquablement efficaces pour traiter durablement des cancers particulièrement graves comme le mélanome métastatique et le cancer du poumon. Sans doute parce qu'ils sont si efficaces, ces anticorps ne sont pas dénués d'effets secondaires indésirables : ils peuvent notamment favoriser la survenue ou aggraver les manifestations de maladies auto-immunitaires. Empêcher l'autoreconnaissance favorise donc l'auto-immunité. Contre l'autotoxicité, connais-toi toi-même !

L'immunité dans un méta-organisme

Un mammifère est un méta-organisme. Nous ne nous interrogerons pas ici sur la définition d'un organisme constitué de centaines de milliards de représentants de centaines d'espèces dans un même tout vivant. Nous ne nous demanderons pas non plus ce qu'est un individu dans ces conditions, ce qui fait l'individualité biologique. Nous nous demanderons en revanche comment une immunité est possible dans un tel attelage. La notion d'immunité dans un méta-organisme constitué d'une écrasante majorité d'organismes procaryotes et d'une toute petite minorité de cellules eucaryotes apparaît en effet comme un oxymore si elle repose sur l'existence d'un système de défense d'un soi – le vertébré – dirigé contre un non-soi – le microbiote – qui lui est nécessaire pour vivre. Si au contraire l'immunité est ce mode d'interaction par lequel les organismes qui vivent ensemble s'adaptent les uns aux autres, cette immunité devient une condition d'existence pour un méta-organisme. Or une telle immunité peut être observée, et à différents niveaux.

Un premier niveau concerne les relations entre micro-organismes, au sein même du microbiote. Nous avons vu que le microbiote est tout un monde dans lequel les virus sont bien plus nombreux que les bactéries et les archées. Parmi eux, les bactériophages, qui infectent les bactéries, sont plus nombreux que les autres virus. Nous avons vu également que ce sont les bactéries qui apportent avec elles ces virus sous la forme « tempérée » de prophages – un génome viral intégré dans leur propre génome – lorsqu'elles colonisent l'intestin du nouveau-né. Ces prophages donnent alors naissance à des bactériophages sous forme lytique. Ceux-ci infectent d'autres bactéries, utilisent la machinerie de synthèse protéique de ces bactéries pour se reproduire et les tuent. Nous avons vu, enfin, que les formes lytiques sont plus abondantes chez l'enfant où elles participent au contrôle des bactéries intestinales, alors que les formes tempérées sont plus abondantes chez l'adulte où un équilibre semble s'être établi entre bactéries et bactériophages. Les relations entre bactéries et virus sont effectivement contrôlées par un protosystème immunitaire, le système CRISPR-Cas, découvert au début des années 2000.

CRISPR est l'acronyme de *clustered regularly interspaced short palindromic repeats* et Cas signifie *CRISPR-associated.* CRISPR et Cas sont deux complexes de gènes, situés à proximité l'un de l'autre sur le chromosome bactérien, et qui fonctionnent ensemble. Le complexe CRISPR est formé par la répétition de séquences palindromiques de 25-35 paires de bases, séparées par des « espaceurs » (*spacers*) constitués par des séquences de 30-40 paires de bases. Ces espaceurs sont des séquences d'ADN d'origine virale insérées dans l'ADN bactérien. Elles proviennent en effet de bactériophages qu'a rencontrés la bactérie précédemment, et elles s'ajoutent les unes derrière les autres au fur et à mesure des infections. Cas est un système de réparation de l'ADN bactérien. Il est constitué par un ensemble de gènes codant des nucléases, des enzymes qui coupent les acides nucléiques, ADN ou ARN, à des sites spécifiques.

En 2005, les travaux de trois groupes[3] démontrent que les séquences virales intégrées dans CRISPR protègent la bactérie contre une réinfection par le même bactériophage, et qu'il existe une corrélation entre le nombre d'espaceurs insérés dans le complexe CRISPR et le degré de résistance de la bactérie aux infections par des phages. CRISPR-Cas fonctionne en trois temps. Dans un premier temps, des nucléases Cas se fixent à l'ADN que le bactériophage a injecté dans la bactérie, en coupent une séquence d'une trentaine de paires de bases et l'insèrent entre deux palindromes répétés, de sorte que cette séquence virale devient un espaceur dans l'ADN bactérien. Dans un deuxième temps, le complexe CRISPR ainsi modifié est transcrit en ARN duquel une nucléase Cas excise une séquence constituée par l'espaceur d'origine virale et par le palindrome adjacent d'origine bactérienne. Dans un troisième temps, cette séquence d'ARN, à laquelle la nucléase est restée associée, se fixe sur une séquence complémentaire dans l'ADN du bactériophage. Cette séquence virale est alors excisée par la nucléase Cas, ce qui prévient l'infection de la bactérie par le bactériophage dont l'ADN est ainsi amputé.

CRISPR-Cas se présente donc comme un système de défense des bactéries contre les bactériophages. Parce que l'addition d'un nouvel espaceur aux précédents déjà intégrés inscrit une trace de l'expérience virale dans le génome bactérien, Eugene Koonin fait de CRISPR-Cas un système immunitaire adaptatif *bona fide*, doté d'une véritable mémoire immunitaire[4]. Il souligne que, comme le système immunitaire adaptatif des vertébrés, CRISPR-Cas fait appel à un système de réarrangement génétique assuré par des enzymes capables de transposer des segments d'ADN. Il propose même un mode de discrimination du « non-soi » viral et du

« soi » bactérien qui prévient l'autoreconnaissance de séquences d'ADN bactériennes, tout en admettant que cette discrimination est imparfaite et qu'un grand nombre de bactéries meurent d'« auto-immunité ». Koonin fait donc de CRISPR-Cas un mécanisme par lequel des facteurs externes induisent des modifications génomiques transmissibles à la descendance, autrement dit un mécanisme permettant une hérédité lamarckienne de caractère acquis, dont les philosophes de la biologie se sont emparés.

Je laisserai aux philosophes le soin de discuter le caractère lamarckien ou « quasi lamarckien » de CRISPR-Cas[5]. Il va de soi que des modifications génétiques acquises ne peuvent être autres que « germinales » chez des organismes unicellulaires, et être transmises aux générations ultérieures. Je ne discuterai pas non plus la capacité de ce système de protéger les bactéries des infections virales : elle semble indiscutable. Notons que l'acquisition d'un stock de séquences virales permet à la bactérie d'anticiper. Elle peut anticiper le retour d'un bactériophage déjà rencontré et peut-être aussi la survenue de virus inconnus en lui fournissant un répertoire de séquences virales disponibles : un réservoir de mutations dirigées induites par l'environnement, au lieu des mutations au hasard de la sélection clonale de Burnet.

Je soulignerai surtout à quel point CRISPR-Cas permet une coadaptation des deux catégories de micro-organismes. Comme la réaction immunitaire des vertébrés, la mise en œuvre de CRISPR-Cas est une réponse *à et sur* un même stimulus biologique. Comme la réponse immunitaire des vertébrés, elle provoque une modification (l'insertion d'une séquence virale dans le génome bactérien) de la bactérie et l'élaboration d'effecteurs moléculaires (des ARN hybrides transcrits d'un espaceur viral et d'un palindrome bactérien) capables de « reconnaître » des séquences virales du bactériophage avec une très grande spécificité. Ces modifications de la bactérie provoquent à leur tour une modification du virus – le clivage des séquences d'ADN reconnues – dont la prolifération sous forme lytique est ainsi contrôlée. La bactérie est affectée par le virus et le virus est affecté par la bactérie. CRISPR-Cas adapte la bactérie au virus et le virus, à la bactérie : chez l'adulte, les formes tempérées ont remplacé les formes lytiques. Rappelons que chez l'enfant les formes lytiques avaient auparavant contrôlé la prolifération bactérienne. Les bactéries et les bactériophages peuvent maintenant faire bon ménage dans un microbiote apaisé.

Un second niveau d'adaptation réciproque concerne les relations entre les bactéries du microbiote et l'organisme qui les héberge. Le microbiote ne réside pas seulement dans l'intestin, mais c'est le microbiote intestinal qui est de loin le plus abondant. C'est aussi celui dont les relations avec son hôte sont les mieux connues. Dans cet organe, des myriades de micro-organismes sont en contact avec les villosités de l'épithélium intestinal. À travers cet épithélium, une relation bilatérale s'établit entre les bactéries et le système immunitaire : celui-ci répond à et agit sur celles-là, tandis que celles-là répondent à et agissent sur celui-ci.

L'intestin possède ses propres organes lymphoïdes où s'élaborent des réponses immunitaires particulières induites par le microbiote, et nous avons déjà vu comment celui-ci induit le développement de ces organes après la colonisation bactérienne lors de la naissance. Ces organes sont les ganglions mésentériques, les plaques de Peyer et des structures lymphoïdes transitoires qui se développent dans la *lamina propria*. Dans ces organes, des réponses immunitaires particulières sont mises en œuvre, qui conduisent à la production d'anticorps particuliers, les IgA sécrétoires. Chez l'homme, il existe deux sous-classes d'IgA, les IgA1, peu abondantes, qui circulent dans le sang avec les autres anticorps, et les IgA2 ou IgA sécrétoires, très abondantes, qui sont associées aux surfaces muqueuses comme la muqueuse intestinale.

Les IgA2 sont dimériques, *i.e.* elles sont constituées de deux molécules d'anticorps accrochées l'une à l'autre par une petite chaîne polypeptidique. Synthétisées dans la *lamina propria* située sous la muqueuse, elles sont transportées dans la lumière intestinale par un RFc particulier qui possède une affinité pour les immunoglobulines polymériques[6]. Celui-ci leur fait traverser la cellule épithéliale, depuis la membrane baso-latérale où le récepteur les fixe, jusqu'au pôle apical où il les libère. Dans la lumière intestinale, des enzymes protéolytiques coupent en effet les domaines extracellulaires du récepteur sur lequel sont toujours fixées les IgA. Les IgA ainsi libérées emportent avec elles le fragment du récepteur qui a été clivé[7]. C'est sous cette forme que les IgA sécrétoires peuvent alors se fixer aux bactéries intestinales présentes dans la lumière.

Ce sont les bactéries intestinales commensales qui induisent la production d'IgA. Les souris axéniques sont en effet pratiquement dépourvues d'IgA et celles-ci augmentent rapidement dès que l'on reconstitue la flore intestinale. Certaines espèces, comme les *Segmented Filamentous Bacteria* (SFB) sont particulièrement efficaces. L'interaction de ces bactéries Gram$^+$ avec les cellules épithéliales intestinales stimule des réponses immunitaires innées et adaptatives. Les SFB induisent la production d'IL-23 qui active les ILC3. Ces cellules produisent alors de l'IL-22. L'IL-22 exerce un effet antimicrobien qui s'exerce en retour sur les SFB. Parallèlement, les SFB stimulent la production d'IL-6 qui induit la différenciation des cellules Th naïves en cellules Th17. L'IL-17 sécrétée par ces cellules stimule la production de peptides antimicrobiens par les cellules épithéliales et le recrutement de neutrophiles qui, ensemble, contrôlent les SFB. Enfin, l'interaction des SFB et des cellules épithéliales qui recouvrent les plaques de Peyer induit la différenciation des cellules B en cellules productrices d'IgA qui contrôlent également le développement des SFB. En effet, un déficit expérimental en IgA intestinales s'accompagne d'une expansion des SFB, qui peut être inhibée si la réponse IgA est restaurée. Ainsi, IL-22, peptides et IgA, les SFB induisent tout une panoplie de molécules aux propriétés antimicrobiennes, qui limitent leur propre expansion.

Les réponses IgA induites par les bactéries intestinales sont de deux types. L'une résulte de l'activation des cellules B par des antigènes répétitifs comme les polysaccharides qui sont des constituants des parois bactériennes. Elle prend place principalement dans la *lamina propria*. Elle ne requiert pas de coopération avec des cellules Th. Les IgA produites lors d'une telle réponse T-indépendante n'ont pas subi d'hypermutation somatique. Elles sont polyréactives et elles se fixent avec une faible affinité à de nombreux antigènes bactériens. L'autre réponse IgA dépend des cellules Th comme les autres réponses anticorps. Elle prend place principalement dans les plaques de Peyer. Les IgA ainsi produites ont subi une hypermutation somatique. Elles ont une spécificité restreinte et une forte affinité. Les IgA sécrétoires des deux types ne reconnaissent pas les mêmes bactéries.

L'utilisation des nouvelles techniques qui ont permis d'étudier le microbiote a en effet révélé que de nombreuses bactéries intestinales sont recouvertes par des IgA. Toutes les bactéries du microbiote ne le sont cependant pas. Plusieurs mécanismes ont été décrits par lesquels ces anticorps peuvent agir sur les bactéries. On a proposé qu'ils puissent séquestrer les bactéries dans la lumière, les empêcher d'entrer en contact avec l'épithélium, diminuer leur motilité, modifier l'expression de gènes bactériens, augmenter la présentation d'antigènes bactériens. Inversement, certaines espèces de bactéries pathogènes, comme *N. gonorrhea, H. influenza et S. pneumoniae*, produisent des protéases qui dégradent les IgA. En réalité, la contribution respective de ces mécanismes à l'homéostasie du microbiote *in vivo* est très mal connue. Des hypothèses proposées récemment suggèrent que les réponses IgA qui dépendent des cellules T seraient surtout induites par et dirigées contre des bactéries potentiellement pathogènes, qui peuvent être responsables d'infections opportunistes dans un contexte de déficit immunitaire ou sous l'influence de facteurs environnementaux, tandis que les réponses IgA qui ne dépendent pas des cellules T contribueraient à contenir les micro-organismes commensaux[8]. Quelle que soit la validité de ces hypothèses, il reste que les microbes intestinaux modifient le système immunitaire de leur hôte et que les réponses de celui-ci modifient en retour les micro-organismes.

Sans doute un dialogue de bon aloi s'établit-il le plus souvent entre les protozoaires et le métazoaire qui, ensemble, constituent le méta-organisme que nous sommes. Il peut être plus rugueux. Ainsi, en induisant des cellules Th17, la colonisation de l'intestin par les SFB peut favoriser l'apparition ou exacerber les manifestations de maladies inflammatoires et de maladies auto-immunitaires. L'IL-17 favorise la production d'auto-anticorps responsables de manifestations articulaires par les lymphocytes B, dans un modèle expérimental de polyarthrite rhumatoïde. Les cellules Th17 font partie des cellules inflammatoires qui infiltrent le système nerveux dans l'encéphalomyélite expérimentale. La colonisation de l'intestin par des SFB s'accompagne d'une sécrétion d'IL-22 et d'une infiltration de cellules inflammatoires dans les poumons. La conséquence est double : une protection contre les infections et une inflammation pulmonaire.

Nous retrouvons ici le principe d'une adaptation réciproque, cette fois entre l'hôte et son microbiote. On remarque que les effets des uns et des autres sur les uns et sur les autres peuvent s'exercer à distance. Les effets des microbes intestinaux sur le système immunitaire ont des conséquences dans les articulations, dans les poumons et jusque dans le cerveau, et ces conséquences peuvent être pathogènes. L'adaptation réciproque peut être coûteuse pour chacun des protagonistes. Elle peut néanmoins être progressive, la réponse de l'un étant proportionnée à la stimulation de l'autre. Ainsi, tant qu'ils ne sont pas pathogènes, les micro-organismes commensaux induisent une réponse basale d'IgA polyréactives de faible affinité, qui ne fait pas intervenir les lymphocytes T. Dès qu'elles sont pathogènes ou lorsqu'elles sont susceptibles de l'être, les bactéries intestinales induisent une véritable réponse immunitaire adaptative qui mobilise les lymphocytes T et qui conduit à la production d'IgA possédant une spécificité restreinte et une forte affinité. Avec ses effets protecteurs et ses conséquences pathologiques.

L'immunité jamais acquise

Classiquement, l'immunité est un état réfractaire inné, acquis à la suite d'une maladie ou induit par une manœuvre vaccinale[9]. Cet état concerne un individu, homme ou animal, conçu comme un tout affronté à la multitude des autres, potentiellement dangereux. C'est l'état d'un soi qui fait face au non-soi des « nuisibles intrus », par lequel il les empêche de nuire et peut rester lui-même. L'immunité est un état stable, plus ou moins durable, qui garantit la constance de l'immunisé. On peut la mesurer en titrant les anticorps dans le sérum, et, si ceux-ci diminuent avec le temps, on peut toujours répéter l'immunisation qui relance leur production et restaure l'immunité perdue.

Or l'immunité n'est pas seulement l'affaire de l'immunisé. Peut-être n'en avons-nous pas conscience parce que nous ne voyons guère l'immunisant qu'à l'occasion d'une vaccination où il est réduit à des antigènes inertes mélangés à un adjuvant dans une seringue, ou lorsque nous immunisons un animal pour une expérience. L'immunité n'est cependant pas apparue avec les vaccinateurs et les expérimentateurs. L'immunité naturelle est la conséquence d'une relation entre des organismes vivants amenés à se rencontrer. Or, s'il est vivant, un immunisant n'est pas passif comme l'est un vaccin. Et peut-être plus que la conséquence de la relation entre immunisé et immunisant, l'immunité est l'enjeu de cette relation, voire le processus lui-même. Ce processus est la modification des protagonistes, dont la conséquence est une adaptation mutuelle.

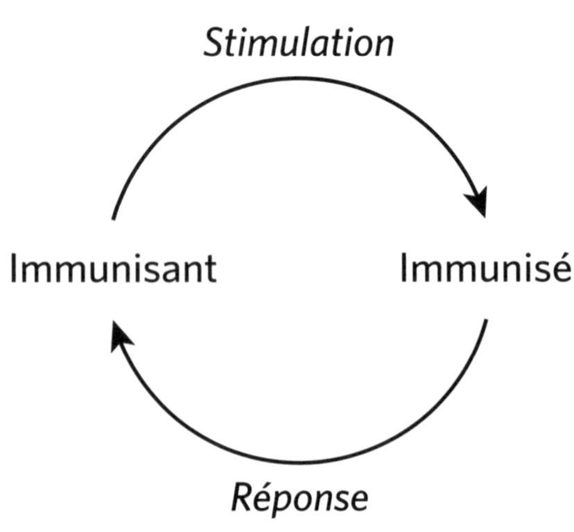

Nous retrouvons le schéma minimal d'une réponse immunitaire par laquelle l'immunisant et l'immunisé s'affectent l'un l'autre.

Dans une telle réponse, l'immunisant vivant et l'immunisé vivant sont tour à tour des agents et des objets. Ils agissent et ils pâtissent, comme le disait Spinoza. Nous retrouvons un schéma de causalité circulaire. L'immunité est un processus relationnel et réciproque.

Dans une telle réponse, l'immunité n'est donc pas l'affaire d'un individu mais celle des protagonistes : c'est un compromis. Si, comme je le propose, le système immunitaire perçoit en permanence tous les objets biologiques amenés à entrer en contact avec les multiples récepteurs d'une multitude de cellules immunitaires, l'immunité implique non pas deux protagonistes, mais tous les organismes vivants en relation les uns avec les autres à un moment donné. Ainsi, si nous nous en tenons aux relations du système immunitaire avec les micro-organismes du microbiote que nous venons d'examiner, nous devons inclure les relations entre les bactéries et les bactériophages dans le cercle. Sans doute devrions-nous inclure beaucoup d'autres relations que nous n'avons pas envisagées, et davantage encore que nous ignorons. Il faut alors imaginer beaucoup de cercles dans le cercle et, dans chacun, beaucoup d'autres cercles inconnus.

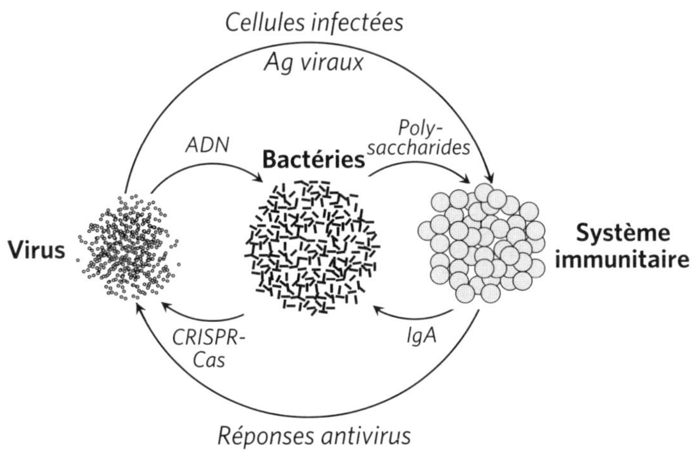

Dans une telle réponse, l'immunité n'est jamais acquise. L'immunité n'est pas un état qu'on possède ou qu'on ne possède pas, ni même un état qu'on a atteint, c'est un processus dynamique. C'est un équilibre instable, jamais atteint parce que toujours remis en cause. C'est au mieux un équilibre transitoire. C'est un compromis toujours renégocié. L'immunité, incertaine, dépend des protagonistes. Nous avons discuté de leur *conatus*, et il est clair que celui d'un agent infectieux virulent n'est pas celui d'un pollen de graminée. L'immunité dépend également de la nature des relations : des micro-organismes qui prolifèrent ou des cellules cancéreuses affectent davantage l'immunisé que des cellules du soi dont la multiplication est sous contrôle.

Ainsi conçue, l'immunité est un ajustement permanent entre tous les êtres vivants condamnés à vivre ensemble dans le méta-organisme. Qu'un nouvel arrivant survienne, qui perturbe l'équilibre, cette accommodation invisible devient alors visible. C'est la partie émergée de l'immunité, celle que nous ont révélée les pionniers de l'immunologie. L'immunité est ce processus qui permet de s'ajuster à la nouvelle situation. Elle peut tendre vers un déséquilibre en faveur de l'organisme immunisé qui maintient l'organisme immunisant dans un état tel qu'il ne met pas l'existence de l'organisme immunisé en péril. Il peut en résulter une guérison si l'organisme immunisant est un pathogène. À l'inverse, la réponse immunitaire peut être pathogène si elle n'est pas suffisamment contrôlée par des mécanismes régulateurs comme dans les allergies. L'immunité peut également tendre vers un déséquilibre en faveur de l'organisme immunisant si le système immunitaire est impuissant à contrôler celui-ci, avec toutes les conséquences possibles. C'est le cas du sida avant les trithérapies, du tétanos chez les sujets non vaccinés, de la tuberculose et d'autres maladies infectieuses qui peuvent être fatales, c'est le cas de cancers. L'immunité peut enfin tendre vers un équilibre dans lequel ne sont mises en péril ni l'existence de l'immunisant ni celle de l'immunisé. C'est la situation des parasites qui peuvent vivre pendant longtemps chez leurs hôtes sans trop les affecter. C'est aussi celle du fœtus qui se développe pendant neuf mois au fond du ventre maternel avec tous ses antigènes paternels, sans mettre en péril ni sa vie ni celle de sa mère.

Quant à la vaccination, c'est un moyen de déplacer l'équilibre en faveur de l'immunisé avant la rencontre d'un micro-organisme habituellement pathogène. Elle offre au système immunitaire un immunisant tué ou atténué comme nous a appris à le faire Pasteur, ou un fragment non pathogène d'immunisant, ou encore un acide nucléique codant un tel fragment comme nous avons appris à le faire depuis, de sorte que la réponse, unidirectionnelle, du vacciné précède la survenue de l'immunisant vivant et la réponse de l'immunisé. La vaccination institue *a priori* un déséquilibre de la relation en faveur du vacciné. L'équilibre ainsi modifié devient, au moins pour un moment, incompatible avec la survie de l'agent infectieux. Le vaccinateur joue le rôle que jouaient les dieux de l'Olympe lorsqu'ils favorisaient les Grecs ou les Troyens à leur insu, et leur laissaient le soin de s'assurer la victoire.

Les pathogènes

Cette façon de concevoir l'immunité comme une interaction réciproque nous amène à reconsidérer les autres vivants et la façon dont ils se comportent avec nous, les autres vivants qui nous habitent mais également les autres vivants que nous côtoyons, même de loin ; et, par-delà le bien et le mal, la notion de pathogène.

Nous sommes en effet amenés à vivre avec un grand nombre d'êtres vivants – des virus aux mammifères en passant par les plantes –, avec lesquels nous entretenons des relations de nature très différente. Nous sommes habités par des micro-organismes procaryotes, tous ces virus et toutes ces bactéries qui constituent le microbiote avec lequel nous formons un méta-organisme. Nous en croisons aussi, que nous échangeons volontiers avec d'autres méta-organismes de notre entourage. Nous rencontrons des micro-organismes eucaryotes, archées, champignons, et parasites protozoaires comme les plasmodiums et les trypanosomes. Nous sommes parfois pénétrés par des parasites métazoaires comme les helminthes qui s'installent durablement dans notre tube digestif ou nos vaisseaux lymphatiques. Et puis nous côtoyons ou nous consommons des moisissures, des acariens, des végétaux, des insectes, des crustacés, des poissons, des oiseaux, des reptiles, des mammifères et autres porteurs ou pourvoyeurs d'allergènes. Nous commerçons avec un large spectre d'autres que nous-mêmes, avec une plus ou moins grande intimité, avec plus ou moins de bonheur.

La virulence des pathogènes

Les micro-organismes pathogènes sont pathogènes parce qu'ils interfèrent avec les mécanismes qu'utilisent leurs hôtes pour vivre. Les virus interfèrent avec le processus fondamental par lequel les cellules expriment leur génome, en leur faisant exprimer leur propre génome. Ils commencent par trouver une des nombreuses protéines normalement exprimées par ces cellules, à laquelle une des quelques protéines qu'ils expriment sur leur enveloppe peut se fixer parce que leurs formes sont complémentaires, ce qui confère à ces molécules de la membrane cellulaire le statut de « récepteurs de virus[10] ». Après quoi ils mettent en route des mécanismes qui permettent à leur enveloppe de fusionner avec la membrane cellulaire et au matériel génétique viral de pénétrer dans la cellule. Contrairement aux virus, les bactéries possèdent les moyens d'exprimer leur génome. Elles n'utilisent pas leurs acides nucléiques pour infecter des cellules, mais leurs protéines. Ces protéines peuvent interférer avec la signalisation intracellulaire ou d'autres voies essentielles du métabolisme cellulaire. On les appelle des « facteurs de virulence ».

Ainsi, *Clostridium tetani*, le bacille responsable du tétanos, produit une toxine, la tétanospasmine, qui est endocytée dans des neurones où elle libère une protéase qui dégrade une protéine nécessaire à la sécrétion des neuromédiateurs synaptiques et bloque ainsi la transmission nerveuse. Une fois internalisée par phagocytose, *Listeria monocytogenes* utilise l'internaline, une protéine bactérienne qui se lie spécifiquement à la cadhérine-E humaine. Cette molécule d'adhérence lui permet de s'échapper de la vacuole dans laquelle elle a été internalisée pour gagner le cytoplasme. Là, elle utilise une protéine appelée ActA qui modifie le cytosquelette de la cellule infectée et lui permet de s'y déplacer. La bactérie interfère ensuite avec des mécanismes de signalisation comme la phosphorylation, l'ubiquitination ou la sumoylation[11] des protéines intracellulaires et, finalement, avec les mécanismes de transcription. Les bactéries du genre *Shigella* injectent des protéines qui induisent la formation de vésicules d'internalisation par lesquelles elles entrent dans les cellules de l'épithélium intestinal. Elles passent dans le cytoplasme où elles utilisent une autre protéine bactérienne, IcsA, qui induit une polymérisation du cytosquelette d'actine, ce qui leur permet de passer de cellule en cellule. Leur présence dans le cytoplasme est perçue par les récepteurs de pattern cytosoliques de la famille NOD qui engendrent des signaux modifiant la transcription dans les cellules infectées. Celles-ci produisent alors un cocktail de cytokines et de chimiokines qui attirent et activent les neutrophiles, et induisent une réaction inflammatoire destructrice à l'origine de la dysenterie. *Helicobacter pylori* commence par produire une uréase qui, en hydrolysant l'urée de l'estomac, diminue l'acidité du suc gastrique, ce qui lui permet de survivre dans un milieu inhospitalier. Il se multiplie dans le mucus et adhère aux cellules épithéliales grâce à des adhésines codées par un complexe multigénique. *H. pylori* injecte alors dans la cellule une protéine nommée CagA à l'aide d'un appareil de sécrétion de type IV. CagA interfère avec des kinases intracellulaires, elle est phosphorylée par des kinases de la famille Src, recrute la tyrosine-phosphatase SHP-2, et induit l'expression de facteurs de transcription et les proto-oncogènes c-fos et c-jun. Ces perturbations de la signalisation intracellulaire provoquent la multiplication et, dans un contexte inflammatoire, la transformation maligne de la cellule gastrique. En effet, la protéine OipA exprimée sur la paroi bactérienne induit la sécrétion d'IL-8 par la cellule infectée, tandis que la protéine HP-NAP induit un afflux de neutrophiles. Enfin, le LPS de *H. pylori* possède des résidus fucosylés qui ressemblent aux antigènes Lewis exprimés par les cellules épithéliales. Les anticorps produits contre ce LPS fonctionnent comme des auto-anticorps et provoquent une gastrite.

Ces exemples, avec la multiplicité des mécanismes mis en jeu, montrent que les effets pathogènes d'une infection microbienne ne sont pas produits par le micro-organisme lui-même. Même lorsqu'ils provoquent la mort, ni les virus ni les bactéries pathogènes ne tuent eux-mêmes. Ils ne tuent pas comme le font les effecteurs immunitaires (le complément, activé par les anticorps, ou la perforine, sécrétée par les cellules cytotoxiques font des « trous » dans les membranes cellulaires). Les micro-organismes pathogènes ne sont pas des tueurs. S'ils tuent, c'est « innocemment ». Ils ne tuent pas pour vivre comme le feraient des prédateurs, ils ne tuent pas non plus parce que leurs hôtes les empêcheraient de vivre. Lorsqu'ils tuent, c'est seulement parce que leur vie est malheureusement incompatible avec celle de leur hôte. Ils ne tuent ni pour tuer ni pour vivre, mais *parce qu*'ils vivent. Les virus provoquent la mort cellulaire parce que la mise en œuvre de l'expression de leur génome se fait aux dépens de celle du génome de la cellule infectée. Celle-ci se transforme en une fabrique de virus, ce qui rend difficile une vie cellulaire normale. La toxine tétanique ne tue pas les neurones, elle les empêche de fonctionner comme des neurones, ce qui tue l'individu infecté. *Listeria* ne tue pas les cellules qu'elle infecte, elle détourne leur métabolisme, ce qui pose de graves problèmes à la cellule. *Shigella* ne tue pas les cellules qu'elle traverse, elle s'y protège des effecteurs immunitaires, et c'est la réaction inflammatoire qu'elle induit qui provoque la dysenterie. Et, malgré la multiplicité et la sophistication de ses facteurs de virulence, *Helicobacter pylori* ne tue pas les cellules gastriques, au contraire, il les fait proliférer et il induit une réaction inflammatoire capable d'engendrer un ulcère et, éventuellement, un cancer gastrique.

On peut également remarquer que, même quand *Listeria* ou *Shigella* sont protégées des effecteurs immunitaires parce qu'elles sont à l'abri dans le milieu intracellulaire, ce n'est pas comme on le lit trop souvent – et pas seulement pour elles, mais pour tous les pathogènes, microbes, parasites et toutes les cellules cancéreuses – parce qu'elles ont développé des « stratégies pour échapper » au système immunitaire. Chassez la pensée finaliste par la porte, elle revient toujours par la fenêtre en biologie ! Les pathogènes n'élaborent pas de stratégies, ils ne mettent pas en œuvre un programme, ils ne font rien d'autre que vivre leur vie. Sans malignité, sans projet et sans but, sans peur de la mort. Et, s'ils peuvent vivre malgré les effecteurs toxiques du système immunitaire, c'est juste qu'ils se sont *adaptés* à une situation rendue plus difficile. Ceux qui ont eu la chance de le faire ont survécu. Les autres ont disparu et nous n'en savons rien. Les vivants ne sont pas plus malins que les morts. Ils sont vivants. Ce qui n'est pas rien !

Pathogène ou commensal ?

Les pathogènes sont donc avant tout des vivants. Sont-ils vraiment des *pathogènes* ? On serait tenté de dire : évidemment, puisqu'ils provoquent toutes sortes de dommages pathologiques chez leurs hôtes. « Pathogène » ne dit pas autre chose. Ils possèdent d'ailleurs des « facteurs de virulence » qui expliquent qu'ils le soient. S'ils ne signifient pas la même chose, « virulent » et « pathogène » sont souvent associés, voire confondus[12]. Or un facteur de virulence n'est rien d'autre que le résultat d'une adaptation qui permet simplement au pathogène de vivre.

Un article intitulé « Quels sont les facteurs de virulence de *Helicobacter pylori*[13] ? » en recense un bon nombre : les flagelles qui confèrent à la bactérie une mobilité qui lui permet d'abréger son séjour dans le suc gastrique, l'uréase qui augmente sa survie en alcalinisant le milieu gastrique, les adhésines qui lui permettent de s'implanter dans la muqueuse, des enzymes qui lui permettent de résister au stress oxydatif produit par les cellules phagocytaires, la capacité qu'ont certaines bactéries d'être internalisées et de survivre dans la vacuole d'internalisation, le système de sécrétion qui permet à *H. pylori* d'injecter CagA dans la cellule, CagA et ses multiples propriétés biologiques, les protéines pro-inflammatoires OipA et HP-NAP, le LPS qui induit la production d'auto-anticorps qui reconnaissent des antigènes de l'épithélium gastrique, la toxine vacuolisante VacA qui facilite la nutrition de la bactérie mais qui endommage les cellules épithéliales.

Tous ces facteurs de virulence contribuent sans aucun doute à la pathogénicité de la bactérie. On remarque qu'ils sont de deux types. Certains ont un pouvoir pathogène parce qu'ils confèrent à la bactérie des propriétés qui facilitent sa vie ou qui augmentent sa survie dans un milieu hostile ou lui permettent de résister aux réponses inflammatoires du système immunitaire. C'est le cas des flagelles, de l'uréase, des adhésines, des enzymes de résistance au stress oxydatif, de l'appareil de sécrétion, de CagA, de VacA, etc. D'autres facteurs de virulence contribuent à la pathogénicité non pas de la bactérie, mais de la réponse immunitaire induite par la bactérie. C'est le cas d'OipA, de HP-NAP et du LPS. Le pouvoir pathogène de *H. pylori* n'est donc pas seulement celui de la bactérie, c'est aussi celui du système immunitaire. On pourrait faire la même analyse pour *Shigella* et pour les autres micro-organismes pathogènes qui induisent des réponses immunitaires. La fièvre qui accompagne la plupart des infections en est une forme mineure ; le syndrome de détresse respiratoire aigu des formes graves du Covid-19 en est une forme extrême.

De même que l'immunité n'est pas seulement l'affaire de l'hôte qui répond aux pathogènes, mais aussi celle des pathogènes qui l'infectent, la pathogénicité n'est pas seulement l'affaire des pathogènes, c'est aussi celle de l'hôte qu'ils infectent[14]. Les micro-organismes sont pathogènes non seulement parce qu'ils mettent en péril des processus biologiques essentiels de leurs hôtes, mais aussi parce que les réponses immunitaires mises en œuvre pour les contenir affectent trop leurs hôtes pour les laisser indifférents. Comme l'immunité, la pathogénicité est le résultat d'un compromis. Le compromis n'est pas entre le micro-organisme et l'hôte comme pour l'immunité, mais entre le bénéfice pour l'hôte de limiter les effets pathogènes du micro-organisme et les effets pathogènes de la réponse immunitaire qui le contrôle. Le coût pour l'hôte est la somme de ce qui est nécessaire au micro-organisme pour vivre à ses dépens et de ce qui lui est nécessaire pour contrôler le micro-organisme. L'un et l'autre sont pathogènes, et, de cette relation, ni le micro-organisme ni l'hôte ne sortent indemnes.

Heureusement, tous les micro-organismes pathogènes ne le sont pas toujours. Certains, comme *Clostridium tetani*, le sont. D'autres, comme le SARS-Cov-2, le sont chez les sujets âgés, mais pas chez les enfants. D'autres le sont chez certaines espèces seulement. Ainsi, *Pasteurella multilocida*[15] est beaucoup plus pathogène chez la poule que chez le cobaye, alors que la bactéridie charbonneuse pathogène pour le mouton ne l'est pas pour les poules, nous disait Pasteur. *Neisseria meningitidis*, le méningocoque responsable de méningite aiguë purulente, est présent dans le rhinopharynx de 10 à 50 % de la population sans entraîner de pathologie. La frontière s'estompe entre pathogène et non pathogène. Malgré tous ses facteurs de virulence, *Helicobacter pylori* en est un bon exemple[16].

La pathogénicité de cette bactérie est directement liée à l'expression de ses facteurs de virulence, notamment celle des 31 gènes de l'« îlot de pathogénicité *cag* », qui codent le système de sécrétion, CagA et des protéines nécessaires à son fonctionnement. Tous les gènes de cet îlot ne sont cependant pas présents dans toutes les souches de *H. pylori*, notamment les gènes qui codent CagA, et les propriétés carcinogènes des différentes souches dépendent de la présence de ces gènes. Toutes les souches de *H. pylori* ne sont donc pas également pathogènes. Par ailleurs, *H. pylori* ou sa forme ancestrale a colonisé les hommes depuis plusieurs dizaines de milliers d'années. Il est présent dans l'estomac d'une grande partie de la population mondiale. Il ne provoque néanmoins un ulcère que dans 10 % des cas et un cancer gastrique dans 1 % des cas. *H. pylori* n'est donc pas également pathogène pour tout le monde. Enfin, la transmission de *H. pylori* est surtout familiale, de parent à enfant, notamment en milieu urbain[17]. La colonisation de l'estomac se produit donc précocement dans la vie. S'il survient, un ulcère n'apparaît qu'une quarantaine d'années plus tard. Pendant toutes ces années, la bactérie provoque néanmoins une inflammation chronique sans expression clinique. S'il est pathogène, *H. pylori* est donc un « pathogène latent », ou alors c'est un micro-organisme commensal habituellement, mais qui peut être pathogène. S'il peut devenir pathogène après de longues années de commensalisme, c'est que c'est un « pathogène opportuniste ».

La notion de pathogène opportuniste s'est imposée lors de la pandémie de sida, au début des années 1980. Les patients infectés par le VIH-1 mouraient d'« infections opportunistes ». D'une façon générale, une infection opportuniste survient chez un patient immunodéficient ou immunodéprimé. Le déficit immunitaire peut être néonatal comme dans la maladie de Bruton ou acquis comme dans l'infection par le

VIH. Il peut aussi être provoqué par un traitement immunosuppresseur ou une chimiothérapie anticancéreuse qui, avec les cellules tumorales, détruit les cellules normales, lesquelles, comme la plupart des cellules hématopoïétiques, se multiplient rapidement.

Une infection opportuniste est due à des micro-organismes pathogènes qui ne le sont pas chez un individu normal. Les infections opportunistes qui surviennent chez les immunodéprimés sont dues principalement à quatre types de germes : 1) des entérobactéries commensales Gram-négatives du microbiote intestinal comme *E. coli*, les klebsielles ou le *proteus* ; 2) des bactéries Gram-positives comme les staphylocoques d'origine cutanée et les streptocoques d'origine buccale ou digestive ; 3) des virus comme le virus de l'herpès dont le génome intégré dans celui des neurones sensitifs attend d'être réactivé ; et 4) des champignons du genre *Aspergillus*, dont les spores véhiculées par l'air sont inoffensives pour la majorité de la population, ou des levures comme *Candida albicans*, qu'on trouve sur les muqueuses de 80 % des individus de la population normale.

Les infections opportunistes qui surviennent chez des patients dont le système immunitaire est altéré par un déficit génétique, une maladie ou un traitement révèlent que les micro-organismes commensaux ne le sont que parce qu'ils sont sous contrôle, et tant que le système immunitaire est en situation de maintenir ce contrôle. Or le système immunitaire varie. Les micro-organismes aussi, et les conditions de vie. Nous vieillissons. Nous sommes tous des immunodéprimés potentiels à un moment ou à un autre de notre vie. Les infections de la sphère ORL, angines, sinusites et otites, sont souvent dues à des bactéries commensales du nasopharynx, streptocoques, pneumocoques ou *hemophilus*. Le compromis qui nous permet de vivre avec les micro-organismes n'est jamais acquis. Nous le renégocions sans cesse tant que nous sommes vivants, et nous savons bien qu'à la fin, quand nous aurons baissé les bras, « là où nous finirons tous un jour, les microbes prendront soin de nous avec professionnalisme et efficacité[18] ».

Et les allergènes ?

Les allergènes sont-ils des pathogènes ? La question semble incongrue, voire provocatrice. On serait tenté de répondre non, évidemment. Les pollens de graminées, les poils de chat, les déjections d'acariens ne sont pas des toxines, et encore moins le lait, les céréales ou l'arachide dont nous nous nourrissons. Ils laissent d'ailleurs indifférents plus des deux tiers de la population qui les côtoient ou les consomment. Les allergènes n'ont pas de toxicité propre[19]. Ils provoquent néanmoins des manifestations pathologiques chez près d'un tiers des habitants des pays développés. Ces manifestations sont polymorphes. Elles peuvent être locales comme la rhinite allergique, régionales comme l'asthme allergique, ou générales comme le choc anaphylactique. Elles peuvent être de courte durée ou chroniques, mais se répéter pendant des années. Elles peuvent être saisonnières ou persister toute l'année. Elles peuvent être mineures ou invalidantes. Elles peuvent aussi tuer en quelques minutes. On est bien obligé de conclure que les allergènes sont pathogènes. Les « aller-gènes » engendrent des allergies, le mot le dit clairement. Au-delà des mots, nous venons de souligner le rôle déterminant de la réponse immunitaire de l'hôte dans la pathogénie des maladies infectieuses, l'importance de ses effets pathogènes. Si les allergènes sont pathogènes, leur pathogénicité repose entièrement sur les effets pathogènes des réponses immunitaires qu'ils induisent.

Nous nous interrogions au début de cet essai sur la signification des réactions allergiques. On ne pouvait comprendre qu'un système de défense contre les pathogènes s'occupe d'allergènes inoffensifs et que, lorsqu'il le fait, il rende malade. Si le système immunitaire est ce système de relation qui gère les interactions de l'organisme avec les autres vivants comme je le propose, il devient parfaitement logique qu'il s'occupe aussi des allergènes, il serait même incompréhensible qu'il ne s'en occupe pas. Car un allergène n'est pas autre chose qu'un antigène. Il en possède toutes les caractéristiques. C'est une macromolécule biologique, et, de même que des haptènes peuvent être immunogènes s'ils sont couplés à des protéines, des petites molécules comme des médicaments peuvent être allergéniques lorsque, au cours de leur métabolisme, elles se couplent à des protéines sériques comme l'albumine. Les allergènes n'ont aucune raison de ne pas induire une réponse immunitaire.

Les allergènes peuvent provenir de toutes les formes vivantes à l'exception, semble-t-il, des bactéries et des virus[20]. S'ils jouent un rôle déterminant dans l'allergie, les micro-organismes ne semblent pas être des pourvoyeurs d'allergènes. Les allergènes peuvent donc provenir d'un très grand nombre d'espèces vivantes avec lesquelles nous sommes en contact, des moisissures aux mammifères, en passant par les plantes et les insectes. Ils peuvent provenir de toutes les espèces que nous consommons ou dont nous consommons les produits. Le lait, la viande, les œufs, les poissons, les crustacés, les insectes ou les mollusques pour les aliments d'origine animale ; les céréales, les légumes, les graines, les fruits à coque, les épices ou le miel pour les aliments d'origine végétale. La liste est loin d'être complète.

On remarque que la très grande majorité des allergènes, sinon tous, ne sont pas portés par des organismes vivants comme le sont les antigènes des agents infectieux, des cellules tumorales ou des cellules autologues. Ils en proviennent seulement. On n'est pas allergique au chat, aux graminées ou aux acariens proprement dits, mais à des protéines présentes sur les poils perdus par le chat[21], à des protéines des pollens libérés par les graminées, à des protéines contenues dans les déjections laissées par les acariens sur la moquette ; les aliments ne sont plus vivants quand on les a ingérés. Les allergènes ne sont pas vivants, ils ne colonisent pas les organes, ils ne résident pas dans l'organisme, ils ne prolifèrent pas. La réponse immunitaire ne les élimine pas non plus, car ils ne pénètrent pas véritablement à l'intérieur de l'organisme, et ils reviennent sans cesse. Agit-elle même sur eux s'ils restent à l'extérieur ? Surtout, ils ne réagissent pas à cette réponse. Les allergènes non seulement sont dépourvus de toxicité, ils sont aussi inertes. Il n'y a pas dans la réaction allergique cette relation mutuelle dont j'ai dit l'importance dans l'immunité, il n'y a pas d'accommodement réciproque. La réponse allergique est à sens unique. Elle n'est pas contrôlée en retour par les allergènes, elle ne s'embarrasse d'aucun compromis. Or elle est pathogène.

On remarque également que le mode d'exposition de l'organisme aux allergènes n'est pas le même que celui de la plupart des autres antigènes. Les principaux allergènes sont soit environnementaux, soit alimentaires. Les allergènes environnementaux entrent en contact avec la peau lorsqu'ils s'y déposent, avec les poumons lorsqu'ils sont inhalés ; les allergènes alimentaires entrent en contact avec le tube digestif lorsqu'ils sont ingérés. Les uns comme les autres rencontrent donc d'abord un épithélium, cutané, bronchique ou digestif. À l'exception des allergènes médicamenteux et des venins d'hyménoptères qui peuvent être injectés, la rencontre des allergènes et du système immunitaire se produit aux frontières de l'organisme qu'ils ne franchissent pas.

Les épithéliums recouvrent les surfaces de l'organisme en contact avec le monde extérieur où sont les allergènes. Ils sont constitués par une ou des couches de cellules fortement liées entre elles par des dispositifs moléculaires particuliers qui diminuent considérablement leur perméabilité aux molécules venant de l'extérieur. Ils fonctionnent comme des barrières cellulaires. Les épithéliums ont aussi la propriété de se renouveler rapidement, en permanence. Ils recouvrent des tissus où se trouvent des cellules immunitaires spécifiques : des cellules dendritiques particulières comme les cellules de Langerhans et des mastocytes dans la peau, et, surtout, des ILC. Ils recouvrent également certaines structures immunitaires comme les plaques de Peyer ou la *lamina propria*, dont nous avons vu l'importance dans l'immunité intestinale. Enfin, ces épithéliums sont en contact permanent avec une abondante flore commensale : la peau, les poumons et bien sûr l'intestin ont leur propre microbiote. On sait que le microbiote exerce un effet considérable sur le système immunitaire. On sait aussi qu'il joue un rôle déterminant dans les mécanismes qui préviennent la survenue des allergies.

Une réponse allergique commence par l'interaction d'un allergène avec l'épiderme, la muqueuse pulmonaire ou la muqueuse intestinale. Cette interaction stimule la production d'IL-33, d'IL-25 et de TSLP (*Thymic stromal lymphopoietin*) par les cellules épithéliales. Le TSLP, l'IL-33 et l'IL-25 activent les ILC2. Ces cellules sont particulièrement abondantes dans la peau, dans les poumons et dans l'intestin. Une fois activées, elles sécrètent des « cytokines de type 2 », l'IL-4, l'IL-5 et l'IL-13. L'IL-4 et l'IL-5 favorisent la production des molécules et des cellules effectrices des réactions allergiques : l'IL-4 favorise la production d'anticorps de classe IgE et la différenciation de mastocytes, l'IL-5, celle des éosinophiles. L'IL-13 induit une inflammation, notamment dans les poumons, elle augmente la production et la sécrétion de mucus, et elle stimule la différenciation des lymphocytes Th2. Si l'allergène que reconnaît leur TCR leur est présenté, ceux-ci sécrètent à leur tour des cytokines de type 2. Ainsi se met en place une boucle d'amplification qui permet à la maladie de s'installer. Ce processus potentiellement pathogène est contrôlé par les bactéries du microbiote.

On sait en effet que, si l'on traite des souriceaux nouveau-nés par un antibiotique puissant comme la vancomycine durant la première semaine de la vie, ce qui altère le microbiote intestinal, on augmente la survenue de manifestations allergiques observées dans un modèle expérimental d'asthme allergique lorsque les souris sont devenues adultes. On sait aussi que les accouchements par césarienne, qui ne permettent pas la colonisation de l'intestin du nouveau-né que permettent les accouchements par voie basse, favorisent la survenue des allergies et d'autres maladies inflammatoires à l'âge adulte. L'acquisition du microbiote, au tout début de la vie, est un événement essentiel de la construction et de la maturation du système immunitaire.

Des travaux récents réalisés chez la souris ont permis de comprendre ce qui se passe à cette période[22]. Peu après la naissance, les bactéries du microbiote induisent la différenciation de cellules Th17 pro-inflammatoires, mais aussi de cellules T régulatrices. Ces cellules Treg exercent un effet anti-inflammatoire en s'opposant à la différenciation des cellules Th2. Par ailleurs, le lait maternel contient des facteurs de croissance et des cytokines anti-inflammatoires dont la concentration, très élevée à la naissance, diminue progressivement pendant les semaines suivantes. Au moment du sevrage, lorsque des aliments remplacent le lait maternel, le microbiote intestinal change radicalement, quantitativement et qualitativement : le nombre de bactéries augmente de dix à cent fois, et les lactobacilles et bifidobactéries qui étaient majoritaires sont remplacés par des bactéries de type *Clostridia* et *Bacteroidia*. Il ressemble alors au microbiote de l'adulte.

Cette altération du microbiote provoque une vigoureuse réaction immunitaire au cours de laquelle sont induites en grandes quantités des cytokines pro-inflammatoires de type 1 comme l'IFN-γ et le TNF-α, mais également des Treg. Si elle se produit quelques semaines après la naissance, cette « réaction de sevrage » modifie le système immunitaire pour toute la vie. Si elle est retardée de quelques semaines par un traitement antibiotique pendant cette période, non seulement le système immunitaire n'est pas modifié, mais il est devenu incapable de l'être : le défaut de maturation n'est pas corrigé par une exposition ultérieure à un microbiote normal. Le système immunitaire reste celui d'un nourrisson. Devenues adultes, les souris sont davantage susceptibles de développer des allergies, des maladies auto-immunitaires et d'autres affections dues au système immunitaire. Ainsi, une étroite fenêtre temporelle qui suit la naissance autorise les bactéries du microbiote à induire une réaction de sevrage qui modifie durablement le système immunitaire. C'est cette réaction de sevrage qui prévient la survenue ultérieure d'allergies dont la fréquence a augmenté de façon exponentielle au cours des cinquante dernières années dans les pays développés.

En effet, une véritable épidémie d'allergies s'est développée en un demi-siècle, qui touche le monde entier, mais davantage le monde occidental. Des événements historiques comme la cession de la Carélie orientale à l'URSS par la Finlande à la fin de la Seconde Guerre mondiale, la réunification de l'Allemagne à la fin des années 1980 et les déplacements de populations de pays en développement vers les pays développés ont montré que les allergies sont associées au mode de vie occidental. Parmi les facteurs liés à ce mode de vie, l'augmentation de l'hygiène, l'industrialisation et le contrôle sanitaire de la préparation des aliments, l'exode rural et l'urbanisation, l'évolution de l'habitat, le suivi médical des enfants, les accouchements en milieu hospitalier avec un recours à l'accouchement par césarienne plus fréquent, la possibilité de substituer du « lait pour bébé » au lait maternel, les prescriptions d'antibiotiques en pédiatrie semblent avoir joué un rôle majeur, en à peine quelques décennies. Ces modifications ont en commun de diminuer l'exposition microbienne et/ou d'altérer le microbiote, à un moment critique du développement, chez les très jeunes enfants. On commence à comprendre comment on devient allergique.

On commence donc à comprendre comment les allergènes sont pathogènes pour certains d'entre nous et pourquoi ils le sont de plus en plus. On ne comprend toujours pas très bien pourquoi ils ne le sont pas pour la majorité d'entre nous. Certes, nous bénéficions d'un microbiote normal et d'un système immunitaire qui a été correctement éduqué lorsque nous étions nourrissons. Mais ce système immunitaire répond parfaitement aux antigènes des organismes vivants, pathogènes et non pathogènes, que nous rencontrons, avec toutes les variations sur le thème de l'immunité que nous avons discutées et leurs conséquences, protectrices ou pathologiques. Pourquoi est-il silencieux chez la plupart d'entre nous lorsque nous caressons notre chat ? Pourquoi pouvons-nous prendre plaisir aux odeurs du printemps qui commence ? Pourquoi pouvons-nous déguster viandes, légumes et fruits ? Pourquoi les Anglais peuvent-ils manger des œufs brouillés et du bacon tous les matins sans risquer leur vie ?

La réponse tient peut-être aux faits que les allergènes ne sont pas vivants, qu'ils entrent en contact avec des épithéliums et que ces épithéliums sont colonisés par des commensaux. Ils ne sont pas vivants, donc ils peuvent induire une réponse immunitaire et la subir s'ils sont accessibles, mais ils ne peuvent répondre à leur tour en se modifiant et en modifiant le système immunitaire. Les allergènes et le système immunitaire ne peuvent donc pas s'accommoder mutuellement et parvenir à un compromis acceptable par les deux parties. Tous les dommages collatéraux des réactions inflammatoires sont possibles si rien ne vient limiter les réponses immunitaires contre les allergènes. Ces réponses, cependant, prennent place au contact immédiat des bactéries du microbiote. Celles-ci, nous l'avons vu, stimulent le système immunitaire, mais elles parviennent à trouver cet équilibre qui leur permet de vivre sur l'épithélium sans déclencher d'inflammation. Ce compromis passe par la production de produits immunomodulateurs par les cellules épithéliales (TGF-β) ou par les cellules Treg (IL-10) en réponse aux micro-organismes. Le TGF-β induit des cellules Treg, l'IL-10 inhibe la différenciation des cellules Th2. Ces cytokines diffusent dans un périmètre limité autour de leur lieu de production. Elles agissent sur la réponse antimicrobienne, mais, parce qu'elles ne sont pas spécifiques d'antigène, elles affectent en même temps la réponse antiallergène. Ainsi, l'accommodation réciproque du système immunitaire et du microbiote nous permet de vivre en bonne entente non seulement avec les microbes qui nous habitent, mais également avec les allergènes que nous touchons, que nous inhalons ou que nous ingérons.

La maladie

Ni exogène ni endogène, mais les deux à la fois

Depuis l'Antiquité, la médecine occidentale oscille entre deux façons opposées de comprendre la maladie : une conception « ontologique » et une conception « physiologique[23] ». Selon la conception ontologique, qui trouve ses racines dans les médecines primitives, la maladie est un être extérieur qui pénètre dans le corps. La maladie *est* une entité exogène, esprit, poison ou germe. Pour en guérir, il faut l'expulser. Selon la conception physiologique, formalisée par Hippocrate au ve siècle avant J.-C., la maladie est un déséquilibre des quatre humeurs de l'organisme. La maladie est un dysfonctionnement endogène. Pour en guérir, il faut éliminer les humeurs excédentaires au moyen de saignées, de purges ou d'émétiques.

Quatre siècles plus tard, au Ier siècle avant J.-C., Lucrèce est revenu à la conception étiologique : c'est sous la forme de « germes de maladie et de mort [qui] volent en grand nombre dans l'air » que l'organisme rencontre la maladie. « Et toutes ces puissances malignes, toutes ces épidémies nous arrivent soit des régions extérieures à notre monde soit de la terre elle-même d'où elles montent en masse vers nous[24]. » Trois siècles plus tard, au IIe siècle après J.-C., Galien puis les médecins arabes du Moyen Âge reviennent à la conception physiologique. Galien s'inscrit lui-même dans une lignée prestigieuse qui réunit Hippocrate, Platon, Aristote et Théophraste. Il définit la maladie comme une disposition contre nature qui incommode le corps en perturbant son activité, celle-ci nécessitant un bon mélange des qualités élémentaires de la matière[25]. La conception galénique fera longtemps autorité. Si l'on en croit Molière, les Thomas Diafoirus qui la professent sévissent toujours au XVIIe siècle.

À la Renaissance, les alchimistes Paracelse et Van Helmont réintroduisent la conception ontologique. Paracelse, qui a travaillé sur les poisons et sur les maladies des mineurs, réaffirme que les maladies viennent du dehors, elles proviennent d'une semence et elles se présentent « comme un arbre avec ses fruits ». De même, pour Van Helmont, ce sont des semences dotées de principes spirituels que Dieu a répandues dans la nature qui sont à l'œuvre, et elles s'emparent du corps de ceux dont la conduite est immorale. Après la révolution scientifique du XVIIe siècle, les maladies sont classées comme sont classés les plantes et les animaux. Elles se comportent comme des êtres vivants. En observant et en comparant les symptômes des maladies, Thomas Sydenham définit des entités cliniques. Les maladies sont des produits de la nature qui agissent avec constance et produisent les mêmes symptômes « chez un Socrate ou chez un sot ». Cette description reste aujourd'hui la base du « diagnostic différentiel[26] ». La référence à la classification botanique se renforce au XVIIIe siècle : Linné lui-même propose dans son *Genera morborum* une taxonomie des maladies en 1763. La quête d'une classification naturelle des maladies perdure jusqu'au milieu du XIXe siècle. Vers la fin du XVIIIe siècle, avec le développement de la pathologie anatomique, la maladie s'inscrit dans le corps. Bichat la localise dans les tissus, avant qu'aux XIXe et XXe siècles elle se localise dans les cellules et dans les molécules.

Avec Claude Bernard et son milieu intérieur, le XIXe siècle voit le retour de la conception physiologique fondée sur le concept d'homéostasie.

Pour expliquer les maladies, il faut appliquer les lois de la physiologie même si, « dans l'état actuel de la science biologique, nul ne saurait avoir la prétention d'expliquer complètement la pathologie par la physiologie » et si, « ce qu'il est prudent et raisonnable de faire pour le moment, c'est d'expliquer dans une maladie tout ce que l'on peut en expliquer par la physiologie en laissant ce qui est encore inexplicable pour les progrès ultérieurs de la science biologique[27] ».

À peine quelques années plus tard, pourtant, Pasteur, avec sa théorie des germes, et Koch, avec ses critères permettant de faire d'un microbe la cause nécessaire d'une maladie, redonnent corps à la conception ontologique. À l'évidence, les microbes sont des causes de la maladie. Koch et Pasteur, cependant, ne voient pas les choses de la même manière. Pour Koch, le microbe suffit pour provoquer la pathologie. Il est donc nécessaire et suffisant d'éradiquer la cause pour guérir la maladie. Pour Pasteur, au contraire, s'il faut affaiblir les pathogènes, c'est uniquement pour qu'ils puissent renforcer l'hôte sans le mettre en péril. Comme je l'ai souligné dans la première partie, Pasteur savait que la maladie ne se réduit pas au germe : le terrain y contribue, ou en protège[28].

D'oscillations entre deux conceptions antagonistes, on est passé à une tension entre deux modèles explicatifs non exclusifs. Deux conceptions antagonistes ? Il est étrange, en effet, d'opposer une conception ontologique à une conception physiologique des maladies : ontologie et physiologie ne s'opposent pas, elles renvoient à des choses différentes. Les maladies commencent par exister en tant que telles parce qu'elles *sont* des entités. Elles existent en dehors du corps de l'individu dont elles prennent possession. L'interprétation « dure » de maladie ontologique relève de la sorcellerie : le malade est possédé par la maladie. Les procès en sorcellerie qui font rage aux XVIe et XVIIe siècles n'ont pas totalement disparu au XVIIIe siècle. La conception ontologique non plus, mais elle s'est transformée.

Voilà longtemps que ce ne sont plus les maladies qui pénètrent dans le corps, ce sont les entités qui les causent. Ce sont « des germes de maladie et de mort » que Lucrèce fait voler dans l'air, ce sont des « semences » que font germer Paracelse et Van Helmont, c'est à des « entités cliniques » que Sydenham fait produire des symptômes, et c'est bien l'« origine microbienne » des maladies infectieuses que démontrent Koch et Pasteur. Les maladies hippocratiques sont dépourvues d'existence propre. Elles sont des dysfonctionnements de l'organisme. Ce sont des maladies fonctionnelles. En réalité, plus que les maladies elles-mêmes, les dysfonctionnements en sont les causes.

Ce sur quoi portent les deux conceptions et qui les réunit, ce ne sont donc pas les maladies à proprement parler, mais l'étiologie des maladies, et ce qui diffère entre elles, ce ne sont pas les causes des maladies, mais l'*origine* de leurs causes. Les unes viennent de l'extérieur, les autres, de l'intérieur. L'opposition est donc entre des maladies d'origine exogène et des maladies d'origine endogène. Ainsi conçue, l'opposition persiste entre les deux conceptions, mais celles-ci ne sont plus exclusives. Une même maladie peut très bien relever en même temps de causes exogènes et de causes endogènes.

Une immunité fondée sur une discrimination entre le non-soi et le soi par un système immunitaire dont la fonction est de protéger le soi en éradiquant le non-soi concerne des maladies dont la cause est exogène. La maladie, c'est l'autre, qui vient du dehors : « protéger contre les nuisibles intrus », « les balles magiques de l'immunité », « une maladie, un germe, un vaccin », Élie Metchnikoff, Paul Ehrlich et Paul Bert le disent clairement. Mais pas Pasteur, pour qui les microbes et leurs hôtes dépendent les uns des autres ; pas Koch non plus, pour qui la présence d'un germe est une condition nécessaire mais pas suffisante pour provoquer une maladie. Peu importe ; des deux microbiologistes on retient les germes, de Pasteur, les vaccins, et les immunologistes inventeront un système pour protéger des uns et rendre compte des autres. Selon cette conception de l'immunité, la maladie infectieuse est un échec du système immunitaire, mais aussi le cancer. L'auto-immunité et l'allergie sont à l'évidence des erreurs du système immunitaire, et l'immunopathologie, des dommages collatéraux de la réponse immunitaire. Quant au microbiote, c'est plus compliqué.

L'immunité que je propose ici ne relève ni d'une conception ontologique ni d'une conception physiologique des maladies, mais des deux à la fois. Plus exactement, les maladies qui la concernent peuvent être d'origine exogène comme les infections microbiennes ou d'origine endogène comme les cancers. Elles peuvent également être d'origine endogène parce que provoquées par la réponse immunitaire elle-même comme les maladies auto-immunitaires et les allergies. Car, si le système immunitaire est bien un système de relation qui permet de vivre avec le monde vivant, encore faut-il que la relation soit possible et, pour vivre en paix, qu'elle soit équilibrée.

Un problème de relation

À partir des vingt énoncés et avec les schémas du premier chapitre de cette partie, nous pouvons construire un schéma d'ensemble des réponses induites par un antigène chez un individu bénéficiant d'un microbiote normal et dont le système immunitaire s'est développé normalement, avec la réponse innée à gauche et la réponse adaptative à droite. Les deux réponses, induites par le même antigène, activent et/ou engendrent un ensemble de cellules et de molécules effectrices qui convergent vers l'antigène à l'origine des réponses. Les balances indiquent que les principaux mécanismes de régulation sont équilibrés. Ce schéma, réduit à l'essentiel, représente ce qu'on peut imaginer être l'état basal du système immunitaire, stimulé par les molécules biologiques des organismes avec lesquels il est en relation et par ses propres molécules biologiques. Les réponses induites sont contrôlées, ainsi que les organismes sur lesquels elles s'exercent. La relation est inapparente. C'est sans doute le mode de fonctionnement habituel du système immunitaire.

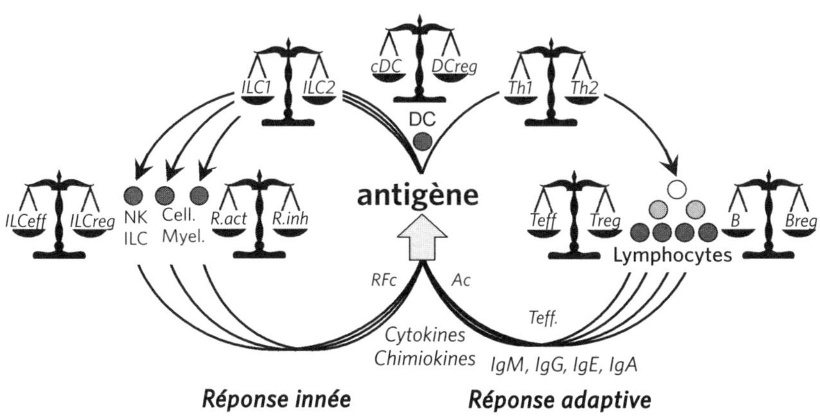

LÉGENDE. DC : *dendritic cells* (cellules dendritiques) ; NK : *natural killer cells* (cellules NK) ; ILC : *innate lymphoid cells* ; Cell. myél. : cellules myéloïdes ; cDC, pDC, DCreg : cellules dendritiques conventionnelles, plasmacytoïdes, régulatrices ; Th1/Th2 : cellules T auxiliaires (*helper*) de type1/2 ; Teff, Treg : cellules T effectrices, régulatrices ; ILCeff, ILCreg : ILC effectrices, régulatrices ; Breg : cellules B régulatrices ; R. act, R. inh : récepteurs activateurs, inhibiteurs ; Ac : anticorps ; RFc : récepteurs pour la partie Fc des anticorps ; IgM, IgG, IgE, IgA : immunoglobulines M, G, E, A. Les mêmes abréviations sont utilisées dans les figures suivantes.

Cet équilibre peut être perturbé par la survenue d'un micro-organisme qui stimule le système immunitaire comme lors d'une infection virale ou bactérienne, et/ou par un défaut des mécanismes de régulation comme dans une maladie allergique, une maladie auto-immunitaire ou un cancer.

Une infection virale commence par activer les cellules myéloïdes et les ILC, les ILC1 et surtout les cellules NK, qui produisent de l'IFN et d'autres cytokines pro-inflammatoires. Les signaux d'activation deviennent dominants dans les cellules NK qui exercent leur activité cytotoxique sur les cellules infectées. Les cellules dendritiques présentent les antigènes viraux aux cellules Th et orientent leur différenciation vers les cellules Th1. Celles-ci induisent la différenciation de cellules T effectrices qui reconnaissent et tuent les cellules infectées. Les cellules B sont activées et conduisent à la production d'IgG par les plasmocytes. Ces anticorps engagent les RFc des cellules myéloïdes qui détruisent les cellules infectées par ADCC.

En même temps, les cellules infectées produisent des particules virales qui infectent d'autres cellules. L'infection se développe et se propage, elle stimule davantage les réponses immunitaires de l'hôte infecté. Un équilibre entre infection et réponses immunitaires se cherche. L'infection l'emporte au tout début. La réponse innée la contient très rapidement, puis la réponse adaptative, mais le résultat est incertain.

Les réponses immunitaires peuvent éliminer rapidement les cellules infectées, de sorte que l'infection s'arrête. La maladie virale aiguë aura été brève. Elle se sera traduite cliniquement, d'une part, par les

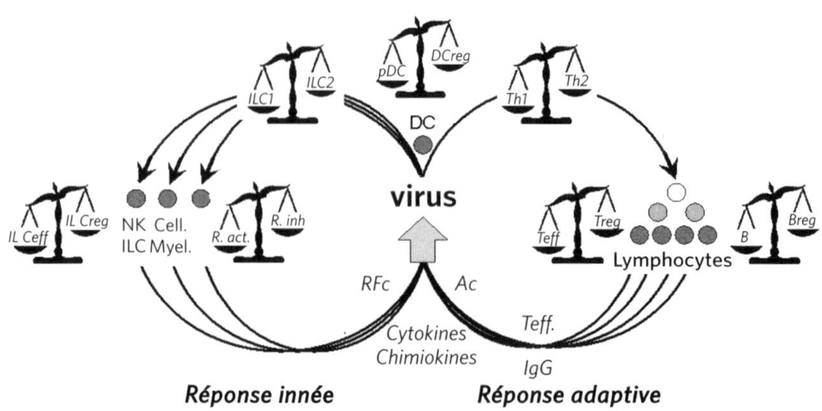

symptômes provoqués par l'infection virale qui dépendent du type de cellules infectées par le virus, des troubles respiratoires par exemple, et, d'autre part, par la réponse inflammatoire du système immunitaire, un syndrome grippal le plus souvent avec fièvre, courbatures et douleurs articulaires, fatigue générale, etc. Le patient guérit en quelques jours. La plupart des cellules effectrices disparaissent. Un nouvel équilibre s'établit, qui ressemble à l'état antérieur. Le système immunitaire est cependant modifié : les clones qui ont permis la réponse restent quelque peu amplifiés, des cellules se sont transformées en cellules mémoire à longue durée de vie. Des anticorps spécifiques du virus persistent dans la circulation. Le patient a acquis une immunité protectrice.

Les réponses immunitaires peuvent au contraire peiner à contrôler l'infection. Celle-ci progresse, stimule plus fortement le système immunitaire qui répond en mobilisant davantage d'effecteurs. La réaction inflammatoire augmente et les symptômes qu'elle provoque deviennent prédominants dans le tableau clinique. La maladie se prolonge. Elle peut alors évoluer de différentes façons.

Au bout d'un certain temps, un équilibre peut être atteint entre l'aggravation de l'infection et l'augmentation de la réponse immunitaire. L'infection finit par être contrôlée, mais elle a fait des dégâts. Un plus grand nombre de cellules ont été détruites par le virus, qui doivent être remplacées. La réaction inflammatoire a endommagé les tissus infectés, mais ils sont pris en charge par les systèmes de réparation. La maladie disparaît mais la convalescence est plus longue, une fatigue persiste. Une immunité protectrice solide s'est mise en place.

Les réponses immunitaires peuvent contenir l'infection mais, malgré leur renforcement, elles échouent à éliminer le virus. Un équilibre peut alors s'établir entre le virus qui persiste et le système immunitaire qui le contrôle. Le virus peut persister sous forme latente, en intégrant son génome dans celui de cellules de l'hôte. La situation ressemble alors à la situation précédente. La maladie évolue vers la guérison. Le virus peut persister sous forme lytique, mais avec une faible fréquence de réplication. Les réponses immunitaires ne sont pas éteintes, l'inflammation persiste. Une maladie chronique s'installe, avec ses dommages collatéraux.

Autre scénario : qu'elles parviennent à contrôler l'infection ou qu'elles n'y parviennent pas, les réponses immunitaires sont tellement stimulées que les mécanismes qui les régulent sont débordés, ou, au contraire, les mécanismes de régulation sont amoindris par l'infection ou pour une autre raison, et elles ne parviennent plus à contrôler les réponses. Dans un cas comme dans l'autre, la réaction inflammatoire s'exacerbe et les dommages qu'elle provoque dominent le tableau clinique. L'évolution peut être rapidement défavorable et, malgré la mise en route des procédures de réanimation, conduire à la mort du patient comme on l'a vu dans les formes graves de Covid-19 chez les sujets âgés.

Dernière possibilité, les réponses immunitaires induites par le virus sont totalement impuissantes pour faire face à l'infection. Le nombre de cellules infectées augmente de façon exponentielle en dépit de la mobilisation des effecteurs immunitaires et de la réaction inflammatoire qui les assiste. Les lésions provoquées par le virus s'aggravent plus rapidement qu'elles ne sont réparées. Le déséquilibre s'accentue entre le virus et le système immunitaire. L'évolution est fatale à plus ou moins brève échéance.

Une maladie auto-immunitaire n'est pas déclenchée par la survenue d'un agent exogène. La structure qui porte les auto-antigènes est déjà là. Elle stimule le système immunitaire comme elle l'a sans doute toujours fait, mais, pour une raison ou pour une autre, les réponses immunitaires ne sont plus contrôlées comme elles l'étaient. Les cellules effectrices, cellules NK ou cellules T cytotoxiques, peuvent agir sur les cellules autologues malgré l'engagement de leurs récepteurs inhibiteurs par les molécules du CMH de classe I. Les ILC et les cellules T effectrices deviennent majoritaires. Elles sécrètent des cytokines pro-inflammatoires. Les cellules B engendrent des plasmocytes qui produisent des auto-anticorps. Le déséquilibre ressemble au déséquilibre induit par un virus.

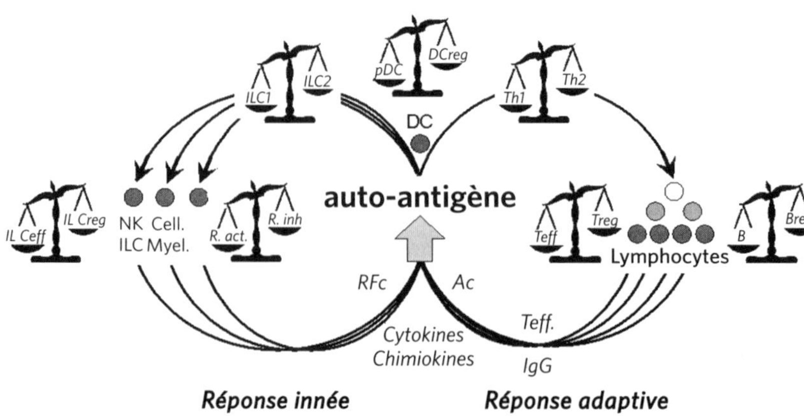

À la différence de l'infection virale, cependant, les cibles de la réaction auto-immunitaire ne tendent pas à augmenter en nombre. Elles ne tendent pas à stimuler davantage la réaction, elles la subissent. Elles restent présentes, néanmoins, et la réaction immunitaire persiste. Les lésions s'accumulent, l'inflammation s'installe dans la durée, la maladie est chronique. Elle évolue souvent par poussées entrecoupées de rémissions plus ou moins longues.

De façon comparable, une maladie allergique résulte de défauts de régulation des réponses immunitaires. Ces défauts sont liés à une absence de maturation du système immunitaire, qui est normalement induite par le microbiote au cours des premiers mois de la vie. La particularité des réponses aux allergènes est qu'elle prend place au contact d'un épithélium, à proximité du microbiote qui est étroitement associé à cet épithélium. En absence de produits microbiens présents normalement, la réponse innée est déviée vers l'activation des ILC2, la réponse adaptative, vers la différenciation et l'activation des cellules Th2, et les cellules régulatrices, absentes, moins nombreuses ou inefficaces, permettent une sécrétion importante de cytokines de type 2 qui amplifient la réponse et favorisent la production des cellules effectrices de l'allergie. Les cellules B subissent une commutation isotypique vers la production d'IgE qui activent ces cellules.

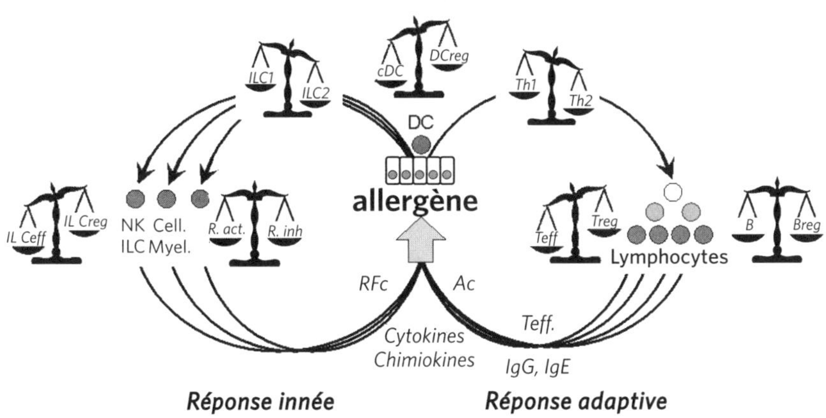

La maladie allergique s'installe petit à petit : une rhinite met plusieurs années pour évoluer vers un asthme allergique. Une fois installée, la maladie devient chronique. Les lésions locales induisent des processus de réparation qui tendent à aggraver les signes cliniques : des tissus cicatriciels remplacent des tissus sains, la musculature bronchique s'épaissit, réduisant le calibre des bronches. Le système immunitaire s'installe dans une relation perturbée avec les allergènes. Sur ce fond chronique, des épisodes aigus surviennent à l'occasion de nouvelles rencontres avec l'allergène. Les réactions se produisent alors extrêmement rapidement et, même mineures, elles peuvent évoluer en quelques dizaines de minutes vers un choc anaphylactique potentiellement mortel.

La situation est inverse dans les cancers. Les cellules cancéreuses proviennent de cellules normales qui se sont « transformées » après avoir accumulé des mutations somatiques. Elles sont perçues par le système immunitaire qui les élimine rapidement. Les cellules NK et les cellules T cytotoxiques tuent les cellules transformées, les premières parce qu'elles y trouvent moins de molécules du CMH de classe I, les secondes parce qu'elles y « reconnaissent » des peptides tumoraux présentés par les molécules de classe I du CMH encore présentes. Toutes les cellules tumorales, cependant, ne sont pas éliminées. Certaines persistent et se multiplient, mais elles sont contraintes par les réponses immunitaires. Un équilibre s'établit entre les cellules cancéreuses et le système immunitaire, qui peut durer longtemps, très longtemps même, sans aucune expression clinique. Jusqu'à ce que, pour des raisons inconnues, le contrôle immunitaire diminue ou la pression exercée par les cellules cancéreuses augmente. L'activité cytotoxique des cellules NK est inhibée par les récepteurs inhibiteurs, celle des cellules T CD8, par les mêmes récepteurs inhibiteurs et par des cellules Treg. Les « inhibiteurs de contrôle immunitaire », qui, en bloquant les récepteurs inhibiteurs, restaurent l'efficacité des réponses immunitaires anticancéreuses, ont permis l'avènement d'une véritable révolution thérapeutique en cancérologie.

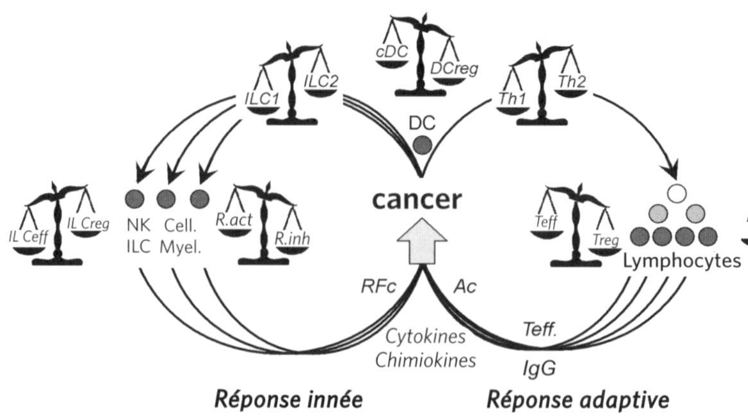

En ce sens, les cancers qui « échappent » au contrôle du système immunitaire peuvent être vus comme des maladies opportunistes.

Sans doute tous ces scénarios ne sont-ils ni avérés ni parfaitement exacts. Ils sont destinés à être validés, revisités ou remis en cause. En attendant, ils proposent un cadre conceptuel permettant de mieux répondre aux questions sur lesquelles nous avions buté au début de ce travail. Ils permettent en effet de comprendre les maladies infectieuses, les maladies auto-immunitaires, les maladies allergiques et les cancers, comme relevant non plus d'un agent pathogène, exogène ou endogène, mais d'une incapacité du système immunitaire d'établir une relation équilibrée. C'est la relation avec l'agent pathogène, microbe, cellule autologue, allergène ou cellule cancéreuse, qui est en cause. Les infections opportunistes et l'absence de pathologie induite chez d'autres espèces par des micro-organismes pathogènes pour l'homme, l'absence de manifestations pathologiques auto-immunitaires ou allergiques chez la majorité d'entre nous, la longue latence de nombreux cancers avant qu'ils ne s'expriment cliniquement et l'efficacité des nouvelles immunothérapies des cancers fondées sur l'utilisation d'inhibiteurs de contrôle immunitaire, toutes ces observations soutiennent cette façon de voir la maladie comme un problème de relation.

Le prix à payer pour vivre

Ainsi, la vie avec les autres n'est pas un long fleuve tranquille. La relation peut être harmonieuse ou conflictuelle, elle peut être brève ou durable, elle peut passer de l'attraction à la répulsion en un instant. La maladie survient lorsque la relation est telle qu'un compromis acceptable ne peut pas ou ne peut plus être trouvé. Aucun compromis n'est possible avec des pathogènes invivables comme le bacille tétanique car ses toxines tuent le patient avant qu'il ait eu le temps de produire des anticorps, pourtant capables de les neutraliser, ou elles sont produites en concentration suffisante pour être létales mais insuffisante pour induire une réponse anticorps. Une relation est possible avec beaucoup d'autres pathogènes potentiels, au prix de compromis soigneusement négociés par lesquels les uns s'adaptent aux autres. Ainsi vivons-nous heureux avec nos microbiotes. Ainsi les parasites peuvent-ils vivre longtemps chez leurs hôtes sans les tuer. Ainsi vivons-nous longtemps avec nos cancers avant qu'ils ne s'expriment. Ainsi pouvons-nous guérir d'une infection passagère. Ainsi vivons-nous sans problème avec tous les allergènes des vivants que nous rencontrons ou que nous mangeons. La relation peut se détériorer et devenir impossible lorsque l'équilibre est rompu, le plus souvent sans qu'on sache pourquoi ou pour des raisons triviales. La pathologie s'exprime alors et peut conduire au pire.

Malgré les dangers qu'elle implique, la vie avec les autres est inévitable parce que nous sommes des chimères. Nous sommes des méta-organismes qui rassemblent dans un même lieu des myriades d'êtres vivants. Nous, et tous les autres vivants. Nous, les mammifères, comme tous les vertébrés, mais aussi les invertébrés, les animaux comme les plantes, nous vivons avec nos microbiotes. Nous, les méta-organismes pluricellulaires, mais pas seulement. Les cellules animales contiennent des mitochondries, les cellules végétales contiennent des chloroplastes. Ces organites ne sont rien de moins que des bactéries qui ont colonisé les ancêtres phylogénétiques de cellules eucaryotes et qui ont été transmises aux descendants de ces cellules. L'ADN mitochondrial qu'elles contiennent est le vestige de l'ADN bactérien originel. Les avantages que les cellules et les bactéries se sont mutuellement conférés ont suffi à sélectionner les symbiontes, et toutes les cellules eucaryotes sont restées ou sont devenues des chimères. L'idée longtemps provocatrice défendue par Lynn Margulis selon laquelle les cellules eucaryotes résultent de l'association de procaryotes[29] – la « théorie endosymbiotique » – s'est imposée dans le cadre de la théorie synthétique de l'évolution[30]. Pluricellulaires ou unicellulaires, tous les organismes vivants sont donc des chimères. Jusqu'aux bactéries qui, elles aussi, contiennent le génome de virus intégrés sous forme de prophages. Nous retrouvons ici la vertigineuse mise en abîme du corps vivant de Spinoza, ce tout fait d'innombrables parties qui sont autant de « touts » pour d'innombrables parties qui s'affectent les unes les autres[31] pour le meilleur et pour le pire : la sélection ou la disparition.

La vie avec les autres est donc inévitable ; elle est aussi nécessaire parce que ce qui nous rassemble est que nous avons besoin d'eux pour vivre autant qu'ils ont besoin de nous. Nous dépendons les uns des autres. Si nous pouvons vivre ensemble, c'est parce qu'un système immunitaire le permet qui nous adapte à eux et les adapte à nous. L'immunité que négocie ce système est un moindre mal. Elle n'est ni sans risques ni sans inconvénients. Elle n'évite pas toujours la maladie, et parfois c'est elle qui en est la cause. La maladie est le prix à payer pour l'immunité. Car, malgré son coût qui peut aller jusqu'à la mort de quelques-uns, ce que permet le système immunitaire est bien plus essentiel que la défense de l'organisme, c'est l'existence même du méta-organisme. L'immunité n'est pas une protection, c'est une condition d'existence. Certes, la vie ne se réduit pas à l'immunité, mais sans immunité, la vie n'est pas possible. L'immunité est une condition vitale.

CONCLUSION

La vie avec les autres

Ce livre est un essai sur l'immunité. C'est en effet une réflexion sur la notion d'immunité : il a la forme d'un essai. C'est aussi le lieu d'une expérience, un test, une tentative de voir les choses autrement : c'est un tube à essai. C'est enfin la mise à l'essai d'une proposition, une théorie minimale de l'immunité : c'est une mise à l'épreuve. Que cette proposition soit validée ou réfutée, peut-être contribuera-t-elle à remettre en cause des évidences qui n'en sont pas.

Résumons-nous. Partis d'un système immunitaire conçu comme un moyen de protéger l'organisme *contre* les autres, nous arrivons à un système qui lui permet de vivre *avec* les autres. La démarche qui a conduit à ce changement de point de vue est justifiée, d'une part, par les difficultés du système immunitaire tel qu'il a été conçu à rendre compte de l'existence, voire de l'accroissement de la prévalence de pathologies causées par des réponses immunitaires, et, d'autre part, par la coexistence dans l'organisme d'un nombre astronomique de micro-organismes et d'un système immunitaire censé les éliminer.

En effet, pour un système immunitaire défini comme un système capable de discriminer le soi et le non-soi pour épargner le soi, l'existence de maladies auto-immunitaires apparaît comme une contradiction fondamentale. Pour un système immunitaire conçu comme un système de défense contre les agents pathogènes, les allergies à des substances de l'environnement inoffensives apparaissent comme des aberrations. Et, pour un système immunitaire dont les cellules effectrices sont équipées de « récepteurs de patterns associés aux microbes », et qui peut mobiliser un redoutable arsenal contre le non-soi, l'existence de plusieurs microbiotes à l'intérieur de l'organisme est incompréhensible, sinon inacceptable. Surtout quand on prend conscience que les micro-organismes de ces microbiotes contrôlent davantage le développement et le fonctionnement du système immunitaire que celui-ci ne les contrôle.

Élaboré par les immunologistes du XXe siècle pour rendre compte de l'immunité protectrice conférée par les vaccinations pasteuriennes, le système immunitaire s'est peu à peu mué en un système physiologique dévolu à la défense de l'organisme. Il a ainsi pris place parmi les grands systèmes physiologiques dévolus à d'autres fonctions essentielles à la vie. Un modèle d'explication capable de rendre compte des effets de manœuvres empiriques s'est donc vu attribuer la légitimité d'un produit de la sélection naturelle. Avec le système immunitaire, l'immunologie a gagné un objet d'étude qui lui manquait, dont elle a identifié les éléments et élucidé les règles de fonctionnement. En même temps qu'un système, elle a gagné le statut de science à part entière, consacrée à l'étude de ce système. Elle a développé ses propres concepts et son langage, emprunté souvent au registre militaire, elle a popularisé ses images, volontiers simplificatrices. Elle a élaboré des techniques d'analyse sans égales qui ont été adoptées par toutes les disciplines biologiques, elle a mis au point des outils diagnostiques et thérapeutiques qui ont révolutionné la médecine. Des systèmes immunitaires aux fonctions analogues ont été décrits dans toutes les espèces, jusqu'aux plantes et aux bactéries. La défense contre les autres est devenue une fonction vitale universelle.

Pendant le même temps, l'organisme vivant a beaucoup changé dans l'esprit de ceux qui l'étudient. Il a cessé d'être une citadelle de soi assiégée par des légions de non-soi, comme un village gaulois par les Romains. Il s'est ouvert au monde et aux autres, qui s'y sont trouvés fort bien. Ils ont d'abord partagé la même table, puis ils ont échangé des denrées, ils se sont rendus indispensables. Ils se sont installés, avec leurs modes de vie et leurs cultures. La cohabitation n'a pas toujours été harmonieuse, entre eux et avec l'organisme. Ils entrent en compétition les uns avec les autres. Certains profitent de la situation. Ils exploitent leur hôte à leur profit. Ils sont nombreux, aussi, bien plus nombreux que les cellules de l'organisme colonisé. Ils s'emparent des ressources, ils occupent l'espace disponible, parfois ils les disputent à leur hôte et l'en privent. Comme tous les êtres vivants, ils ont une tendance irrépressible à l'expansion. Mais ils sont devenus partie prenante de leur hôte. Ils sont devenus un organe. Ils sont devenus des éléments constitutifs d'un ensemble fonctionnel hôte-microbes, avec leurs milliards de génomes et leur variabilité, leurs allers-retours entre le dedans et le dehors, et rien ne va plus s'ils viennent à manquer. L'organisme est devenu une chimère, un méta-organisme fait d'une multitude d'êtres vivants dépendants les uns des autres. Il faut donc faire avec. À l'évidence, le système immunitaire n'a pas été conçu pour cela.

Pourtant, si l'on oublie l'*a priori* téléologique qui lui a été assigné avant même qu'il existe, le système immunitaire en est parfaitement capable. Si l'on accepte de prendre en compte que, grâce à un répertoire cognitif virtuellement illimité, les récepteurs immunitaires peuvent percevoir l'infinie variété du monde vivant, si l'on admet qu'ils « reconnaissent » les molécules biologiques quelles qu'elles soient car ils n'ont les moyens de discriminer ni le soi du non-soi ni les commensaux des pathogènes, et si l'on reconnaît que leur engagement met en route des réponses effectrices capables d'agir sur ces molécules et sur les structures vivantes qui les portent, alors le système immunitaire devient tout autre. Il devient un second système de relation.

De même que le système nerveux central est un système de relation entre l'organisme et le monde physique, le système immunitaire est un système de relation entre l'organisme et le monde vivant ; et, comme le système nerveux central répond à une stimulation physico-chimique, le système immunitaire répond à une stimulation biologique. Les deux systèmes communiquent aussi. Mais, à la différence de celles du système nerveux central, les réponses du système immunitaire s'exercent directement *sur* le stimulus. Elles agissent sur l'organisme vivant à l'origine de la stimulation. Ainsi, le système immunitaire adapte l'organisme au monde vivant comme le système nerveux adapte l'organisme au monde physique, mais il adapte également le monde vivant à l'organisme. Il possède en effet un vaste répertoire fonctionnel dont ne dispose pas le système nerveux.

Une telle adaptation réciproque des vivants qui vivent ensemble rend possible, au prix de compromis savamment négociés, la lutte pour l'existence dont Darwin avait fait le fondement de la sélection naturelle. Une lutte pour l'existence au sein de l'organisme. À la différence de l'adaptation darwinienne reposant sur des mutations aléatoires qui permettront, peut-être, aux descendants éventuels de survivre, l'adaptation immunitaire peut prendre place sans attendre les générations à venir, elle se fait dans l'organisme vivant confronté aux autres. Toujours remise en cause et toujours renégociée, elle leur permet de vivre ensemble. Elle ne permet rien de moins que l'existence du méta-organisme *ici et maintenant*. Ce changement de perspective n'est pas sans conséquences.

Un système qui gère les relations avec *tous* les êtres vivants se trouve libéré du tabou de l'autoreconnaissance, surtout s'il ne perçoit guère de différences entre le soi et le non-soi. S'il ne s'attaque pas, le plus souvent, au soi de tout un chacun, c'est que la distinction ne relève pas du répertoire immunitaire cognitif, mais du répertoire immunitaire fonctionnel. Celui-ci est en effet étroitement contrôlé par des systèmes de régulation, notamment par des systèmes qui inhibent l'action des effecteurs immunitaires lorsqu'ils sont engagés par des molécules du complexe majeur d'histocompatibilité caractéristiques des individus. Et, s'il induit malgré tout des maladies auto-immunitaires chez certains, c'est parce que, chez eux, ces systèmes de régulation peuvent être déficients.

Un système de relation qui gère les relations avec tous les êtres vivants, qu'ils soient inoffensifs ou potentiellement dangereux, perçoit les allergènes comme il perçoit les autres antigènes. S'il ne réagit pas, le plus souvent, aux allergènes comme il réagit aux antigènes, c'est que les allergènes entrent en contact avec l'organisme au niveau des épithéliums, que sur ceux-ci résident des microbiotes et que sous ces épithéliums sont situés les éléments du système immunitaire muqueux qui porte une attention particulière aux micro-organismes du microbiote. Ce système engendre un environnement immunosuppresseur qui permet aux microbes de vivre en paix sur leur épithélium et qui prévient une inflammation destructrice qu'une réponse contre le microbiote engendrerait localement. Quant aux allergènes, ils bénéficient de ce microenvironnement. Et, si les allergies surviennent chez certains, c'est parce que, chez eux, le microbiote n'a pas pu façonner le système immunitaire dans la toute petite enfance comme il le fait normalement.

De même, un système immunitaire qui gère les relations avec tous les êtres vivants perçoit les cellules transformées comme il perçoit les cellules normales. S'il répond davantage aux cellules transformées, c'est peut-être que celles-ci ont une tendance expansionniste que ses systèmes effecteurs sont capables de contenir, comme ils contiennent l'expansion des microbes ou des cellules infectées. Sans doute les contiennent-ils si bien qu'elles disparaissent le plus souvent aussi vite qu'elles étaient apparues, et, lorsqu'elles ne disparaissent pas, elles restent sous contrôle. Le compromis entre elles et le système immunitaire peut durer de longues années avant d'être rompu. Les cellules libérées de ce contrôle prolifèrent alors et le cancer s'exprime cliniquement. La situation peut néanmoins encore être rattrapée car, contribuant à la perte du contrôle immunitaire exercé sur les cellules cancéreuses, les puissants systèmes qui contrôlent ce contrôle sont actifs. L'inhibition qu'exercent ces systèmes sur la réponse immunitaire peut être levée par des « inhibiteurs de contrôle immunitaires », libérant ainsi de ses entraves l'immunité antitumorale qui redevient efficace. Ces inhibiteurs de contrôle immunitaire sont les outils des nouvelles immunothérapies des cancers qui ont révolutionné la cancérologie.

Enfin, un système immunitaire qui gère les relations avec tous les êtres vivants reste évidemment capable de reconnaître les micro-organismes responsables des maladies infectieuses et d'assurer la fonction défensive pour laquelle il avait été conçu. Les récepteurs de patterns de l'immunité innée perçoivent les MAMP des bactéries, des virus et de leurs produits solubles, à l'extérieur comme à l'intérieur des cellules, les cellules NK et les lymphocytes T cytotoxiques tuent les cellules infectées, les anticorps induisent leur destruction ou leur phagocytose par les cellules myéloïdes. Cependant, la réponse immunitaire n'est pas uniquement protectrice, car, là encore, un compromis s'établit entre les pathogènes et le système immunitaire, entre les dommages causés par les pathogènes et les dommages causés par les effecteurs immunitaires. Ce compromis peut tendre vers un équilibre instable, tour à tour perdu et rétabli, à moins qu'il ne bascule irréversiblement en faveur de l'organisme et donc de sa guérison, ou en faveur du pathogène et donc de la mort de l'organisme.

J'avais pris l'infection par le SARS-CoV-2 comme un exemple de réponse problématique d'un système immunitaire assigné à la défense de l'organisme pour introduire cet essai. Je prendrai à nouveau cette maladie comme un exemple de compromis entre le système immunitaire et un agent infectieux pour le conclure. Le Covid-19 est en effet un parfait exemple de maladie infectieuse dont les symptômes sont l'expression clinique de l'infection virale et celle de la réponse immunitaire induite par le virus. Ses formes cliniques extrêmes chez l'enfant et chez le sujet âgé, ou chez les patients sans antécédents et chez les patients hypertendus, diabétiques ou obèses, sa moindre gravité chez les femmes que chez les hommes, ou chez les fumeurs que chez les non-fumeurs, montrent que différents compromis peuvent s'établir entre le virus et l'hôte ; pour le meilleur et pour le pire et sans qu'on en comprenne bien les raisons. Quelles que soient ces raisons, une telle variabilité clinique montre à quel point la pathologie n'est pas uniquement le fait du pathogène, à quel point l'hôte aussi y contribue. Elle montre que, en fin de compte, c'est bien la relation hôte-pathogène qui cause ou qui prévient la maladie.

Les différents stades du Covid-19 chez un même patient et son évolution illustrent l'instabilité de l'équilibre instauré entre le virus et le système immunitaire, et comment il risque à tout moment de basculer vers la guérison ou la mort. Les formes asymptomatiques et la guérison de 85 % des patients montrent que, dans la très grande majorité des cas, le virus peut être rapidement contenu par le système immunitaire et disparaître. Sans rien laisser paraître le plus souvent, parfois au prix d'un syndrome grippal plus ou moins sévère. Les formes graves mais résolutives sous traitement symptomatique lourd associent les effets pathogènes du virus sur le système respiratoire et les effets pathogènes d'une réponse immunitaire qui finit par l'emporter. Au prix d'une longue et difficile convalescence. Dans la tempête cytokinique qui emporte les patients âgés porteurs d'affections intercurrentes, les effets pathogènes de la réponse immunitaire occupent le premier plan. À l'inflammation aiguë qui se développe dans des poumons lésés par l'infection s'ajoutent les effets vasculaires et les effets neurologiques d'un choc systémique produit par la sécrétion massive de cytokines pro-inflammatoires. La vie avec les autres est incertaine.

La vie avec les autres est aussi devenue difficile. Non seulement la vie des cellules et des microbes du méta-organisme que nous formons, mais notre vie, la nôtre, animaux sociaux obligés, nous qui devons maintenant porter un masque pour nous rencontrer et nous tenir à distance des autres. Car, si les mesures de confinement et de distanciation ont « étalé » le pic de la maladie, et si la réactivité et l'acharnement des personnels de santé ont évité le pire, le virus est loin d'avoir disparu. Et, malgré la mobilisation internationale des chercheurs qui a permis en un temps record un accroissement des connaissances sur ce nouveau virus et ses effets pathogènes, nous n'avons toujours pas, en juillet 2020, de réponse définitive à une question essentielle : l'infection virale confère-t-elle une immunité protectrice et, si oui, pour combien de temps ? D'autres questions importantes restent aussi sans réponses, évidemment, mais de la réponse à celle-ci dépend la possibilité qu'une immunité de groupe se développe, qui préviendrait la « deuxième vague » et les suivantes. Elle conditionne en partie également la possibilité d'un vaccin efficace que nous espérons ardemment et qui est devenu l'enjeu d'une compétition planétaire. En attendant, nous nous méfions des autres, nous avançons masqués, nous nous parlons de loin, nous n'allons plus au spectacle, les employés qui le peuvent télétravaillent, les réunions *in video* remplacent les réunions *in vivo*, et les grands-parents hésitent à serrer leurs petits-enfants dans leurs bras.

Rappelons-nous Spinoza qui mettait, pour le décrire, l'univers en abîme et plaçait le corps de l'homme au milieu. C'est dans cet univers que navigue le SARS-CoV-2, entre les cellules et les populations humaines, du monde microscopique à la planète en passant par le corps de l'homme. Son espace de vie n'est pas la cellule épithéliale bronchique qu'il infecte pour commencer, ni l'organisme du patient infecté, ni le foyer – les médias disent le *cluster* – qui s'est développé à partir d'un rassemblement évangélique ou d'un match de football, ni l'État qui tente de se protéger en fermant ses frontières, ni le continent qui en accuse un autre de ne pas avoir gardé le virus chez lui. L'espace vital de ce virus, c'est le monde entier, le monde des hommes qui se rencontrent et qui voyagent. Cela n'est pas nouveau : les épidémies voyagent ainsi depuis la nuit des temps, et, comme le Covid-19, la peste noire du Moyen Âge était venue de la province du Hubei. Elle avait mis plus longtemps pour atteindre l'Europe. Les agents infectieux voyagent plus vite et plus loin aujourd'hui parce que, depuis toujours, c'est nous qui les emmenons en voyage, mais nous voyageons plus, plus loin, plus vite. De même que nous sommes partie prenante dans l'expression de la maladie infectieuse en nous, nous sommes partie prenante dans sa diffusion en dehors de nous. Ainsi, l'épidémie s'est déplacée d'Extrême-Orient en Europe avant de devenir pandémie. Installé sur le continent, européen l'« épicentre » de la pandémie s'est déplacé sur le continent américain, en Amérique du Nord comme en Amérique du Sud où elle fait rage à l'heure où ces mots sont écrits. Personne ne connaît la suite, personne ne sait si le virus disparaîtra de lui-même ou s'il poursuivra sa course à travers le monde.

Si l'immunité est bien cette relation qui règle les rapports des êtres vivants à l'intérieur de l'organisme, quelle forme d'immunité règle les rapports des êtres vivants à l'extérieur de l'organisme ? Nous savons bien, en effet, que, de même que le méta-organisme que nous sommes est un écosystème à l'échelle microscopique, nous sommes les éléments d'un écosystème à l'échelle macroscopique[1]. Et, si nous l'oublions, le réchauffement climatique engendré en grande partie par les activités humaines se charge de nous le rappeler. Ne dit-on pas que le passage des coronavirus des chauves-souris aux hommes, *via* le pangolin ou un autre intermédiaire, est une conséquence indirecte de notre propre expansion ? Sans doute les équilibres et les déséquilibres de ce macro-écosystème obéissent-ils à des règles, mais nous en ignorons tout. Nous sommes devant le Covid-19 comme devant une des boucles d'oreilles de La Vache qui rit de notre enfance. Nous y voyons celle, plus petite, qu'elle contient, et toutes les autres, de plus en plus petites, que nous ne voyons plus mais que nous imaginons, aspirées dans un gouffre sans fond. Nous sommes devant l'infiniment petit qui nous est révélé sur une boîte de fromage. Cependant, la vache qui rit ne montre pas la boucle d'oreille qui contient la boîte où est représentée la vache, ni toutes celles, toujours plus grandes, qui n'en finissent pas d'être contenues dans de plus grandes encore. Elle ne montre pas l'infiniment grand. Devant la pandémie, nous sommes comme cette vache qui rit un peu bêtement sur son couvercle : nous observons le microcosme dont les éléments nous constituent, mais nous ignorons le macrocosme dont nous sommes les éléments.

Abréviations

Les acronymes et sigles utilisés en immunologie sont presque tous les initiales de mots ou d'expressions en anglais. La raison en est que la biologie américaine occupe actuellement une position dominante. La plupart ne sont pas traduits parce que leur usage s'est imposé tel quel en français. Ainsi, TCR, ILC ou cellules NK, qui désignent respectivement les récepteurs d'antigène exprimés par les cellules T, les cellules lymphoïdes innées et les cellules naturellement cytotoxiques, n'ont pas d'équivalent français.

ADCC : *antibody-dependent cell-mediated cytotoxicity*
BCR : *B cell receptors*
CAR : *chimeric antigen receptor*
Cas : *CRISPR-associated*
CD : *cluster of differentiation*
CLR : *C-type lectin receptors*
CMH : complexe majeur d'histocompatibilité
CTL : *cytotoxic T lymphocytes*
Covid-19 : *coronavirus disease-2019*
CRISPR : *clustered regularly interspaced short palindromic repeats*
DAMP : *damage-associated molecular patterns*
IFN : interféron
Ig : immunoglobuline
IL : interleukine
ILC : *innate lymphoid cells*
ITAM : *immunoreceptor tyrosine-based activation motif*
ITIM : *immunoreceptor tyrosine-based inhibition motif*
LPS : lipopolysaccharide

NK (cellules) : *natural killer cells*
MAMP : *microbe-associated molecular patterns*
MERS : *Middle East respiratory syndrome*
NCR : *natural cytotoxicity receptors*
NLR : *NOD-like receptors*
PAMP : *pathogen-associated molecular patterns*
PRR : *pattern recognition receptors*
RFc : récepteurs pour la partie Fc des anticorps
SARS-CoV-2 : *severe acute respiratory syndome-coronavirus-2*
SFB : *segmented filamentous bacteria*
Sida : syndrome d'immunodéficience acquise
TCR : *T cell receptors*
TGF : *transforming growth factor*
Th (cellules) : *T helper*
TLR : *Toll-like receptors*
TNF : *tumor necrosis factor*
Treg : cellules T régulatrices
TSLP : *thymic stromal lymphopoietin*
VIH : virus responsable de l'immunodéficience humaine

Glossaire[1]

Acides aminés. Petites molécules formées à une extrémité par un groupement amine (NH_2), à l'autre extrémité par un groupement carboxyl (COOH) et, entre les deux, par un « radical » (R) variable d'un acide aminé à un autre. Tous les acides aminés ont donc une structure du type : NH_2-R-COOH. Ils peuvent former de longues chaînes qu'on appelle des polypeptides lorsque le groupement NH_2 d'un acide aminé se lie au groupement COOH d'un autre acide aminé par une liaison chimique qu'on appelle une liaison peptidique. Toutes les protéines sont des polypeptides plus ou moins longs et plus ou moins complexes, formés par une suite linéaire d'acides aminés. Il existe 20 acides aminés qui suffisent pour fabriquer toutes les protéines de tous les organismes vivants.

Activation cellulaire. Une cellule n'est jamais en repos. Elle met en œuvre en permanence une multitude de processus biologiques dont elle a besoin pour vivre, l'ensemble de ceux qui lui permettent de respirer par exemple. Elle ne fait cependant pas en permanence tout ce qu'elle peut faire. Elle peut en effet mettre en œuvre d'autres processus « à la demande », *i.e.* lorsqu'elle reçoit un signal d'activation délivré par des récepteurs qu'elle exprime. La réponse de la cellule à ce signal dépend en premier lieu de ce que lui permet de faire la différenciation qu'elle a subie, et donc de son type cellulaire. Ainsi, par exemple, un lymphocyte Th1 sécrète des cytokines de type 1, tandis qu'un lymphocyte Th2 sécrète des cytokines de type 2, une cellule NK sécrète des cytokines et des substances cytotoxiques au contact d'une cellule qu'elle s'apprête à détruire.

Adjuvant. Produit capable d'activer les cellules dendritiques en engageant les *Toll-like receptors* (TLR) de ces cellules. Cette activation permet aux cellules dendritiques de migrer dans les ganglions lymphatiques et d'y présenter les antigènes qu'elles ont dégradés et exprimés sous forme de peptides associés aux molécules d'histocompatibilité qu'elles expriment sur leur membrane.

Adrénergique/cholinergique. Adrénergique désigne le mode de transmission synaptique dont le médiateur est l'adrénaline. L'adjectif s'applique aux neurones qui sécrètent et aux neurones qui reçoivent de l'adrénaline ainsi qu'aux voies de transmission qui utilisent ce neuromédiateur. Cholinergique désigne le mode de transmission synaptique dont le médiateur est l'acétylcholine. L'adjectif s'applique aux neurones qui sécrètent et aux neurones qui reçoivent de l'acétylcholine, ainsi qu'aux voies de transmission qui utilisent ce neuromédiateur.

Affinité. L'affinité d'une molécule pour une autre est une mesure de la force avec laquelle cette molécule se fixe à l'autre. Elle est le rapport entre les forces qui tendent à rapprocher ces molécules et les forces qui tendent à les séparer.

Allèles. Variations d'un gène. Ces variations, qui résultent de mutations, sont transmises de génération en génération. Certains gènes, comme les gènes du complexe majeur d'histocompatibilité, peuvent avoir un grand nombre d'allèles. Un organisme diploïde (dont le génome est constitué de deux lots de chromosomes homologues) ne peut cependant posséder que deux allèles d'un même gène, l'un transmis par son père, l'autre transmis par sa mère. On dit qu'un individu est homozygote pour un gène s'il possède deux allèles identiques de ce gène et qu'il est hétérozygote s'il possède deux allèles différents de ce gène.

Appareil de Golgi. Structure lamellaire située dans le cytoplasme des cellules eucaryotes. Il est constitué par un empilement de vésicules aplaties, dans lesquelles les protéines nouvellement synthétisées dans le réticulum endoplasmique terminent leur maturation et subissent des modifications post-traductionnelles. Ces modifications comprennent l'assemblage des chaînes polypeptidiques des protéines pluricaténaires, le clivage des protéines précurseurs, la glycosylation des glycoprotéines ou leur couplage à des acides gras. L'appareil de Golgi contribue au transport intracellulaire des protéines, au trafic vésiculaire et à sa régulation, à la sécrétion des protéines et au processus d'exocytose.

Apoptose. L'apoptose, ou mort cellulaire programmée, est un ensemble de mécanismes par lesquels, en réponse à différents signaux, une cellule peut s'engager dans un processus conduisant à sa propre mort. L'apoptose est un véritable suicide cellulaire. Elle est impliquée dans de nombreux processus normaux au cours du développement. Un exemple est la formation des doigts chez de nombreux vertébrés. Ils se forment parce que les cellules situées dans les espaces interdigitaux entrent massivement en apoptose. Ce processus est inhibé chez les animaux à pattes palmées comme les canards.

Archées. Les archées sont des organismes unicellulaires procaryotes identifiés par l'analyse phylogénétique de leur génome. La classification des organismes vivants en cinq règnes (les monères ou procaryotes, les protistes, les plantes, les champignons et les animaux) a récemment été remplacée par une classification en trois domaines : les bactéries, les archées et les eucaryotes. Les archées ressemblent aux bactéries par l'organisation de leur matériel génétique, mais elles ressemblent aux eucaryotes par les mécanismes qui en permettent l'expression.

CD (*cluster of differentiation*). Cette abréviation est utilisée pour désigner les protéines membranaires reconnues par des anticorps sur les cellules hématopoïétiques. CD est suivi d'un numéro sans autre signification que l'ordre dans lequel la protéine a été identifiée. La nomenclature CD ne dit rien des propriétés fonctionnelles des molécules qu'elle désigne. Elle est utilisée pour identifier les types cellulaires, notamment des cellules immunitaires. La présence de CD4 ou de CD8, par exemple, identifie respectivement les lymphocytes T auxiliaires (Th) et les lymphocytes T cytotoxiques. Une cellule peut être finement caractérisée par la présence et par l'absence de CD particuliers. Ainsi, un polynucléaire basophile peut être identifié comme une cellule qui exprime CD13, CD22, CD32, CD33, CD123 et CD203c, mais pas CD2, CD3, CD14, CD15, CD19, CD21, CD64 ou CD117.

Cellules souches. Les cellules souches sont des cellules capables de donner naissance à de multiples types cellulaires. Elles sont « multipotentes ». Ainsi, les cellules embryonnaires sont à l'origine de toutes les cellules de l'organisme. Ces cellules sont « totipotentes ». Chez l'adulte, certaines cellules ne se différencient pas au-delà d'un certain stade et restent capables de se différencier en plusieurs types cellulaires. Elles sont « pluripotentes ». Elles forment un réservoir de cellules capables de produire des cellules différenciées tout au long de la vie. Ainsi, les cellules souches hématopoïétiques de la moelle osseuse permettent que soient produits en permanence de nouvelles cellules de la lignée lymphoïde et de la lignée myéloïde, des plaquettes et des globules rouges. Les cellules souches peuvent être utilisées pour remplacer ou régénérer des tissus malades ou lésés. Ainsi, la transplantation de cellules souches hématopoïétiques est utilisée pour traiter certaines leucémies. Des recherches en cours ont pour objectif d'utiliser des cellules souches pour traiter des maladies neurodégénératives, des accidents cardio-vasculaires ou le diabète de type 1.

Chimiokines. Substances solubles sécrétées par des cellules, qui attirent d'autres cellules par un phénomène appelé chimiotactisme. Les cellules immunitaires sont attirées par les chimiokines produites et libérées dans le milieu extracellulaire par d'autres cellules situées dans leur environnement proche. Les cellules qui migrent sont mises en mouvement parce qu'elles reçoivent un signal d'activation délivré par les récepteurs de chimiokines qu'elles expriment sur leur membrane.

Cholinergique. *Voir Adrénergique.*

Clone. Ensemble des cellules dérivant d'une seule et même cellule après plusieurs cycles de multiplication.

Code génétique. Le code génétique désigne la correspondance qui existe entre deux grandes catégories de macromolécules biologiques : les acides nucléiques comme l'ADN et les protéines. L'ADN est constitué par une suite linéaire de nucléotides identifiés par les lettres T, C, A et G. Les protéines sont constituées par une suite linéaire d'acides aminés. C'est l'ordre dans lequel sont assemblés ces acides aminés qui détermine la nature des protéines, leur forme et leurs propriétés. Cet ordre est lui-même déterminé par l'ordre des bases de l'ADN dans le gène qui code cette protéine. À chaque acide aminé dans la protéine correspond un triplet de trois bases dans l'ADN. C'est cette correspondance qu'on appelle le code génétique. Elle est la même chez tous les êtres vivants. Le code génétique est universel. Le code génétique n'est donc pas l'information contenue dans l'ADN (ce n'est pas l'équivalent du code d'une carte de crédit) mais la façon dont cette information est inscrite dans l'ADN.

Complexe majeur d'histocompatibilité. Ensemble des gènes qui codent les principaux antigènes d'histocompatibilité d'une espèce. Le Complexe Majeur d'Histocompatibilité (CMH) de l'homme est le complexe HLA. Le CMH de la souris est le complexe H-2.

Cytokines. Substances solubles sécrétées par des cellules (des lymphocytes, mais également des cellules lymphoïdes innées et des cellules myéloïdes), qui stimulent les activités biologiques d'autres cellules qui possèdent les récepteurs de cytokines correspondants.

Cytotoxicité. Processus par lequel une molécule ou une cellule provoque la mort d'une autre cellule. Les cellules cytotoxiques sont des cellules effectrices de l'immunité innée (les cellules NK) et des cellules de l'immunité adaptative (les lymphocytes T cytotoxiques). Les cellules cytotoxiques jouent un rôle de premier plan dans l'immunité anticancer. Les cellules NK et certaines cellules myéloïdes peuvent également tuer des cellules recouvertes d'anticorps par un processus appelé *antibody-dependent cell-mediated cytotoxicity* ou ADCC.

Effecteurs, cellules et molécules effectrices de l'immunité. Ensemble des cellules et des molécules capables d'agir sur la (ou les) cible(s) des réactions immunitaires. La phase effectrice d'une réponse immunitaire se distingue de la phase d'induction au cours de laquelle sont élaborés les effecteurs immunitaires.

Endocytose. Processus par lequel une cellule internalise des molécules extracellulaires reconnues par des récepteurs exprimés sur la membrane de cette cellule. L'engagement de ces récepteurs induit l'internalisation des récepteurs et des molécules qui y sont fixées. L'endocytose est un mécanisme complexe étroitement régulé. Elle implique une invagination dans le cytoplasme du segment de la membrane cytoplasmique où sont situés les récepteurs engagés, suivie d'une fusion de la membrane de part et d'autre de ce segment, et du détachement de la vésicule intracellulaire ainsi formée. Cette vésicule, ou endosome, migre dans le cytoplasme, fusionne avec d'autres vésicules intracytoplasmiques contenant des enzymes dont les molécules endocytées sont des substrats.

Endosome. Nom générique qui désigne des vésicules intracytoplasmiques présentes dans les cellules eucaryotes. Les endosomes participent au transport, au tri et au traitement des molécules internalisées dans la cellule.

Engagement (de récepteurs). On dit qu'un récepteur est engagé par son ligand lorsque la fixation de celui-ci déclenche la délivrance d'un signal intracellulaire perceptible par la cellule. Le plus souvent, la fixation du ligand au récepteur ne suffit pas pour engager celui-ci. Les récepteurs de facteurs de croissance sont engagés lorsqu'ils sont dimérisés par un ligand divalent. De nombreux récepteurs immunitaires sont engagés lorsqu'ils sont agrégés par un ligand plurivalent.

Entropie. Terme utilisé en thermodynamique pour qualifier le degré de dispersion des constituants d'un système. Le deuxième principe de la thermodynamique stipule que, livré à lui-même, un tel système évolue spontanément vers un état de plus grand désordre. Au bout d'un certain temps, une goutte d'encre tombée dans une baignoire pleine d'eau colore uniformément la totalité de l'eau. L'ordre initial dans lequel les molécules d'encre et d'eau sont parfaitement séparées s'est transformé en désordre final dans lequel elles sont parfaitement mélangées. Cette évolution est irréversible.

Épigénétique. Ensemble des mécanismes moléculaires qui permettent et qui contrôlent l'expression des gènes.

Épithélium/endothélium. Tissu qui sépare un organe du milieu extérieur (épithélium) comme la peau ou les villosités intestinales, ou du milieu intérieur (endothélium) comme la face interne des vaisseaux sanguins ou les tissus glandulaires. Les épithéliums et les endothéliums sont constitués par une ou plusieurs couches de cellules juxtaposées et maintenues jointives par des systèmes de jonction. Ces cellules sont le plus souvent polarisées : elles possèdent un pôle basal orienté vers les tissus sous-jacents et un pôle apical orienté vers l'extérieur. Les épithéliums se renouvellent constamment.

Étiologie. Cause des maladies.

Eucaryote/procaryote (cellule). Les cellules eucaryotes possèdent un noyau contenu dans une membrane nucléaire. Cette caractéristique les différencie des procaryotes qui ne possèdent pas de noyau individualisé. L'ADN des procaryotes est mélangé au cytoplasme. Toutes les cellules animales sont des eucaryotes. Les bactéries sont des procaryotes.

Exocytose. Processus par lequel des molécules synthétisées dans une cellule et stockées dans des vésicules ou granules intracellulaires sont libérées dans le milieu extracellulaire. L'exocytose, ou dégranulation, implique : 1) la fusion de la membrane granulaire et de la membrane cytoplasmique ; 2) l'ouverture du granule à l'extérieur ; et 3) l'expulsion du contenu granulaire dans le milieu extracellulaire. La membrane granulaire est incorporée dans la membrane cytoplasmique. L'exocytose est étroitement contrôlée par des protéines qui permettent la fusion des membranes. C'est par exocytose que les mastocytes libèrent des médiateurs responsables des manifestations allergiques comme l'histamine, que les cellules NK ou les lymphocytes cytotoxiques libèrent des substances toxiques comme la perforine au contact des cellules cibles, et que les neurones libèrent dans l'espace synaptique des neuromédiateurs qui permettent le passage de l'influx nerveux de neurone à neurone.

Expression. Terme générique qui désigne la production d'une protéine et sa présence dans ou sur une cellule. En biologie, s'applique soit à un ou des gènes, soit à une ou des protéines, *i.e.*, aussi bien au processus de production qu'à son résultat. Ainsi, on dit qu'un gène est exprimé lorsque l'information qu'il contient est traduite en protéine. L'expression génique est contrôlée par des mécanismes épigénétiques qui rendent les séquences d'ADN qui constituent un gène accessibles à des enzymes comme l'ADN polymérase qui synthétise une copie de ces séquences sous forme d'ARN messager. On dit également qu'une cellule exprime une protéine lorsque celle-ci est synthétisée par la cellule. Cette protéine peut être exprimée dans le cytoplasme ou sur la membrane cytoplasmique.

Génome. Totalité du matériel génétique d'un individu. Le génome d'un organisme contient, le plus souvent sous forme d'ADN, la totalité de l'information génétique nécessaire à la construction et au fonctionnement de cet organisme. Chez l'homme, il comprend environ 3 milliards de paires de bases. L'ADN génomique est contenu dans le noyau des cellules eucaryotes sous forme de chromosomes. Chaque chromosome est constitué d'une seule molécule d'ADN, enroulée autour de complexes de protéines appelées les histones. La totalité du génome d'un organisme métazoaire est contenue dans le noyau de chacune de ses cellules. Le génome comprend l'ensemble des gènes codant l'ensemble des protéines de cet organisme. Chez les organismes sexués, ces gènes proviennent pour moitié du génome de la mère et pour moitié du génome du père. Les séquences d'ADN codant les protéines de l'organisme ne représentent que 1 % de l'ADN du génome. L'ADN « non codant » n'est pas traduit en protéines. Il est en grande partie constitué de séquences régulatrices (des promoteurs, des séquences amplificatrices [*enhancers*] et des « silenceurs ») qui contrôlent l'expression des séquences codantes.

Hématopoïétiques (cellules). Littéralement, les cellules qui fabriquent les cellules du sang. En pratique, le terme désigne les cellules fabriquées dans la moelle osseuse, des cellules souches aux cellules différenciées. Les cellules myéloïdes et les cellules lymphoïdes qui constituent les principales cellules des deux systèmes immunitaires sont des cellules hématopoïétiques.

Histocompatibilité. L'histocompatibilité désigne le degré de similitude entre les antigènes portés par les tissus d'un donneur et d'un receveur, qui détermine l'acceptation ou le rejet d'une greffe. Les molécules qui portent les antigènes d'histocompatibilité sont impliquées non seulement dans les réactions de transplantation, mais également dans la présentation de l'antigène aux lymphocytes T.

Homéostasie. Processus par lequel des mécanismes de régulation maintiennent constant un système en dépit des variations extérieures auxquelles il est soumis. Il s'applique en particulier aux systèmes biologiques qui vivent dans un monde changeant, mais dont les variations sont maintenues en deçà de limites au-delà desquelles la vie ne serait pas possible. Un exemple d'homéostasie est la régulation de la température corporelle des animaux à sang chaud qu'on appelle pour cette raison des « homéothermes ».

Immunité humorale. Ensemble des réactions immunitaires dont les effecteurs sont des anticorps. Les anticorps circulent dans les vaisseaux sanguins et les vaisseaux lymphatiques. S'oppose à « immunité cellulaire ».

Immunité cellulaire. Ensemble des réactions immunitaires dont les effecteurs sont des cellules. S'oppose à « immunité humorale ».

Immunoglobulines. Les immunoglobulines sont des protéines. Elles représentent ± 20 % des protéines du plasma. Il existe 9 classes et sous-classes d'immunoglobulines. Les immunoglobulines G (dont l'abréviation est IgG) sont les plus abondantes dans le plasma. Les anticorps sont des immunoglobulines dont on connaît la spécificité.

Ligand. Mot générique qui désigne les molécules qui se fixent à d'autres molécules. Le plus souvent, on parle des ligands qui se fixent à des récepteurs membranaires. Cette interaction engendre des signaux intracellulaires d'activation et/ou d'inhibition qui contrôlent les activités des cellules.

Lymphoïdes (cellules). Les cellules de la lignée lymphoïde comprennent les lymphocytes T, les lymphocytes B et les cellules lymphoïdes innées (*innate lymphoid cells* en anglais ou ILC).

Lysosomes. Vésicules intracytoplasmiques dont le contenu est particulièrement riche en enzymes hydrolytiques. Ces enzymes comprennent des protéases qui hydrolysent les protéines, des lipases qui hydrolysent les lipides, des nucléases qui hydrolysent les acides nucléiques, des glycosidases qui hydrolysent les glycoprotéines, des phosphatases qui hydrolysent les groupements phosphate des molécules phosphorylées et des sulfatases qui hydrolysent les groupements sulfate des molécules sulfatées.

Myéloïdes (cellules). Les cellules de la lignée myéloïde représentent, avec les cellules de la lignée lymphoïde, les deux grands types de globules blancs qui circulent dans le sang. On en trouve également dans les tissus. De nombreux autres types de cellules circulantes et/ou tissulaires font partie des cellules myéloïdes.

Nucléotide. Molécule composée d'une base azotée, d'un sucre à 5 carbones et de trois groupements phosphate. Les nucléotides dont le sucre est un ribose ou un désoxyribose sont les éléments constitutifs respectivement de l'ARN et de l'ADN.

Ontogenèse. *Voir phylogenèse.*

Organes lymphoïdes. On distingue deux principaux types d'organes lymphoïdes, les organes lymphoïdes primaires comme le thymus ou la moelle osseuse où se forment les lymphocytes, et les organes lymphoïdes secondaires comme les ganglions lymphatiques, les amygdales ou les plaques de Peyer où sont mises en route les réactions immunitaires. Un troisième type est constitué par les organes lymphoïdes tertiaires qui se forment dans les tissus où persiste une réaction inflammatoire chronique.

Phagocytose. Processus par lequel une cellule peut internaliser une particule du milieu extracellulaire et la détruire. La cellule lance des « pseudopodes » qui enferment la particule dans une « vacuole ». Les pseudopodes sont des projections de la membrane cytoplasmique qui ressemblent à des bras (plus qu'à des pieds comme le suggère leur nom). Une vacuole est un petit sac qui contient une petite « bulle » de milieu extérieur et qui est fermé par la fusion de l'extrémité des pseudopodes. Des enzymes libérées dans la vacuole digèrent alors la particule qu'elle contient.

Phénotype. Ensemble des traits codés par le génome d'un organisme et exprimés chez cet organisme. « Phénotype » s'oppose à « génotype » qui désigne l'ensemble des gènes du même organisme, que ceux-ci soient exprimés ou non.

Phylogenèse, ontogenèse. La phylogenèse désigne l'histoire d'une espèce et ses transformations au cours de l'évolution. L'ontogenèse désigne l'histoire du développement d'un individu vivant de l'œuf à la forme adulte. L'« évo-dévo » (*evolutionary development*) est une nouvelle sous-discipline de la biologie du développement qui étudie les relations entre phylogenèse et ontogenèse.

Pinocytose. Processus par lequel une cellule internalise une « bulle » de milieu extracellulaire, avec les molécules qu'elle contient, dans une vésicule intracellulaire. Cette « vacuole de pinocytose » fusionne avec des lysosomes dont les nombreuses enzymes hydrolysent le contenu. La pinocytose est un moyen par lequel une cellule absorbe les nutriments du milieu extérieur.

Plaques de Peyer. Structures, composées de follicules lymphoïdes, associées aux muqueuses de l'intestin. C'est dans les plaques de Peyer que sont induites les réponses immunitaires intestinales. Les lymphocytes qui y sont activés migrent dans les ganglions mésentériques, puis dans la *lamina propria* où sont synthétisées les IgA.

Plasmocytes. Cellules résultant de la différenciation terminale des lymphocytes B. Les plasmocytes sont les cellules productrices d'anticorps.

Présentation de l'antigène. Ensemble des événements qui permettent à un antigène d'être internalisé puis dégradé en peptides qui seront associés aux molécules d'histocompatibilité exprimées sur la membrane des cellules dendritiques. Ces cellules migrent alors dans les ganglions lymphatiques où elles peuvent « présenter » ces peptides aux lymphocytes T qui possèdent des récepteurs spécifiques de cette association.

Procaryote (cellules). *Voir eucaryote/procaryote (cellule).*

Protéines G/récepteurs couplés à des protéines G. Les récepteurs couplés à des protéines G (GPCR) appartiennent à une immense famille de molécules qui possèdent 7 segments hydrophobes transmembranaires. Ces récepteurs ont en commun d'utiliser des protéines G comme effecteurs intracellulaires. Les protéines G sont des GTPases, c'est-à-dire des molécules qui hydrolysent le guanosine-triphosphate (GTP) en guanosine-diphosphate (GDP). Les protéines G associées aux GPCR non engagés sont couplées à du GDP. L'engagement du récepteur induit un changement de conformation qui favorise le remplacement du GDP par du GTP. Cette modification active les protéines G qui activent à leur tour une cascade de mécanismes de signalisation qui conduit à l'activation de la cellule.

Protistes. Organismes constitués par une seule cellule eucaryote. Les amibes et les paramécies, par exemple, sont des protistes.

Réarrangement génétique. Désigne la modification de l'ADN génomique qui se produit dans les lymphocytes au cours de leur différenciation. Cette modification affecte les gènes qui codent les régions variables du BCR et du TCR, dans les cellules B et T respectivement. Un seul des 40 gènes V, un seul des 23 gènes D et un seul des 6 gènes J sont « tirés au sort » et conservés dans l'ADN de chaque lymphocyte. La combinaison VDJ ainsi produite détermine la spécificité de tous les récepteurs d'antigène de la cellule. Les autres gènes V, D et J sont éliminés de l'ADN, de sorte que le réarrangement est irréversible. Lorsqu'elle se multiplie, la cellule transmet le complexe VDJ réarrangé à ses cellules filles qui, à leur tour, le transmettent aux leurs. Ainsi se forme un clone de lymphocytes dont les récepteurs d'antigènes ont la même spécificité.

Réticulum endoplasmique. Réseau de saccules et de tubules situé dans le cytoplasme des cellules eucaryotes. Dans ce réseau relié à la membrane nucléaire et aux autres organites intracellulaires sont assemblées et transitent les protéines nouvellement synthétisées avant d'être envoyées dans l'appareil de Golgi. Le réticulum endoplasmique est également une réserve de calcium, dont la libération dans le cytoplasme contribue aux mécanismes de signalisation intracellulaire.

Signalosome. Ensemble des molécules qui s'assemblent sous les récepteurs engagés par leur ligand et qui engendrent des signaux intracellulaires. Les signalosomes permettent à des enzymes de rencontrer leurs substrats et de les modifier. Ces structures s'organisent autour d'adaptateurs transmembranaires sur lesquels sont recrutées des molécules de signalisation intracellulaire. Ce sont des structures éminemment dynamiques et transitoires.

Téléologie. Doctrine fondée sur la notion de cause finale. Un raisonnement téléologique explique l'existence des objets et des phénomènes par le but (Τέλος, but en grec ancien) qu'ils permettent d'atteindre.

Transcription. Processus par lequel une séquence d'ADN est copiée sous forme d'ARN messager. Cet ARNm quitte le noyau pour entrer dans le cytoplasme où il est traduit en protéine.

Transcytose. Processus par lequel une molécule traverse de part en part une cellule polarisée. C'est par transcytose que les IgA synthétisées dans la *lamina propria* de l'intestin traversent les cellules de l'épithélium intestinal pour passer dans la lumière où se trouvent les micro-organismes du microbiote. C'est également par transcytose que les IgG maternelles traversent le placenta pour gagner la circulation fœtale durant la grossesse.

Transduction (du signal). Processus par lequel un signal extracellulaire est conduit à travers la membrane cytoplasmique (*transducere*, conduire à travers en latin) pour engendrer un signal intracellulaire. Un « signal » n'est pas réellement transporté à travers la membrane. Dans le cas des immunorécepteurs, par exemple, une perturbation mécanique extracellulaire (l'agrégation des récepteurs par un ligand plurivalent) provoque une perturbation chimique intracellulaire (la phosphorylation des tyrosines des motifs d'activation)[2]. Cette modification des récepteurs engendre la formation d'un signalosome où s'élabore un signal d'activation intracytoplasmique.

Tyrosine-kinase/phosphatase. Enzymes qui jouent un rôle critique dans la signalisation intracellulaire, notamment dans les cellules immunitaires. Les très nombreuses tyrosine-kinases intracellulaires phosphorylent, *i.e.* attachent un groupement phosphate, sur certaines tyrosines de protéines intracytoplasmiques. Les tyrosine-phosphatases ont l'effet inverse : elles déphosphorylent, *i.e.*, enlèvent les groupements phosphates, des protéines phosphorylées par les tyrosine-kinases. La phosphorylation/déphosphorylation des molécules de signalisation détermine leur aptitude à se lier à d'autres molécules de signalisation qui possèdent des domaines d'interaction comme les domaines SH2. L'équilibre kinases/phosphatases joue ainsi un rôle fondamental dans l'activation et dans l'inhibition de l'activation des cellules immunitaires.

Notes

Préface

1. Inserm, https://www.youtube.com/watch?v=UVyAaephr4E.
2. Gaston Bachelard, *La Psychanalyse du feu*, Paris, Gallimard, 1938 ; *L'Eau et les Rêves. Essai sur l'imagination de la matière*, Paris, José Corti, 1942 ; *L'Air et les Songes. Essai sur l'imagination du mouvement*, Paris, José Corti, 1943 ; *La Terre et les Rêveries du repos*, Paris, José Corti, 1948.
3. Système immunitaire se dit en fait en arabe *jihâz al munâ'a'*, soit « dispositif de défense », sans rapport avec l'étymologie du terme français d'immunité qui comporte une négation : il vient du latin *im-munitas*, « exemption de charge », autrement dit positivement « privilège ».
4. Anne Marie Moulin, *Le Dernier Langage de la médecine. Histoire de l'immunologie de Pasteur au sida*, Paris, Presses universitaires de France, 1991.
5. François Bizot, *Le Portail*, Paris, La Table ronde, 2000.
6. Dans *Le Palais des rêves* (1981), Kadaré imagine que chaque citoyen ait à remettre chaque matin aux autorités le récit détaillé de ses rêves nocturnes.
7. Ismaïl Kadaré, *Avril brisé* (Tirana, 1978), Paris, Fayard, 2002.
8. John Andrew Mendelsohn, *Cultures of Bacteriology : Formation and Transformation of a Science in France and Germany, 1870-1914*, Princeton, Princeton University Press, 1996.
9. Bruno Latour, *Pasteur. Une science, un style, un siècle*, Paris, Librairie Académique Perrin-Institut Pasteur, 1998.
10. Voir Louis Pasteur, Lettre à Raulin, 1870, p. 49.
11. Pour une étude historique du récit mythique de la découverte des phagocytes, Daniel P. Todes, *Darwin without Malthus : The Struggle for Existence in Russian Evolutionary Thought*, Oxford, Oxford University Press, 1989.
12. Manifeste soutenant leur gouvernement, https://fr.wikipedia.org/wiki/Manifeste_des_93.
13. Frank Macfarlane Burnet, *Self and Not-Self*, Melbourne, Melbourne University Press, 1969.
14. Thomas Pradeu, *Les Limites du soi. Immunologie et identité biologique*, Montréal/Paris, Presses de l'Université de Montréal/Vrin, 2009.
15. A. M. Moulin et A. Cambrosio (dir.), *Singular Selves. Conceptual Issues and Historical Debates in Immunology*, Amsterdam/Paris, Elsevier, 2001.

16. Voir p. 190.
17. Voir p. 330.
18. Voir p. 200.
19. Voir p. 153.
20. Baruch Spinoza, *Éthique* [1675], Garnier, 1965, Deuxième partie, Proposition 13, Postulats, p. 91.
21. A. M. Moulin, « The challenges raised by the exclusion of the "self" in the science of immunity, a test of the relation between philosophy and immunology », colloque *Redefining the Self : Biological and Philosophical Perspectives*, Paris-Sorbonne, 23 juin 2014.
22. « [...] un seul et même corps est mû de différentes manières en raison de la diversité des corps qui le meuvent, et en retour différents corps sont mus de différentes manières par un seul et même corps [...]. » Spinoza, *Éthique*, *op. cit.*, Deuxième partie, Proposition XIII, Axiome 1, p. 87.
23. Voir « La face sombre de l'immunité », p. 122.
24. Mark Jackson, *History of Allergy : A Modern Malady*, Londres, Reaktion Books, 2006.
25. Éric Vivier et Marc Daëron, *L'Immunothérapie des cancers. Histoire d'une révolution médicale*, Paris, Odile Jacob, 2019.
26. Lise Barnéoud, interview de Michel Zafran, *Le Monde*, 10 janvier 2021, https://www.lemonde.fr/sciences/article/2021/01/10/michel-zaffran-eradiquer-la-poliomyelite-est-plus-dur-que-prevu_6065803_1650684.htm.
27. Jean-Pierre Changeux, *L'Homme neuronal*, Paris, Hachette, 1983.
28. Wolf Herman Fridman, *Le Cerveau mobile. De l'immunité au système immunitaire*, Paris, Hermann, 1991.
29. Anne Marie Moulin, « Immunology, a dubious ally of anthropology ? A comment on David Napier's "Nonself Help : How Immunology Might Reframe the Enlightenment" », *Cultural Anthropology*, 2012, 27, 1, p. 153-161.
30. « *I wandered lonely as a cloud* » (« J'errais solitaire comme un nuage »), un vers du poète anglais Wordsworth devenu proverbial.
31. Mireille Delmas-Marty, « Une boussole pour l'après », *Une boussole pour l'après*, par dix-huit professeurs du Collège de France, Paris, HumenSciences, 2020, p 203.
32. « Chaque chose, autant qu'il est en elle, s'efforce de persévérer dans son être. » Spinoza, *Éthique*, Troisième partie, Proposition 6, p 142.
33. Clin d'œil à l'ouvrage du fondateur français de la psychophysiologie, Henri Piéron, *La Sensation, guide de vie*, Paris, Gallimard, 1945.

INTRODUCTION
Après l'immunité

1. Cet aphorisme, bien connu des immunologistes, est unanimement attribué à Paul Bert. Nous n'avons pas de raison d'en douter. Sa source est néanmoins inconnue. On ignore s'il a été écrit ou s'il a été prononcé dans un discours, à quelle date et dans quelles circonstances.
2. Une liste des abréviations utilisées figure à la fin de l'ouvrage.
3. Alors que le masculin s'était imposé dans le langage courant en France, la secrétaire perpétuelle de l'Académie française a annoncé le 7 mai 2020 que l'acronyme Covid était du genre féminin parce que *disease* « le noyau [de Covid,] est un équivalent du

nom français féminin “maladie” ». Le masculin ayant continué à être majoritairement utilisé malgré cette recommandation, je m’en tiendrai à cet usage.

4. Mai 2020. L’essentiel de ce livre a été rédigé entre les mois de novembre 2019 et juillet 2020.
5. https://solidarites-sante.gouv.fr/IMG/pdf/extension_moustique_classement_1_annee_2004_a_2018.pdf.
6. La forme sonate est une forme musicale en trois parties : une « exposition », un « développement » et une « réexposition ». La forme sonate a été utilisée à partir de la fin du XVIIIe siècle, notamment par Haydn, Mozart et Beethoven.

I
La défense

1. Georges Canguilhem, *Études d’histoire et de philosophie des sciences*, Paris, Librairie philosophique J. Vrin, 1989, p. 13. C’est la raison pour laquelle des épisodes de l’histoire de l’immunologie qui n’ont pas eu de conséquences majeures sur la conception du système immunitaire qui prévaut aujourd’hui ont été omis. Ainsi, la théorie du réseau idiotypique élaborée par Niels Jerne au début des années 1970, qui a donné lieu à de riches débats intellectuels, mais qui a été abandonnée parce que non réfutable, n’est pas mentionnée malgré son originalité et malgré l’influence qu’elle a eue sur la pensée immunologique, surtout européenne, dans les années 1975-1995.

CHAPITRE 1
Avant le système immunitaire

1. Rudolf Virchow (1821-1902), médecin, biologiste et homme politique allemand, pionnier de l’anatomopathologie et promoteur de la théorie cellulaire.
2. Michel Morange, *Une histoire de la biologie*, Paris, Seuil, 2016 ; Bernardino Fantini, « La microbiologie médicale », *in* Mirko Grmek (dir.), *Histoire de la pensée médicale en occident*, tome 3 : *Du romantisme à la science moderne*, Paris, Seuil, 1999.
3. Louis Pasteur (avec la collaboration de M. Joubert), « Étude sur la maladie charbonneuse », *CR Acad. sci.*, séance du 30 avril 1877, LXXXIV, p. 900-906 (et *Œuvres complètes*, Masson, tome VI, p. 164-171).
4. Ilana Löwy, « Les microbes et les humains », *in* D. Pestre (dir.), *Histoire des sciences et des savoirs*, tome 2 : Kapil Raj et H. Otto Sibum (dir.), *Globalisation et modernité*, Paris, Seuil, 2015.
5. Louis Pasteur, « Sur les maladies virulentes, et en particulier sur la maladie appelée vulgairement choléra des poules », *C. R. hebdomadaires des séances de l’Académie des sciences*, séance du 9 février 1880, XC, p. 239-248 (et *Œuvres complètes*, tome VI, p. 291-303).
6. « Théorie des germes et ses applications à la médecine et à la chirurgie », lecture faite à l’Académie de médecine par M. Pasteur en son nom et en celui de MM. Joubert et Chamberland, séance du 30 avril 1878.

7. Louis Pasteur, « Sur les maladies virulentes, et en particulier sur la maladie appelée vulgairement choléra des poules », art. cit.
8. Louis Pasteur, « De l'atténuation du virus du choléra des poules », *C. R. Acad. sci.*, séance du 26 octobre 1880, XCI, p. 673-680 (et *Œuvres complètes*, tome VI, p. 323-330).
9. J. P. Guthmann, F. Aït Belghiti et D. Lévy-Bruhl, « Épidémiologie de la tuberculose en France en 2015. Impact de la suspension de l'obligation vaccinale BCG sur la tuberculose de l'enfant 2007-2015 », *Bull. épidémiol. hebd.* 2017, 7, p. 116-126.
10. La mortalité due au charbon allait de 10 à 25 %, voire 50 % dans certaines régions de France (René Vallery-Radot, *La Vie de Pasteur*, Paris, Ernest Flammarion, 1900, p. 341).
11. H. Bazin, *L'Histoire des vaccinations*, Paris, John Libbey Eurotext, 2008, p. 201.
12. Dans son discours prononcé lors de l'inauguration de l'Institut Pasteur, le 14 novembre 1888, Joseph Grancher, chef du service de la rage à l'Institut Pasteur, précise que 5 374 personnes mordues ont été inoculées à Paris.
13. Maxime Schwartz, « Le vaccin qui fit la gloire de Pasteur », *Les Tribunes de la santé*, 2015, 2, p. 25-33.
14. « 10 faits sur la vaccination », OMS, 5 décembre 2019, https://www.who.int/fr/news-room/facts-in-pictures/detail/immunization.
15. René Vallery-Radot, *La Vie de Pasteur*, *op. cit.*, p. 605.
16. P. Darmon, « Pasteur, le saint laïque », *L'Histoire*, 1995, 187, p. 50-57.
17. René Vallery-Radot, *La Vie de Pasteur*, *op. cit.*, p. 248 et 259.
18. *Ibid.*, p. 241.
19. Louis Pasteur, « Sur le choléra des poules. Études des conditions de la non-récidive de la maladie et de quelques autres de ses caractères », *C. R. Acad. sci.*, séance du 26 avril 1880, XC, p. 952-958 (et *Œuvres complètes*, tome VI, p. 303-312).
20. Louis Pasteur, « Sur les maladies virulentes, et en particulier sur la maladie appelée vulgairement choléra des poules », art. cit.
21. Louis Pasteur (avec la collaboration de MM. Chamberland et Roux), « De l'atténuation des virus et de leur retour à la virulence », *C. R. Acad. sci.*, séance du 28 février 1881. XCII, p. 429-435 (et *Œuvres complètes*, tome VI, p. 332-338).
22. *Ibid.*
23. Nous-mêmes compris, dans un ouvrage précédent (E. Vivier et M. Daëron, *L'Immunothérapie des cancers. Histoire d'une révolution médicale*, *op. cit.*).
24. Olga Metchnikoff, *Vie d'Élie Metchnikoff. 1845-1916*, Paris, Librairie Hachette, 1920 ; « Ilya Mechnicov. Biographical », The Nobel Prize, https://www.nobelprize.org/prizes/medicine/1908/mechnikov/biographical/ ; Annick Perrot et Maxime Schwartz, *Pasteur et ses lieutenants. Roux, Yersin et les autres*. Paris, Odile Jacob, 2013.
25. Aujourd'hui en Ukraine ; Kharkiv en ukrainien.
26. E. Metchnikov, *Souvenirs. Recueil d'articles autobiographiques*, Éditions en Langues étrangères, Moscou, 1959, et O. Metchnikoff, *Vie d'Élie Metchnikoff. 1845-1916*, *op. cit.*
27. Le tremblement de terre qui, le 28 décembre 1908, détruisit Messine à 98 % et tua plus de la moitié de sa population.
28. Ernst Haeckel (1834-1919), médecin, biologiste et philosophe allemand, auteur notamment de la « théorie de la récapitulation » selon laquelle le développement d'un individu reproduit l'évolution de l'espèce à laquelle il appartient.
29. A. I. Tauber, « Metchnikoff and the phagocytosis theory », *Nature Reviews*, 2003, 4, p. 897-901.
30. E. Metchnikov, « Aperçu historique des connaissances sur l'immunité », 16e chapitre de son livre *L'Immunité dans les maladies infectieuses*, Paris, Masson et Cie, 1901.

31. Paul Clemens von Baumgarten (1848-1928), pathologiste allemand. Il décrit le bacille de la tuberculose en 1882 indépendamment de Koch.
32. Emil von Behring (1845-1917), médecin allemand, lauréat du premier prix Nobel de médecine ou physiologie pour la sérothérapie antidiphtérique, en 1901.
33. Rudolf Emmerich (1856-1914), bactériologiste allemand, connu pour ses travaux sur le choléra.
34. Aujourd'hui Strzelin, en Pologne.
35. Karl Weigert (1845-1904), pathologiste allemand, neveu de la mère d'Ehrlich.
36. Hans Christian Gram (1853-1938), microbiologiste danois.
37. A. Pichot, *Expliquer la vie. De l'âme à la molécule*, Versailles, Quæ, 2011, p. 899-910.
38. A. M. Moulin, « Le récepteur en immunologie, polysémie-polyphonie historique », *ASTER*, 1990, n° 10 : *L'immunologie, jeux de miroirs*, p. 156.
39. C'est Ehrlich qui utilise pour la première fois le terme « anticorps » (*Antikörper* en allemand) dans un article intitulé « Experimental Studies on Immunity », publié en 1891.
40. Ehrlich parle des « antipodes » (en anglais).
41. Les termes en italique dans les citations le sont dans le texte d'Ehrlich.
42. Emil Fischer (1852-1919), chimiste allemand. Lauréat du prix Nobel de chimie en 1902.
43. « Amborécepteurs », des anticorps qui fixent l'antigène et le complément.
44. S. Kaufmann, « Immunology's foundation : The 100-year anniversary of the Nobel Prize to Paul Ehrlich and Elie Metchnikoff », *Nat. Immunol.*, 2008, 9, p. 705-712.
45. http://lvts.fr/Pages_html/Encyclopedies/FundamentalImmunology/FigBig/f002_002.jpg.
46. A. M. Moulin, « Le récepteur en immunologie », art. cit.

CHAPITRE 2
L'invention du système immunitaire

1. Erwin Schrödinger (1887-1961), physicien et philosophe autrichien, prix Nobel de physique en 1933.
2. « *de sedibus et causis pharmacorum* », en latin dans le texte. Ehrlich fait ici référence au *De sedibus et causis morborum per anatomen indagatis* (*Recherches anatomiques sur le siège et les causes des maladies*), publié en 1765 par le médecin italien du XVIIIe siècle Giovanni Battista Morgagni (1682-1771), précurseur de l'anatomopathologie.
3. L'« immunogénicité » est la capacité d'induire une réponse immunitaire ; l'« antigénicité » est la capacité d'être reconnu comme un antigène (en général par un anticorps).
4. Karl Landsteiner (1868-1943), médecin autrichien à qui on doit notamment la description des groupes sanguins.
5. Jules Bordet (1870-1961), immunologiste belge. En immunisant des animaux d'une espèce contre les globules rouges ou des broyats de tissus d'une autre espèce, Bordet avait produit des sérums dont il étudiait les effets pathogènes en les injectant à un animal de l'espèce donneuse de globules rouges ou de tissus.
6. E. Roux, L. Martin et A. Chaillou, « Trois cents cas de diphtérie traités par le sérum antidiphtérique », *Ann. Inst. Pasteur*, 1894, 8, p. 640-661.
7. Dès août 1915, l'Institut Pasteur fournit 4 000 doses de sérum par jour (6 millions pendant toute la guerre).
8. A. M. Moulin, *Le Dernier Langage de la médecine*, *op. cit.*, p. 265.

9. Theodor Svedberg (1884-1971), chimiste suédois, prix Nobel de chimie en 1926 pour ses travaux en chimie des colloïdes et son invention de l'ultracentrifugeuse.
10. Michael Heidelberger, (1888-1991), immunologiste américain. Il démontre la nature protéique des anticorps.
11. Arne Wilhelm Kaurin Tiselius (1902-1971), biochimiste suédois, reçoit le prix Nobel de chimie en 1948 pour l'analyse des protéines sériques par électrophorèse.
12. Pierre Grabar (1898-1986), médecin français né à Kiev, élève de Michael Heidelberger. Inventeur de l'immunoélectrophorèse.
13. Gerald Edelman (1929-2014), biologiste américain, et Rodney Porter (1917-1985), biochimiste anglais. Ils se partagent le prix Nobel de physiologie ou médecine en 1972 pour la détermination de la structure d'un anticorps.
14. Frank Macfarlane Burnet (1899-1985), virologiste et immunologiste australien. Prix Nobel de physiologie ou médecine en 1960 avec Peter Brian Medawar (1915-1987), immunologiste britannique, « pour leur découverte de la tolérance immunitaire acquise ».
15. Niels Kaj Jerne (1911-1994), immunologiste danois, colauréat, avec Cesar Milstein et George Köhler, du prix Nobel de médecine ou physiologie en 1984 pour « leur théorie concernant la spécificité du développement et de la régulation du système immunitaire, et pour la découverte du principe permettant la production d'anticorps monoclonaux ».
16. N. K. Jerne, « The natural selection theory of antibody formation », *Proc. Natl. Adac. Sci. USA*, 1955, 41, p. 849.
17. A. Fagraeus, « The plasma cellular reaction and its relation to the formation of antibodies *in vitro* », *J. Immunol.*, 1948, 58, p. 1-13.
18. N. K. Jerne, A. A. Nordin et C. Henry, « The agar plaque technique for recognizing antibody-producing cells », *in* B. Amos et H. Koprowski (dir.), *Cell Bound Antibodies*, Philadelphie, Wistar Institute Press, 1963, p. 109.
19. Jacques Miller est né à Nice en 1931 sous le nom de Jacques Francis Albert Pierre Meunier. En 1941, sa famille émigre à Sydney, en Australie, et change son nom « Meunier » en « Miller ». Après des études de médecine à l'Université de Sydney, J. F. A. P. Miller obtient une bourse de l'Université du Queensland et se rend à Londres pour préparer un PhD.
20. J. F. Miller, « Immunological function of the thymus », *The Lancet*, 1961, 2, p. 748-789.
21. M. D. Cooper, R. D. Peterson et R. A. Good, « Delineation of the thymic and bursal lymphoid systems in the chicken », *Nature*. 1965, 205, p. 143-146. M. D. Cooper, D. A. Raymond, R. D. Peterson, M. A. South et R. A. Good, « The functions of the thymus system and the bursa system in the chicken », *J. Exp. Med.*, 1966, 123 (1), p. 75-102.
22. Le CMH de la souris, décrit par George Snell, s'appelle le complexe H-2 ; le CMH de l'homme, décrit par Jean Dausset, s'appelle le complexe HLA (*human leukocyte antigens*).
23. On sait aujourd'hui que, chez l'homme, les molécules de classe I sont codées par 6 gènes, dont 3 codent des molécules CMH-I « classiques » (HLA-A, HLA-B et HLA-C) et 3 codent des molécules CMH-I « non classiques » (HLA-E, HLA-F et HLA-G) ; les molécules de classe II sont codées par 11 gènes, dont 7 codent des molécules CMH-II « classiques » et 4 des molécules CMH-II « non classiques ». Les gènes qui codent les molécules CMH-I et II classiques ont de nombreux allèles (600 allèles HLA-A, près de 1 000 allèles HLA-B et plus de 340 allèles HLA-C, si l'on s'en tient

aux seules molécules de classe I). Le nombre des combinaisons possibles est de l'ordre de 10^{10}.

24. Et l'interaction n'est possible qu'avec des cellules présentatrices d'antigène ou des cellules infectées qui possèdent les mêmes molécules d'histocompatibilité que les lymphocytes T. Autrement dit, les cellules T d'un individu ne sont capables d'entrer en interaction qu'avec des cellules du même individu. La découverte de ce phénomène, appelé « restriction par le CMH », a valu le prix Nobel de médecine ou physiologie aux immunologistes Peter Doherty et Rolf Zinkernagel en 1996.
25. Un ADN complémentaire (ADNc) est la « copie » sous forme d'ADN d'un ARN codant une protéine. Il peut être fabriqué et éventuellement modifié par l'expérimentateur, amplifié en le faisant produire pas des bactéries et introduit dans des cellules où les protéines qu'il codent peuvent être étudiées.
26. Susumu Tonegawa, né en 1939, biologiste moléculaire japonais. Lauréat du prix Nobel de médecine ou physiologie en 1987 « pour la découverte du principe génétique à l'origine de la diversité des anticorps ».
27. Platon, *Ménon ou De la vertu, in Œuvres de Platon*, trad. Victor Cousin, Rey et Gravier, 1837, tome 6.
28. Les anticorps sont des BCR qui ont perdu les séquences d'acides aminés qui les insèrent dans la membrane des cellules B.
29. A. M. Moulin, *Le Dernier Langage de la médecine*, *op. cit.*, p. 302.
30. *Ibid.*, p. 364.
31. Jean-François Bach et Lucienne Chatenoud, *Immunologie. De la biologie à la clinique*, Paris, Flammarion Médecine-Sciences, 2002, 4e édition, p. 7.
32. A. M. Moulin, « The immune system : A key concept for the history of immunology », *Hist. Phil. Life Sci.*, 1989, 11, p. 221-236.
33. David Male, Brian Champion et Anne Cooke, *Immunologie. Le système immunitaire et sa régulation*, Paris, MEDSI/McGraw-Hill, 1988, p. 1.1.
34. J. Gayon, « Les biologistes ont-ils besoin du concept de fonction ? Perspective philosophique », *C. R. Palevol.*, 2006, 5, p. 479-487.
35. A. M. Moulin, *Le Dernier Langage de la médecine*, *op. cit.*, p. 365.
36. R. I. Mishell et R. W. Dutton, « Immunization of dissociated spleen cell cultures from normal mice », *J. Exp. Med.*, 1967, 126, p. 423.
37. Claude Elwood Shannon (1916-2001), ingénieur et mathématicien américain. Fondateur de la théorie de l'information.
38. Et, pour cette raison, on augmente souvent le degré d'agrégation des BCR en ajoutant une seconde couche d'anticorps anti-anticorps, qui reconnaissent les anticorps anti-BCR déjà fixés aux récepteurs.
39. B. Lemaitre, E. Nicolas, L. Michaut, J. M. Reichhart et J. A. Hoffmann, « The dorsoventral regulatory gene cassette spatzle/Toll/cactus controls the potent antifungal response in Drosophila adults », *Cell*, 1996, 86, p. 973.
40. Jules Hoffmann et Bruce Beutler seront lauréats du prix Nobel de physiologie ou médecine en 2011 « pour leurs découvertes sur l'immunité innée », avec Ralf Steinman « pour la découverte des cellules dendritiques et de leur rôle dans l'immunité adaptative ».
41. Des endotoxines sécrétées par les bactéries $Gram^-$ comme le LPS, des peptidoglycanes qui constituent les parois des bactéries $Gram^+$, des lipoprotéines bactériennes, des protéines comme la flagelline des bactéries mobiles ; ce sont également des acides nucléiques viraux ou parasitaires.
42. Des adjuvants non microbiens sont ajoutés aux préparations vaccinales. Ce sont principalement des dérivés de l'hydroxyde d'alumine.

43. Mircea Eliade (1907-1986), historien des religions et philosophe roumain. Spécialiste des mythes et des mythologies.
44. Mircea Eliade, *Aspects du mythe*, Paris, Gallimard, 1963.
45. Charles Bouchard (1837-1915), médecin français, promoteur du concept d'« auto-intoxication » et de l'antisepsie médicale.
46. Metchnikoff reprendra cette notion d'auto-intoxication à son compte quand, à la fin de sa vie, il fera des toxines bactériennes produites dans le côlon les causes du vieillissement et de la mort.
47. A. M. Moulin, « La métaphore du soi et le tabou de l'auto-immunité », *in* J. Bernard, M. Bessis et C. Debru (dir.), *Soi et non-soi*, Paris, Seuil, 1990, p. 55.
48. A. M. Moulin, *Le Dernier Langage de la médecine*, *op. cit.*, p. 232.
49. Cette interrogation surprend : les nutriments que digère l'amibe sont internalisés dans une vacuole, *i.e.* un compartiment « extracellulaire », où ils sont dégradés par des enzymes protéolytiques, et non dans le cytoplasme de l'amibe.
50. R. E. Billingham, L. Brent et P. B. Medawar, « Actively acquired tolerance of foreign cells », *Nature*, 1953, 172, p. 603-606.
51. F. M. Burnet, *Self and Not-Self*, Cambridge, Cambridge University Press, 1969.
52. J. Klein, *Immunology. The Science of Self-Nonself Discrimination*, New York, Wiley, 1982.
53. H. G. Wells, J. S. Huxley et G. P. Wells, *The Science of Life*, New York, The Literary Guild, 1934.
54. H. G. Wells, *The War of the Worlds*, Londres, Heinenmann, 1898.
55. L'*explanans*, « ce qui explique » ; l'*explanandum*, « ce qui doit être expliqué ». T. Pradeu, *Les Limites du soi*, *op. cit.*
56. W. H. Fridman, *Le Cerveau mobile*, *op. cit.*, p. 15.
57. David Male, Brian Champion et Anne Cooke, *Immunologie. Le système immunitaire et sa régulation*, *op. cit.*, p. 1.1
58. Jean-Luc Aymeric et Gérard Lefranc, *L'Immunologie humaine*, Bruxelles, De Boeck Université, 2009. *Incipit* de l'introduction « Présentation du système immunitaire ». (NB : caractères gras dans le texte.)
59. J. Bernard, M. Bessis et C. Debru (dir.), *Soi et non-soi*, *op. cit.*, p. 32.
60. *Ibid.*, p. 33.
61. T. Pradeu, *Les Limites du soi. Immunologie et identité biologique*, *op. cit.*, p. 47.
62. Jean-Pierre Revillard, *Immunologie*, Bruxelles, De Boeck Université, 2001, 4e édition, p. 17. (NB : caractères gras dans le texte.)
63. P. Matzinger, « Tolerance, danger and the extended family », *Annu. Rev. Immunol.*, 1994, 12, p. 991-1045.
64. A. Ramadan, W. G. Land et S. Paczesny, « Editorial : Danger signals triggering immune response and inflammation », *Front. Immunol.*, 2017, 8, p. 979.

CHAPITRE 3
Le système immunitaire face à ses défis

1. Charles Richet (1850-1935), prix Nobel de physiologie ou médecine en 1913 pour la découverte de l'anaphylaxie.
2. Charles Richet, *La Gloire de Pasteur*, Paris, Librairie Félix Alcan, 1914.
3. Emmanuel Macron, président de la République française, « Adresse aux Français », prononcée le 16 mars 2020.

4. I. Löwy, « Les métaphores de l'immunologie : guerre et paix », *História, Ciências, Saúde-Manguinhos*, 1996, III, p. 7-23.
5. Légende sous une peinture réaliste représentant une pipe. Tableau de René Magritte intitulé *La Trahison des images*, huile sur toile, 1929.
6. Charles Darwin, *L'Autobiographie*, Seuil, Paris 2008.
7. Thomas Malthus (1766-1834), économiste et prêtre anglican.
8. Last Universal Common Ancestor.
9. C'est un processus d'apoptose qui sculpte les espaces interdigitaux des mammifères. L'apoptose de ces cellules ne se produit pas chez les palmipèdes car elle en est empêchée chez ces animaux. La mort cellulaire est omniprésente dans un organisme vivant et, bien sûr, elle est étroitement contrôlée.
10. S. Flexner et J. W. Jobling, « Restraint and promotion of tumor growth », *Proc. Soc. Exp. Biol. Med.*, 1907, 5, p. 835.
11. N. Kaliss et N. Molomut, « The effect of prior injections of tissue antiserum on the survival of cancer homografts », *Cancer Res.*, 1952, 12, p. 110.
12. G. A. Voisin, « Immunity and tolerance, a unified concept », *Cell Immunol.*, 1971, 2, p. 283-290.
13. E. Vivier et M. Daëron, *L'Immunothérapie des cancers. Histoire d'une révolution médicale, op. cit.*
14. A. M. Moulin, « La métaphore du soi et le tabou de l'auto-immunité », art. cit., p. 55.
15. A. M. Silverstein, « Autoimmunity versus horrorautotoxicus : The struggle for recognition », *Nature Immunol.*, 2001, 2, p. 279-281.
16. Le « syndrome de polyendocrinopathie auto-immunitaire ».
17. L'« entéropathie due à une dérégulation immunitaire polyendocrinienne liée au chromosome X » (IPEX).
18. Le « syndrome lymphoprolifératif auto-immunitaire ».
19. R. Liblau, E. Tournier-Lasserve, J. Maciazek, G. Dumas, O. Siffert, G. Hashim et M.-A. Bach, « T cell response to myelin basic protein epitopes in multiple sclerosis patients and healthy subjects », *Eur. J. Immunol.* 1991, 21, p. 1391-1395.
20. A. Coutinho, M. D. Kazatchkine et S. Avrameas, « Natural autoantibodies », *Curr. Opin. Immunol.*, 1995, 7, p. 812-818.
21. Un myélome, ou plasmocytome, est une maladie due à la prolifération maligne d'un clone de cellules qui sécrètent les anticorps, les plasmocytes. Celles-ci produisent alors de grandes quantités d'anticorps monoclonaux dont on ignore le plus souvent quel(s) antigène(s) ils reconnaissent. Le myélome décrit par Johansson et Bennich est le premier des très rares myélomes qui sécrètent des IgE.
22. On ne dispose pas d'une meilleure définition d'un allergène que : « Un allergène est un antigène qui induit une réaction allergique… »
23. Élie Metchnikoff, « Médecine et philosophie », *La Revue de Paris*, 1er juin 1910, 11, p. 475-494.
24. Félix Torres et Pierre Labasse, *Mémoire de Danone. Barcelone, Paris, New York*, Paris, Le Cherche Midi, 2003.
25. Une conférence, intitulée *E. coli : Facets of a Versatile Pathogen*, organisée en 2007 pour célébrer le 150e anniversaire de la naissance d'Escherich, a été consacrée aux mécanismes qui rendent cette bactérie pathogène (J. Hacker et G. Blum-Oehler, « In appreciation of Theodor Escherich », *Nature*, 2007, 5, p. 902).
26. M. Arumugam *et al.*, « Enterotypes of the human gut microbiome », *Nature*, 2011, 473, p. 174-180.
27. Y. Belkaid et T. Hand, « Role of the microbiota in immunity and inflammation », *Cell*, 2014, 157, p. 121-141.

28. G. Sharon, T. R. Sampson, D. H. Geschwind et S. K. Mazmanian, « The central nervous system and the gut microbiome », *Cell*, 2016, 167, p. 915-932.
29. T. C. Bosch et M. J. McFall-Ngai, « Metaorganisms as the new frontier. Zoology (Jena) », 2011, 114 (4), p. 185-190.
30. https://www.amazon.com/Second-Brain-Scientific-Groundbreaking-Understanding/dp/0060182520.
31. C. Darwin, *L'Origine des espèces au moyen de la sélection naturelle ou la Préservation des races favorisées dans la lutte pour la vie* [1859], trad. Edmond Barbier, Paris, Flammarion.
32. A. M. Moulin, « Un objet scientifique à la charnière des sciences biologiques et sociales : le système immunitaire », *História, Ciências, Saúde-Manguinhos*, 1996, III, P. 300-318.
33. *Ibid.*
34. *Ibid.*

II
Logiques du vivant

1. Charles Darwin (1809-1882), Claude Bernard (1813-1878), Gregor Mendel (1822-1884) et Louis Pasteur (1822-1895) ont été contemporains pendant plus d'un demi-siècle (cinquante-six ans).
2. François Dagognet, *Le Corps multiple et un*, Paris, Les Empêcheurs de penser en rond, 1992.
3. Paul Feyerabend, *Contre la méthode. Esquisse d'une théorie anarchiste de la connaissance*, Paris, Seuil, coll. « Points Sciences », 1979, p. 20.
4. François Jacob, *La Logique du vivant. Une histoire de l'hérédité*, Paris, Gallimard, coll. « Bibliothèque des sciences humaines », 1970.

CHAPITRE 1
Dans l'espace et dans le temps

1. C. Bernard, *Leçons sur les phénomènes de la vie communs aux animaux et aux végétaux* [1878-1879], Paris, Librairie philosophique J. Vrin, 1966, p. 113.
2. François Jacob, *La Logique du vivant*, *op. cit.*, p. 290.
3. X. Bichat, *Recherches physiologiques sur la vie et la mort* [1799], Paris, Charpentier, 1864, p. 1.
4. C. Bernard, *Leçons sur les phénomènes de la vie communs aux animaux et aux végétaux*, *op. cit.*
5. E. Schrödinger, *What Is Life ?*, Cambridge, Cambridge University Press, 1945.
6. D. J. Nicholson, « Reconceptualizing the organism. From complex machine to flow stream », *in* D. J. Nicholson et J. Dupré (dir.), *Everything Flows. Toward a Processual Philosophy of Biology*, Oxford, Oxford University Press, 2018, p. 153.
7. Cuvier, *Le Règne animal distribué d'après son organisation*, Deterville, 1817, tome I, p. 6.
8. Du moins, avant la pandémie de Covid-19.

9. G. Canguilhem, *La Connaissance de la vie*, Paris, Librairie philosophique J. Vrin, 1989, p. 114.
10. R. Descartes, lettre au P. Mesland, 9 février 1645.
11. Paul Robert, *Le Petit Robert 1. Dictionnaire alphabétique et analogique de la langue française*, 1985.
12. F. Dagognet, *Le Corps multiple et un*, *op. cit.*, p. 5.
13. A. Prochiantz, *Qu'est-ce que le vivant ?*, Paris, Seuil, 2012, p. 47.
14. J.-C. Ameisen, « La mort e(s)t la vie », *Pour la science*, 2003, 314, p. 82-86.
15. François Jacob, *La Logique du vivant*, *op. cit.*, p. 10.
16. André Pichot, *Histoire de la notion de vie*, Paris, Gallimard, coll. « Tel », 1993, p. 684-686.
17. Michel Morange, *Une histoire de la biologie*, *op. cit.*, p. 177-182.
18. La notion de vieillissement est loin d'être clairement définie, de même que la relation entre le vieillissement et la survenue de la mort. Je ne discuterai ni l'une ni l'autre ici, même si l'immunité aux âges extrêmes de la vie est une question qui mériterait d'être plus étudiée qu'elle ne l'est. Je m'en tiendrai donc à l'évidence qui n'échappe à personne que nous vieillissons.
19. François Jacob, *Le Jeu des possibles. Essai sur la diversité du vivant*, Paris, Librairie Arthème Fayard, coll. « Le temps des sciences », 1981.
20. B. Gnassounou et M. Kistler, *Les Dispositions en philosophie des sciences*, Paris, CNRS Éditions, 2006.
21. E. W. Prior, R. Pargetter et F. Jackson, « Three theses about dispositions », *Am. Phil. Quarterly*, 1982, 19, 251-257.
22. R. Descartes, lettre au P. Mesland, 9 février 1645.
23. D. J. Nicholson, « Reconceptualizing the organism. From complex machine to flow stream », art. cit., p. 139-166.
24. T. Pradeu, « Genidentitty and biological processes », *in* D. J. Nicholson et J. Dupré (dir.), *Everything Flows. Toward a Processual Philosophy of Biology*, *op. cit.*, p. 96-112.
25. Rudolph Carnap (1891-1970), philosophe, membre du Cercle de Vienne et promoteur de l'« empirisme logique ».
26. M. Kistler, « Le concept de génidentité chez Carnap et Russell », *in* Sandra Laugier (dir.), *Carnap et la construction logique du monde*, Paris, Vrin, 2001, p. 163-188.
27. D. J. Nicholson, « Reconceptualizing the organism. From complex machine to flow stream », art. cit., p. 139-166.
28. Lucrèce, *De la nature*, trad. Alfred Ernout, Paris, Gallimard/Les Belles Lettres, 1984.
29. François Jacob, *incipit* de *La Logique du vivant*, *op. cit.*

CHAPITRE 2
Soi-même

1. E. Morin, *La Méthode*, tome 2 : *La Vie de la vie*, Paris, Seuil, coll. « Points », 1980, p. 102.
2. *Ibid.*, p. 108.
3. *Ibid.*, p. 125.
4. A. Danchin, *L'Œuf et la Poule. Histoires du code génétique*, Paris, Fayard, coll. « Le temps des sciences », 1983, p. 180.
5. Morin, *La Méthode*, tome 1 : *La Nature de la nature*, Paris, Seuil, coll. « Points », 1977, p. 186.

6. H. Atlan, *Entre le cristal et la fumée. Essai sur l'organisation du vivant*, Paris, Seuil, coll. « Points Science », 1979, p. 5.
7. E. Morin, *La Méthode*, tome 1 : *La Nature de la nature*, *op. cit.*, p. 163.
8. *Ibid.*, p. 183.
9. F. Varela, *Autonomie et connaissance. Essai sur le vivant*, Paris, Seuil, 1989, p. 48.
10. Georges Cuvier, *Histoire des progrès des sciences naturelles de 1789 à ce jour* [1810], Paris, Roret/Pourrat Frères, 1834, nouv. éd., p. 187.
11. F. Varela, *Autonomie et connaissance*, *op. cit.*, p. 45.
12. E. Morin, *La Méthode*, tome 1 : *La Nature de la nature*, *op. cit.*, p. 193.

CHAPITRE 3

Et moi et moi et moi ?

1. E. Morin, *La Méthode*, tome 2 : *La Vie de la vie*, *op. cit.*, p. 271.
2. J. Dausset, « La définition biologique du soi », *in* J. Bernard, M. Bessis et C. Debru (dir.), *Soi et non-soi*, *op. cit.*, p. 20.
3. C. Salmon, « La hiérarchie des marqueurs du polymorphisme », *in* J. Bernard, M. Bessis et C. Debru (dir.), *Soi et non-soi*, *op. cit.*, p. 108.
4. E. Morin, *La Méthode*, tome 2 : *La Vie de la vie*, *op. cit.*, p. 164.
5. D. Diderot, *Le Rêve de D'Alembert*, *in Écrits philosophiques*, Paris, Jean-Jacques Pauvert, coll. « Libertés », 1964, p. 230.
6. François Jacob, *La Logique du vivant*, *op. cit.*, p. 108.
7. *Ibid.*, p. 303.
8. E. Morin, *La Méthode*, tome 2 : *La Vie de la vie*, *op. cit.*, p. 191.
9. E. Morin, *Le Paradigme perdu. La nature humaine*, Paris, Seuil, coll. « Points », 1973, p. 113.
10. François Jacob, *La Logique du vivant*, *op. cit.*, p. 291
11. E. Morin, *La Méthode*, tome 2 : *La Vie de la vie*, *op. cit.*, p. 188.
12. Platon, *Le Banquet/Phèdre*, trad. Émile Chambry, Paris, Garnier Frères, 1964, p. 51.
13. D. Diderot, *Le Rêve de D'Alembert* », *op. cit.*, p. 177.
14. *Ibid.*, p. 181.
15. T. G. G. Bosch et M. J. McFall-Ngai, « Metaorganisms as the new frontier », *Zoology*, 2011, 114, p. 185-190.
16. G. Liang, C. Zhao, H. Zhang *et al.*, « The stepwise assembly of the neonatal virome is modulated by breastfeeding », *Nature*, 2020, 581, p. 470-474.
17. J. Peterson, S. Garges, M. Giovanni, P. McInnes, L. Wang *et al.*, « The NIH Human Microbiome Project », *Genome Res.*, 2009, 19, p. 2317-2323.
18. H. Atlan, *Cours de philosophie biologique et cognitiviste. Spinoza et la biologie actuelle*, Paris, Odile Jacob, 2018, p. 23.
19. G. Deleuze, *Spinoza. Philosophie pratique* [1981], Éditions de Minuit, 2003, p. 27.
20. B. Spinoza, *Éthique* [1677], trad. C. Appuhn, Paris, Flammarion, 1965, EII, Proposition 13.
21. *Ibid.*, EIII, Proposition 2, Scolie.
22. *Ibid.*, EII, Proposition 13, lemme 7, Scolie.
23. *Ibid.*, EII, Proposition 13, Axiome 3.
24. *Ibid.*, EII, Proposition 13, Lemme 4.
25. *Ibid.*, EII, Proposition 13, Lemme 4, Démonstration.
26. *Ibid.*, EIII, Proposition 6.

27. *Ibid.*, EI, Appendice.
28. *Ibid.*, EIII, Proposition 7.
29. H. Atlan, *Cours de philosophie biologique et cognitiviste, op. cit.*, p. 584.
30. « Extract from an unpublished work on species, by C. Darwin, ESq., consisting of a portion of a chapter entitled "On the variation of organic beings in a state of nature ; on the natural means of selection ; on the comparison of domestic races and true species" », *in On the Tendency of Species to Form Varieties ; and on the Perpetuation of Varieties and Species by Natural Means of Selection, by* Charles Darwin, Esq., FRS, FLS,& FGS, and Alfred Wallace, Esq., Communicated by Sir Charles Lyell, FRS, FLS, and Jos D. Hooker, Esq., MD, VPRS, FLS, &c.
31. « On the tendency of varieties to depart indefinitely from the original type, by Alfred Russel Wallace », *in On the Tendency of Species to Form Varieties ; and on the Perpetuation of Varieties and Species by Natural Means of Selection, op. cit.*
32. « Abstract of a letter from C. Darwin, Esq., to Prof. Asa Gray, Boston, US, dated down, September 5th 1857 », *in On the Tendency of Species to Form Varieties ; and on the Perpetuation of Varieties and Species by Natural Means of Selection, op. cit.*
33. B. Spinoza, *Éthique, op. cit.*, EIII, Définition 3.
34. *Ibid.*, EIII, Postulat 1.
35. *Ibid.*, EII, Proposition 13, Axiome 1.
36. G. Deleuze, *Spinoza. Philosophie pratique, op. cit.*, p. 39.
37. *Ibid.*, p. 162.
38. *Ibid.*, p. 165.
39. B. Spinoza, Lettre XXXII à Monsieur Oldenburg, *in Traité politique. Lettres*, trad. C. Appuhn, Paris, Flammarion, 1966.
40. G. Deleuze, *Spinoza. Philosophie pratique, op. cit.*, p. 30.
41. B. Spinoza, *Éthique, op. cit.*, EIV, Proposition 39, Scolie.
42. G. Deleuze, *Spinoza. Philosophie pratique, op. cit.*, p. 47.
43. *Ibid.*, p. 58.

III
Le compromis

CHAPITRE 1
La réaction

1. *Cf.* B. Spinoza, *Éthique, op. cit.*
2. « Objet » est utilisé ici au sens large pour désigner non seulement des objets matériels comme un stimulus ou le système immunitaire, mais également des activités ou des effets comme la stimulation ou la réponse. *Cf.* le jugement déterminant et le jugement réfléchissant d'Emmanuel Kant (*Critique de la faculté de juger*).
3. « Grosses » pour des molécules ! Elles sont en réalité très petites, bien plus petites que les cellules ou que les plus petits micro-organismes, car ceux-ci sont eux-mêmes faits de protéines et d'acides nucléiques. Mais les molécules de protéines ou d'acides nucléiques sont beaucoup plus grosses que la plupart des autres molécules. D'où l'appellation « macromolécules ».

4. M. Uhlen *et al.*, « A genome-wide transcriptomic analysis of protein-coding genes in human blood cells », *Science*, 2019, 366, p. eaax9198.
5. Certains métaux comme le nickel se fixent également à des protéines endogènes, notamment de la peau, et se comportent comme des haptènes. Ils induisent ainsi des « hypersensibilités de contact ».
6. Comme les autres membranes cellulaires, la membrane cytoplasmique est constituée par une double couche de lipides. À 37 °C, les membranes sont fluides, comme le serait du beurre à cette température.
7. Un motif moléculaire est une séquence d'acides aminés dans laquelle des acides aminés particuliers sont présents à des positions clés. Les autres acides aminés n'ont pas d'importance. Ainsi, un ITAM est constitué de deux séquences YxxL, séparées par 6 à 8 acides aminés variables. C'est la distance entre les tyrosines et les leucines, d'une part, et entre les deux YxxL d'autre part, qui est déterminante. Si on la modifie, l'ITAM ne fonctionne plus.
8. Les cellules germinales sont les cellules sexuelles, les ovules et les spermatozoïdes, qui transmettent le patrimoine génétique du père et de la mère aux enfants de génération en génération. Le noyau de ces cellules contient, chacun, une moitié des gènes de la mère et une moitié des gènes du père respectivement. Réunis dans l'œuf fécondé, les gènes des deux parents constituent un nouveau génome pour l'enfant à naître.
9. Les cellules somatiques sont les cellules de tout l'organisme à l'exception des cellules germinales. Elles dérivent de l'œuf fécondé qui résulte de la fusion d'un ovule et d'un spermatozoïde. Leurs noyaux contiennent tous le même génome où sont rassemblés tous les gènes qu'elles utiliseront, leur vie durant, pour fabriquer des protéines.
10. L'adénosine triphosphate ou ATP.
11. Le *fibroblast growth factor* (FGF), l'*epithelial growth factor* (EGF), le *stem cell factor* (SCF), le *macrophage-colony stimulating factor* (M-CSF), le *granulocyte-colony stimulating factor* (G-CSF), le *granulocyte macrophage colony stimulating factor* (GM-CSF), l'*insulin-like growth factor* (IGF), pour n'en citer que quelques-uns.
12. L'IL-2, qui a d'abord été nommée *T cell growth factor*, stimule la croissance des lymphocytes T, l'IL-3 stimule celle des cellules hématopoïétiques autres que les lymphocytes, l'IL-4 stimule celle des mastocytes, l'IL-5 stimule celle des éosinophiles, l'IL-6 stimule celle des plasmocytes et la production des immunoglobulines.
13. Un ITIM est constitué par la séquence XxYxxL/I dans la quelle X est un acide aminé hydrophobe, Y une tyrosine, L/I une leucine ou une isoleucine, et x n'importe quel acide aminé.

CHAPITRE 2
La relation

1. Le néologisme « omique » exprime un nombre croissant d'analyses de données obtenues par des techniques à haut débit appliquées à des molécules biologiques définies structurellement ou fonctionnellement et désignées collectivement par le suffixe « -ome ». Ainsi, la génomique, la transcriptomique, la protéomique, la métabolomique et autres « -omiques » étudient les gènes, les transcrits, les protéines, les métabolites et autres molécules contenues dans le génome, le transcriptome, le protéome, le métabolome et autres populations de molécules d'un même type.
2. « What is physiology ? », The American Physiological Society : https://www.physiology.org/career/teaching-learning-resources/student-resources/what-is-physiology?SSO=Y.

3. André Lalande, *Vocabulaire technique et critique de la philosophie* [1926], Paris, Presses universitaires de France, coll. « Quadrige », 1991.
4. Alain Rey et Josette Rey-Debove, *Le Petit Robert. Dictionnaire alphabétique et analogique de la langue française*, 1984.
5. « Lymphocyte mémoire » est la traduction littérale (et malheureuse) de *memory lymphocyte*. C'est un terme imprécis car on ne sait pas bien quel est le substantif adjectivé, et donc de quoi on parle : de cellule ou de mémoire ? *Memory lymphocyte* désigne le lymphocyte comme étant lui-même la trace de la réponse mémorisée.
6. J. E. Blalock, « The immune system as a sensory organ », *J. Immunol.* 1984, 132, p. 1067-1070.
7. J. Kipnis, « Immune system : The seventh sense », *J. Exp. Med.*, 2018, 15, p. 397-398.
8. J. A. Cohen *et al.*, « Cutaneous TRPV1$^+$ neurons trigger protective innate type 17 anticipatory ammunity », *Cell*, 2019, 178, p. 919-932.
9. A. M. Trier et B. S. Kim, « Sensory neurons drive anticipatory immunity », *Cell*, 2019, 178, p. 771-773.
10. Des anticorps antiphosphotyrosine, par exemple, reconnaissent des tyrosines, dans une protéine intracellulaire, quelle que soit cette protéine, si et seulement si cet acide aminé est phosphorylé.
11. A. Coutinho, L. Forni, D. Holmberg, F. Ivars et N. Vaz, « From an antigen-centered, clonal perspective of immune responses to an organism-centered, network perspective of autonomous activity in a self-referential immune system », *Immunol. Rev.*, 1984, 79, p. 151-168.
12. M. Daëron, « Fc receptor biology », *Annual Review of Immunology*, 1997, 15, p. 203-234.
13. M. Reth, « Antigen receptor tail clue », *Nature*, 1989, 338, p. 383-384.
14. M. Daëron, S. Latour, O. Malbec, E. Espinosa, P. Pina, S. Pasmans et W. H. Fridman, « The same tyrosine-based inhibition motif, in the intracytoplasmic domain of FcgRIIB, regulates negatively BCR-, TCR-, and FcR-dependent cell activation », *Immunity*, 1995, 3, p. 635-646.
15. M. Jaume, M. S. Yip, C. Y. Cheung, H. L. Leung, P. H. Li, F. Kien, I. Dutry, B. Callendret, N. Escriou, R. Altmeyer, B. Nal, M. Daëron, R. Bruzzone et J. S. Peiris, « Anti-severe acute respiratory syndrome coronavirus spike antibodies trigger infection of human immune cells via a pH- and cysteine protease-independent FcgammaR pathway », *Journal of Virology*, 2011, 85, p. 10582-10597.
16. K. Boonnak, B. M. Slike, G. C. Donofrio et M. A. Marovich, « Human FcgammaRII cytoplasmic domains differentially influence antibody-mediated dengue virus infection », *J. Immunol.*, 2013, 190, p. 5659-5665.
17. M. Corr et B. Crain, « The role of FcgammaR signaling in the K/B x N serum transfer model of arthritis », *J. Immunol.*, 2002, 169 (11), p. 6604-6609.
18. R. A. Clynes, T. L. Towers, L. G. Presta et J. V. Ravetch, « Inhibitory Fc receptors modulate in vivo cytotoxicity against tumor targets », *Nat. Med.*, 2000, 6 (4), p. 443-446.
19. M. Daëron, « Fc receptors as adaptive immunoreceptors », *Fc Receptors, Curr. Top. Microbiol. Immunol.*, 2014, 382, p. 131-164.
20. B. Spinoza, *Éthique*, *op. cit.*, EII, Proposition 14, Démonstration.
21. *Ibid.*, EII, Proposition 16, Démonstration.
22. Spinoza, « Lettre XXXII à Monsieur Oldenburg », *in Traité politique. Lettres*, *op. cit.*
23. V. Legeay, « Spinoza et Darwin, un héritage véritablement conceptuel ? », *Philosophiques*, 2018, 45, p. 445-459.
24. C. Darwin, *L'Origine des espèces au moyen de la sélection naturelle ou la Préservation des races favorisées dans la lutte pour la vie*, *op. cit.*

25. L. Chiu et S. F. Gilbert, « Niche construction and the transition to herbivory : Phenotype switching and the organization of new nutritional modes », *in* H. Levine, M. K. Jolly, P. Kulkami et V. Nanjundiah (dir.), *Phenotypic Switching : Implications in Biology and Medicine*, Academic Press Inc., 2020.

CHAPITRE 3

Par-delà le bien et le mal

1. À l'exception des globules rouges.
2. M. Daëron, S. Jaeger, L. Du Pasquier et E. Vivier, « Immunoreceptor tyrosine-based inhibition motifs : A quest in the past and future », *Immunol. Rev.*, 2008, 224, p. 11-43.
3. F. J. M. Mojica, C. Díez-Villaseñor, J. García-Martínez et E. Soria, « Intervening sequences of regularly spaced prokaryotic repeats derive from foreign genetic elements », *J. Mol. Evol.*, 2005, 60, p. 174-182 ; C. Pourcel, G. Salvignol et G. Vergnaud, « CRISPR elements in *Yersinia pestis* acquire new repeats by preferential uptake of bacteriophage DNA, and provide additional tools for evolutionary studies », *Microbiol. Read. Engl.*, 2005, 151, p. 653-663 ; A. Bolotin, B. Quinquis, A. Sorokin et S. D. Ehrlich, « Clustered regularly interspaced short palindrome repeats (CRISPRs) have spacers of extrachromosomal origin », *Microbiol. Read. Engl.*, 2005, 151, p. 2551-2561.
4. E. Koonin, « CRISPR : A new principle of genome engineering linked to conceptual shifts in evolutionary biology », *Philosophy of Biology*, 2019, 34, p. 9.
5. Numéro spécial « Philosophy of CRISPR-Cas », *Biology and Philosophy*, 2019, 34 (9).
6. Les immunoglobulines polymériques comprennent les IgA, dimériques, et les IgM, pentamériques. Les 5 molécules d'IgM sont liées entre elles par la même chaîne polypeptidique que les 2 molécules d'IgA.
7. Ce fragment, qu'on appelle la « pièce sécrétoire », protège les IgA des enzymes protéolytiques qui sont abondantes dans la lumière intestinale.
8. J. J. Bunker et A. Bendelac, « IgA responses to microbiota », *Immunity*, 2018, 49, p. 211-224 ; A. J. Macpherson, Y. Köller et K. D. McCoy, « The bilateral responsiveness between intestinal microbes and IgA », *Trends in Immunology*, 2015, 36, p. 460-470.
9. Le terme « immunité » a été importé du langage juridique dans le langage médical pour désigner l'immunité morbide en 1865, avant les vaccinations pasteuriennes, mais après la vaccination jennérienne et bien après la variolisation rapportée d'Orient par lady Mary Wortley Montagu.
10. C'est ainsi que, parce que la protéine virale *Spike* peut s'y fixer, l'*angiotensin converting enzyme* 2 (ACE2), exprimée sur les cellules épithéliales pulmonaires humaines, est devenue le « récepteur du virus SARS-CoV-2 ».
11. La phosphorylation, l'ubiquitination et la sumoylation sont des modifications post-traductionnelles des protéines intracellulaires. La phosphorylation est la fixation d'un groupement phosphate ; elle confère aux protéines modifiées la capacité d'interférer avec d'autres protéines. L'ubiquitination est la fixation d'une molécule d'ubiquitine ; elle conduit les protéines modifiées vers une voie de dégradation. La sumoylation est la fixation d'une molécule SUMO ; elle modifie les propriétés biologiques des protéines modifiées.
12. « Virulence. A. – *Méd., vieilli*. Caractère de ce qui est nocif pour l'organisme. B. – *Biol.* Capacité d'un germe infectieux de se multiplier dans l'organisme et d'y provoquer un état pathologique. C. – *Littéraire* 1. Caractère nocif, violent. 2. *Au fig.* Caractère agressif, vif, vigoureux, mordant » (*Trésor de la langue française*).

13. M. Contreras et A. Labigne, « Quels sont les facteurs de virulence de *Helicobacter pylori* ? », *Gastroenterol. Clin. Biol.*, 2003, 27, p. 401-408.
14. P.-O. Méthot et S. Alizon, « What is a pathogen ? Toward a process view of host-parasite interactions », *Virulence*, 2014, 5, p. 775-785.
15. Le bacille du choléra des poules, ainsi nommé en l'honneur de Pasteur. On sait aujourd'hui que *P. multilocida* fait partie du microbiote digestif de 70-90 % des chats et de 30-50 % des chiens. Cette bactérie est souvent transmise à l'homme par la morsure d'un chat ou d'un chien et provoque une pasteurellose qui peut avoir de sérieuses complications en absence de traitement.
16. J. Li et G. I. Perez-Perez, « *Helicobacter pylori* the latent human pathogen or ancestral commensal organism », *Front. Microbiol.*, 2018, 9, article 809.
17. S. Schwartz *et al.*, « Horizontal versus familial transmission of *Helicobacter pylori* », *PLoS Pathogen*, 2008, 4, e1000180.
18. Philippe Sansonetti, « Des microbes et des hommes. Guerre et paix aux surfaces muqueuses », leçon inaugurale au Collège de France, prononcée le 20 novembre 2008.
19. Il y a des exceptions : le venin d'hyménoptères est toxique, de même que les extraits de physalie utilisés par Richet et Portier, mais les manifestations cliniques des réactions anaphylactiques qu'ils provoquent ne sont pas dues à leur toxicité.
20. Des IgE dirigées contre les entérotoxines SEA et SEB de *Staphylococcus aureus* ont été rapportées chez des patients souffrant de dermatite atopique surinfectée par ce germe. Ces endotoxines sont des « superantigènes » qui induisent une activation polyclonale des lymphocytes T, indépendamment de la spécificité de leur TCR. La dermatite atopique s'accompagne d'une élévation massive de la concentration sérique d'IgE. La présence d'IgE anti-SEA ou SEB est corrélée avec la gravité de la maladie.
21. « Fel d 1 », le principal allergène responsable des « allergies au chat », est une protéine produite dans la salive et dans les sécrétions des glandes sébacées. Elle est déposée sur les poils de chat.
22. Z. Al Nabhani, S. Dulauroy, R. Marques, C. Cousu, S. Al Bounny, F. Déjardin, T. Sparwasser, M. Bérard, N. Cerf-Bensussan et G. Eberl, « A weaning reaction to microbiota is required for resistance to immunopathologies in the adult », *Immunity*, 2019, 50, p. 1276-1288.
23. P.-O. Méthot, « Les concepts de santé et de maladie en histoire et en philosophie de la médecine. Dossier : Philosophie de la médecine », *Phares*, 2016, XVI, p. 9-41.
24. Lucrèce, *De la nature*, *op. cit.*, livre VI : « Maladies et épidémies. Leurs origines, leurs causes », p. 283-285.
25. J. Boulogne, « L'apport de Galien à la méthode médicale », *Revue des études grecques*, 1997, 110, p. 126-142.
26. M. D. Grmek, « Le concept de maladie », *in* M. D. Gmrek (dir.), *Histoire de la pensée médicale en occident*, tome 2 : *De la renaissance aux lumières*, Paris, Seuil, 1997, p. 157-176
27. C. Bernard, *Introduction à l'étude de la médecine expérimentale*, Paris, Flammarion, coll. « Champs », 1984, p. 280.
28. M. Morange, *Une histoire de la biologie*, *op. cit.*, p. 168.
29. L. Margulis, *Origin of Eukaryotic Cells*, Yale University Press, 1970.
30. R. Guerrero , L. Margulis , M. Berlanga, « Symbiogenesis : The holobiont as a unit of evolution », *Int. Microbiol.*, 2013, 16, p. 133-143.
31. B. Spinoza, « Lettre XXXII à Monsieur Oldenburg », *in Œuvres*, t. IV : *Traité politiques – Lettres*, trad. C. Appuhn, Flammarion, Paris, 1966.

CONCLUSION

La vie avec les autres

1. K. Hodges et J. Jackson, « Pandemics and the global environment », *Sci. Adv.*, 2020, 6, eabd1325.

Glossaire

1. Les mots qui font l'objet d'une définition ou d'une discussion ne sont pas répertoriés dans ce glossaire. Certaines entrées sont reprises du glossaire de notre ouvrage E. Vivier et M. Daëron, *L'Immunothérapie des cancers*, *op. cit.*
2. Définition empruntée à Renaud Lesourne, alors étudiant en thèse.

Bibliographie

Atlan, Henri, *Entre le cristal et la fumée. Essai sur l'organisation du vivant*, Paris, Seuil, coll. « Points Science », 1979.

Atlan, Henri, *Cours de philosophie biologique et cognitiviste. Spinoza et la biologie actuelle*, Paris, Odile Jacob, 2018.

Aymeric, Jean-Luc et Lefranc, Gérard, *L'Immunologie humaine*, Bruxelles, De Boeck Université, 2009.

Bach, Jean-François et Chatenoud, Lucienne, *Immunologie. De la biologie à la clinique*, Paris, Flammarion Médecine-Sciences, 2002, 4e édition.

Bazin, Hervé, *L'Histoire des vaccinations*, Paris, John Libbey Eurotext, 2008.

Bernard, Claude, *Leçons sur les phénomènes de la vie communs aux animaux et aux végétaux (1878-1879)*, Paris, Librairie philosophique J. Vrin, 1966.

Bernard, Claude, *Introduction à l'étude de la médecine expérimentale*, Paris, Flammarion, coll. « Champs », 1984.

Bernard, Jean, Bessis, Marcel et Debru, Claude, *Soi et non-soi*, Paris, Seuil, 1990.

Burnet, Franck Macfarlane, *Self and Not-Self*, Cambridge, Cambridge University Press, 1969.

Canguilhem, Georges, *La Connaissance de la vie*, Paris, Librairie philosophique J. Vrin, 1989.

Canguilhem, Georges, *Études d'histoire et de philosophie des sciences*, Paris, Librairie philosophique J. Vrin, Paris 1989.

Cohen, Ed, *A Body Worth Defending. Immunity, Biopolitics, and the Apotheosis of the Modern Body*, Durham et Londres, Duke University Press, 2009.

Dagognet, François, *Corps réfléchis*, Paris, Odile Jacob, 1990.

Dagognet, François, *Le Corps multiple et un*, Paris, Les Empêcheurs de penser en rond, 1992.

Danchin, Antoine, *L'Œuf et la Poule. Histoires du code génétique*, Paris, Fayard, coll. « Le temps des sciences », 1983.

Darwin, Charles, *L'Origine des espèces au moyen de la sélection naturelle ou la Préservation des races favorisées dans la lutte pour la vie* [1859], trad. Edmond Barbier, Paris, Flammarion, 2008.

Darwin, Charles, *L'Autobiographie*, Paris, Seuil, 2008.

Debré, Patrice, *Louis Pasteur*, Paris, Flammarion, 1994.
De Freitas, Antonio, A., *Tractus Immuno-Logicus. A Brief History of the Immune System*, Austin, Landes Biosciences, 2009.
Deleuze, Gilles, *Spinoza. Philosophie pratique* [1981], Éditions de Minuit, 2003.
Diderot, Denis, *Le Rêve de d'Alembert*, *in Écrits philosophiques*, Paris, Jean-Jacques Pauvert, coll. « Libertés », 1964.
Eliade, Mircea, *Aspects du mythe*, Paris, Gallimard, 1963.
Fridman Wolf Herman, *Le Cerveau mobile. De l'immunité au système immunitaire*, Paris, Hermann, 1991.
Gnassounou, Bruno et Kistler, Max M., *Les Dispositions en philosophie des sciences*, Paris, CNRS Éditions, 2006.
Golub, Edward S., *The Cellular Basis of the Immune Response*, Sunderland, Sinauer Associates, Inc., 1981, 2e édition.
Grmek, Mirko, *Histoire de la pensée médicale en Occident*, Seuil, Paris 1999, 3 tomes.
Jacob, François, *La Logique du vivant. Une histoire de l'hérédité*, Paris, Gallimard, coll. « Bibliothèque des sciences humaines », 1970.
Jacob, François, *Le Jeu des possibles. Essai sur la diversité du vivant*, Paris, Librairie Arthème Fayard, coll. « Le temps des sciences », 1981.
Klein, Jan, *Immunology. The Science of Self-Nonself Discrimination*, New York, Wiley, 1982.
Kourilsky, Philippe, *Le Jeu du hasard et de la complexité. La nouvelle science de l'immunologie*, Paris, Odile Jacob, 2014.
Lucrèce, *De la nature*, trad. Alfred Ernout, Paris, Gallimard/Les Belles Lettres, 1984.
Male, David, Champion, Brian et Cooke, Anne, *Immunologie. Le système immunitaire et sa régulation*, Paris, MEDSI/McGraw-Hill, 1988.
Metchnikoff, Élie, *Souvenirs. Recueil d'articles autobiographiques*, Moscou, Éditions en langues étrangères, 1959.
Metchnikoff, Olga, *Vie d'Élie Metchnikoff. 1845-1916*, Paris, Librairie Hachette, 1920.
Morange, Michel, *Une histoire de la biologie*, Paris, Seuil, 2016.
Morange, Michel, *Les Secrets du vivant. Contre la pensée unique en biologie*, Paris, La Découverte, 2012.
Morin, Edgar *Le Paradigme perdu. La nature humaine*, Paris, Seuil, coll. « Points », 1973.
Morin, Edgard, *La Méthode*, t. 1 : *La Nature de la nature*, Paris, Seuil, coll. « Points », 1977.
Morin, Edgard, *La Méthode*, t. 2 : *La Vie de la vie*, Paris, Seuil, coll. « Points », 1980.
Moulin, Anne Marie, *Le Dernier Langage de la médecine. Histoire de l'immunologie de Pasteur au sida*, Paris, Presses universitaires de France, 1991.
Moulin, Anne Marie et Cambrosio, Alberto, *Single Selves. Historical Issues and Contemporary Debates in Immunology*, Paris, Elsevier, 2001.
Murphy, Kenneth et Weaver, Casey, *Janeway's Immunobiology*, New York/Abingdon, Garland Science, Taylor & Francis Group, LLC, 2017, 9e édition.
Nicholson, Daniel J. et Dupré, John, *Everything Flows. Toward a Processual Philosophy of Biology*, Oxford, Oxford University Press, 2018.
Perrot, Annick et Schwartz, Maxime, *Pasteur et ses lieutenants. Roux, Yersin et les autres*, Paris, Odile Jacob, 2013.

Pestre, Dominique, *Histoire des sciences et des savoirs*, Paris, Seuil, 2015, 2 tomes.
Pichot, André, *Histoire de la notion de vie*, Paris, Gallimard, 1993.
Pichot, André, *Expliquer la vie. De l'âme à la molécule*, Versailles, Quæ, 2011.
Platon, *Le Banquet/Phèdre*, trad. Émile Chambry, Paris, Garnier Frères, 1964.
Pradeu, Thomas, *Les Limites du soi. Immunologie et identité biologique*, Montréal/Paris, Presses de l'Université de Montréal/Vrin, 2009.
Prochiantz, Alain, *Qu'est-ce que le vivant ?*, Paris, Seuil, 2012.
Prochiantz, Alain, *Claude Bernard. La révolution physiologique* Paris, Presses universitaires de France, 1990.
Revillard, Jean-Pierre, *Immunologie*, Bruxelles, De Boeck Université, 2001, 4e édition.
Richet, Charles, *La Gloire de Pasteur*, Paris, Librairie Félix Alcan, 1914.
Sansonetti, Philippe, *Vaccins. Pourquoi ils sont indispensables*, Paris, Odile Jacob, 2017.
Spinoza, Baruch, *Éthique* [1677], Paris, Flammarion, 1965.
Tauber, Alfred, I., *Ecologies of Selfhood Immunity beyond the Self/Nonself Paradigm*, à paraître.
Torres, Félix et Labasse, Pierre, *Mémoire de Danone. Barcelone, Paris, New York*, Paris, Le Cherche Midi, 2003.
Vallery-Radot, René, *La Vie de Pasteur*, Paris, Ernest Flammarion, 1900.
Varela, Francisco, *Autonomie et connaissance. Essai sur le vivant*, Paris, Seuil, 1989.
Vivier, Éric et Daëron, Marc, *L'Immunothérapie des cancers. Histoire d'une révolution médicale*, Paris, Odile Jacob, 2019.

Remerciements

Je tiens à exprimer ma très grande reconnaissance à tous ceux qui m'ont fait l'amitié de bien vouloir lire, corriger, critiquer, discuter le manuscrit de cet ouvrage. C'était en effet un véritable travail et il n'était pas mince. Je suis touché et impressionné par le souci, le soin, l'attention avec lesquels ils l'ont fait et par le temps qu'ils m'ont donné, pris sur leurs vacances d'été ou leurs occupations.

Historiens des sciences, philosophes, immunologistes, professeures de l'enseignement secondaire, cadres de grandes entreprises, chercheur en paléoclimatologie et médecin rhumatologue, ils ont enrichi ce livre de la diversité non seulement de leurs regards critiques sur ce qui relève de leurs savoirs, mais aussi de leurs regards candides sur ce qui n'en relève pas.

Ces remerciements s'adressent à Liliane Daëron, Mathieu Daëron, Michel Fougereau, Pierre Golstein, Jean-Paul Henri, Jean-Marc Joly, Catherine Kintzler, Claire Koegler, François Koegler, Philippe Kourilsky, Vincent Legeay, Bernard Malissen, Michel Morange, Anne Marie Moulin et Éric Vivier.

Je remercie également Marc Kirsch, éditeur bienveillant, pour ses remarques et ses critiques qui m'ont poussé dans mes retranchements et obligé à clarifier encore, pour son intérêt et son soutien.

Table

II
Logiques du vivant

III
Le compromis

DU MÊME AUTEUR
CHEZ ODILE JACOB

L'Immunothérapie des cancers. Histoire d'une révolution médicale (avec Éric Vivier), 2019.

Inscrivez-vous à notre newsletter !

Vous serez ainsi régulièrement informé(e)
de nos nouvelles parutions et de nos actualités :

https://www.odilejacob.fr/newsletter

Cet ouvrage a été composé
en Electra et en Whitney
par Nord Compo
à Villeneuve-d'Ascq (Nord).

JOUVE-PRINT, 733, rue Saint-Léonard, 53100 MAYENNE
N° d'édition : 7381-5560-X – N° d'impression : 2963267A
Dépôt légal : mai 2021

Imprimé en France